IV. Kühlungsborner Kolloquium

# INFORMATION

## Philosophische und ethische Probleme der Biowissenschaften

Veranstaltet von der Gesellschaft für physikalische
und mathematische Biologie der DDR
und dem Forschungszentrum für Molekularbiologie und Medizin
der Akademie der Wissenschaften der DDR
vom 2. bis 5. Oktober 1974

Herausgegeben von

E. GEISSLER und W. SCHELER

Redaktionelle Bearbeitung:

M. KOCH

AKADEMIE-VERLAG · BERLIN
1976

Erschienen im Akademie-Verlag, 108 Berlin, Leipziger Straße 3–4

Lizenznummer: 202 · 100/549/77
Gesamtherstellung: VEB Druckerei „Thomas Müntzer“ 582 Bad Langensalza
Bestellnummer: 762 329 9 (6365) · LSV 1315
Printed in the GDR
DDR 40,— M

# INHALTSVERZEICHNIS

# EINFÜHRUNG

**ERHARD GEISSLER**

Zentralinstitut für Molekularbiologie
der Akademie der Wissenschaften der DDR
Berlin-Buch

Eines der Schwerpunktthemen der bisherigen Kühlungsborner Kolloquien über Philosophische und ethische Probleme der Biowissenschaften war die Verantwortung des Wissenschaftlers. Diese Probleme werden uns in den nächsten drei Tagen nur am Rande beschäftigen: Ich möchte trotzdem oder gerade deshalb und zudem aus aktuellem Anlaß an dieser Stelle etwas ausführlicher darauf eingehen. Die Problematik des Mißbrauchs molekularbiologischer Forschungsergebnisse, etwa durch die Entwicklung biologischer Waffen oder durch eine spekulative Menschenzüchtung, ist ausführlich auf dem II. und III. Kühlungsborner Kolloquium behandelt worden.
In meiner Einführung zum II. Kolloquium habe ich aber darauf hinweisen können, daß es noch einen dritten Problemkreis der Verantwortung des Wissenschaftlers gibt: "Angesichts unserer gewaltigen neuen Möglichkeiten müssen wir Molekularbiologen uns sehr ernsthaft fragen, wie wir unsere Mitmenschen und auch uns vor einer unbewußten Schädigung schützen können." Ich habe auf mögliche Aktivierungen latenter Tumorvirusgenome und auf die anfängliche Anwendung SV40-haltiger Poliomyelitis-Vakzine hingewiesen und geschlossen: "Moderne Molekularbiologie muß mit großen hygienischen Sicherheitsvorkehrungen betrieben werden. Und das ist natürlich auch ein echtes Problem, denn solche Sicherheitsvorkehrungen sind natürlich mit erheblichem Aufwand und mit ziemlichen Restriktionen verbunden, für deren Notwendigkeiten nicht nur unsere wissenschaftlichen Gremien und unsere Vertragspartner überzeugt werden müssen, sondern vielerorts auch die direkt beteiligten Wissenschaftler und ihre Mitarbeiter" (GEISSLER und LEY 1972, S. 16 - 17).

Dieses Problem ist nun in den letzten Wochen und Monaten so brennend aktuell geworden, daß ich an dieser Stelle hier kurz darauf eingehen möchte. Die Isolierung und Charakterisierung von sog. "Restriktionsendonukleasen", Enzymen, die an doppelsträngigen DNA-Molekülen innerhalb spezifischer Basensequenzen versetzte Doppelstrangbrüche verursachen und dadurch Spaltprodukte mit identischen "kohäsiven", d.h. basenkomplementären Einzelstrangenden liefern, über die sie in vivo und in vitro miteinander fusioniert werden können, hat eine neue Entwicklungsetappe im "genetic engineering" eingeleitet. So können nicht nur z.B. ringförmige DNA-Moleküle, etwa des Tumorvirus SV40, ohne Verlust der biologischen Funktion geöffnet und wieder geschlossen werden, sondern es gelingt auch eine Kopplung von heterologen DNA-Molekülen bzw. DNA-Fragmenten, selbst von proto- und eukaryotischen Organismen. Auf diese Weise konnten von JACKSON, SYMONS und BERG sowie von MERTZ und DAVIS bereits 1972 SV40-DNA und die DNA solcher transduzierender lambda-Phagen fusioniert werden, die das komplette Galaktose-Operon enthielt. JACKSON (1974) versucht gegenwärtig mit solchen SV40-lambda-dv-gal-Hybriden Zellen von Galaktosämie-Patienten in vitro zu kurieren und damit mit qualitativ verbesserter Technik die offenbar schwer reproduzierbaren Versuche von MERRIL, GEIER und PETRICCIANI (1971) zu wiederholen. Diese Versuche zur Heilung von Galaktose-1-Phosphat-Uridyltransferase-defizienten menschlicher Zellen durch Behandlung mit gal-transduzierenden lambda-Phagen sind ja schon vor zwei Jahren an dieser Stelle erwähnt worden, wurden in der Folgezeit dann "über die Buschtrommel" einhellig angezweifelt, was in einer Fußnote im Tagungsband (GEISSLER et al. 1974, S. 4) seinen Ausdruck fand. Zwischenzeitlich haben aber MERRIL et al. (1973) weitere diesbezügliche Resultate mit anderen Zellinien von Galaktosämie-Patienten erhalten und MERRIL (1974) berichtet, daß er "in unserem Laboratorium weiterhin Transferase-Aktivität nach Infektion von Galaktosämie-Zellen mit lambda-dv-gal-Phagen oder seiner DNA nachweisen kann".

Doch zurück zu den Hybrid-DNA-Molekülen, für die eben von ANDERSON (1974) der Terminus "Xeno-DNA" vorgeschlagen wurde. Unter anderem ist es in den letzten Monaten gelungen,

> DNA des Plasmids pSC101 mit der rDNA - welche die Synthese der Ribosomen-RNA kodiert - von Xenopus laevis zu fusionieren, in E. coli zu transferieren und dort sowohl Replikation als auch Transkription der Hybrid-DNA nachzuweisen (MORROW et al. 1974)

verschiedene Drosophila-DNA-Fragmente mit lambda-DNA zu fusionieren und ebenfalls als autonomes Replikon in E. coli zu etablieren (M. THOMAS et al. 1974, MURRAY und MURRAY 1974, u.a.)
mit dem Plasmid ColE1 das Tryptophan-Operon sowie Kanamyzin-Resistenzdeterminanten in E. coli zu transferieren (HERSHFIELD et al. 1974).

Diese Technik eröffnet völlig neue Wege für molekularbiologische Grundlagen- und Überleitungsforschung. M. STOKER (1974) meint beispielsweise: "Die Vervielfachung ausgewählter Gene und ihrer Produkte durch synthetische Rekombination mit der ungehemmten replizierenden DNA bakterieller Plasmide könnte beispielsweise die kommerzielle Produktion von Substanzen wie Insulin oder Hypophysenhormon revolutionieren, während die Massenproduktion des transformierenden Genproduktes eines Tumorvirus die Entwicklung spezifischer Antagonisten ermöglichen könnte. Mit der zunehmenden Identifizierung von Genen auf den Spaltprodukten der DNA tierischer Zellen und Viren werden sich noch mehr Möglichkeiten zur praktischen Nutzung ergeben - ganz abgesehen von dem damit verbundenen Erkenntnisgewinn".

Damit rückt auch die Möglichkeit zu gerichteten Eingriffen in das genetische Material in noch greifbarere Nähe - wir haben uns hier in Kühlungsborn schon zweimal ausführlich mit dieser Problematik beschäftigt. Darüber hinaus bestehen aber, wie schon vor vier Jahren an dieser Stelle erwähnt, ernsthafte Bedenken, daß sich derartige Xeno-DNA-Moleküle auch ohne direkt und bewußt mißbräuchlich eingesetzt zu werden, für Mensch und Tier, ja für unsere gesamte Biosphäre als gefährlich erweisen könnten. Nach Meinung eines von der Akademie der Wissenschaften der USA eingesetzten "Committee on Recombinant DNA Molecules" (BERG et al. 1974) "ergibt sich eine mögliche Gefahr durch derartige Experimente aus der Notwendigkeit, ein Bakterium wie E. coli zu verwenden, um die Rekombinanten-DNA-Moleküle zu klonieren und zahlenmäßig anzureichern. E. coli-Stämme kommen normalerweise im Darmtrakt des Menschen vor und sie können genetisches Material mit anderen Bakterienarten austauschen, von denen manche human-pathogen sind. Auf diese Weise könnten neue in E. coli eingeführte DNA-Elemente möglicherweise weit unter Populationen von Menschen, Bakterien, Pflanzen oder Tieren verbreitet werden, mit unvorhersehbaren Effekten."

Deshalb schlugen die Mitglieder des Komitees in einem Aufruf, der im Sommer 1974 von Nature, Science und den Proceedings of the National Academy veröf-

fentlicht wurde, u. a. vor, in aller Welt sollten die Wissenschaftler vorläufig freiwillig darauf verzichten,
erstens neue Plasmide mit Resistenzdeterminanten oder Genen, welche die Toxinproduktion kontrollieren, in Bakterien einzuführen,
zweitens, DNA-Moleküle von Tumorviren oder Fragmente davon mit zur autonomen Replikation fähigen Plasmid- oder Virus-DNA-Molekülen zu fusionieren.
Darüber hinaus sollten drittens Pläne zur Kopplung von DNA-Fragmenten tierischer Zellen mit Plasmid- oder Phagen-DNA zuvor mit größter Sorgfalt abgewogen werden.
Diese Empfehlung wird unterdessen von der Leitung der National Institutes of Health (NORMAN 1974) und des britischen Medical Research Council (LAWRENCE 1974) sowie von zahlreichen Wissenschaftlern unterstützt (u. a. von STOKER 1974, BARKER 1974, HADORN 1974, MURRAY 1974, KENDREW 1974), wenngleich der englische Epidemiologe ANDERSON (1974) hinsichtlich der ersten Forderung darauf hinweist, daß die kritiklose Anwendung von Antibiotika in Human- und Veterinärmedizin und Landwirtschaft - "als Folge kommerziellen Druckes und administrativer und beruflicher Verantwortungslosigkeit" - weitaus gefährlicher ist und bereits Epidemien ausgelöst hat, die durch antibiotikaresistente, virulentere Salmonellen und Shigellen verursacht worden waren.
Dies ist ein selten eindrucksvolles Beispiel für die vielschichtige Problematik der Verantwortung des Biowissenschaftlers von heute und zudem nachgerade ein Musterthema für unsere Kühlungsborner Kolloquien:
Von fachwissenschaftlicher Seite aus wäre zu diskutieren, ob die Warnungen wirklich berechtigt sind, welche Maßnahmen getroffen werden müssen, und unter welchen Bedingungen welche Experimente durchgeführt werden können.
Im interdisziplinären Gespräch von Natur- und Gesellschaftswissenschaftlern wäre zu untersuchen, ob und unter welchen Voraussetzungen derartige Appelle, sollten sie wissenschaftlich überhaupt relevant sein, durchgesetzt und verwirklicht werden können. Kann ein freiwilliger Verzicht auf bestimmte Forschungsarbeiten die Entwicklung im betreffenden Gebiet tatsächlich aufhalten oder wenigstens verzögern? Hat eine derartige Maßnahme u. U. nicht auf die Entwicklung wesentlicher Forschungsgebiete eine hemmende Wirkung? Ganz konkret: Würde eine Befolgung des Moratoriums nicht Fortschritte in Krebsforschung oder medizinischer Mikrobiologie und Virologie verhindern?
Vor zwei Jahren haben wir hier im Saal in der Diskussion über MAETZIGs Film "Januskopf" u. a. über jenen englischen Neurobiologen gesprochen, der

seine Gedächtnistransferexperimente bei Nagern aus Furcht vor einem mißbräuchlichen Einsatz beim Menschen abgebrochen hat und in E. SCHUMACHERs neuem Stück "Versuchung des Forschers" wird wieder an J. SHAPIRO erinnert, der zusammen mit J. BECKWITH und L. ERON erstmalig ein Gen isoliert hatte, dadurch ganz unmittelbar mit dem Mißbrauchproblem konfrontiert wurde (wozu diese Forschungsgruppe auch in Pressekonferenzen und Zeitschriften engagiert Stellung nahm) und schließlich die Konsequenz zog, sich nicht mehr an molekularbiologischen Arbeiten zu beteiligen.
Bei derartigen Aktionen, wie bei dem von Paul BERGs Komitee vorgeschlagenen Moratorium, wird an die Einsicht, an das Ethos der jeweiligen Fachkollegen appelliert. Im Fall des englischen Neurobiologen und J. SHAPIROs glaube ich dabei nicht an einen Erfolg ihrer Aktion - einmal, weil ihre Forschungsergebnisse wie alle anderen naturwissenschaftlich-technischen Entwicklungen auch (und auch das hat uns in Kühlungsborn immer wieder beschäftigt) natürlich schrecklich mißbraucht, aber ganz sicher auch zum Wohle des Menschen eingesetzt und mit der Menschenwürde vereinbar genutzt werden könnten, und zum anderen, weil es sich hier um respektable, aber letztlich doch um individualistische Demonstrationen handelt. Vom Appell BERGs und seiner Kollegen erwarte ich dagegen tatsächlich eine weltweite Konsequenz, die sich natürlich um so eher erreichen läßt, je eher sich auch Wissenschaftsverbände, Herausgebergremien, und vor allem auch staatliche Institutionen für derartige Maßnahmen aussprechen und sie nachhaltig unterstützen. Dabei sind auch wir DDR-Wissenschaftler und unsere wissenschaftsleitenden staatlichen Organe aufgerufen[1].
Leider haben wir während dieses Kolloquiums bestenfalls am Rande die Möglichkeit, dieses brennend aktuelle Thema anzudiskutieren, vielleicht unterstützt von den Kollegen HÖRZ und LÖTHER, die während unserer Tagung einen Bericht vom eben beendeten Pariser Kongreß über "Biologie und die Zukunft des Menschen" improvisieren werden.
In den nächsten Tagen wollen wir uns statt dessen mit den Problemen der Informationsspeicherung und -verarbeitung auf allen biologischen Systemebenen beschäftigen und damit einen entscheidenden Aspekt der molekularen und supramolekularen Neurobiologie diskutieren. Damit folgen wir nicht nur zahlreichen

---

1 Anmerkung während der Drucklegung: Inzwischen hat sich die Klasse Biowissenschaften der Akademie der Wissenschaften der DDR mehrmals mit dieser Problematik beschäftigt und dem Präsidium der Akademie eine Stellungnahme zugeleitet.

Anregungen, die von Teilnehmern des III. Kühlungsborner Kolloquiums gegeben wurden, sondern entsprechen auch dem Trend der Entwicklung der modernen Biowissenschaften. Von Gunter S. STENT wird er im einführenden Beitrag zum Sammelband "Phagen und die Entwicklung der Molekularbiologie" bereits 1966 wie folgt charakterisiert: "Nachdem nun die Molekulargenetik dank ihrem Erfolg eine akademische Disziplin geworden ist, kann erwartet werden, daß in den kommenden Jahren Neurobiologen, und nicht Genetiker, die Avantgarde der biologischen Forschung darstellen werden. Obwohl es alles andere als klar ist, welche Art von Versuchsobjekt der 'Phage der Neurobiologie' werden wird, scheint es doch mit größter Wahrscheinlichkeit ein Metazoon mit Nervenzellen statt eines einzelligen Organismus zu sein" (CAIRNS, STENT und WATSON 1972). Tatsächlich haben sich in den vergangenen Jahren zahlreiche prominente Molekularbiologen der Neurobiologie zugewandt: Sidney BENZER, bekannt durch seine Strukturanalyse des Gens, untersucht die genetischen Grundlagen des Verhaltens von Drosophila (HOTTA & BENZER 1972), speziell nachdem ihm der Nachweis gelungen ist, daß es Fruchtfliegen lernen können, Gerüche oder Licht verschiedener Wellenlängen zu unterscheiden (QUINN et al 1974). Auch lac-Repressor-Isolator B. MÜLLER-HILL hat sich Drosophila zugewandt, Sidney BRENNER und Gunter S. STENT betreiben genetische Neurobiologie von Nematoden, und allen voran ging einer der Begründer der Molekularbiologie, Max DELBRÜCK, der sich schon in den fünfziger Jahren von Bakteriophagen ab- und dem Pilz Phycomyces zuwandte (BERGMAN et al. 1969).
Leider haben wir in der DDR kaum vergleichbare Entwicklungen und Aktivitäten zu verzeichnen, bewährte molekulargenetische Methoden und Erkenntnisse sowie auf diesem Gebiet erfahrene Spezialisten zur Lösung neurobiologischer wie auch anderer biowissenschaftlicher Probleme einzusetzen (wie auch die Mikrobengenetik nur sehr zögernd selbst von der industriellen Mikrobiologie assimiliert wird).
Vielleicht hilft auch hierbei unser diesjähriges Kühlungsborner Kolloquium einmal mehr, bestehende und natürlich historisch bedingte, aber sicher widernatürliche Schranken einzureißen, indem Spezialisten der unterschiedlichsten biowissenschaftlichen Teildisziplinen, Biochemiker, Biophysiker, Genetiker, Mikrobiologen, Psychologen, Verhaltensforscher, Virologen usw. gemeinsam mit anderen Naturwissenschaftlern sowie mit Philosophen und Gesellschaftswissenschaftlern das ganze Spektrum der biologischen Informationsspeicher, ihrer

Funktion und ihrer Evolution diskutieren, von den Nukleinsäuren bis hin zum Problem der biologischen und gesellschaftlichen Kontrolle unseres Bewußtseins. Dabei folgen wir den bewährten Traditionen unserer Kühlungsborner Kolloquien, in jeder Sitzung nur zwei Hauptreferate zur Diskussion zu stellen, die auch diesmal wenigstens zum Teil wieder kollektiv und interdisziplinär vorbereitet und zudem durch rechtzeitigen Versand von Thesen in ihren Grundzügen allen Referenten und zur Diskussion aufgeforderten Kollegen bekannt gemacht wurden. Wir dürfen uns so wieder ein fruchtbares interdisziplinäres Wechselgespräch erhoffen.

Unser IV. Kühlungsborner Kolloquium findet am Vorabend des 25. Jahrestages der Gründung der Deutschen Demokratischen Republik statt, und zum Auftakt unseres Kolloquiums wollen wir dieses für uns alle und gerade für uns so bedeutsamen Ereignisses in würdiger, der Reihe unserer Kolloquien angemessener Form festlich gedenken. Zu meiner überaus großen Freude hat sich ein ständiger Gast unserer Kühlungsborner Kolloquien, der Vorsitzende des Forschungsrates der Deutschen Demokratischen Republik, Herr Prof. Dr. Max STEENBECK, bereit erklärt, die Festansprache zu halten. Siegfried PITSCHMANN wird aus seinem soeben vollendeten Manuskript "Inserate", dem Monolog einer "einfachen Bürgerin" unseres Staates, der am 24. Oktober in der Reihe "Die Stimme des Menschen" im Rostocker Volkstheater Premiere hat, lesen und dem Rostocker Seeliger-Quartett verdanken wir den würdigen musikalischen Rahmen.

Unsere Kühlungsborner Kolloquien über Philosophische und ethische Probleme der Biowissenschaften dienen - wie auch die unter Eindruck der Kühlungsborner Kolloquien vor drei Jahren ins Leben gerufenen "Freitagsgespräche" - unter anderem auch dem Versuch, Naturwissenschaftler, Gesellschaftswissenschaftler und Philosophen nicht nur untereinander, sondern auch mit Kulturschaffenden ins Gespräch zu bringen. Auch unser IV. Kühlungsborner Kolloquium macht darin keine Ausnahme.
Wir freuen uns, daß wir wieder eine Reihe von Vertretern der schönen Künste in unserer Mitte begrüßen dürfen, unter ihnen schon zum wiederholten Male den Schriftsteller Siegfried PITSCHMANN und den Regisseur Lothar WARNECKE, sowie unter den "Neuen" die Lyriker Rainer KIRSCH, den Theaterwissenschaftler Ernst SCHUMACHER und Helmut HAUPTMANN, Schriftsteller und Redakteur der Zeitschrift "Neue Deutsche Literatur".

Professor SCHUMACHER wird uns in einer Abendveranstaltung in die künstlerische Bewältigung der "Versuchung des Forschers" einführen, und anschließend werden Mitglieder des Volkstheaters Rostock ausführliche Ausschnitte aus seinem gleichnamigen Stück - das 1975 in Rostock uraufgeführt werden wird - lesen und zur Diskussion stellen. Der Generalintendant des Rostocker Volkstheaters, Professor Hanns Anselm PERTEN, Professor SCHUMACHER und ich glauben, daß eine Vorstellung und Diskussion dieses neuen Stückes eines Autors unserer Republik, der sich zudem schon seit vielen Jahren - zunächst an Hand des Falles GALILEI und seiner Interpretation durch Bert BRECHT - mit dem Problem der Verantwortung des Wissenschaftlers und damit mit einem der Generalthemen unserer Kühlungsborner Kolloquien beschäftigt, für den Autor, für die Theaterleute und vor allem für uns Kolloquiumsteilnehmer interessanter und ergiebiger ist als die ursprünglich vorgesehene ausschließliche Behandlung des DÜRRENMATT-Stückes (auf das aber Herr SCHUMACHER in seinem Vortrag ausführlich eingehen wird).
Vielleicht sollte in diesem Zusammenhang darauf hingewiesen werden, daß in der Zeit seit dem letzten Kühlungsborner Kolloquium u.a. Siegfried PITSCHMANNs Film "Leben mit Uwe" unter Regie von Lothar WARNECKE aufgeführt worden ist, daß Christa WOLFs Erzählung "Selbstversuch", die sie vor knapp zwei Jahren in einem unserer Freitagsgespräche vorgestellt hatte, eben in ihrem Erzählungsband "Unter den Linden" erschienen ist, daß der erste Band des Romanzyklus "Der Friede im Osten" von Erik NEUTSCH, dessen Hauptheld ein Molekularbiologe ist, eben ausgeliefert wurde und daß Dieter NOLL kurz vor der endgültigen Vollendung seines Romanmanuskriptes "Die Kippenbergs" steht, von dem er uns vor zwei Jahren an dieser Stelle Ausschnitte aus einer früheren Fassung vorgelesen hat. Um Wissenschaftler geht es schließlich auch in dem eben von Reclam aufgelegten Bändchen "Kopien nach Originalen" unseres neuen Gastes Rainer KIRSCH.
Die von uns intensiv gepflegten Beziehungen von Kunst und Wissenschaft haben sich also schon sehr gewichtig in Kunstwerken niedergeschlagen und ich darf der Hoffnung Ausdruck geben, daß auch in diesem Jahr der Besuch unseres Kolloquiums durch namhafte Kulturschaffende nicht nur uns, sondern auch ihnen Nutz' und Frommen bringt! Wir hoffen deshalb auch, daß sich unsere Gäste aus dem Bereich der schönen Künste besonders aktiv an unserer Abenddiskussion beteiligen, wo es um das uns gemeinsam interessierende Thema "Enthusiasmus und Schöpfertum in Kunst und Wissenschaft" geht.

Diese Diskussionsveranstaltung hat freundlicherweise mein Kollege Dr. M. SCHÜTT angeregt und vorbereitet. Ihm möchte ich schon an dieser Stelle ebenso herzlich danken wie all den anderen Kolleginnen und Kollegen, die sich in den letzten Tagen und Wochen sehr intensiv für die Vorbereitung unseres Kolloquiums eingesetzt haben. Besonders herausheben möchte ich dabei unsere unermüdliche Frau KOLLAT, Oberreferentin im Sekretariat der Gesellschaft für physikalische und mathematische Biologie, Frau BARTYLLA, Sekretärin im Zentralinstitut für Molekularbiologie, Dipl. Phys. KOCH, Sekretär der Gesellschaft, und vom wissenschaftlichen Organisationskomitee vor allem Professor Klaus FUCHS-KITTOWSKI und Professor Werner SCHELER.

Ich habe nunmehr die Ehre und die Freude, hiermit nunmehr offiziell - zugleich im Namen von Herrn Professor SCHELER - das IV. Kühlungsborner Kolloquium der Gesellschaft für physikalische und mathematische Biologie der Deutschen Demokratischen Republik und des Forschungszentrums für Molekularbiologie und Medizin der Akademie der Wissenschaften der Deutschen Demokratischen Republik zu eröffnen und den Beginn unserer Feierstunde anläßlich des 25. Jahrestages der Gründung der Deutschen Demokratischen Republik zu erklären.

## LITERATUR


ANDERSON, E.S.: The indiscrimate use of antibiotics has exerted more pressure on the bacterial population than could be wielded by all research workers in the field put together. Nature 250, 279 (1974)

Anonymus: NAS ban on plasmid engineering. Nature 250, 175 (1974)

BERG, P., D. BALTIMORE, H.W. BOYER, S.N. COHEN, R.W. DAVIS, D.S. HOGNESS, D. NATHANS, R. ROBLIN, J.D. WATSON, S. WEISSMAN and N.D. ZINDER: Potential biohazards of recombinant DNA molecules. Science 185, 303 (1974)

BERGMAN, K., P.V. BURKE, E. CERDA-OLMEDO, C.N. DAVID, M. DELBRÜCK, K.W. FOSTER, E.W. GOODELL, M. HEISENBERG, G. MEISSNER, M. ZALOKAR, D.S. DENNISON and W. SHROPSHIRE jr.: Phycomyces, Bact. Revs. 33, 99 - 157 (1969)

CAIRNS, J., G.S. STENT und J.D. WATSON (Herausgeber) 1972: Phagen und die Entwicklung der Molekularbiologie. Berlin.

GEISSLER, E., A. KOSING, H. LEY und W. SCHELER (Herausgeber) 1974: Philosophische und ethische Probleme der Molekularbiologie. Berlin.

GEISSLER, E. und H. LEY (Herausgeber) 1972: Philosophische und ethische Probleme der modernen Genetik. Berlin

HADORN, E.: Grenzen für molekular-genetische Forschungen. Neue Züricher Zeitung, 3. 9. 1974

HERSHFIELD, V., H.W. BOYER, C. YANOFSKY, M.A. LOVETT and D.R. HELINSKI 1974: Plasmid Col E1 as a molecular vehicle for cloning and amplification of DNA. Proc. Nat. Acad. Sci. 71, Sept.

HOTTA, Y. und BENZER 1972: Nature 240, 527 - 535 Mapping of behaviour in Drosophila mosaics

JACKSON, D.A. 1974: Persönliche Mitteilung

JACKSON, D.A., R.H. SYMONS and P. BERG 1972: Biochemical method for inserting new genetic information into DNA of simian virus: Circular SV40 DNA molecules containing lambda phage genes and the galactose operon of E. coli. Proc. Nat. Acad. Sci. 69, 2904 - 2909

MERRIL, C.R. 1974: persönl. Mitteilung

MERRIL, C.R., M.R. GEIER and J.C. PETRICCIANI 1972: Bacterial gene expression in mammalian cells. In: Adv. Biosci. 8: Workshop on Mechanisms and Prospects of Genetic Exchange, G. RASPE, ed., 329 - 340. Pergamon Press, Vieweg, Oxford usw.

MERRIL, C.R., M.R. GEIER and M.E. TRIGG 1973: Transduction in mammalian cells. Proc. 4th Int. Conf. on Birth Defects, A.G. MOTULSKY and W. LENTZ (eds.), Amsterdam, 81 - 91

MERTZ, J.E. and R.W. DAVIS 1972: Cleavage of DNA by RI restriction endonucleases generates cohesive ends. Proc. Nat. Acad. Sci. 69, 3370 - 3374

MORROW, J.F., S.N. COHEN, A.C.Y. CHANG et al. 1974: Replication and transcription of eukaryotic DNA in Escherichia coli. Proc. Nat. Acad. Sci. 71 No. 5, 1743 - 1747

MURRAY, K.: Alternative experiments? Nature 250, 279 (1974)

MURRAY, N.E. und K. MURRAY 1974, zitiert von Anonym 1974: Genetic engineers look for safety. New Scientist 64, 240

NORMAN, C.: NIH backing for NAS ban. Nature 250, 278 (1974)

QUINN, W.G., W.A. HARRIS and S. BENZER 1974: Conditioned behaviour in Drosophila melanogaster. Proc. Nat. Acad. Sci. USA 71, 708 - 712

STOKER, M.: Molecular dirty tricks ban. Nature 250, 278 (1974)

THOMAS, M., J.R. CAMERON and R.W. DAVIS 1974: Viable molecular hybrids of bacteriophage λ and eucaryotic DNA. Proc. Nat. Acad. Sci. 71, 4579 - 4583

# ÜBERLEGUNGEN ZU DEN MOLEKULARBIOLOGISCHEN GRUNDLAGEN DER WIDERSPIEGELUNG

SINAIDA ROSENTHAL, KLAUS FUCHS-KITTOWSKI, HANS-ALFRED ROSENTHAL, SAMUEL MITJA RAPOPORT

Bereich Bioregulation, Zentralinstitut für Molekularbiologie der AdW der DDR, Berlin-Buch; Sektion Wissenschaftstheorie und -organisation der Humboldt-Universität, Berlin; Lehrstuhl Virologie, Med. Bereich der Humboldt-Universität, Berlin; Institut für Physiologische und Biologische Chemie, Med. Bereich der Humboldt-Universität, Berlin

## THESE 1

### Widerspiegelung eine allgemeine Eigenschaft der Materie

In seiner Auseinandersetzung mit dem Machismus formulierte W.I. LENIN im Anschluß an eine konzentrierte Darlegung der Beziehung zwischen Sein und Bewußtsein und der Fähigkeit des menschlichen Gehirns zur bewußten Widerspiegelung der objektiven Realität die Hypothese "... in den 'Grundsteinen des Gebäudes der Materie' kann man ... die Existenz einer Eigenschaft der Materie, die der Empfindung ähnlich ist, vermuten" (1).
Die in dieser Formulierung enthaltene Vermutung, daß die Fähigkeit zur Widerspiegelung der objektiven Realität eine allgemeine Eigenschaft der Materie ist, wird von den Fortschritten der biologischen Wissenschaft bestätigt.
Die Widerspiegelung als eine spezifische Form der Wechselwirkung (oder einer Klasse von Wechselwirkungen) ist organisierende Eigenschaft der Materie und hat ihre Grundlage schon in der unbelebten Natur.
In einer schwierigen Klassenkampfsituation, in Auseinandersetzung mit revisionistischen Strömungen in der Arbeiterklasse nach der gescheiterten Revolution von 1905 und in Auseinandersetzungen mit neuen Erkenntnissen der Naturwissenschaft seiner Zeit leistete LENIN Entscheidendes zur Weiterentwicklung der dialektisch-materialistischen Erkenntnistheorie; er knüpfte hierbei an materialistische Traditionen in der Erkenntnistheorie und an Grundgedanken von MARX und ENGELS an. Durch die von ihm entwickelte Widerspiegelungstheorie wurde sie auf eine feste materialistische Grundlage gestellt. LENIN arbeitete weiterhin besonders den dialektischen Charakter der Erkenntnis heraus und machte

deutlich, daß Erkenntnis nicht als etwas Fertiges und Unveränderliches angesehen werden kann und präzisierte damit den Gedanken von der Erkenntnis als Prozeß, vom Wesen der Erkenntnis als adäquate Widerspiegelung der objektiven Realität und formulierte die Hypothese von der Widerspiegelung, die möglicherweise der gesamten Materie zukomme.
Die erkenntnistheoretischen Überlegungen LENINs sind auch heute, gerade in Anbetracht der Angriffe J. MONODs, besonders aktuell. MONOD spricht über den angeblichen "erkenntnistheoretischen Zusammenbruch des dialektischen Materialismus", ohne überhaupt die weiterführenden Gedanken von LENIN zur Kenntnis zu nehmen, wenn er unter Hinweis auf die Tatsache der Informationsverarbeitung im Gehirn schreibt: "Unhaltbarer als je erscheint uns heute also die These von dem bloßen Reflex, von dem vollkommenen Spiegelbild, das nicht einmal seitenverkehrt ist" (2).
Die aktive Rolle des Subjekts im Erkenntnisprozeß wird in Wirklichkeit ja bekanntlich von MARX schon im ersten Satz der ersten seiner berühmten Feuerbachthesen betont, in dem er hervorhebt: "Der Hauptmangel alles bisherigen Materialismus - den Feuerbach'schen mit eingerechnet - ist, daß der Gegenstand, die Wirklichkeit nur unter der Form des Objekts oder der Anschauung gefaßt wird; nicht aber als menschliche sinnliche Tätigkeit, Praxis, nicht subjektiv. Daher geschah es, daß die tätige Seite, im Gegensatz zum Materialismus, vom Idealismus entwickelt wurde - aber nur abstrakt, da der Idealismus natürlich die wirkliche, sinnliche Tätigkeit als solche nicht kennt" (3).
Auch wenn vielleicht einzelne Vertreter des dialektischen Materialismus an einem vereinfachten Widerspiegelungsbegriff festhalten, so ist dies sicher nicht der Standpunkt der Klassiker.
Man darf in der Tat Widerspiegelung nicht als einfache Kopie der existierenden Gegenstände und Prozesse außerhalb der aktiven, praktisch verändernden Tätigkeit des Subjekts betrachten. Der Widerspiegelungsinhalt kann aber andererseits nur Werkzeug zur Umgestaltung sein, wenn er wirklich Widerspiegelung der Wirklichkeit ist. Wir haben davon auszugehen, daß sich mit der Herausbildung des höheren Nervensystems im Verlaufe der Evolution die Fähigkeit zur psychologischen Widerspiegelung entwickelte. In engem Zusammenhang mit der Entwicklung des Gehirns vervollkommnete sich diese Fähigkeit und führte zur Entstehung und Entwicklung des Bewußtseins als der höchsten Form der psychischen Widerspiegelung. Im Zusammenhang mit der Diskussion um die Entstehung des Bewußtseins äußerte LENIN unter Bezugnahme auf die in der Philosophiege-

schichte bekannte Diskussion zwischen D'ALEMBERT und DIDEROT über die Empfindsamkeit des Spinetts die Hypothese, daß die Empfindung in ihrer entwickelten Form nur mit einer hohen Organisationsform der Materie verbunden sein kann, daß aber die Materie im Ganzen eine Eigenschaft besitzen müsse, die ihrem Wesen nach mit der Empfindung verwandt sei, die Eigenschaft der Widerspiegelung (4)[1].

Bisher wurde das Problem der Entstehung und Entwicklung des menschlichen Bewußtseins im Rahmen der marxistisch-leninistischen Philosophie fast ausschließlich unter seiner gesellschaftlichen Bedingtheit und Bestimmtheit diskutiert und die Frage seiner natürlichen Grundlagen und Entwicklung vernachlässigt.

Seitens der Naturwissenschaft ist u.W. diese Hypothese bisher kaum weiter verfolgt worden. Sie gewinnt aber gerade heute, wo man sich den Ursprüngen des Lebens und vor allem auch den Problemen der Entstehung des Bewußtseins zuwendet, immer größere Bedeutung.

Der Weg zum Verständnis der Entstehung des Bewußtseins verlangt auch das Studium der Entwicklung der verschiedenen Stufen der biologischen Widerspiegelungsformen, die letztlich wiederum aus allgemeinen Eigenschaften der Materie ableitbar sein müssen, wie eben der Fähigkeit zur Widerspiegelung.

Das Verständnis einer verallgemeinerten Kategorie der Widerspiegelung bietet auch einen möglichen Rahmen, in dem das Problem des Wesens der Information vom Standpunkt der materialistischen Beantwortung der Grundfrage der Philosophie und dem Entwicklungsprinzip sinnvoll diskutiert werden kann.

Mit der Thematik unserer Tagung wird davon ausgegangen, daß ein Zusammenhang zwischen Information und Widerspiegelung besteht, auch wenn dieser Zusammenhang heute noch recht unterschiedlich gesehen wird. Von einer Reihe von Autoren wird Information und Widerspiegelung völlig gleichgesetzt, andere machen die enge Verwandtschaft deutlich, heben jedoch zugleich hervor, daß beides nicht identisch ist.

---

1 LENIN spricht von der "logischen Hypothese, welche ihrem Wesen nach mit der Empfindung verwandt ist" (4).
T. PAVLOV hebt hervor, daß die Widerspieglung mit der Empfindung in der Tat nur verwandt und nicht identisch ist (5).

## THESE 2

**Die Selbstorganisation der Materie, der dialektische Widerspruch von Innen und Außen als allgemeine Voraussetzung für Widerspiegelungsprozesse und die Evolution der Widerspiegelungsprozesse**

Die Selbstorganisation der Materie führt zur Bildung von gegenüber ihrer Umwelt relativ selbständigen Systemen, die Eigengesetzlichkeiten entwickeln, und schafft damit einen dialektischen Widerspruch zwischen Innen und Außen.
Die Evolution von Sternen führt zu Verbindungen, in denen sich Atome und Moleküle derart anordnen, daß eine Phasentrennung und dadurch eine unterschiedliche Topologie und Selbstdifferenzierung entstehen.
Die Selbständigkeit der Systeme nimmt in dem Maße zu, wie sich die Elemente des Systems differenzieren und dadurch informationelle Beziehungen im Gesamtsystem integriert werden. Je größer die innere Strukturierung des Systems ist, desto größer sind die Umweltbereiche, aus denen Einflüsse vom System verarbeitet und damit im Prinzip auch beherrscht werden können.
In der Evolution bildet sich eine stabile Differenzierung in spezifische Strukturen bis hin zu Organen für eine Auseinandersetzung der Systeme mit der Umwelt und für die Widerspiegelung der inneren Struktur der Systeme aus. Diese Differenzierung ist an die Entwicklung von großen Speichern und von vielfältigen Koordinierungs- und Integrationssystemen und an eine Zunahme der Strukturierung gebunden. Grundlage ist hierfür die Thermodynamik offener Systeme, wodurch multiple Zustände und Oszillationen als Ausdruck komplexer Reaktionen in Abhängigkeit von Umwelteinflüssen auftreten. In der Evolution wird unter Beibehaltung und auf der Grundlage erreichter Stufen von Widerspiegelungen eine Vielzahl neuer Widerspiegelungssysteme entwickelt und das Widerspiegelungsvermögen wird selbst zum Evolutionsfaktor.
Wie in These 1 ausgeführt, entwickelte LENIN Vorstellungen einer Evolution der Widerspiegelung. Es ist gerade dieser Aspekt, daß nämlich Widerspiegelung objektiver Realität im menschlichen Gehirn Vorstufen und Elemente schon auf dem Niveau einfacherer Systeme besessen haben muß, der uns besonders interessiert. Die geistige Tätigkeit des Menschen hat, von sozialen Faktoren abgesehen, die nicht Gegenstand des Vortrags sind, in den molekularen Widerspiegelungsprozessen eine Grundlage. Die geistige Tätigkeit des Menschen weist den höchsten Grad an Komplexität in den Widerspiegelungsprozessen auf, aber ihre Elemente haben schon vor dem Auftreten des Menschen existiert. Unserer Ansicht nach

ist heute, da die biochemische, biophysikalische und molekularbiologische Analyse der Gehirntätigkeit auf dem internationalen Forschungsprogramm steht, die Betonung der Tatsache von Wichtigkeit, daß sowohl einfachere biologische Systeme als auch präbiontische und biontische molekulare Systeme zur Widerspiegelung der objektiven Realität und im komplexeren Zusammenhang zur Informationsverarbeitung befähigt sind.

In komplexeren Systemen existieren weniger komplexe Widerspiegelungssysteme, deren kooperatives Wirken komplexere und kompliziertere Widerspiegelungen zustande bringen. Widerspiegelung ist also nicht schlagartig, nicht absolut zufällig einmal und nur einmal entstanden, genausowenig, wie "Leben" plötzlich entstanden ist. Wie sehr besonders wir auch menschliche Denkfähigkeit und Erkenntnisfähigkeit als höchste Form der Widerspiegelung einschätzen mögen, sie ist in allen Teilen materiellen Ursprungs und von der Entwicklung makromolekularer, biologischer und sozialer Strukturen abhängig.

Ein in These 2 angedeutetes Ergebnis der Entwicklung relativ selbständiger biologischer Systeme mit Eigengesetzlichkeit ist die Schaffung eines Widerspruchs zwischen Innen und Außen. In dem Maße, wie makromolekulare präbiontische Systeme entstehen, treten auch derartige Widersprüche auf, weil bereits ein geordnet funktionierendes Replikationssystem, ein Protein-Nukleinsäure-Komplex sich in ein Innen und Außen differenziert. Die Aussage erscheint gerechtfertigt, daß dieser ständige Widerspruch durch Widerspiegelung in gewisser Weise überwunden, wenn auch nicht aufgehoben wird. Je mehr sich das Innere differenziert, desto intensiver werden der erwähnte Widerspruch und die Widerspiegelung.

Von evolutionärem Interesse ist die differenzierte Strukturierung der nächsten Umgebung der lebenden Einheit "Zelle". So besitzen die Bakterienzellen eine kompliziert gebaute Zellbegrenzung, in der einzelne Strukturen und Komponenten der Zellumhüllung nicht als mehr oder weniger selbständig funktionierende Teile zu betrachten sind. Vielmehr sind

- zytoplasmatische Membran
- periplasmatischer Raum
- Mureinschicht
- äußere Membran
- teilweise zusätzlich vorhandene Strukturen wie Kapsel, Schleimhülle etc.

strukturell und funktionell eng miteinander verbunden und bilden ein äußerst komplexes, dynamisches System. Diese Strukturierung wird durch die Zelle bestimmt.

Im Gegensatz zur Bakterienzelle springt bei der tierischen Zelle eine morphologische Vielfalt der zytoplasmatischen Organellen als Ausdruck der funktionellen Differenzierung des Zytoplasmas ins Auge. Die tierische Zelle zeigt damit das interessante Phänomen, daß die äußere Strukturierung der nächsten Umgebung der Prokaryontenzelle in der Phylogenese gewissermaßen nach innen verlagert worden ist. Es tritt eine extreme Differenzierung in innere Strukturräume ein, die abgegrenzte Organellen darstellen, wobei aufgrund charakteristischer Enzymmuster der Ursprung dieser Organellen von der prokaryontischen Zellmembranstruktur z.T. ableitbar ist.

## THESE 3
## Der Zusammenhang von Widerspiegelung und Information

Ausdruck der materiellen Einheit der Welt ist, daß schon das Prinzip der allgemeinen Wechselwirkung, in dem von struktureller und funktioneller Komplementarität ausgegangen wird, erste Keime der Spiegelung enthält. Widerspiegelung entwickelt sich aus spezifischen Formen der Wechselwirkung. Wir gehen davon aus, daß die philosophische Kategorie der Widerspiegelung unter verschiedenen Gesichtspunkten umfassender ist als die einfachere Kategorie Aktion - Reaktion. Widerspiegelung ist eine wesentliche Eigenschaft von Systemen. Information und Widerspiegelung sind nicht identisch; Information entwickelt sich aus Widerspiegelung.
Sprechen wir von Widerspiegelung, so wird damit die Fähigkeit von Systemen charakterisiert, äußere Einwirkungen durch innere Strukturveränderungen zu "reproduzieren" und auf sie entsprechend den inneren Systembedingungen spezifisch zu reagieren.
Für Natur- und Gesellschaftswissenschaftler ist die Frage nach den qualitativen Unterschieden zwischen den Begriffen

- Aktion - Reaktion
- Widerspiegelung
- Information

gleichermaßen von großem Interesse. Diese Frage hat zwei Aspekte: den definitorischen und den nach dem inneren Zusammenhang oder nach der Abgrenzung des Wesens der Widerspiegelung nach unten zu den elementaren Wechselwirkun-

gen wie Aktion - Reaktion, und nach oben in den Beziehungen zur Information, zum Gedächtnis etc.
Die Frage nach der Abgrenzung kann auch anders gestellt werden. Wann geht die einfachere Beziehung Aktion - Reaktion in Widerspiegelung über? Wo finden wir die ersten Widerspiegelungselemente?
Schon in der nicht lebenden Natur unterliegt jeder Körper im Prozeß der Wechselwirkungen unterschiedlichen Einflüssen. Die Dinge und Erscheinungen gehen von einem Zustand in einen anderen über und verändern ihre Struktur. Soweit solche Veränderungen nur auf den äußeren Einwirkungen beruhen, haben wir es mit einfachen unmittelbaren Antwortreaktionen zu tun, nur mit Antworten auf äußere Einwirkungen. Widerspiegelung basiert auf dem allgemeinen Prinzip Aktion - Reaktion. Dieses Prinzip hat universellen Charakter, gibt aber nur den äußeren Zusammenhang von Einflüssen und Wirkungen wieder. Hier werden zwei Bestandteile eines Systems relativ gleichberechtigt in Wechselbeziehungen betrachtet.
In einer bestimmten Klasse von Prozessen in biologischen Systemen ist außer einer solchen Wirkung oder Antwortreaktion auch noch eine weitere Komponente zu berücksichtigen, eben die Widerspiegelung. Das zweite Objekt erfährt durch das aufgenommene Signal eine Strukturveränderung von relativer Dauer, die Merkmale des einwirkenden Objektes enthält. Die Wirkung besteht dann also in einer Zustandsveränderung durch äußere Einwirkungen und in einer strukturellen Veränderung, die auch noch nach dem Abklingen der äußeren Wirkung bestehen bleiben kann, und zwar so, daß bei wiederholter Wechselwirkung eine veränderte Reaktion resultiert, die in die Richtung einer verbesserten Anpassung führen kann. Damit erweist sich die Widerspiegelung als eine entscheidende Grundlage der Höherentwicklung. Die Widerspiegelung geht von einem System und seiner Umwelt aus. Einerseits betrifft sie in einem gewissen Grade Teilkomponenten eines Systems, in welchem vorrangig ein Bestandteil in seiner Reaktion auf die Umwelt betroffen ist, wodurch der Blick gerade auf diese innere Struktur-Funktionsänderung im Prozeß der Widerspiegelung gelenkt wird, die dadurch als etwas Selektives, Spezifischers in Erscheinung tritt. Andererseits verbindet Widerspiegelung auf qualitativ neuartige Weise Glieder (Bestandteile) eines Systems, gibt damit neuartige Systemgemeinschaften wieder.
Widerspiegelung verlangt demnach ein System, das in Wechselwirkung mit einer Umwelt steht und das eine bestimmte hohe Organisation aufweist. Die Qualität

der Widerspiegelungsphänomene leiten sich aus der Struktur-Funktions-Organisation des Systems ab.
Es ist Aufgabe der dialektischen und materialistischen Philosophie, in den nächsttieferen Organisationsebenen nach den Keimen der höheren zu suchen.
Erste Widerspiegelungselemente treten vielleicht schon, wie wir weiter oben angedeutet haben, in der physikalischen Ebene auf. Die Herausbildung von Elementen der Widerspiegelung gibt zunächst - auch evolutionär betrachtet - keine aktiven Beziehungen zweier Komponenten, die in Wechselwirkung treten, wieder. Widerspiegelung ist als ein Teil des allgemeinen Prinzips Aktion - Reaktion nicht von vornherein teleoanomisch.
Die biologischen Systeme zeigen vier Entwicklungsstufen der Wechselwirkung bzw. drei Grundklassen der Widerspiegelung (2., 3. und 4.):

1. Die reine Wechselwirkung ohne Verwandlung der wechselwirkenden Partner als allgemeine Grundlage und Grenzfall;
2. Die Wechselwirkung mit Verwandlung der Partner;
3. Die Erkennung, Aufnahme und Verwertung von reinen Signalen;
4. Die Interpretation, Aufnahme und Verarbeitung von syntaktischen Informationen.

Auch die einfachsten Lebewesen benötigen diese Wechselwirkungen und Widerspiegelungen.
Die Wechselwirkungen mit Verwandlung der Partner bilden die molekularen Grundlagen der Widerspiegelungsprozesse (siehe These 5).
Jeder Widerspiegelungsprozeß ist mit Signalübertragung verbunden, d.h. mit der Übertragung einer bestimmten Struktur von einem Gegenstand auf einen anderen, so daß im Empfänger eine Antwort erzeugt wird und damit eine bestimmte Eigenschaft des einwirkenden Objekts aufgenommen bzw. auf dieses geschlossen werden kann.
Äußere Signale werden von der Zelle (Organismus) aufgenommen, verarbeitet, kurz- oder langfristig gespeichert und systemeigen beantwortet. Sie können verschieden typisiert werden: nach der Strukturebene, nach der Zeit oder anderen Einteilungsprinzipien (physikalische, chemische und biologische Signale oder Faktoren). In jedem Falle, in dem Systemadäquatheit existiert, wird der äußere Faktor direkt oder indirekt in einen inneren verwandelt. Unabhängig von der Eingangspforte des Signals oder seiner Qualität oder seiner Komplexität ist sein Wirksamwerden an Zelleistungen gebunden. Das ist die Quelle des Subjektiven, der an die Aktivität des Empfängers geknüpften Widerspiegelung.

Da in jedem Signal und Systemverhalten Momente des Zufälligen existieren, weisen auch die Widerspiegelungsphänomene unterschiedliche Züge auf. Widerspiegelung als komplexe Funktion komplexer Systeme unterliegt den Gesetzen der Wahrscheinlichkeit. Auf der anderen Seite zeigen Widerspiegelungsprozesse Züge stärkster Individualisierung.
Ein und dasselbe Signal kann in verschiedenen Organismen ganz unterschiedliche Arten von Reaktionen auslösen, aber auch zwei Individuen der gleichen Art werden auf dasselbe Signal hin noch geringe Unterschiede in ihrem Verhalten aufweisen. Zwei Bakterienzellen einer Art können auch durch die raffiniertesten Methoden wahrscheinlich nicht dazu gebracht werden, sich vollständig gleich zu verhalten. Es gibt also auch individuelle Widerspiegelungsvarianten. Dies ist als nicht voll objektivierbare Widerspiegelung zu kennzeichnen.
Je weniger komplex das biologische System ist, z. B. auf der subzellulären und letztlich molekularen Ebene, umso mehr werden diese individuellen (auf struktureller Vielfalt beruhenden) Unterschiede verschwinden. Aber auch hier könnte man, allerdings mit noch empfindlicheren Methoden, Unterschiede in der Reaktion einer Population von Molekülen nachweisen.
Betrachtet man Widerspiegelungsprozesse in einem komplexen biologischen System, so ist es schwierig, Widerspiegelung ohne Information zu finden. Diese "Identität" erklärt sich aus der Entwicklung der biologischen Systeme, die sich in der Evolution in Richtung der Ausbildung von Informationsprozessen optimiert haben, wobei primär informationsverarbeitende Prozesse (als Steuerung von Systemen) existieren. Hieraus resultiert die Frage, wann geht Widerspiegelung in Information über? Vermutlich dann, wenn der Empfänger eines Signals ein System darstellt, indem dieses Signal einer mehrstufigen Verarbeitung unterliegt. Es wird also ein Signal durch eine höhere Qualität des Struktur-Funktionsverhaltens des Empfängers zur Information und der Empfänger in die Lage versetzt, das Signal - die Information - zu "nutzen". Das Signal - die Information - wird demnach umgesetzt in eine teleonomische Verhaltensweise des empfangenden Systems. Das setzt eine relativ hohe Differenziertheit des Systems voraus. Es müssen mindestens mehrere Reaktionsmöglichkeiten (Freiheitsgrade) für das System gegeben sein, unter denen eine Entscheidung getroffen wird. Wenn das Signal durch das widerspiegelnde System eine Bedeutung erhält, entsteht eine Information. Die Bedeutung besteht in der funktionellen Potenz der Struktur, mehrere Reaktionsmöglichkeiten zu beinhalten. Das System kann durch eine weitere Strukturveränderung eine Interpretation des Signals vornehmen, wodurch

die Antwortreaktion gesteuert wird. Es können verschiedene Interpretationen stattfinden und daher unterschiedliche Verhaltensweisen auftreten. Damit wird deutlich, daß ein Signal erst in Bezug auf einen Empfänger als Information angesprochen werden kann, d.h. wenn Struktur-Funktionsveränderungen bewertet werden. Das Verständnis der Information als Widerspiegelung bzw. als der objektivierbare Widerspiegelungsinhalt geht davon aus, daß Information letztlich nur in Bezug auf einen Empfänger zu verstehen ist.

Es gibt verschiedene Arten von Informationsverarbeitung auf den verschiedenen Ebenen der lebenden Materie: Die Verarbeitung von syntaktischen Informationen und von reinen ungerichteten Signalen. Die Beziehungen zwischen Außen und Innen führen in den biologischen Systemen zur Differenzierung in zwei Grundklassen der Widerspiegelung bzw. des Sender - Empfänger-Verhältnisses mit

- mehr starrem, konservativem Verhalten (genetischer Apparat: Verarbeitung von syntaktischen Informationen) und
- mehr flexiblem, dynamischem Charakter (Stoffwechsel: Verarbeitung von reinen, ungerichteten Signalen).

Auch innere Prozesse werden in der Zelle widergespiegelt. So ist für die Existenz von Lebewesen der Besitz einer völlig aufeinander abgestimmten Beziehung zwischen genetischer Information und Eiweißsyntheseapparat essentiell. Dieser biologische Automatismus ähnelt stark dem Prinzip des technischen Automaten als Informationstransformator oder -interpret, wenn man davon absieht, daß der biologische Automatismus auf Grund der Möglichkeit, gewisse innere Veränderungen zu erleiden, zur Evolution befähigt ist.

In den Beziehungen zwischen biologischem System und seiner Umgebung entwikkeln sich demnach charakteristische Typen von Sender-Empfänger-Beziehungen. Die physikalischen, chemischen und biologischen Faktoren bzw. Signale sind für den Empfänger nicht speziell zugeschnitten, hingegen ist der Empfänger auf eine breite, jedoch begrenzte Skala von Signalen eingestellt. Auf der Grundlage einer großen Strukturpotenz ist er in der Lage, spezifisch zu reagieren. Auch hier muß zwischen Sender und Empfänger eine gewisse Übereinstimmung bestehen (Systemadäquatheit).

Bestimmte Signale werden ignoriert oder unterdrückt (Systemblindheit). Man hat die Aktivität des Empfängers, seine Reaktion auf die Informationsquelle entsprechend seiner Systemspezifik und Umweltsituation zu berücksichtigen. Dies führt zu der Einsicht, daß Widerspiegelungsquelle (bzw. -objekt) und Widerspiegelungsinhalt nicht völlig miteinander zu identifizieren sind.

Information als objektivierter spezifischer Bedeutungsinhalt eines Signals besitzt Doppelnatur: Information über etwas für etwas. Information kann demnach äußere und innere Realität sein. Als innere Realität kann sie als relativ dauerhafte strukturelle Veränderung, z.B. als objektiv bestehende Vorschrift für die Erhaltung und Reproduktion des Systems, auftreten, die auch bestehen bleiben kann, wenn die äußere Wirkung (Signal) nicht mehr gegeben ist. Damit entsteht die Potenz oder Fähigkeit zur Widerspiegelung eines zukünftigen, noch nicht existenten Zustands.
In einem komplexen System erfolgt durch Information eine Präzisierung bzw. Weiterentwicklung der Widerspiegelungsfunktion.

## THESE 4
## Die Hierarchie der Strukturierung der Widerspiegelung und der Zeitbegriff

Entsprechend der komplexen Strukturierung der biologischen Materie ist die Widerspiegelung komplexer Natur.
Da jede Widerspiegelung eine Potenz zur Strukturierung voraussetzt, verlangt sie eine räumliche und zeitliche Ausdehnung der materiellen Träger. Jede Strukturierung enthält daher als integralen Bestandteil die Zeit. Durch Widerspiegelung wird die Kategorie Zeit für die Daseinsweise des Systems selbst relevant. Wir unterscheiden beim Zeitbegriff Eigenzeiten der Systeme und zugehörende Signalzeiten (externe und interne Relaxationszeiten usw.).
Jede Strukturebene der biologischen Materie (die Ebene der Makromoleküle, die Ebene der räumlichen Strukturen mit vektoriellen Eigenschaften, die Lebewesen, die eine differenzierte Hierarchie des Gedächtnisses entwickeln) besitzt spezifische Qualitäten der Widerspiegelung und damit charakteristische Eigenzeiten. Die Eigenzeiten biologischer Systeme integrieren auf den verschiedenen Ebenen der lebenden Materie das zeitliche Verhalten elementarer und zunehmend komplexer Prozesse. Auf der molekularen Ebene gehorchen die Eigenzeiten der elementaren Prozesse den Gesetzen der Physik und Chemie.
So ist Erkennung, Aufnahme und Verwertung von reinen Signalen durch biologische Systeme, z.B. von Lichtsignalen, nur möglich, weil Lebewesen dazu befähigt sind, physikalische Bewegungsformen der Materie mit Umwandlungszeiten von $10^{-24}$ bis $10^{-16}$ sec, also physikalische Energie in chemische und biochemische Energieformen umzuwandeln, und damit in biologisch adäquate Strukturen

und Funktionen zu bringen. Diese Energietransformation, die u. U. für chemische Umwandlungen im Bereich von $10^{-12}$ bis $10^{-7}$ sec (z. B. Protonenübertragungen $10^{-11}$ bis $10^{-7}$ sec, Elektronenübertragungen $10^{-10}$ sec, Bildung von Protein-Substrat-Komplexen $10^{-8}$ sec, Veränderungen der Sekundär- und Tertiärstruktur von Proteinen $10^{-7}$ sec) erfolgen kann (7), ist eine wichtige Grundlage der Widerspiegelung in biologischen Systemen. Das Nichtverständnis dieser Umwandlungsprozesse als Widerspiegelung der Umwelt an spezifischen biochemisch-biologischen Strukturen hat DELBRÜCK (STENT) nach bisher unbekannten Gesetzen der Physik, also nach einer prinzipiell neuen Physik Ausschau halten lassen (8). Das Ergebnis solcher Bemühungen ist stets nur die Auffindung dieser spezifischen biologischen Strukturen und Systeme, die jener schnellen Energiewandlung fähig sind, ohne daß eine neue Physik benötigt wird. Jedoch war das Eingreifen der Physiker in die Diskussion um Vererbung, Leben und Information äußerst fruchtbar (SCHRÖDINGER, DELBRÜCK) (19).

Während die Eigenzeiten elementarer biochemischer Reaktionen wie z. B. die Ausbildung von Enzym-Substratkomplexen $10^{-8}$ bis $10^{-6}$ sec beträgt, liegt der Durchsatz von Substraten (Metaboliten) in Stoffwechselketten im Sekunden- bis Minutenbereich. In diesen Bereich gehören auch die Eigenzeiten solcher im Prinzip schon komplexer Reaktionen, die noch als biologische Elementarprozesse angesprochen werden können, wie die kovalente Verknüpfung von Nukleotid- und Aminosäurebausteinen. Diese betragen zwischen $10^{-3}$ und $10^{0}$ sec.

Charakteristisch sind die Relaxationszeiten komplexer biochemischer Systeme (z. B. von Stoffwechselketten), d. h. die Zeiträume, in dem das System nach Auslenkung oder Störung in die Ausgangsgleichgewichtslage zurückkehrt. Für die Glykolyse ist die Relaxationszeit um zwei Größenordnungen langsamer als die Durchsatzrate der Metabolite[1]. Hierin kommen zusätzliche Systemfaktoren zum Ausdruck, die die Dynamik der Systeme kennzeichnen.

Auf der subzellulären, zellulären und organismischen Ebene treten zunehmend längere Eigenzeiten auf, die charakteristisch für die komplexen biologischen Strukturen sind. Solche "biologischen" Zeiträume kennen wir z. B. als Zeitkon-

---

1 Am Verhalten der intrazellulären Konzentrationen der Glykolysemetabolite kann die Art und Weise, wie die Einstellung eines gestörten Stoffwechselgleichgewichts in der Zelle erfolgt, demonstriert werden. Hierbei können Oszillationen, d. h. ein sich abschwächendes Einpendeln der Metabolitenkonzentration um das neue Gleichgewicht, auftreten, deren Zeitkonstanten, verglichen mit denen einer Enzymreaktion, mit etwa 100 sec relativ lang sind (10).

stanten für Zellteilungsprozesse, biologische Halbwertzeiten für die Existenz von Zellorganellen, Zellen und Organismen, Zeiträume für biologische Entwicklungsperioden usw. Biologische Eigenzeiten beinhalten aber auch die Evolution, die Generationsfolge und ihre Geschichte, so daß auch erdgeschichtliche Zeiträume auftreten. Lebensprozesse besitzen Historizität, voraufgegangene Ereignisse spiegeln sich in späteren wider. Lebewesen konservieren über sehr lange Zeiträume frühere Ereignisse, obwohl die biologischen Systeme ungleich dynamischer sind als alle anderen Systeme und ständigen Struktur-Funktionsveränderungen unterliegen.
Widerspiegelung der objektiven Realität erfolgt immer und allein durch die dem biologischen System eigenen Struktur- und Funktionsmechanismen; sie wird gleichsam durch die strukturellen und funktionellen Eigenschaften des Systems "gebrochen" (oder "transformiert"), sofern es sich um ein lebendes System handelt.
Durch den Zeitbegriff erfolgt demnach eine Spezifizierung der Widerspiegelung durch Abgrenzung zu Widerspiegelungsprozessen in unteren und höheren Strukturebenen.

## THESE 5

## Die elementaren Grundlagen der Widerspiegelung in der biologischen Materie und die zentrale Rolle der Eiweiße in der Widerspiegelung

Die biologischen Makromoleküle sind dadurch gekennzeichnet, daß sie eine Vielzahl von Strukturen bilden, die auch (und nicht nur bei Zellen) ein Innen und ein Außen unterscheiden lassen. Die Vielfalt der Strukturen ergibt sich aus der großen Zahl und dem geringen Energieniveau der Bindungen (Wechselwirkungen) der biologischen Makromoleküle mit nieder- und hochmolekularen Verbindungen. Als spezifische Eigenschaften weisen sie Selektivität und Allosterie auf.
Makromoleküle sind imstande, auf Signale in Abhängigkeit von ihrer eigenen Geschichte (Historizität) zu reagieren. Sie weisen auch die Eigenschaft der Hysterese und damit unterschiedliche Wege für Hin- und Rückreaktionen auf. Es zeigen sich erste Elemente des biologischen Gedächtnisses. Makromoleküle können demnach mehr als nur wechselwirken, sie können auf der Grundlage komplementärer Wechselwirkungen erkennen und selektionieren - sie besitzen daher ein elementares Widerspiegelungsvermögen.

Die Ergebnisse der Biochemie gestatten die Aussage, daß die Widerspiegelung an die universelle Fähigkeit der Eiweiße geknüpft ist, spezifische Typen von Wechselwirkungen mit nieder- und hochmolekularen Verbindungen einzugehen. Dabei werden besondere Baumuster nichtkovalenter Bindungen hoher Spezifität und z.T. ausgeprägter Festigkeit gebildet. Diese spezifischen Typen von Wechselwirkungen führen zur Stoffwandlung, Strukturbildung und in letzter Konsequenz zur Reproduktion der lebenden Materie und sind damit Faktor und Gegenstand der Evolution. Diese Wechselwirkungen sind die Grundlage aller biologischen Funktionen der lebenden Systeme und damit auch der der Informationsverarbeitung einschließlich solcher komplexer Funktionen wie sie Denken, Gedächtnis, Lernen etc. darstellen.

Die Wechselwirkungen von Eiweißen mit Eiweißen, Nukleinsäuren, Lipiden und Kohlehydraten sind die Grundlage zur Ausbildung von Strukturen, wodurch komplexe zelluläre Kompartmentierungs- und Reaktionssysteme mit spezifischen Leistungen entstehen. So führen Wechselwirkungen von Eiweißen mit den Lipiden zur Ausbildung von Membranstrukturen, die auf einer höheren Stufe ein differenzierteres Innen und Außen bilden. Diese Strukturen zeigen vektorielle Eigenschaften, wobei selbst die Außenseite und die Innenseite der Membranen unterschiedliche Funktionen aufweisen. Die Bildung von nichtkovalenten Verbindungen zwischen Eiweißen und Nukleinsäuren ist die Grundlage für die Ausbildung eines über Generationen hinweg stabilen, jedoch nicht unveränderlichen Gedächtnisses (genetisches Gedächtnis). Wechselwirkungen zwischen Eiweißen und Nukleinsäuren bilden elementare Grundlagen der Interpretation von Instruktion oder genetischer Informationen.

Die Vielzahl der Einflüsse führt zu gerichteten Veränderungen, diese ermöglichen wiederum adäquate Aussagen über das Wesen des Einflusses.

Als Beispiel zur Erläuterung dieser Thesen und der voraufgehenden haben wir die Enzyme gewählt.

1. Enzyme vermitteln die Stoffwandlung unter Bedingungen, in denen sich normalerweise aus energetischen Gründen keine Stoffwandlungsprozesse vollziehen können, eine Rahmenbedingung für die Ausbildung lebender Systeme;
2. Enzyme zeigen ein hohes Maß an Komplementarität für ihre Substrate, d.h. auswählende Eigenschaft für eine chemische Struktur (Substratspezifität).

Bestimmte Enzyme entwickeln ein höheres Maß an Widerspiegelung in der Evolution, d.h. sie besitzen einen größeren Beziehungsreichtum, der auch die Grund-

lage allosterischer Eigenschaften darstellt. Sie unterscheiden sich von anderen Enzymen, die einen geringeren Grad von Regelfunktionen besitzen.
Enzyme erwerben, über ihre Substrate und Metabolite zu Enzymketten und komplizierten funktionellen Einheiten zusammengeschaltet, neue Eigenschaften wie die der Oszillation und anderer komplexer zeitlicher Reaktionen.
Das Studium dieser Makromoleküle ermöglicht unserer Meinung nach, ein tieferes Verständnis von den elementaren Widerspiegelungseigenschaften einfacher Systeme zu gewinnen, die wesentliche Grundzüge der lebenden Materie darstellen. Die biochemische Forschung hat wenigstens für einige wenige einfache Modelle so viele Daten und Fakten akkumuliert, daß uns die der Komplementarität in der Wechselwirkung der Partner zugrundeliegenden Struktur- und Funktionsbeziehungen auf molekularer Ebene bekannt sind.
Aus der dreidimensionalen Strukturanalyse von 30 Eiweißen (davon 21 Enzymen) mit ihren Substraten, Produkten und Inhibitoren lassen sich folgende allgemeine Schlußfolgerungen ableiten:

1. Die meisten Enzyme, aber nicht alle Eiweiße, zeigen definierte dreidimensionale molekulare Strukturen, die in gewissen Grenzen unabhängig von Milieuunterschieden sind.
2. In der dreidimensionalen Anordnung der gefalteten Polypeptidkette sind die Seitenketten der Aminosäuren derart angeordnet, daß - mit einer zulässigen Vereinfachung gesprochen - ein hydrophiles Exterieur und ein hydrophobes Interieur entstehen. Diese verschiedenen Innen und Außen bilden sich schon während der Biosynthese der Polypeptidkette aus.
3. Der Bindungsort für das Substrat und das katalytische Zentrum liegen (immer) in einer Grube oder Spalte des Enzyms. Die hydrolytischen Enzyme haben ausgedehnte Bindungsregionen für ihre Substrate.
   Das hydrophobe Interieur ist für die Aktivierung einer (oder weniger) geladenen Gruppe(n) für die Bindung oder für den katalytischen Prozeß von Bedeutung. Die Aktivierung dieser Gruppe(n) tritt ein, wenn durch Bildung des Enzym-Substrat-Komplexes sich die Umgebung dieser Gruppe(n) verändert.
4. Bei der Bindung eines Substrats an das Enzym erfolgt eine Änderung der räumlichen Anordnung von Teilabschnitten des Substrats. Das Substrat wird an die Bindungsstelle angepaßt.
5. Das Enzym muß flexibel sein
   - um das Substrat zu "fangen",
   - damit die katalytische(n) Gruppe(n) wirksam wird (werden),

- damit das (die) Produkt(e) freigesetzt wird (werden).

Modifikationen am Eiweißmolekül weit vom katalytischen Zentrum entfernt können die Enzymaktivität (Bindung, Katalyse) beeinflussen.

Bei Bindung von Substratanaloga werden kleine Veränderungen in den Positionen vieler Atome beobachtet. Diese Veränderungen sind geringer als am katalytischen Zentrum. Ihre Wirkung ist möglicherweise nicht zu vernachlässigen, jedoch verstehen wir ihre Wirkung bisher noch nicht.

6. Die eigentliche strukturelle Komplementarität zwischen Enzym und Substrat $E + S \rightleftharpoons E \rightleftharpoons ES^{+} \rightleftharpoons P + E$ [PAULING (11) modifiziert von LIMPCOMB (12), LUMPREY (13)] ist in dem freien Enzym noch nicht voll ausgebildet, jedoch vorgebildet. Sie entsteht im Bindungsprozeß des Substrates durch Attraktion des Enzyms. Die komplementäre molekulare Konfiguration steht demnach zwischen den reagierenden Partnern und den Reaktionsprodukten. Beim Übergang in diese, den aktivierten Enzym-Substrat-Komplex, kommt es zu einer Abnahme seiner freien Energie, damit zu einer Abnahme der Energie zur Aktivierung der Reaktion und als Folge zu einer Zunahme der Geschwindigkeit in der Einstellung des chemischen Gleichgewichts.

Wir möchten zwei weitere Beispiele für molekulare bzw. chemische Komplementarität anführen.

- Die Substratbindungsregion des Verdauungsenzyms Chymotrypsin, das Peptidbindungen in Eiweißen spaltet, ist der Peptidsequenz eines Abschnitts des Substrats (hier Substratanalogon) direkt komplementär. Die Bindung erfolgt über drei Wasserstoffbrücken. Auf Grund der gleichen chemischen Natur von Enzym und Substrat ist dieser Typ von Komplementarität eigentlich nicht verwunderlich. (Wir kennen die "Nutzung" dieses Prinzips, bei der Ausbildung der helicalen Anordnung innerhalb einer Polypeptidkette, der Zusammenlagerung zweier Polypeptidketten, der strengen räumlichen Komplementarität der Basenpaarungen zwischen den zwei DNS-Molekülen in einer doppelsträngigen DNS, in DNS-RNS-Hybriden usw., aber auch bei der Ausbildung der Sekundär- und Tertiärstruktur in einsträngigen RNS-Molekülen).
- Das Prinzip komplementärer Wasserstoffbrücken, wobei aus Gründen der Stabilität im Minimum drei Brücken sich in räumlicher Nähe ausbilden müssen, liegt einem anderen bekannten biologischen Regelmechanismus zugrunde, nämlich der Reprimierung oder Deprimierung des Laktoseoperons durch den Lac-Repressor.

Das "Besondere" an diesem Beispiel ist, daß sich Wasserstoffbrücken zwischen chemisch verschiedenen Partnern, einem doppelsträngigen DNS-Abschnitt und einem Eiweiß, ausbilden. Auf Grund der hohen Affinität der Partner zueinander (Bindungskonstanten von $10^{13}$) ist diese Bindung von großer Festigkeit und dadurch auch hoch selektiv.

Komplementarität wurde bisher als Synonym für die Ausbildung von chemischen Bindungen gebraucht. Es handelt sich aber nicht um schlechterdings jede Art möglicher chemischer Wechselwirkung, sondern um solche, die stabil genug sind, um im Bereich normaler Temperaturen die Ausbildung differenzierter, höchstspezifischer Strukturen zuzulassen, doch (müssen) diese Strukturen labil genug sein, sich sehr schnell veränderten Bindungen anzupassen. H-Brückensysteme zeigen für biologische Vorgänge die wichtige Eigenschaft der Ausbildung fließender Strukturen (14). Die Ausbildung der Selektivität der Substratbindung in der Evolution - die Substratspezifität - die kein anderer chemischer Katalysator aufweist, kombiniert mit der katalytischen Funktion, verlangt demnach ein so großes Molekül, wie es die Enzyme sind.

Die eingangs erwähnte Stabilität der molekularen räumlichen Struktur ist dynamisch, sie muß ausreichend flexibel sein, um sich dem Substrat mindestens partiell anzupassen, wobei auch dessen Raumstruktur veränderlich ist. Hierdurch wird ein Ort (eine Atomgruppe, eine Bindung) aus energetischen Gründen bevorzugt und in der Evolution selektiert, an der die katalytische Reaktion beginnt, wobei diese selbst wieder über mehrere Teilschritte verlaufen kann.

PAULING hatte eine passive Auffassung über die Komplementarität zwischen Substrat und Enzym. Er nahm an, daß die Substrate in einer Konformation gebunden werden, die der im aktivierten Komplex entspricht. Aus energetischen Gründen und Daten über z. B. die unterschiedliche Stabilität von Substraten im gebundenen Zustand und im aktivierten Komplex des Enzyms sowie aus Röntgenstrukturanalysen ergibt sich, daß das Enzymprotein in der Lage sein muß, den Veränderungen in der Geometrie des Substrates während des Bindungsprozesses (bond re-arrangement process) zu folgen, also ein mehr aktives Konzept der Komplementarität.

Der Bindungsprozeß von Substrat an das Enzym führt zur Freisetzung von freier Energie. Im Falle des sehr einfachen Peptidbindungen-spaltenden Enzyms Chymotrypsin wird diese Energie als Wärme frei. Bei komplizierteren Enzymen bzw. Proteinen (Hb) wird ein Teil dieser Energie in der Proteinkonformation transformiert, in gewissem Sinne gespeichert und übertragen. Möglicherweise sind in vielen synthetischen Reaktionen Proteine und Substrate in der gleichen Art gekoppelt, daß die freie Energie mit Leichtigkeit zwischen den verschiedenen Partnern sich bewegt, ausgetauscht werden kann. In einer Reihe aufeinander folgender elementarer Schritte liefert sozusagen die veränderliche Proteinkonformation die freie Energie für schwierige chemische Veränderungen des Substrats. Auch hier kann von Komplementarität gesprochen werden. Komplementarität steckt demnach in der plastischen räumlichen Geometrie verschiedener chemischer Strukturen, ihrer Bindungsmuster bzw. ihrer Energiezustände, ist die Grundlage für die Katalyse, den beschleunigten Übergang in einen anderen, qualitativ unterscheidbaren stabilen Energiezustand. Die in der Evolution zunehmende Komplexität in der Beeinflußbarkeit eines Enzyms durch Liganden erhöht die Widerspiegelungsfähigkeit des Proteins, und damit das Vermögen des Proteins, freie Energie in "Arbeit" zu verwandeln, mit anderen Worten, die Effektivität des Verbrauches an freier Energie zu erhöhen. Die dazu notwendige Zunahme der Komplexität erniedrigt die Produktion an irreversibler Entropie. Im Resultat entsteht dadurch ein höherer Ordnungsgrad bzw. eine höhere Organisiertheit. Die Erweiterung der Potenz zur Strukturierung biologischer Systeme ist die Grundlage für die Entstehung innerer neuer und komplizierterer Widerspiegelungsprozesse. In der Aufklärung ihrer Elementareinheiten, deren eine hier dargestellt wurde, liegt der Schlüssel für das prinzipielle Verständnis der Widerspiegelung als einer grundlegenden Eigenschaft der Materie. In ihrer am höchsten entwickelten Form, deren Basis das menschliche Gehirn ist, führt sie zur Erkennung der Mannigfaltigkeit der Welt und ihrer Gesetze und zur Erkennung ihrer selbst.

## LITERATUR


1 LENIN, W.I.: Materialismus und Empiriokritizismus, Dietz-Verlag, Berlin 1949, 35

2 MONOD, J.: Zufall und Notwendigkeit, Philosophische Fragen der modernen Biologie, R. Piper & Co. Verlag, München 1971, 51

3 MARX, K.: Feuerbachthesen, in: Marx-Engels, Ausgewählte Schriften Bd. 2, Dietz-Verlag, Berlin 1953, 376

4 LENIN, W.I.: Materialismus und Empiriokritizismus, Dietz-Verlag, Berlin 1949, 82

5 PAVLOV, T.: Die Widerspiegelungstheorie, VEB Deutscher Verlag der Wissenschaften, Berlin 1973, 9

6 COSTERTEN, J.W., J.M. INGRAM and K.J. CHENG: Structure and function of the cell envelope of gram-negative bacteria, Bact. Rev. 38, (1974) 87-110

7 EIGEN, M.: Wasserstoffbrückensysteme als Medien chemischen Stofftransports, Jahrbuch 1963 der Max-Planck-Gesellschaft zur Förderung der Wissenschaften, 66-91

8 STENT, G.S.: Einleitung: Warten auf das Paradoxon, in: J. CAIRNS, G.S. STENT und J.D. WATSON (Hrsgb.): Phagen und die Entwicklung der Molekularbiologie, Akademie-Verlag, Berlin 1972, 13-18

9 SCHRÖDINGER, E.: Was ist Leben? Die lebende Zelle mit den Augen des Physikers betrachtet, 2. Aufl., Leo Lehnen Verlag GmbH, München 1951

10 SCHEWE, Christiane: Diss. Biowiss. Fak. Humboldt-Universität, Berlin 1973

11 PAULING, L.: Chem. Eng. News 24, (1946), 1375

12 LIPSCOMB, W.N.: Three-dimensional structures and chemical mechanisms of enzymes, Chem. Soc. Rev. 1, (1972), 319-336

13 LUMRY, R.: Conformational mechanisms for free energy transduction in protein systems: old ideas and new facts, Ann. New York Acad. Sci. 227, (1974), 46-73

DISKUSSION

HÖRZ: Die Hypothese von LENIN, daß die Widerspiegelung eine allgemeine Eigenschaft der Materie ist, ist heute durch eine Reihe von Ergebnissen der naturwissenschaftlichen Forschungsarbeit gestützt. Selbstverständlich muß die damit verbundene Problematik weiter untersucht werden. Wir haben jedoch die LENINsche Erkenntnis und einige sie begründende Tatsachen und Theorien in die "Einführung in den dialektischen und historischen Materialismus" aufgenommen. Deshalb ist es so wichtig, einige mit dieser Erkenntnis verbundene Probleme der biologischen Forschung präziser zu bestimmen. In diese Richtung gehen drei Fragen:

1. In der These (1) heißt es am Schluß: daß die Widerspiegelung in spezifischer Form die Wechselwirkung organisierende Eigenschaft der Materie ist und ihre Grundlage schon in der unbelebten Natur hat. Weiter wird festgestellt, daß Aktion und Reaktion ein erstes Moment der Spiegelung enthält. Was bedeutet nun die Feststellung, daß Widerspiegelung organisierende Eigenschaft der Materie ist? Enthalten Aktion und Reaktion ein erstes Moment der Spiegelung, dann ist These 5 nicht mehr voll verständlich. In ihr wird festgestellt, daß Makromoleküle mehr können, als nur mit anderen wechselwirken. In ih-

nen zeige sich ein elementares Moment der Widerspieglung. Es wird also ein erstes Moment der Spiegelung von einem elementaren Widerspiegelungsvermögen bei den Makromolekülen unterschieden. Hier geht es offensichtlich um die in der philosophischen Literatur lang diskutierte Beziehung zwischen Wechselwirkung und Widerspiegelung. Ich halte es für wichtig, beide voneinander zu unterscheiden. Widerspiegelung ist das Entstehen von Spuren in einem System bei der Einwirkung von materiellen Prozessen auf dieses System, wobei die Spuren-Elemente die Struktur der einwirkenden Prozesse enthalten. (Abbilder) Wird also in der Wechselwirkung diese Spurenbildung sofort wieder beseitigt, dann liegt kein Widerspiegelungsprozeß vor. Insofern ist der im Vortrag erwähnte Gedanke über den Zeitfaktor in der Geschichte anzuwenden auf die Spurenbildung als Abbildung von Struktureinwirkungen.

2. Es wurde versucht, den Unterschied zwischen Information und Widerspiegelung herauszuarbeiten. Dabei wird von vollobjektivierbaren Widerspiegelungsinhalten gesprochen, die von den nicht vollobjektivierbaren unterschieden werden. Dieser Unterschied ist schwer einzusehen. Es scheint, als ob der Unterschied zwischen Information und Widerspiegelung unabhängig davon herausgearbeitet werden soll, ob es sich um biologische oder um die spezifisch menschliche Form der Widerspiegelung handelt. Wichtig ist für uns vor allem die Unterscheidung zwischen Information und Widerspiegelung bei der Untersuchung der spezifischen menschlichen Form der Widerspiegelung; dazu gibt es von unserer Seite Arbeiten, die das Verhältnis von Information, Zeichen und Abbild betreffen. Wichtig wäre auch die Untersuchung einer möglichen Unbestimmtheitsrelation im Informationsprozeß, die das Verhältnis von adäquater Widerspiegelung in allgemeinen und speziellen Begriffen betrifft. Je präziser wir formulieren, desto kleiner sind die Bereiche, für die die adäquate Widerspiegelung zutrifft. Das kann soweit führen, daß präzisierte Begriffe nur noch für idealisierte Bereiche gelten. Es taucht auch die Frage nach dem Informationsgehalt philosophischer Begriffe auf.
Es geht hier sicher darum, das Informationskonzept zu erweitern, um solche Probleme, aber auch die, die mit der Rolle von Hypothesen, Ahnungen, Handlungsanweisungen, Werten und Normen verbunden sind, besser lösen zu können. Es wäre auch wichtig, die Frage nach der emotionalen Erkenntnis und ihrem Informationsgehalt zu beantworten. Insofern ist die Frage nach dem Verhältnis von Widerspiegelung und Information zugleich eine Aufgabe für die philosophische Forschung, sich noch intensiver mit der Widerspiegelungs-

konzeption zu beschäftigen, um sie ausgehend von den biologischen Erkenntnissen und psychologischen Einsichten weiter präzisieren zu können.

3. Es wurde im Vortrag auf die Zeitproblematik eingegangen. Dabei ist nicht richtig klar, was unter physikalischer Reaktion zu verstehen ist, die sich in enorm kurzen Zeiten vollzieht. Eigentlich haben wir es doch mit wesentlich stabileren Bedingungen im biologischen Bereich zu tun, die sich sofort ändern, wenn wir die Einwirkungen des Menschen auf die Natur berücksichtigen. Insofern müßte das Verhältnis zwischen der äußeren Zeitskala und der Eigenzeit, die durch die innere Zeitrhythmik bestimmt ist, genauer erforscht werden. Dabei unterstütze ich voll und ganz die These, daß keine prinzipiell neue Physik notwendig ist, um diese Probleme zu klären.

OTTO: Der Begriff Widerspiegelung ist von der Optik ausgeborgt. Ihm liegt ein bestimmtes Symbol-Bild zugrunde.
Könnte es nicht sein, daß dieses ausgeborgte Symbol-Bild unseren Blick verstellt und den biologischen Erkenntnis-Prozeß beeinträchtigt?

H.A. ROSENTHAL: Zu der Bemerkung von Med.-Rat Dr. OTTO, daß Spiegelung und Widerspiegelung mehr zur Optik und weniger zur Biologie gehören, kann man nicht zustimmen. Den Begriff haben wir aus der Philosophie übernommen. Die Philosophen verstehen Widerspiegelung in einem umfassenderen Sinne als die Optik. Es ist natürlich bedauerlich, daß unsere Kurzbegriffe meist nicht genauer ausdrücken, was gemeint ist. Sie sind eine Art Übereinkunft, eigentlich müßten wir nach jedem solchen Begriff gewissermaßen in Klammern Erläuterungen beifügen. Im übrigen ist ja unser Vortrag so angelegt, daß durch Darstellung von Elementen der Widerspiegelung der Inhalt des Begriffs deutlicher werden soll. Auf ihn zu verzichten, hieße eine philosophische Kategorie aufzugeben. Mir ist keine bessere Kurzform davon bekannt, wie Organismus und Umwelt kommunizieren, wie Umwelt auf biologische Systeme wirkt. Im übrigen steckt schon im Sehprozeß eines Tieres oder des Menschen mehr als eine rein optische Widerspiegelung, denn die Abbildung des Gegenstandes auf der Netzhaut und die Interpretation im Gehirn erfolgt mittels biologischer Strukturen, ist individuell verschieden und stellt eine komplizierte Leistung dar. Das trifft prinzipiell auf alle durch Sinnesorgane vermittelte Widerspiegelungen der Umwelt zu, kann also gar nicht auf optische Vorgänge beschränkt sein.

GRUNOW: Zu Detailproblemen möchte ich zwei Anfragen stellen:
Die erste bezieht sich auf die individuellen Unterschiede der Widerspiegelung bei Objekten auf verschiedenen Ebenen bzw. von unterschiedlichen Evolutionsstufen. Während solche Unterschiede bei hochentwickelten biologischen Systemen zweifellos vorhanden und nachweisbar sind, erscheint es fraglich, ob entsprechende individuelle Verschiedenheiten auch auf der makromolekularen oder gar niedermolekularen Stufe vorliegen. Selbst wenn man derartige Unterschiede annimmt, besteht heute ein methodisches Problem. Wir können Individualunterschiede auf der Makroorganismusebene experimentell untersuchen, weil wir die Versuchsobjekte vereinzeln können. Auf der molekularen Ebene können wir das nicht, es liegen immer große "Populationen von Molekülen" vor, deren Widerspiegelungen somit statistische Mittelwerte darstellen.
Verallgemeinert bedeutet das, daß mit abnehmender Organisationsstufe die Zahl der untersuchten Objekte zunimmt, die allgemein untersucht werden muß. Daraus resultiert die erste Anfrage:
Sind wir berechtigt, die generelle Existenz von individuellen Unterschieden anzunehmen?
Die zweite Anfrage bezieht sich auf die am Schluß des Vortrages erwähnten fördernden und hemmenden Faktoren auf die Aktivität der Phosphofruktokinase. Ich bin der Auffassung, daß wir auf der makromolekularen und organismischen Entwicklungsstufe der Materie aus genereller Sicht nicht von Förderungen und Hemmungen schlechthin sprechen können. Für jeden einzelnen Parameter gibt es einen objektspezifischen optimalen Einflußbereich auf die Reaktion, der dosisabhängig ist. Das wird deutlich, wenn wir die Temperatur - bei dem gewählten Beispiel als Hemmfaktor aufgeführt - über einen relativ engen Bereich hinaus erhöhen oder senken. Die Aktivität der Phosphofruktokinase geht dabei gegen Null. Ebenso wissen wir, daß eine starke Erhöhung der Phosphatkonzentration - hier als Beispiel für einen fördernden Faktor genannt - zu einer Abnahme der Enzymaktivität führt.
Meine Frage ist, ob bei weiteren Überlegungen derartige Optima zu berücksichtigen sind, um sowohl dem Kausalitätsprinzip als auch einer dialektischen Betrachtungsweise besser gerecht werden zu können?

HOLZMÜLLER:

1. Im Vortrag wurde der Begriff Widerspiegelung sehr stark erweitert und muß, wenn man auch die zeitlichen Vorgänge einschließt, sowohl mit i als auch ie geschrieben werden. Sollte man nach Friedrich ENGELS den Begriff der Widerspiegelung nicht auf Wechselwirkungen zwischen der Außenwelt und den Vorgängen im Gehirn beschränken. ENGELS schreibt in der Dialektik der Natur "Wir werden sicher einmal das Denken auf physikalische und chemische Vorgänge der Moleküle zurückführen, ohne dabei das Wesen des Denkens zu verstehen".
   Der Einschluß von: Matrizenpolymerisation, Replikation, Aktion-Reaktion usw. bedeutet eine starke Erweiterung und eine das Verständnis erschwerende Verallgemeinerung des Begriffes Widerspiegelung.
2. Steht die Behauptung: Information und Informationsspeicherung in biologischen Systemen ist derjenigen im Automaten ähnlich, im Widerspruch zu STEINBUCH, der die Identität beider Erscheinungen postuliert?
3. Ist die Widerspiegelung eine vollständige oder wird diese angestrebt?

VÖLZ: Es scheint mir einseitig zu sein, die Zeitskala der verschiedenen Prozesse nur von den kürzesten Zeiten zu betrachten, oder wie es eben FRANZ tat, aus der Sicht der längsten Evolutionsprozesse. Meines Erachtens sollte dies dialektisch betrachtet werden. Dann dürfte sich in erster Näherung etwa folgendes ergeben: Die zulässige Breite des Zeitbereiches nimmt mit der Höhe der Entwicklungsstufe der Materie ab. Im physikalischen Bereich würden etwa $10^{-20}$ bis $10^{-15}$ Sekunden auftreten. Über die Chemie und Biologie engen sich die zugehörigen Bereiche ständig ein, und für die Psychologie kämen z. B. ms bis Stunden und für die Gesellschaft Tage bis Jahrhunderte in Betracht.

KRÜGER: Das Problem der Widerspiegelung hat nicht nur - wie es in der bisherigen Diskussion zum Ausdruck kam - erkenntnistheoretische Bedeutung, sondern ist gleichzeitig ein zentrales biologisches, ein sehr praktisches Problem. Ich möchte ganz besonders die wichtige These von Prof. ROSENTHAL unterstreichen, daß auf der molekularen Ebene die Widerspiegelung in biologischen Systemen auf intermolekularen Wechselwirkungen beruht. Diese intermolekularen Wechselwirkungen sind die Voraussetzung für die Existenz von Lebewesen überhaupt sowie für die Entwicklung weiterer Formen der Widerspiegelung in biologischen Systemen.

Die Entstehung des Lebens wurde erst durch die Wechselwirkung von Nukleinsäuren und Proteinen möglich, andere wichtige Beispiele hat Prof. ROSENTHAL bereits genannt.
Ich möchte hier kurz eingehen auf die Restriktion und Modifikation von DNS als eine hochspezialisierte Form der Widerspiegelung auf der Basis intermolekularer Wechselwirkungen. In der biologischen Evolution hat sich ein System von Enzymen (vor allem Endonukleasen und Methylasen) entwickelt, wodurch "fremde", in die Zelle eingedrungene DNS erkannt und abgebaut wird, während die zelleigene DNS geschützt wird. Durch die Restriktionsendonukleasen werden ganz bestimmte Sequenzen der DNS erkannt und zerschnitten. Besitzt die zelleigene DNS ebenfalls solche Sequenzen, werden diese aber durch Methylierung modifiziert, und es tritt kein endonukleolytischer Abbau ein.
Das System der Restriktion und Modifikation der DNS ist nicht nur Ergebnis der Evolution, sondern auch ein Mittel der Evolution, wodurch (neben anderen, noch unbekannten Bedeutungsmöglichkeiten) die genetische Stabilität der Organismen erhalten wird.
Ich habe dieses Beispiel intermolekularer Wechselwirkungen aus zwei Gründen gewählt. Erstens soll es eine Beziehung schaffen zwischen den beiden heute gehörten Vorträgen, die scheinbar nichts miteinander zu tun hatten, den Ausführungen von Prof. ROSENTHAL und dem Einleitungsvortrag von Prof. GEISSLER. Herr Prof. GEISSLER hatte über die Gewinnung bestimmter Gene aus dem Gesamtgenom (zum Zwecke z. B. des Gentransfers) durch den gezielten Einsatz von Restriktionsendonukleasen berichtet. In der praktischen Molekulargenetik wird also diese Form intermolekularer Wechselwirkungen, die nichts anderes als die von Prof. ROSENTHAL erwähnte Widerspiegelung auf molekularem Niveau ist, die sich in der Evolution entwickelt hat, direkt ausgenutzt.
Zweitens sollen die Vorgänge der Restriktion und Modifikation zur Ergänzung der letzten These von Prof. ROSENTHAL dienen. In der Evolution kommt es nicht nur zur Entwicklung der "Empfänger", sondern die Evolution schafft auch innerhalb des Genoms bzw. der Zelle neue "Sender", die eine Wechselwirkung zwischen Sender und Empfänger auf höherer Ebene ermöglichen.

FUCHS-KITTOWSKI: Zur Beantwortung der ersten Frage von Prof. HÖRZ in Bezug auf das Verhältnis von Wechselwirkung und Widerspiegelung, möchte ich daran erinnern, daß wir schon auf dem III. Kühlungsborner Kolloquium, im Anschluß an meinen Vortrag "Information, ihre Speicherung und Verarbeitung in biomolekularen Systemen - Zur Bedeutung der LENINschen Hypothese von der Widerspiegelung als einer allgemeinen Eigenschaft der Materie" eine Diskussion zu diesem Problem hatten. Ich habe schon damals ausdrücklich betont, daß m.E. deutlich zu unterscheiden ist zwischen der elementaren Wechselwirkung und Widerspiegelung.

Im Vortrag von Frau Prof. ROSENTHAL u.a. ist wiederum ganz deutlich gesagt worden, entsprechend der von Ihnen geäußerten Auffassung, daß wir hier zu unterscheiden haben und wir davon ausgehen, daß Widerspiegelung sich aus spezifischen Formen der Wechselwirkung entwickelt. Wenn man vom Entwicklungsprinzip ausgeht, kann man annehmen, daß es Keime, Vorformen der Widerspiegelung schon beim allgemeinen Prinzip: Aktion - Reaktion gibt. Es ist wahrscheinlich der Punkt, den Sie mißverstanden haben. Hier geht es gerade nicht um die Identifizierung von Wechselwirkung und Widerspiegelung, sondern um deren Unterscheidung und auseinander Hervorgehen. Von Widerspiegelung wollen wir erst sprechen, wenn Strukturveränderungen in einem System vorliegen durch die äußere Einwirkungen "reproduziert" werden. Entscheidend ist, daß diese Strukturveränderungen auch für das weitere Verhalten des Systems nutzbar gemacht werden können. Erst wenn sich im System teleonomische Verhaltensweisen entwickeln, wollen wir von Information und Informationsverarbeitung sprechen.

Die "reine" oder elementare Wechselwirkung ohne chemische Verwandlung der Partner haben wir deutlich als Grenzfall, als noch nicht Widerspiegelung, bezeichnet. Aber sie muß mit in das Schema aufgenommen werden, denn wie gesagt, kann die Fähigkeit zur Widerspiegelung, wenn wir sie evolutionär sehen, ja nur aus der Wechselwirkung entstanden sein. Es ist m.E. heute gerade eine Aufgabe der modernen Physik, genauer zu zeigen, wie aus der elementaren Wechselwirkung und den in der physikalischen Ebene noch nachweisbaren möglichen ersten Keimen der Widerspiegelung nun wirklich die Fähigkeit zur Widerspiegelung entsteht, wie die Fähigkeit zur Organisation der Materie, die damit im wesentlichen angesprochen ist, sich herausbildet. Durch die Arbeit von M. EIGEN zur Selbstorganisation der Makromoleküle und durch die sie untermauernden Arbeiten von PRIGOGINE zur Thermodynamik irreversibler Prozesse und der Entstehung dissipativer Strukturen wird deutlich, daß gerade gegenwärtig die Untersuchung der Wechselwirkungen so weit vorangetrieben werden, daß deutlich wird, auf welcher Grundlage sich die Fähigkeit der Materie zur Selbstorganisation herausbilden kann.

Zur zweiten Frage soll hier nochmals deutlich gesagt werden, daß wir, entgegen einer in der philosophischen Literatur leider weit verbreiteten Meinung, nach der

Information und Widerspiegelung weitgehend identifiziert werden (z. B. URSUL), hier den Standpunkt herausarbeiten wollen, daß es auch hier zu unterscheiden gilt und das Auseinanderhervorgehen noch genauer von den Einzelwissenschaften wie von der Philosophie zu untersuchen ist. Der Begriff der Information hebt nur eine bestimmte Seite einer bestimmten Klasse von Widerspiegelungsprozessen hervor. Im Vortrag wurde deutlich gesagt: "Widerspiegelung geht in Information über, wenn der Strukturveränderung eine Bedeutung zugeordnet werden kann, so daß ein teleonomisches Verhalten von dem System realisiert wird".
Die philosophische Kategorie der Widerspiegelung ist also deutlich umfassender als der allgemeinwissenschaftliche Begriff der Information.
Auf dem schon erwähnten III. Kühlungsborner Kolloquium wurde von mir u. a. hervorgehoben, daß gerade die von der Kybernetik vermittelte Einsicht, daß auch unsere hochorganisierten zentralnervösen Prozesse als Prozesse der Informationsaufnahme, -übertragung, -verarbeitung und -ausgabe verstanden werden können, zu einem tiefgreifenden Erkenntnisgewinn geführt hat. Nun stellt sich aber die Frage, ob hiermit die gesamte menschliche Widerspiegelung erfaßt wird oder ob es nicht gerade auf der Ebene der spezifisch menschlichen Form der Widerspiegelung günstiger ist, die philosophische Kategorie der Widerspiegelung anzuwenden, da sie, wie gesagt, umfassender ist. Dies würde u. a. die Möglichkeit geben, zwischen voll objektivierbaren Widerspiegelungsinhalten bzw. Informationen und nicht voll objektivierbaren Widerspiegelungsinhalten bzw. Eindrücken auf der Ebene der spezifisch menschlichen Widerspiegelung zu unterscheiden. Genau in diesem Sinne wurde im Vortrag von der Information als objektiviertem Widerspiegelungsinhalt gesprochen. Jedoch wurde darauf nicht näher eingegangen, da Informationsprozesse in der Gesellschaft, bei denen diese Unterscheidung besonders wichtig wird, nicht Gegenstand dieses Vortrages waren. Darauf wird an anderer Stelle (vgl. FUCHS-KITTOWSKI, KAISER, TSCHIRSCHWITZ und WENZLAFF, Informatik und Automatisierung, Akademie-Verlag 1976) ausführlicher eingegangen. Hier sei nur noch darauf hingewiesen, daß der sowjetische Psychologe LURIA ebenfalls die Unterscheidung zwischen Information und Eindruck einführt und wie wir in oben erwähnter Arbeit deutlich machen, daß damit auch ein Zugang gefunden werden kann zum Verständnis des Zustandekommens prärationaler, emotionaler und auch irrationaler Handlungen. Ich stimme Ihnen daher völlig zu in der Auffassung, daß es erforderlich ist, hier immer besser zu differenzieren, und wir haben dies auch schon in der erwähnten, im nächsten Jahr erscheinenden, Arbeit unternommen. Hier sollte dazu nicht mehr gesagt, sondern nur

angedeutet werden, daß auch unter anderen Gesichtspunkten als diejenigen, welche im Vortrag im Mittelpunkt standen, eine Unterscheidung zwischen Widerspiegelung und Information sich als sinnvoll erweist.
Es kann in der Tat eine Unterscheidung getroffen werden hinsichtlich der Erzeugung von Widerspiegelungsinhalten. Als Widerspiegelungsinhalte werden dabei die von einem Empfänger aufgenommenen Informationen bzw. Wirkungen bezeichnet und als Widerspiegelungsquelle die von einem Sender ausgehenden Informationen bzw. Wirkungen. Wir müssen uns nun deutlich machen, daß die von einem Sender ausgehenden Informationen bzw. Wirkungen nicht in jedem Falle im Empfänger zur Erzeugung einer Information führen. Bei der menschlichen Widerspiegelung kann der Widerspiegelungsinhalt auch die Form eines Eindrucks annehmen, der als nicht voll objektivierbare Widerspiegelung gekennzeichnet wurde. Von einem Sender ausgehende ungerichtete Signale bzw. syntaktische oder semantische Informationen können also von einem Empfänger entweder vollständig decodiert werden und damit Informationen für das System darstellen oder nicht vollständig decodiert werden und somit beim Menschen nur einen Eindruck erzeugen bzw. beim einfachen Lebewesen individuelle Reaktionen hervorrufen.
In dem hier definierten Sinne stellt die Aussage, daß Information als objektivierbarer Widerspiegelungsinhalt zu verstehen ist, sicher kein Antropomorphismus dar, denn es ist ja hier soweit verallgemeinert, daß es um den Teil der Widerspiegelung geht, den das System decodieren kann, so daß im System wieder Information erzeugt wird, die wiederum für andere Systeme mitteilbar ist. Dies verdeutlicht nochmals die These, daß immer die Aktivität des Empfängers sowie die Mitteilbarkeit, Dekodierbarkeit (Verständlichkeit) der Information bei ihrer Aufnahme, Übertragung und Verarbeitung zu berücksichtigen ist.
Wie v. WEIZSÄCKER herausgearbeitet hat, gilt es immer, die Dialektik von Neuheit und Bestätigung zu berücksichtigen, Information ist was Information erzeugt.

# FORMALISIERUNGEN DES PROZESSES DER MOLEKULARGENETISCHEN INFORMATIONSVERARBEITUNG ALS ZUGANG ZUR ABSTRAKTEN BESCHREIBUNG VON DIFFERENZIERUNGSVORGÄNGEN UND DER SELBSTORGANISATION

KLAUS BELLMANN

Zentralinstitut für Kybernetik und Informationsprozesse der AdW der DDR
Berlin-Adlershof

## I. Einführung und einige modelltheoretische Probleme der interzellulären Entwicklung

### 1. Einführung

Der größte Teil der essentiellen genetischen Information für den Aufbau des Organismus ist im Chromatin enthalten und dort in der DNS linear codiert. Es werden dabei 4 Zeichen verwendet, die die Buchstaben des DNS-Alphabets sind:

$$\alpha \text{ (DNS)} = \{A, T, G, C .\}$$

Die Information ist in Worten (Codons, Tripletts) abgespeichert. Es sind 61 Worte bekannt, die in einer Vielzahl von Wortfolgen vorkommen. Diese Wortfolgen heißen Cistrons; ein Cistron ist eine lineare Sequenz von Codons, die durch Marken (AUG, UAA, UAG, UGA) am Beginn und Ende begrenzt sind.
Die vom genetischen Speicher (GS) abgegebene Information betrifft Wortfolgen, nicht einzelne Buchstaben und auch nicht einzelne Worte.
Alle Wortfolgen sind Befehle; die genetische Information einer Zelle ist die Summe der Instruktionen, die in den Befehlen enthalten sind. Diese Instruktionen dienen 1. der Ausbildung des inneren und äußeren Aufbaus des Organismus im Verlaufe seiner Entwicklung und enthalten 2. auch Anweisungen zur Herausbildung von Mechanismen, die Voraussetzung für die Entwicklung eines zweckmäßigen Verhaltens gegenüber speziellen Umweltsituationen sind sowie 3. zur Gewährleistung der Lebensfähigkeit des Organismus.
Während der Evolution hat sich eine Speicherorganisation durchgesetzt, die neben der Erteilung eines Einzelbefehls auch die Entsendung von Befehlssequenzen erlaubt. Eine Befehlssequenz ist eine Folge von Befehlen, die in einem semanti-

schen Zusammenhang stehen. Die Erteilung eines Einzelbefehls betrifft die Ausgabe der genetischen Information, die in einer einzelnen Wortfolge codiert ist; die Erteilung einer Befehlssequenz betrifft die Abgabe der genetischen Information, die in einer Sequenz von Wortfolgen codiert ist. Eine Sequenz von Wortfolgen (Sequenz von Cistrons) heißt Skripton. Im Spezialfall kann ein Skripton aus einem einzelnen Cistron bestehen. Das Skripton besitzt einen Adressteil (Operon), der in zwei alternativen Zuständen vorkommen kann: auf oder geschlossen. Diese Zustände werden biochemisch realisiert. Die Information eines Skriptons ist unzugänglich, wenn das Operon geschlossen ist. Signale, die aus dem GS entlassen werden, betreffen die Information eines Skriptons. In den Signalen ist je nach Größe des Skriptons die Information eines Einzelbefehls oder einer Befehlssequenz codiert.

- Auf der Grundlage der zeitlichen Ordnung
- der Abgabe von Befehlen (Signalen) bzw.
- Befehlssequenzen (Signalensembles)

vollzieht sich die Entwicklung des Organismus. Die Verarbeitung der genetischen Information ist die Grundlage für das bei der befruchteten Eizelle einsetzende Wachstum und die bald beginnende Selbstorganisation des Organismus (Organogenese, Morphogenese). Beginnend mit einem einzelligen Ausgangszustand vergrößert sich das System durch Zellvolumenzunahme und Zellvermehrung und durchläuft hierbei zahlreiche Übergangszustände bis zu einem vielzelligen Endzustand. Im Verlauf dieses Prozesses wird ein immer größerer Organisiertheitsgrad erreicht: der ausgewachsene, voll strukturierte Organismus besteht aus vielen funktionell unterschiedlichen, räumlich geordneten Subsystemen (Organe, Gewebe), die miteinander funktionell und strukturell verkoppelt sind.
M. a. W.: Der Prozeß der internalen und externalen Strukturierung des Organismus (Organogenese, Morphogenese) konvergiert gegen eine ausgezeichnete Struktur, den "ausdifferenzierten", adulten Organismus. Dieser Zustand korrespondiert (a) mit solchen organspezifischen ausgezeichneten Zuständen (Endzuständen) des genetischen Speichers der verschiedenen Organe, die durch verschiedene Reprimierungsmuster gekennzeichnet sind; als Folge davon sind (b) organspezifische Enzymmuster zu beobachten, die (c) zu organspezifischen metabolischen und sonstigen Leistungen führen (Leberzellen, Nervenzellen). Der zelluläre Metabolitenpool ist damit organspezifisch zusammengesetzt.
Die Übergangszustände, die der wachsende, sich entwickelnde Organismus durchläuft, sind in zweierlei Hinsicht zu charakterisieren. Es sind dies Zustände, die 1. die interzelluläre und 2. die intrazelluläre Ebene betreffen.

Zu 1.: Die Elemente (Zellen) eines jeden Subsystems des Gesamtsystems besitzen eine innere Identitätsrelation und eine äußere Unterschiedsrelation, d.h. die Zellen eines Organs bzw. Gewebes bzw. Zellinnern sind durch einen relativ einheitlichen Bau und einheitliche Syntheseleistungen gekennzeichnet und unterscheiden sich darin von denen anderer Organe. Zustandsänderungen des Gesamtsystems beziehen sich auf dieser Ebene auf Änderungen in der Anzahl der genannten Subsysteme und der Anzahl der in ihnen enthaltenen Zellen sowie auf die Art der strukturellen und funktionellen Verkopplung dieser Subsysteme.

Zu 2.: Der Zustandsbegriff auf intrazellulärem Niveau ist wesentlich durch die Zustände von zwei globalen Untereinheiten in der Zelle charakterisiert: der Zustand des genetischen Speichers (Muster der Ablesbarkeit der DNS) und der Zustand der

- Speicherumgebung, d.h. des Ionen- und
- Metabolitenpools.

Im folgenden sollen zunächst einige modelltheoretische Aspekte behandelt werden, die die Prozesse der interzellulären Entwicklung betreffen (zu 1. gehörig). Wir wollen sodann die intrazellulären Prozesse betrachten, wobei eingegangen werden soll auf die Formalisierung der zeitlichen Veränderung der Konzentration von Ionen und Metaboliten als Resultat von autonom ablaufenden Kinetiken im Metabolitenpool selbst und als Resultat der Interaktion zwischen Metabolitenpool und genetischem Speicher (DNS) (zu 2. gehörig).
Wir wollen die zuerst genannten Prozesse mit interzellulärer Differenzierung, die letztgenannten mit intrazellulärer Differenzierung bezeichnen.
Während interzelluläre Differenzierung mit Organogenese und Morphogenese verbunden ist, betrifft die intrazelluläre Differenzierung wesentlich molekulare Prozesse (molekulargenetische, epigenetische, metabolische). B.E. WRIGHT benutzt hierfür die Bezeichnung cytodifferentiation without cell devision, biochemical differentiation oder cell differentiation; WOLPERT, auf dessen Arbeiten später eingegangen wird, benutzt den Terminus molecular differentiation.

## 2. Einige modelltheoretische Probleme der interzellulären Entwicklung

Auf der Grundlage des klassischen Konzeptes des Mendelismus gibt es wohl einen experimentellen und theoretischen Zugang zur Erforschung des Zusammenhanges zwischen dem Typ der genetischen Information (Nucleotidsequenz formal

als Gen dargestellt) und dem morphologischen (und anatomischen) Aufbau des Organismus (charakterisiert durch Eigenschaften mit diskontinuierlicher und kontinuierlicher phänotypischer Variation).
Gesucht sind formale Konzepte, die den Prozeß des Wachstums und der Selbstorganisation, d. h. den Prozeß der "Übersetzung" der genetischen Information in spezielle Raummuster innerhalb des Gesamtzellverbandes beschreiben. Die Entwicklung eines theoretischen Konzepts, das die beim Wachstum und der Entwicklung charakteristischen Prozesse beinhaltet, erscheint möglich, da die Embryologie und Entwicklungsphysiologie über ein sehr umfangreiches Material verfügen, auf dessen Grundlage eine Anzahl allgemeiner, universeller Prinzipien bei der "Übersetzung" der genetischen Information in Raummuster und Formen herausgearbeitet worden sind (Feldkonzept, Gradientenkonzept). Bei der Analyse der frühen Entwicklung des Seeigelembryos hat sich z. B. gezeigt, daß sich formale Beziehungen zwischen Genwirkung und Formveränderungen herstellen lassen, daß schon wenige und sehr einfache zelluläre Aktivitäten zu komplexen Formen führen und daß die Raummuster der zellulären Aktivitäten wesentlich bei der Determinierung der Formveränderungen waren. Letzteres macht deutlich, daß in ein formales Entwicklungsmodell die Abhängigkeit zellulärer Aktivitäten von der Lokalisierung der betreffenden Zelle im Gesamtzellverband notwendig eingehen muß. WOLPERT (1970) hat deshalb in seinem Formalismus das Konzept der "positionellen Information" eingeführt. Auf der Grundlage dieses Konzeptes und des Feldkonzeptes hat er einen Formalismus geschaffen, der die formale Beschreibung und Analyse von Musterbildungen gestattet. Unter positioneller Information wird diejenige Information verstanden, die für eine bestimmte Zelle zu einer bestimmten Zeit für ihre zu dieser Zeit erforderlichen, spezifischen Aktivitäten (metabolische, epigenetische Prozesse) notwendig ist und von der Lokalisation dieser Zelle im Zellverband abhängt.
Parallel zu WOLPERTs Arbeiten, die auf elementare molekulare Mechanismen Bezug nehmen, also stark biologisch begründet sind, hat LINDENMAYER (1968) eine Theorie für die Entwicklung fadenförmig verzweigter Organismen aufgestellt, die auf den Annahmen basiert, daß sich das verzweigte wachsende System aus Zellen zusammensetzt, die Zustandsänderungen durchlaufen, die durch die Outputs der Nachbarzellen hervorgerufen werden. Das Modell ist in Form einer generativen Grammatik repräsentiert; die Zelldifferenzierung wird also in Form von Ersetzungsregeln realisiert. Durch fortlaufende Anwendung dieser Regeln beginnt sich das wachsende System zu verzweigen. In diesem Konzept fehlen

wesentlich zelluläre und molekulare Bezüge; es beschreibt eine Strukturierung übersimplifiziert. Wesentlich aufzugreifen ist hieraus die Nachbarschaftswirkung von Zellen (Austausch von Substanzen) und das Durchlaufen von Zuständen. Unter Verwendung von Differentialgleichungen, die die zeitliche Veränderung von Konzentrationen von Ribosomen, Proteinen, Repressorproteinen, m RNA, Polysomen beschreiben, und durch Definition einiger kritischer Schwellenwertkonzentrationen wurde von TSANEW und SENDOW (1966 und folgende Jahre) ein Simulationsmodell der Zellteilung und Zelldifferenzierung geschaffen, das wesentliche Elemente des echten Prozesses widerspiegelt (z. B. Zellteilung, partielle Blockierung der DNS) und zur Analyse abnormer Zellteilungen (Krebsproblem) einsetzbar ist. Das Modell liefert einen ersten Zugang zur formalen Beschreibung von Prozessen der genetischen Informationsverarbeitung auch unter dem Aspekt der Differenzierung; die in das Modell eingeflossenen Annahmen über die Chromatin - Histon - Nichthiston - Wechselwirkungen sowie die Annahme eines Mechanismus differentieller Zellentwicklung sind allerdings sehr streng und selektiv beschränkend. Z. Zt. steht ein Formalismus zur abstrakten Darstellung von Wachstums- und Entwicklungsvorgängen, insbesondere mit Einbeziehung des heute vorhandenen Wissens der Embryologie und weitreichender interzellulärer Stoffaustausche noch aus. Unsere Gruppe arbeitet an diesem Problem, speziell auf der Grundlage der Axiomatisierung der derzeitigen Tatbestände und unter Verwendung des Systembegriffs des abstrakten Automaten (diskrete Theorie), speziell vernetzter Automaten und zellulärer Automatenfelder (Codd).

## II. Formale Darstellung intrazellulärer Informationsprozesse

### 1. Das betrachtete System

Das sich aufgrund der zeitlich geordneten Abgabe von Teilinformation aus dem genetischen Speicher entwickelnde System mit ständig zunehmendem Ordnungsgrad ist ein offenes System, das sich in einer Umwelt entwickelt. Diese Ordnung ist strukturell, betrifft aber auch in sehr hohem Grad nichtstrukturelle, d. h. funktionelle Kopplungen innerhalb der aktiven Zelle und zwischen aktiven Zellen. Die Zunahme an Ordnung ist nur denkbar, wenn für das sich entwickelnde System eine außerhalb von ihm liegende Quelle von Ordnung benutzt wird. Für assimilierende Pflanzen ist diese Negentropiequelle ein thermodynamisch nicht im

Gleichgewicht befindliches Umweltsystem, bestehend aus Sonnenstrahlung, Bodennährstoffen und Kohlendioxid der Luft, für Tiere sind es die teilweise hochgradig strukturierten, organischen Nahrungsstoffe und der Sauerstoff der Luft. Modellkonzepte, die Wachstum und Selbstorganisation solcher Systeme beschreiben, müssen daher notwendig sowohl die Umwelt des Systems als auch solche Strukturen im System betrachten, mit deren Hilfe die Aufnahme und Verarbeitung von Energie und Negentropie aus der Umwelt erfolgt. Als wesentliches Gegenstück zum genetischen Informationsspeicher haben wir deshalb das metabolische Subsystem einzubeziehen, über das die Umwelt im System wesentlich wirksam wird; im Stoffwechsel realisiert sich die Verwertung systemexterner Negentropie und Energie. Das metabolische System ist nicht fähig, allein alle für die Selbstorganisation notwendigen interzellulären und intrazellulären Strukturänderungen herbeizuführen. Hierzu bedarf es des ständigen Eingriffes des genetischen Subsystems, das über eine zeitliche Änderung der Zusammensetzung des Enzympools die im metabolischen Subsystem ablaufenden dynamischen Prozesse beeinflußt. Über das metabolische Subsystem sorgt das genetische Subsystem für die Ausnutzung der systemexternen Energie und Negentropie für die ständig zunehmende Organisiertheit des Organismus. In das metabolische Subsystem werden aus der Umwelt energiereiche und teilweise hochstrukturierte Nahrungsstoffe aufgenommen und metabolisiert. Die metabolischen Prozesse werden durch Enzyme gesteuert und hängen von der Qualität und Quantität der Enzymspecies ab. Wir verstehen im folgenden unter metabolischem System den Metabolitenpool MP und den Pool EP von enzymatischen Proteinen. Unter genetischem Subsystem verstehen wir den genetischen Speicher GS, aus dem in einer zeitlichen Ordnung bestimmte Signalensembles entlassen werden. Die genetische Informationsverarbeitung realisiert sich über Zustandsänderungen des Metabolitenpools MP via Zustandsänderungen von MP, d. h. Änderungen der Qualität und Quantität der Molekülspecies im MP, haben eine Rückwirkung auf den Zustand des genetischen Speichers GS vorwiegend der eigenen Zelle, aber auch auf den anderer Zellen. Speicherzustände sind charakterisiert durch ein auf-zu-Muster der einzelnen Skriptons, d. h. es kommt zu neuen Repressionen und Depressionen auf der DNS. Diese haben ihrerseits wiederum neue Auswirkungen auf MP via EP. Zustandsänderungen von MP sind weiterhin die Grundlage für internale und externale Strukturierungen, d. h. für Organogenese und Morphogenese.

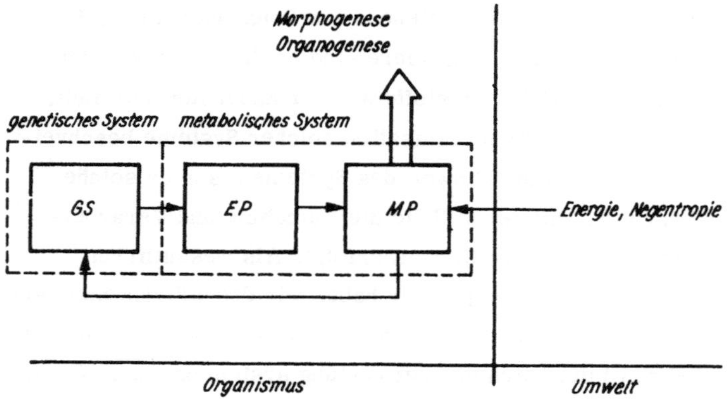


Abbildung 1 verdeutlicht das Gesagte in einfacher Weise. Bei allen folgenden Überlegungen wird die systeminterne Verarbeitung von Energie und Negentropie als optimal funktionierend vorausgesetzt und nicht weiter betrachtet.
Die Triebkraft für die Entwicklung des Systems begründet sich in der hier eingeführten und unten weiter ausgeführten Formalisierung auf die fortwährende Lösung und Neuentstehung eines dialektischen Widerspruchs zwischen Zustand des genetischen Speichers GS und dem Zustand des Metabolitenpools MP. Das System löst den Widerspruch der Nichtübereinstimmung zwischen Speicherzustand und Zustand des Metabolitenpools durch Änderung des Speicherzustandes, womit zwangsläufig eine Änderung von MP via EP erfolgt. Das bewirkt, daß GS und MP (auch EP) eine Folge von Zuständen durchlaufen, bis für GS ein charakteristischer Endzustand erreicht ist, in dem das System verharrt. Wie wir später ausführen, liegt die Anwendung des automatentheoretischen Konzeptes auf der Hand, insbesondere das Modell zweier rückgekoppelter Automaten.
Der oben charakterisierte innere Widerspruch im System ist die Triebkraft für die Entwicklung des Systems; er läßt sich für ein einzelnes Subsystem immer nur für ein gewisses Zeitintervall beseitigen, indem es sich zu Beginn dieses Intervalls in dem Folgezustand widerspiegelt. Dieser Widerspiegelungsprozeß ist zeitkonsumierend und bestimmt die Dauer der Systementwicklung sehr wesentlich. Da wir den Zustand von GS synonym auch mit Struktur von GS bezeichnen können (auf-zu-Muster der DNS, welches wir später als Binärmuster formal einführen) und desgleichen auch von Struktur von MP und Struktur von EP (Konzentrationsvektor der Molekülspecies, der unten ebenfalls eingeführt wird), spre-

chen können, wird deutlich, daß es sich bei dem genannten Widerspiegelungsprozeß um Widerspiegelung von Strukturen handelt. Die Struktur von EP spiegelt die Struktur von GS wider, die Struktur von MP spiegelt die Struktur von EP wider, die Struktur von GS spiegelt die Struktur von MP wider.

## 2. Shannons Kanalmodell und der Systembegriff des abstrakten Automaten

### a) Kommunikations- und Informationskonzept

Der formal zu betrachtende Prozeß ist ein (molekularer) Kommunikationsprozeß. Gegenstand der Kommunikation ist die Information, die zwischen den Kommunikanden ausgetauscht wird. Dieser Austausch wird mittels Signalen mit spezifischer Signalstruktur realisiert. Vom Sender zum Empfänger wird eine bestimmte Struktur übertragen, die der Empfänger akzeptiert und dort zu Strukturveränderungen führt. Diese Strukturänderungen bewirken im empfangenden System Veränderungen der Verhaltensweise (strukturabhängige Funktion) des Empfängers. Information ist also stets an einen Träger bzw. Trägerprozeß gebunden. Der Träger der Information hat Signalcharakter. Im Träger bzw. im Signal ist die Information codiert. Der Trägertyp richtet sich nach dem Kanal, d.h. nach dem Medium, mittels dessen das Signal räumlich transportiert wird. Die vom Sender abgegebene, dem Signal aufgeprägte Information wird vom Sender (Quelle) entweder stochastisch oder determiniert ausgewählt (stochastische oder determinierte Quelle). Im ersten Fall wird eine stochastische Zeichenfolge ausgesendet. Bei voll determinierter Auswahl von Signalen können zwei Fälle unterschieden werden:

- die Auswahl des Signals (y, output) erfolgt determiniert in Abhängigkeit vom Zustand Z des Systems und vom empfangenen Signal (x, input), das systemintern verarbeitet wird: input-abhängige Quelle
- die Auswahl des Signals (y, output) erfolgt determiniert nur in Abhängigkeit vom Zustand Z des Systems: input-unabhängige Quelle.

(Durch diese Charakterisierung wird die Anwendung des Konzeptes des abstrakten Automaten vorbereitet.) Wir setzen voraus, daß Information wesentlich an Strukturen gebunden ist.
Die Struktur von GS ist zunächst charakterisierbar durch Art und Anordnung seiner spezifischen Wortfolgen. Als materieller Träger der genetischen Infor-

mation dient die DNS; die Information ist in den Nucleotidsequenzen der DNS codiert. Signale aus dem GS sind Widerspiegelungen dieser Struktur. Die zu einem gegebenen Zeitpunkt ablesbare Struktur wird Signalmolekülen aufgeprägt (Transkription, RNS), worauf eine Signalmodifikation (processing und Maskierung) erfolgt, als dessen Resultat modifizierte Signale (m-RNA) bzw. inaktive Signale (inaktive RNA) entstehen. Der Informationsgehalt des Signals wird dabei nicht verändert. Es finden sodann bekanntlich Umcodierungsprozesse (Translation) statt, bei denen die Information ihren materiellen Träger (bisher RNA) wechselt; es entstehen Proteinsignale; die Information wurde proteinisiert. In jedem Fall, gleich, ob als materieller Träger für die Information DNA, RNA oder Protein dient, ist die Information an sehr spezifische materielle Strukturen gebunden (lineare Strukturen; Sekundär-, Tertiärstrukturen). Die Rückmeldung über die veränderte Zusammensetzung des MP an den GS erfolgt mittels Molekülen aus dem MP, die ebenfalls Signale mit einer bestimmten Struktur darstellen. Diese Signalmoleküle, die mittels Diffusion oder mit dem Blutstrom auch in andere Zellen gelangen können, sind in das Konzept mit einzubeziehen. Im folgenden sind Eigenschaften informationstragender Moleküle zusammengestellt. Molekulare Signale

- werden (passiv) ausgewählt
- sind an einen Kommunikationskanal gebunden: Blutstrom-Diffusion (auch Nervenbahn)
- haben je nach materieller Realisierung spez. Strukturen
- sind nicht aktiv gerichtet, sondern werden passiv in den Kanal entlassen und haben dort auch keine Eigenbewegung
- besitzen meist eine Adresse, d.h. besitzen spez. Affinität zur Akzeptorstelle des Empfängersystems (z.B. Operatorregion für Polymerasen und Repressormoleküle, $\alpha$-, $\beta$-Rezeptor der Erfolgsorgane für Neurotransmittler)
- können im Kanal vor Abbau geschützt werden
- können inaktiviert und aktiviert werden
- können durch Umadressierung andere Empfängerspezifität erlangen
- werden vom Empfänger akzeptiert, irreversibel oder reversibel angeheftet oder eingebaut und verändern die Empfängerstruktur derart, daß der Empfänger andere Verhaltensweisen zeigt: z.B. enzymatisches Protein wird von einem Substratmolekül akzeptiert und verändert dieses Molekül derart, daß es - als Produkt - andere Verhaltensweisen besitzt. Enzym-Signalmolekül

wird freigesetzt und wird von einem anderen Substrat akzeptiert. Es sei dies mit multipler Informationsvermittlung eines Signals bezeichnet.

Der Prozeß der organismischen Kommunikation ist wie folgt charakterisiert:

1. Auswahl und Bildung der Nachricht
2. Umformung der Nachricht in eine Signalfolge
3. Übertragung der Signalfolge mittels eines physikalischen Trägers
4. Aufnahme der Signalfolge durch das empfangende System
5. Umformung der Signalfolge in systemeigene Signale
6. Zuordnung der systemeigenen Signale zu inneren Zuständen (Zustandsänderung)
7. als Resultat dieser Zuordnung Auswahl von Verhaltensweisen
8. Erarbeitung neuer Signale als Rückmeldung über die Wirkung der eingesetzten Verhaltenseinheit.

Es wird zu zeigen sein, daß diese Charakterisierung eines Kommunikationsprozesses zwischen Organismen in ihren Grundeigenschaften auch für den molekularen Informationsaustausch gilt, mit der Einschränkung, daß keine gezielten Aktivitäten der kommunikativ gebundenen Systeme vorliegen.

b) Das Kanalmodell und der Systembegriff des abstrakten Automaten

Im klassischen Modell der Kommunikation (Shannon 1948) sind als Grundelemente enthalten

1. das Information abgebende System x (Sender)
2. der Informationskanal K
3. das Information empfangende System y (Empfänger)

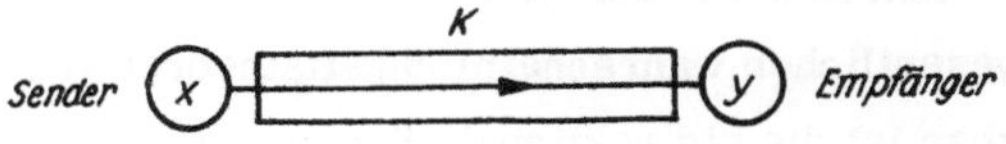


In SHANNONs Ansatz ist x eine Nachrichtenquelle, die eine stochastische Folge von Signalen aussendet, und y ein Nachrichtenempfänger, in dem eine stochastische Symbolfolge entsteht, die mit x in statistischer Weise gekoppelt ist. Zwei Fälle sind möglich: (1) x und y sind nur Sender bzw. Empfänger. (2) x und y sind Sender und Empfänger zugleich. Erfolgt ein unidirektionaler Informationsaustausch (1), wird ein einzelner stochastischer Prozeß betrachtet. x sendet eine stochastische Folge von Signalen (Zeichen), die zu einem Signalvorrat gehören und mit einer systemeigenen Wahrscheinlichkeit auftreten. Es gibt eine Transin-

formation $T_{xy}$ von x nach y. Das zu einem Zeitpunkt ausgegebene Symbol wird durch die Vergangenheit des Prozesses teilweise bestimmt. Der Nachrichtenkanal ist im allgemeinen gestört, so daß die Kopplung zwischen x und y nicht deterministisch, sondern stochastisch ist: die empfangene Symbolfolge korreliert nur mit einer bestimmten Wahrscheinlichkeit der gesendeten Symbolfolge. Der Empfänger y erhält im Verlauf der Beobachtungen des Senders x eine Vorstellung von der "Struktur" (hier systemeigener Zeichenvorrat und Auftretenswahrscheinlichkeit der Signale).
Erfolgt ein bidirektionaler Informationsaustausch (2), der von MARKOW (1966) formalisiert wurde, so sind zwei stochastische Prozesse stochastisch verkoppelt

Das zu einem bestimmten Zeitpunkt ausgegebene Symbol wird durch die Vergangenheit des eigenen Prozesses wie auch des fremden Prozesses teilweise bestimmt. Es sind Transinformationen $T_{xy}$ und $T_{yx}$ auf Wahrscheinlichkeitsbasis berechenbar.
Hierüber hinaus gibt es Erweiterungen für den multidirektionalen Fall, die auch vom Konzept der stochastischen Quelle ausgehen.
In dem von uns betrachteten molekularen Kommunikationsprozeß ist nun der Zufall bei der Signalauswahl stark eingeschränkt; wohl verfügen GS und MP über einen systemspezifischen Zeichenvorrat, jedoch ist die Auswahl wesentlich determiniert. Störungen des Kommunikationskanals von GS zu MP und zurück sind vorhanden, jedoch realisieren sie sich nicht in dem oben genannten Sinn. Damit ist das vorgestellte Konzept, das im wesentlichen wahrscheinlichkeitstheoretisch begründet ist, nicht voll nutzbar. Nutzbar ist die bidirektionale Systemstruktur (Sender, Codierer, Kanal, Decodierer, Empfänger), jedoch können Sender- und Empfängerstruktur nicht durch ein Wahrscheinlichkeitsfeld beschrieben werden. Es ist die Einführung eines anderen Formalismus notwendig, der ebenfalls zwei (oder mehr) wechselwirkende Systeme mit Rückkopplung unter Einbeziehung von Signalausgabe, Signaleingang und Systemzustand beschreibt. Es bietet sich der universelle Systembegriff des abstrakten Automaten an; der abstrakte Automat verarbeitet eine Eingangsinformation, ändert dabei seinen vorherigen Zustand, indem er in einen Folgezustand übergeht und eine vom Zustand und der Eingangs-

information abhängige Ausgangsinformation (jeweils als Signale repräsentiert) liefert. Der abstrakte Automat A ist ein sequentiell arbeitendes System, das endlich viele Zustände $z \in Z$ einer Zustandsmenge Z annehmen kann. Wirkt auf A im Zustand $Z_t$ zur Zeit t ein Eingangssignal $x_t \in X$ einer gegebenen input-Signalmenge X ein, so geht 1.) $\mathfrak{A}$ vom Zustand $z_t$ in den Folgezustand $z'_{t+1} \in Z$ über und gibt 2.) eine Ausgangsinformation $y_t \in Y$ aus einer gegebenen output-Signalmenge Y aus. Die Zustandsänderung hängt von $z_t$ und $x_t$ ab: $z_{t+1}=f(x_1, z_t)$; $f: X \times Z \longrightarrow Z$. f heißt die Zustandsüberführungsfunktion. Die Ausgabe hängt von $z_t$ und $x_t$ ab:

$$y_t = g(x_t, z_t);\ g : X \times Z \longrightarrow Y.$$

g heißt Ergebnisfunktion. t ist eine diskrete Zeit. Wenn $z_o \in Z$ Ausgangszustand von A zu Beginn des zu betrachtenden Prozesses ist, gilt für A die folgende Definition:

$$A = (X,\ Y,\ Z,\ f,\ g,\ z_o).$$

Da A nicht immer mit Sicherheit (voll determinierte Zustandsänderung) von $z_t$ in $z'_{t+1}$ übergeht, sondern man hierfür eine Wahrscheinlichkeit $P \leqslant 1$ annehmen muß, ist der Ansatz eines stochastischen Automaten sinnvoll:

$$\tilde{A} = (X,\ Y,\ Z,\ \tilde{f},\ g,\ z_o),$$

wobei f eine stochastische Überführungsfunktion ist mit Wahrscheinlichkeiten $p_i$, daß A bei gegebenen x und z in einen Zustand $z_i \in Z$ übergeht. Von besonderer Bedeutung ist ein Automatentyp, Medwedew-Automat genannt, der seinen eigenen Zustand oder eine Funktion seines eigenen Zustandes ausgibt, d. h. $y_t = g(z_t)$; $g: Z \longrightarrow Y$.

c) Materielle Realisierung des intrazellulären Informationsaustausches im GS-MP-System und seine formale Darstellung zur Beschreibung intrazellulärer Differenzierungsvorgänge mittels verkoppelter Automaten

GS und MP sind die elementaren Subsysteme, die Information in Form von Signalen austauschen. Sie sind informationell bidirektional verkoppelt. GS und MP sind beide Sender und Empfänger zugleich, die informationstragende Signale empfangen, intern verarbeiten, indem die Signalstruktur Auswirkungen auf die Empfängerstruktur besitzt und aufgrund dieser Strukturänderung eine abgeänderte

Verhaltensweise zeigen. GS sendet andere Signalensembles, MP liegt mit anderen Molekülkonzentrationen an GS an. Wir folgen nun der vorn gegebenen Charakterisierung der organismischen Kommunikation, die in ihren Grundeigenschaften auch für den molekularen Informationsaustausch gilt.

1. Auswahl der von GS abzugebenden Information:

Auf der molekularen Systemebene erfolgt diese Auswahl passiv. Die abzugebende Information zur Zeit t ist gleich der zu dieser Zeit der für die Transkription freien Information (offene Skriptons, d. h. Skriptons im Zustand 1). Zur Transkription freie Information wird (vorausgesetzt, daß Polymerase nicht im Minimum ist) unverzüglich abgelesen; sie ist die zur Zeit t abzugebende Nachricht.

2/3. Umformung der Information in eine Signalfolge und Übertragung der Signalfolge mittels eines physikalischen Trägers

Diese Umformung heißt Transkription, deren Resultat das primäre Signal ist. Dieses Signal (= Signal 1) ist in Form von RNA materiell realisiert, linear strukturiert und ist ein unmittelbares strukturelles Abbild (Signalsequenz) derjenigen Speicher"zellen" (Skriptons), die für die Informationsabgabe zu diesem Zeitpunkt zugelassen waren. Aufgrund seiner linearen Struktur und Art der materiellen Realisierung ist Signal 1 für einen spezifischen Empfänger nicht adressierbar. Es muß deshalb notwendig eine Signalumcodierung mittels Translationssystem TS erfolgen.
Bevor diese erfolgt, können die Signale 1 Signal-1-Modifikationen unterliegen, die betreffen:

a) Signalinaktivierung und -aktivierung, Maskierung
b) Signalvernichtung: Degradation durch RNAsen
c) Bereinigung der Signale 1 von Nonsensinformation (Service-Sequenzen), die durch Mitabgabe von Adress- und Interpunktionsstrukturen des Speichers zustande kamen: Processing
d) Zerteilung der Signale 1-Sequenzen in kürzere Sequenzen oder Einzelsignale: Processing.

Durch a) entsteht im Informationskanal GS ⟶ MP ein Reserve-Signal 1 - Pool, der entsprechend der Inaktivierungsrate und Aktivierungsrate gefüllt bzw. geleert wird. In ihm befinden sich auf Vorrat produzierte Signale 1 (d RNA). Als Resultat von c) und d) entstehen die für die Umcodierung in TS zubereiteten Signale 1 (m-RNA).

Diese Umcodierung (Translation) bewirkt den Wechsel der im Signal 1 codierten Information auf einen spezifischen materiellen Träger, der eine Adressierbarkeit der von GS entlassenen Information für Elemente in MP erlaubt. Das neue Signal ist seiner materiellen Realisierung nach Protein. Es besitzt spezielle physiko-chemische Eigenschaften, die eine Adressierbarkeit erlauben. Diese Voraussetzungen besitzen allein die Proteine (hier spezielle Enzyme). Hier realisieren sich die fundamentalen Erkennungsleistungen auf molekularer Ebene. Die Erkennungsleistungen beruhen auf der strukturellen Komplementarität zwischen Sender und Empfänger, d.h. zwischen Enzym und Substrat. Die von GS abgegebene Information ist nun in Proteinsignalen (Signale 2) codiert. Signale 2 besitzen eine von der in ihnen codierten Information abhängende spezielle Sekundär- und Tertiärstruktur, die eine spezifische Empfängerrelevanz (Paßfähigkeit) garantieren (Empfänger: Substratmolekül aus MP).

Signale 2 können Signal-2-Modifikationen unterliegen:

a) Signalinaktivierung und -aktivierung mittels Effektormoleküle aus MP

b) Signalvernichtung: Proteolyse

c) Umadressierung mittels Effektor-Moleküle aus MP.

Durch a) entsteht im Informationskanal GS ⟶ MP ein Reserve-Signal 2-Pool, der entsprechend der Inaktivierungs- und Aktivierungsrate gefüllt bzw. geleert wird.

Die am Ende des Informationskanals GS ⟶ MP vor MP anstehenden aktiven Signale 2 bilden den Enzympool EP, dessen Zusammensetzung für das metabolische Geschehen in MP entscheidend ist. Differenzierte Zellen unterscheiden sich wesentlich in der Zusammensetzung des EP. In EP gelangen auch extrazelluläre Signale enzymatischen Charakters.

Signale 2 können sich zu Signalaggregaten zusammenfügen, sie realisieren damit spezielle Erkennungsleistungen und Katalyseleistungen.

**4. Aufnahme der Signalfolge durch das empfangende System**

Das empfangende System ist MP, in dem als Elemente die Metaboliten (einschließlich nicht enzymatischer Proteine und Hormone) sind. Aufnahme der Signalfolge bedeutet die Verbindung eines besonderen Enzyms mit einem besonderen Substrat zum Enzym-Substrat-Komplex, d. h. ein Signal 2 gelangt zu einem spezifischen Empfänger. Das Signal 2 wird strukturell an das Empfänger-Metabolitenmolekül angekoppelt, wobei eine molekulare Besonderheit bemerkenswert ist. Wir haben es mit einem aktiven Signalkonzept im folgenden Sinne zu tun: Das Enzym hat die Fähigkeit, das Substratmolekül einzufangen; Grundlage dafür ist eine spezielle physiko-chemische Oberflächenstruktur (sich schließende, das Substrat verankernde Strukturen), ein einfachen Worten: das Signal fängt sich einen Empfänger ein.

**5/6. Umformung des Signals in systemeigene Signale und Zuordnung der systemeigenen Signale zu inneren Zuständen des Systems**

sind Vorgänge die auf der Ebene organismischer Kommunikation, also dort, wo kognitive Prozesse betrachtet werden, wesentlich in das Konzept mit einbezogen werden müssen, auf der molekularen Systemebene jedoch nicht relevant sind. Das Resultat dieser Prozesse ist ein organismischer Kommunikationsprozeß wie auch auf molekularer Ebene eine Strukturschwellung des Empfängersystems: das Metabolitenmolekül ist zum Produkt geworden, welches gegenüber dem Substrat eine entsprechend dem vom Enzymsignal übertragene Information irreversibel abgeänderte Struktur besitzt.

**7. Die Auswahl von Verhaltensweisen als Produkt dieser in 6. genannten Zuordnung**

realisiert sich im molekularen Bereich dadurch, daß das Substrat andere, z. T. extrem verschiedene metabolische Verhaltensweisen zeigt, die unmittelbar mit der neuen physiko-chemischen Struktur in Zusammenhang stehen.

8. Der Erarbeitung neuer Signale als Rückmeldung über die Wirkung der eingesetzten Verhaltenseinheit

entspricht beim betrachteten Prozeß der Aussendung von Metabolit-Signalen aus dem MP zum GS, die eine Rückmeldung über die veränderte Zusammensetzung des MP darstellen.
Die abstrakte Modellierung des beschriebenen Vorganges mittels zwei verkoppelter abstrakter Automaten erfordert die Definition von Zustands-, Eingabe- und Ausgabemengen für die wechselwirkenden Systeme GS und MP, die als die Automaten A und B modelliert werden sollen. Der Grundgedanke der Verwendung eines Systems zweier rückgekoppelter Automaten zur formalen Beschreibung eines Differenzierungsprozesses wurde erstmalig 1972 (BELLMANN, KNIJNENBURG) formuliert.

Zustand $Z_t(A)$ von A: Bisher haben wir für die informationstheoretischen Betrachtungen unter Struktur (syn. Zustand) von GS den internen Aufbau von GS, charakterisiert durch seine spezifischen Wortfolgen, verstanden. Für die Anpassung des automatentheoretischen Konzeptes ist ein anderer Zustandsbegriff nützlicher, der der Beschreibung der Dynamik des betrachteten Systems angepaßt ist. Es ist dies der operative Zustand von GS, charakterisiert durch sein zu einem bestimmten Zeitpunkt vorhandenes auf-zu-Muster seiner Skriptons. Codieren wir die Zustände "auf" und "zu" eines einzelnen Skriptons mit einer 1 bzw. einer 0, ist jeder GS-Zustand $Z_t(A)$ durch ein binäres k-Tupel formal gekennzeichnet, wobei k die Zahl der Skritpons ist; z. B. $Z_t(A) = (101001)$, d. h. 1., 3. und 6. Skripton ist für die Zeit t, für die Dauer eines normierten Zeitintervalls $\Delta t$, für die Produktion von RNA-Molekülen (Signale 1) ablesbar. Eingang $\underline{x}_t(A)$ von A ist der Ausgang $\underline{y}_t(B)$; es sind dies formal Vektoren von Konzentrationen von Molekülen aus MP, materiell realisiert die Moleküle selbst.
Ausgang von $y_t(A)$ von A ist formal sein in Konzentrationen von RNA-Molekülen transformierter Zustand, materiell realisiert die RNA-Moleküle (Signale 1) selbst. Die Überführungsfunktion f(A) ist eine Tabelle, die angibt, in welchen Folgezustand $Z_{t+1}(A)$ A übergeht, wenn sich A im Zustand $Z_t(A)$ befindet und ein Eingang $\underline{x}_1(A) = \underline{y}_t(B)$ an A anliegt:

$$f(A) : \underline{X}(A) = \underline{Y}(B) \times Z(A) \longrightarrow Z(A) \text{ bzw.}$$
$$Z_{t+1}(A) = f(A) \left[ \underline{x}_t(A) = \underline{y}_t(B),\ z_t(A) \right]$$

Die Ausgabefunktion g(A) ist eine Abbildung von $Z \longrightarrow Y$ bzw. $\underline{y}_t(A) = g(A) \left[ z_t(A) \right]$, d. h. es wird eine Funktion des eigenen Zustandes zur Zeit t ausgegeben.
Zustand $z_t(B)$ ist formal ein Vektor von Konzentrationen von Molekülen aus MP mit Affinitäten zu GS.
Eingang $\underline{x}_t(B)$ von B ist formal eine Transformation des Ausgangsvektors $\underline{y}_t(A)$ in einen Vektor $\tilde{\underline{y}}_t(A)$ vermöge einer Funktion $g(A) : Y(A) \longrightarrow \tilde{Y}(A)$. Diese Funktion beschreibt formal den Zusammenhang zwischen der Konzentration der primär gebildeten RNA-Moleküle am Beginn des Informationskanals GS $\longrightarrow$ MP und der Konzentration der metabolisch aktiven

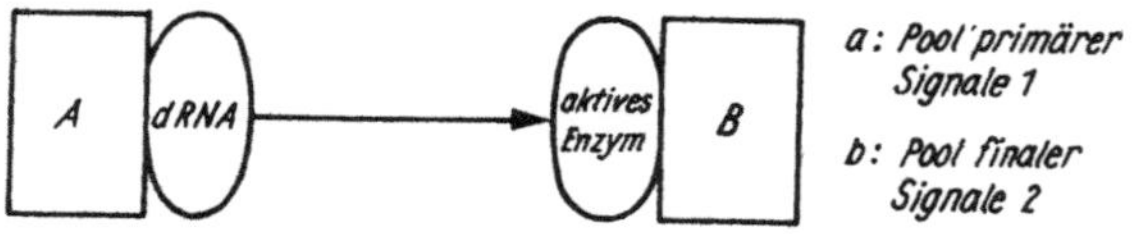


Enzymoleküle am Ende des Kanals:

$$\left[ \underline{x}_t(B) = \tilde{g}(A) \left[ g(A) \left[ z(A) \right] \right] \right].$$

Materiell realisiert ist der Eingang $\underline{x}_t(B)$ von B durch metabolisch aktive Enzymmoleküle. $\tilde{g}(A)$ erfaßt formal alle vorn beschriebenen Kanalprozesse.
Ausgang $\underline{y}_t(B)$ von B ist sein untransformierter Zustand, d. h. der Vektor von Konzentrationen von Molekülen aus MP mit Affinität zu GS.
Die Überführungsfunktion f(B) ist eine Tabelle, die angibt, in welchen Folgezustand $z'_{t+1}(B)$ B übergeht, wenn sich B im Zustand $z_t(B)$ befindet und ein Eingang $\underline{x}_t(B)$ anliegt:

$$f(B) : X(B) \times Z(B) \longrightarrow Z(B) \text{ bzw.}$$
$$z_{t+1}(B) = f(A) \left[ \underline{x}_t(B),\ z_t(B) \right].$$

Die Ausgabefunktion g(B) realisiert die direkte Ausgabe des Zustandes: $y_t(B) = z_t(B)$.
Durch die Festlegung der Funktionen f(A) und f(B) kann nach Bedarf realisiert werden, daß bestimmte Speicherzustände z(A) trotz einer Eigendynamik in MP erhalten bleiben, was ja gerade die "ausdifferenzierte" Zelle kennzeichnet. Das System durchläuft während seiner Differenzierung charakteristische GS-Zustände z(A), die über größere Zeitspannen konstant sein können und erst wieder wechseln, wenn sich in MP in einem charakteristischen Zustand z(B) befindet.

Das System sei zusammenfassend mit

$S = (A, B, I)$

bezeichnet, wobei A und B die beiden wechselwirkenden Automaten sind und I eine nxn Verknüpfungsmatrix mit den Elementen $d_{ij}$ ist ($d_{ij} \in \{0, 1\}$, i = 1, 2, ... n Zeilen, j = 1, 2, ... n Spalten). $d_{ij} = 1$ bedeutet Ausgang des iten Automaten ist verknüpft mit Eingang des jten Automaten, $d_{ij} = 0$ const, d. h. keine Verknüpfung. Im vorliegenden Fall ist

$$I = \begin{pmatrix} 0 & 1 \\ 1 & 0 \end{pmatrix}$$

sowie

$A = (\underline{X}(A), \underline{Y}(A), Z(A), f(A), g(A), \tilde{g}(A(, z_o(A))$ und

$B = (\underline{X}(B), \underline{Y}(B), Z(B), f(B), g(B), z_o(B))$.

Wir wollen nun die Dynamik von S an einem formalen Beispiel verdeutlichen und vereinbaren zunächst, daß sich A und B zu Beginn $t'_o$ eines Anfangszeitintervalls $\Delta t_o$ in einem Anfangszustand $z_o^A(t_o)$ bzw. $z_o^B(t_o)$ befinden und der Übersichtlichkeit halber, daß ohne Transformation $z^B = y^B = x^A$ sowie $z^A = y^A = x^B$ ist und daß weder Ausgabe des Zustandes noch Signaltransport von A nach B und umgekehrt zeitkonsumierende Prozesse sind. A möge (aufgrund eines initiierenden Signals) mit der Ausgabe beginnen: $z_o^A(t'_o) \longrightarrow y^A(t'_o)$ ($\longrightarrow$ bedeutet: Zustand wird ausgegeben). Die Eingabe $x^B(t'_o)$ findet B im Zustand $z_o^B(t'_o)$ vor. Im Intervall $\Delta t_o = [t'_o, t_o]$, das von $t'_o$ bis $t_o$ dauert, geht B unter dem Einfluß von $x^B(t'_o)$ (zeitkonsumierend) in den Folgezustand $z_1^B(t_o)$ über, den B am Ende des Intervalls $\Delta t_o$, d. h. zur Zeit $t_o$, erreicht hat und auch zu Beginn ($t'_1$) des folgenden Intervalls $\Delta t_1$ besitzt: $z_1^B(t'_1)$ ($t_o = t'_1$). B gibt unmittelbar seinen Zustand aus: $z_1^B(t'_1) \longrightarrow y^B(t'_1)$, was gleichzeitig die Eingabe für A ist: $y^B(t'_1) = x^A(t'_1)$, welche A noch im Zustand $z_o^A(t'_o) = z_o^A(t_o) = z_o^A(t'_1)$ vorfindet. Im Intervall $\Delta t_1 = [t'_1, t_1]$, das von $t'_1$ bis $t_1$ dauert, geht B unter dem Einfluß von $x^A(t'_1)$ zeitkonsumierend in den Folgezustand $z_1^A(t_1)$ über, den A am Ende des Intervalls $\Delta t_1$, d. h. zur Zeit $t_1$, erreicht hat und auch zu Beginn ($t'_2$) des folgenden Intervalls $\Delta t_2$ besitzt $z_1^A(t_1) = z_1^A(t'_2)$ ($t_1 = t'_2$). A gibt unmittelbar seinen Zustand aus: $z_1^A(t'_2) \longrightarrow y^A(t'_2)$, was gleichzeitig die Eingabe für B ist: $y^A(t'_2) = x^B(t'_2)$, welche B im Zustand $z_1^B(t'_1) = z_1^B(t_1) = z_1^B(t'_2)$ vorfindet usw.

Bezeichnen wir die fortlaufenden Intervalle mit $\Delta$ t; (i = 0, 1, 2, .. T), die fortlaufenden Zustände von A und B mit $z_j^A$A bzw. $z_j^B$B (jA, jB = 0, 1, 2, ..., Z), so ergibt sich der folgende Zusammenhang zwischen Zeit- und Zustandindices:

$$j^A = \begin{cases} \frac{i}{2} & \text{für gerade } i \\ \frac{i+1}{2} & \text{für ungerade } i \\ i & \text{für } i = \emptyset \end{cases} \qquad j^B = \begin{cases} \frac{i}{2} & \text{für gerade } i \\ \frac{i-1}{2} & \text{für ungerade } i \\ i & \text{für } i = 0 \end{cases}$$

A und B durchlaufen während der Entwicklung des Systems je Z Übergangszustände, wobei der Zustandswechsel jeweils jeden zweiten Takt erfolgt. Bezeichnen wir mit $Z^{AB}$ den Zustand des Gesamtsystems s, so ist am Ende eines jeden Intervalls $\Delta$ t eine Zustandsänderung herbeigeführt. Das System ist ein dynamisches System, das eine Zustandsfolge durchläuft, indem seine interaktivierenden Subsysteme Zustände durchlaufen.

Bisher wurde ein einzelnes System (Zelle) betrachtet. Identische Reduplikation von S führt zu einer Menge $\gamma$ von Systemen $S_k$ (k = 1, 2, ..., k; k: Zahl aller Zellen), wobei die $S_k$ über die Metabolitenpools (Systeme $B_k$) verkoppelt sind (Stoffaustausch zwischen Zellen). Damit hängt der Übergang von $Z_{j+1}^{A_k}$ nicht mehr allein vom Zustandsausgang $y^{B_k}$ des eigenen Metabolitenpools, sondern auch vom Zustandsausgang $y^{B_k}$ des Metabolitenpools eines anderen Systems $S_k'$ (oder mehrerer anderer Systeme) ab. Die Folge ist eine differentielle Entwicklung von Systemen $S_k$, wobei sich nicht jedes System $S_k$ in seiner Entwicklung von einem anderen $S_k$, unterscheidet. Es entwickeln sich Klassen $\gamma_\nu$ von Systemen (Organe und Gewebe). Das Gesamtsystem strukturiert sich internal (Organogenese) und korrespondierend dazu external (Morphogenese).

Die Systeme (Zellen) $S_{\nu\varrho} \in \gamma_\nu \subset \gamma$ ( $\nu$ = 1, 2, ..., N; N : Anzahl von Subsystemen (Organen und Geweben), $\varrho$ = 1, 2, ...R; R : Anzahl von Zellen innerhalb eines Gewebes bzw. Organs) durchlaufen eine Zustandsfolge $F_\nu$ , die alle gegen einen ausgezeichneten stabilen Endzustand $\hat{Z}_\nu^{AB}$ konvergieren. Die Stabilität dieses Zustandes ist kausal bedingt durch die Stabilität des Zustandes des genetischen Speichers $\hat{Z}_\nu^{A\nu}$. Wesentlich ist, daß sich diese Endzustände wesentlich unterscheiden, d.h. daß $\hat{Z}^{A\nu} \neq \hat{Z}^{A\nu'} \neq$ ...... nach verschieden langen Zeiten (verschieden viel Takten) $t_T$ erreicht werden: $t_{T_\nu} \neq t_{T_{\nu'}} \neq t_{T_{\nu''}} \neq \ldots$ .

Im Hinblick auf das eingeführte Modell zweier rückgekoppelter Automaten A und B ist festzuhalten, daß bei den Zellen (Systemen) eines "ausdifferenzierten" Organs die Rückkopplung B ⟶ A ausgeschaltet bzw. nicht wirksam ist. Der genetische Speicher gibt (innerhalb eines kleinen Schwankungsbereichs) in den Folgezeiten $t > t_{T_\nu}$ immer dieselbe genetische Information ab, was zur Folge hat, daß das Enzymmuster stabil ist und sich damit auch die Zusammensetzung des Metabolitenpools nur in bestimmten Grenzen bewegt. Durch die Stabilität von $\hat{Z}^{A_\nu}$ ist der die Dynamik bedingende dialektische Widerspruch aufgehoben bzw. nicht mehr wirksam; alle $A_\nu$ ϱ erfahren keine Zustandsänderungen des GS mehr. Werden Metaboliten aus anderen Systemen bei dem betrachteten System wirksam, so gehen diese in dessen Metabolitenpool ein und verändern den Zustand dieses Pools. Wir postulieren nun einen ausgezeichneten Zustand $\tilde{Z}^{B}$ $(z_{T_\nu})$, den der MP von B zum Anfang des Zeitintervalls $\Delta t_{T_\nu}$ besitzt. Dieser Zustand wird ausgegeben und ist Eingabe für A zur Zeit $t'_{T_\nu}$ : $y^{B_\nu}(t'_{T_\nu}) = x^{A_\nu}(t'_{T_\nu})$ und A geht in einen finalen Folgezustand $\hat{z}(A_\nu)$ über. Das Besondere an $\tilde{Z}^{B_\nu}$ ist, daß unter seinem Einfluß $A_\nu$ in einen stabilen Zustand übergeht, der auch bei möglichen, evtl. auch artifiziellen Zustandsänderungen von $B_\nu$ sein auf-zu-Muster beibehält. Diese Stabilität ist jedoch relativ; es muß zugelassen werden, daß es einen Zustand $\approx z^{B_\nu}$ gibt, der zu einer erneuten Änderung von $\hat{z}^{A_\nu}$ führen kann (z. B. Wurzelbildung aus Blattstecklingen möglich).

Das beschriebene System mit zwei Automaten ist erweiterungsfähig, indem mehrere Automaten verkoppelt werden. Es können sich bei bestimmten Fragestellungen die folgenden Systemstrukturen als nützlich erweisen, die eine Beschreibung der Kanalprozesse gestatten.

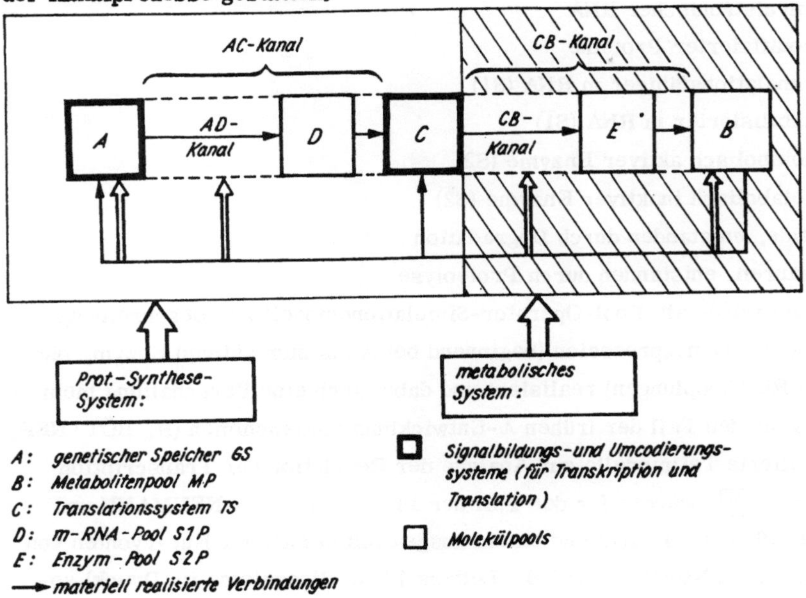

Bisher hatten wir den Informationskanal A ⇄ B betrachtet. Für detaillierte Darstellungen sind mindestens einzuführen: ein Pool translationsfähiger m RNA (S1-P), ein Pool enzymatisch wirksamer Proteine (S2-P) sowie ein Umcodierungs-subsystem, d.h. das Translationssystem TS. Das Gesamtsystem ist dann durch S = (A, B, C, D, E, I) charakterisiert.

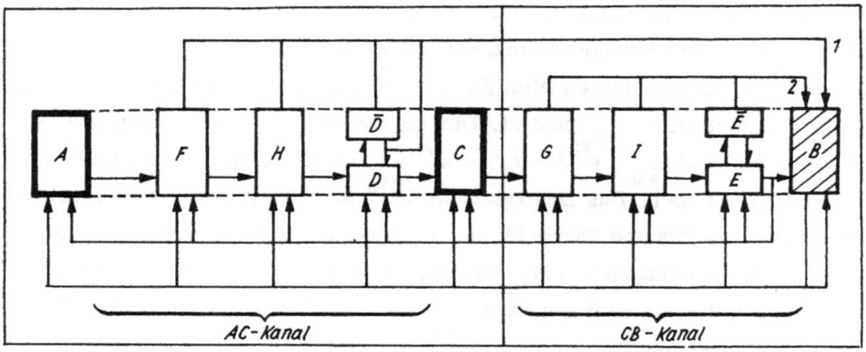


*Proteinsynthese System* *metabolisches System*

Es kommen in diesem Ansatz folgende Pools hinzu:

F : Pool der d RNA

G : Pool der nascenten Proteine

H : Pool polycistronischer RNA

I : Pool modifizierter Proteine

D̲ : Pool translationsfähiger m RNA (S1)

D : Pool stabilisierter m RNA ($S\bar{1}$)

E : Pool metabolisch aktiver Enzyme (S2)

Ē : Pool metabolisch inaktiver Enzyme ($S\bar{2}$)

1 : Nucleotide, entstanden durch Degradation

2 : Aminosäuren, entstanden durch Proteolyse

Dieses System wurde als Pool-Operator-Simulationsmodell zur Beschreibung der Kontrolle der Genexpresssion (beginnend bei A bis zum aktiven Enzym, ohne B-abhängige Rückkopplungen) realisiert und dabei auch eine Verschaltung mehrerer Cistrons für den Fall der frühen λ-Entwicklung vorgenommen (R. BÖTTNER, 1975). Detaillierte Teilmodelle zur Analyse der Regulation der Transcription (Prozeß [A] ⟶ [F]) wurden für den Fall der Procarycten von NEUMANN und KREISCHER (1975, im Druck) und einem ausgewählten Fall der Eucaryonten von BELLMANN und LINDIGKEIT (FEBS-Letters 1974, Biosystems im Druck) so-

wie für die Translation bei einem RNA-Phagen-System von KNIJNENBURG und KREISCHER (1975 (a), (b) im Druck) geschaffen.
An einem Modell, das Zellteilung beinhaltet, wird zur Zeit gearbeitet.

## LITERATUR


BELLMANN, K. und KNIJNENBURG, A.: Forschungsbericht ZKI (1972)

BELLMANN, K., LINDIGKEIT, R. und SCHULZ, R. 1975: Biosystems (im Druck)

BELLMANN, K., R. BÖTTNER, A. KNIJNENBURG und H. NEUMANN: Proc. 8th Biom. Conf. Constanta/Rum. (1974)

BELLMANN, K., R. BÖTTNER, A. KNIJNENBURG und H. NEUMANN: Proc. 27. FEBS Adv. Course Dobogokö/Ung. (1974)

BÖTTNER, R.: Dissertation Humboldt-Universität 1975

NEUMANN, H. und V. KREISCHER 1975: Biom. Z. (im Druck)

KNIJNENBURG, A.: Dissertation Humboldt-Universität 1974

KNIJNENBURG, A. und V. KREISCHER 1975: Biosystems (im Druck)

KREISCHER, V. und A. KNIJNENBURG 1975: Biom. Z. (im Druck)

LINDENMAYER, A.: J. theor. Biol. 18, (1968), 280-299, 300-315

WOLPERT, L. 1969: In: Towards a Theoretical Biology. Ed. C.H. Waddington, Edinburgh University Press, 1970


## DISKUSSION

H.A. ROSENTHAL: Herr BELLMANN sprach von Störungen im Informationskanal seines Systems. Wenn genetische Information etwas unterschiedlich interpretiert werden kann, so müssen das nicht immer Störungen sein. Ich möchte die suppressorähnlichen Modifikationen bei der Proteinsynthese erwähnen. Daß sie existieren, ist letztens recht wahrscheinlich gemacht worden. Was sie bedeuten, ist nicht ganz klar, vielleicht handelt es sich um die Erzeugung einer gewissen Vielfalt von Proteinen für ein- und dieselbe Funktion.
Hier haben wir schon wieder eine Ursache für Individualität. Jedenfalls sorgt diese begrenzte Vielfalt und dieser Polymorphismus im Rahmen der Translation genetischer Information für erhöhte Reaktivität im Falle rasch wechselnder Umweltbedingungen und ist vielleicht auch ein Faktor für Selektion.

BELLMANN: Vielleicht darf ich noch ein wenig den Begriff "Störung" erläutern und das von Ihnen Gesagte formal explizieren. Ich halte diesen Aspekt für sehr wesentlich für weitere Präzisierungen der Kanalprozesse. In der Informationstheorie versteht man unter einem gestörten Übertragungssystem ein System, bei dem die Wahrscheinlichkeit, daß ein sendeseitiges Symbol in ein ungleichnamiges empfangsseitiges Symbol im Kanal überführt wird größer als Null ist. Im vorliegenden Fall bedeutet das folgendes: ein Signal 2 möge laut Basensequenz des RNA-Templats vom Proteintyp X sein und beim Empfänger zu einer Strukturveränderung $\Delta S(X^{x})$ führen, wodurch der Empfänger mit einer Funktionsänderung $\Delta F(\Delta S(X^{x}))$ reagiert. Erfolgt eine gestörte Signal 2-Bildung, d.h. entsteht ein modifiziertes Signal 2 vom Proteintyp $X_1$, das zu einer Empfänger-Strukturwandlung $\Delta S(X_1)$ führt, so sind bezüglich der Funktion 2 Fälle möglich: entweder ist $\Delta F(\Delta S(X_1))$ gleich $\Delta F(\Delta S(X^{x}))$ oder ungleich. Sie diskutieren den Fall, daß durch Kanalprozesse eine Signal 2-Menge $\underline{X}$ mit den Elementen $X_1, X_2, \ldots X_i, X_k \ldots X_n$ entsteht und zwar für den Fall, daß $\Delta F(\Delta S(X_i)) = \Delta F(\Delta S(X_k))$ $i = K$ ( $i, k = 1, \ldots,$ ) gilt, d.h. alle Proteinvarianten bewirken beim Empfänger dasselbe.

Nun müßte man noch eine zufällige und überzufällige Proteinsynthesemodifikabilität berücksichtigen. In dem von Ihnen genannten Sinn (Homöstasie, Evolution) kann das, was in der Informationstheorie Störung (Rauschen) genannt wird, hier etwas sehr Positives sein.

S. ROSENTHAL: Ich möchte anhand Ihres Schemas auf einige ungelöste Probleme der Regulation des Zellstoffwechsels hinweisen. Da ist z.B. das Konzept der Kanalbildung. Sie sind auf die extrazelluläre Kanalbildung eingegangen. Ich habe die Frage, inwiefern nicht in Ihr Modell auch ein differenziertes System der interzellulären Kanalbildung aufgenommen werden mußte.

Interzellulär liegt ein differenziertes System von Diffusionskanälen, denn anders ist ja die innere Strukturierung des endoplasmatischen Retikulums nicht verständlich. Diese "Hauptstraßen und Nebenstraßen ermöglichen außerordentlich schnelle Kontaktbeziehungen zwischen dem äußeren extrazellulären Raum und den verschiedenen intrazellulären Räumen einschließlich des Kerns und wieder zurück. Die Biochemiker schlagen sich seit zehn Jahren herum mit dem Problem des metabolischen inneren Signalvermittlers zwischen einem äußeren und einem inneren Rezeptor. Gemeint ist hier z.B. das Konzept der zyklischen Nukleotide (CAMP).

Ein Peptidhormon löst an der Membran nach Bindung an einen spezifischen Rezeptor die Synthese dieses Nukleotids aus. Verschiedene äußere Signale (Hormone usw.) werden umgesetzt in ein chemisch einheitliches Signal, zyklisches AMP, wobei seine Konzentration verschieden sein kann. Wie kommt dann eine spezifische Antwort der Zelle zustande?
Am Konzept des sogenannten "zweiten Messengers" gibt es keinen Zweifel, jedoch müssen zusätzliche Faktoren wirksam werden, die wir bis heute nicht kennen, die die Spezifität der Zellantwort bedingen. Sie sprachen von der Möglichkeit von Signalgruppen. Sehr wahrscheinlich kennen wir nur das Hauptsignal oder den Verstärker. Es gehören noch andere Signale dazu, die durch die Art und Weise ihrer Zusammensetzung, das Signalmuster, die Spezifität hervorrufen. Wir haben einen ersten Hinweis auf die Spezifität des Transformationsmechanismus an der Zellmembran. Das zyklische AMP bildende System ist mit anderen zelleigenen Effektoren gekoppelt (Cd-Transport). Wie aber nun am Genmaterial eine spezifische Antwort für eine Proteinsynthese ausgelöst wird, ist völlig ungeklärt.

BELLMANN: Ich möchte auf das Kanalproblem eingehen. Im vorgestellten Modell wird ein abstrakter Kanal betrachtet, der materiell tatsächlich realisiert sein kann, aber nicht muß. Ich habe zunächst an keine materiellen Realisierungen gedacht. Dieser abstrakte Kanal ist der "Raum" in der Zelle, wo Signal 1 - und Signal 2 - Modifikationen sowie die Translationsprozesse stattfinden. Hier wurden auch nur intrazelluläre Signalprozesse betrachtet. Natürlich gelangen Signale 2 auch in Nachbarzellen oder per Blutstrom in entfernte Zellensembles. Dies zu berücksichtigen ist für die Ausarbeitung eines allgemeinen Modells der Differenzierung, Organogenese und Morphogenese essentiell. Wir haben das im Auge, hier wurden vorwiegend intrazelluläre Prozesse betrachtet.

FUCHS-KITTOWSKI: Sie sagten eingangs, daß es Konzeptionen gibt, die Informationsprozesse mehr vom Sender her sehen, wie z.B. die Shannonsche Informationstheorie, und solche, die sie mehr vom Empfänger her zu verstehen suchen. Ist es nicht so, daß wir den Schluß daraus ziehen müssen, Information und auch Widerspiegelung von vornherein als ein Verhältnis zu sehen und zu definieren. Daher sprechen wir in unserem Beitrag von Grundtypen der Widerspiegelung bzw. Sender-Empfänger-Relationen. Gerade im Zusammenhang mit dem Einsatz elektronischer Datenverarbeitungsanlagen in den verschiedenen Bereichen unseres

gesellschaftlichen Lebens, spielt das Verständnis der Information als ein gesellschaftliches Verhältnis u.E. eine besondere Rolle. Aus dem Verständnis der Information als einem Verhältnis und damit insbesondere auch der Beachtung der Aktivität des Empfängers, der Struktur und Funktion des informationsverarbeitenden Systems, gelangt man zu einer Differenzierung der Informationsrelationen und zu einer Unterscheidung verschiedener Arten der Information. Ich unterstreiche daher voll die Bemerkung, daß wir zum Verständnis des Informationsprozesses die Struktur des Empfängers und die Struktur des Senders berücksichtigen müssen, daß wir praktisch erst von Information sprechen können, wenn das Signal vom Empfänger akzeptiert und verarbeitet wird.
Für mich entstand gerade daraus die Frage, ob damit nicht ein genereller Gesichtspunkt (der Gesichtspunkt der Systemadäquatheit der Information) für die Betrachtung der Information gegeben ist. Denn man muß dann natürlich auch fragen können, wie ist das Signal (die Information) strukturiert, damit es von einem Empfänger aufgenommen werden kann. Wie ich in meinem Beitrag noch näher ausführen werde, zeigen z.B. bestimmte Überlegungen von Matthies zur phylogenetischen Entwicklung der Informationsverarbeitung im Gehirn, daß man im Verständnis der Zusammenhänge nur weiter kommt, wenn man den Gesichtspunkt der Systemadäquatheit der Information berücksichtigt.
Die zuvor in der Diskussion hervorgehobene Unterscheidung zwischen Eindruck und Information sowie die Differenzierung der sozialen Information in Deskriptionen und Daten, war ebenfalls aus demselben Gedanken geboren.

BELLMANN: Ich stimme mit Ihnen völlig überein und würde auch meinen, daß wir zum Verständnis des Informationsprozesses die Struktur des Empfängers und die Struktur des Senders und sicherlich auch die Signalstruktur berücksichtigen müssen. Ganz sicher ist es für informationstheoretische Betrachtungen auf molekularer Ebene wesentlich, die materiellen Realisierungen der kommunizierenden Systeme und der von ihnen entlassenen Signale sowie deren Modifikationen im Kanal zu betrachten.
In unmittelbarem Zusammenhang damit steht auch die strukturabhängige Funktion des Systems, z.B. des Empfängers. In einem allgemeinen Informationskonzept wird man den funktionellen Aspekt, evtl. im Zusammenhang mit der Bewertung der akzeptierten und verarbeiteten Information, zu berücksichtigen haben. Herr GROSS bemüht sich ja sehr darum, wie wir wissen.

HOLZMÜLLER: Die Definition der Information als Eigenschaft des Empfängers sowie die Aufnahme der Information durch den Empfänger als Informationszunahme steht im Widerspruch zu WEIZSÄCKER (Nova acta Leopoldina 37/2 Nr 207, 1975). Die Auffassung von Herrn BELLMANN führt in vollständiger Übereinstimmung mit meiner eigenen Überzeugung zu einer Entropieabnahme des offenen (lebenden) Systems.

BELLMANN: Ich bin wohl falsch verstanden worden; ich habe Information nicht als Eigenschaft des Empfängers definiert, sondern meinte, daß wir - per Definition - von Information erst dann sprechen wollen, wenn die Signalstruktur von der Empfängerstruktur akzeptiert und verarbeitet wurde und die hierdurch veränderte Empfängerstruktur auch zu einer veränderten Verhaltensweise (Funktion) führt.

GEISSLER: Sie sagten, daß ein Signal nur dann zur Information wird, wenn der Empfänger in entsprechender Weise reagiert.
Für die genetische Information gilt das nicht uneingeschränkt. Häufig hat eine Veränderung der genetischen Information durch Punktmutation die Bildung eines veränderten Genproduktes zur Folge: Das System "reagiert". Wegen der Degeneration des genetischen Codes gibt es aber nicht selten Fälle, wo sich eine Basenaustauschmutation im betreffenden Genprodukt überhaupt nicht widerspiegelt, da ein synonymes Codon entstanden ist. Trotzdem handelt es sich hierbei um eine Veränderung der genetischen Information, was sich u. a. in einer veränderten Mutagensensibilität äußern kann.

BELLMANN: Ich habe den I n h a l t des genetischen Speichers als gegeben und konstant vorausgesetzt. Variabel und durch ankommende Signalmoleküle veränderbar ist die A b l e s b a r k e i t des Speichers. Dies haben wir formal durch ein auf-zu-Muster charakterisiert. Im Modell wird zunächst vorausgesetzt, daß die mit dem Speicher interaktierenden Moleküle keine Veränderungen der cistronischen Basensequenzen hervorrufen, d. h. Mutationen sind ausgeschlossen.
Wenn von der Fragestellung erforderlich, muß man das natürlich zulassen, d. h. es muß die Modellierung einer chemischen Mutagenese möglich gemacht werden.

**VÖLZ:** Biologische Wirkungsabläufe durch Systembetrachtungen zu verdeutlichen halte ich für ein nützliches Anliegen. Besonders dann, wenn sie Programmablaufplänen und darüber hinaus zur rechentechnischen Simulation führen. Hier können gewiß neue wertvolle und sonst nicht oder nur erheblich schwerer zu gewinnende Erkenntnisse zu Einsichten führen.
In diesem Sinne halte ich auch den Ansatz mittels Verkopplungen von Automaten für wertvoll. Was mich beim Anhören des Vortrages bewegt, ist jedoch die Frage nach dem angekündigten allgemeinen Informationsansatz. Ich habe den Eindruck, daß hier überwiegend biologisches Geschehen und meist dazu noch relativ gut durchschaubare Zusammenhänge mit Begriffen der Informationstheorie belegt worden sind.
Meine Frage lautet, ist dies so oder konnten mit diesem Beitrag neue Erkenntnisse für die Biologie oder Informationstheorie erhalten werden? Meines Erachtens fehlt das dialektische paar Quantität - Qualität, das ja auch für die Information gelten muß.

**BELLMANN:** Da hier typische Informationsprozesse beschrieben werden, lag es nahe, zu versuchen, das allgemein übliche Informationskonzept anzuwenden und die entsprechenden Elemente Sender, Signal, Kanal, Empfänger auf molekularer Ebene adäquat zu definieren. Das ist ohne wesentlichen Zwang gelungen, wobei dann auch gleichzeitig das allgemeine Systemkonzept des abstrakten Automaten bzw. eines Netzes speziell verschalteter Automaten fruchtbar angewendet werden konnte. Es liegt hier m.E. wohl erstmalig ein sehr abstrakter Ansatz zur Beschreibung intrazellulärer Differenzierung vor, der Voraussetzung für die Ausarbeitung einer Theorie über Netzwerke der genetischen Kontrolle bei Differenzierung und Morphogenese ist. Ich würde meinen, hier liegt die Bedeutung des gezeigten Ansatzes für die theoretische Biologie. Bezüglich des Nutzens für die Informationstheorie sehe ich 2 Dinge: zunächst ist wie schon erwähnt, deutlich geworden, daß das Sender-Kanal-Empfänger-Konzept auch auf molekulare Informationsprozesse anwendbar ist und ferner würde ich allerdings meinen, ist wieder einmal mehr deutlich geworden, daß das Shannonsche Informationsmaß - da wahrscheinlichkeitstheoretisch begründet, d.h. von einer stochastischen Quelle ausgehend - für die informationstheoretische Analyse genetischer Kontrollsysteme unbrauchbar ist. Das konnte EIGEN in seinem Evolutionskonzept zeigen und wird auch hier wieder deutlich. Gebraucht wird ein Maß zur quantitativen und qualitativen Charakterisierung der Information, das auf strukturellen - und evtl.

auch strukturabhängig funktionellen Eigenschaften der informationsaustauschenden Subsysteme begründet ist. - Der vorgestellte Ansatz dient - wie jedes Modell - als Bindeglied zwischen Experiment und Theorie. Bei der Theorie ist, als Rückwirkung auf die Kybernetik, an eine allgemeine, biologisch begründete Theorie der Selbstorganisation sich entwickelnder, wachsender Systeme - etwa auf der Grundlage zellulärer Automatenstrukturen - gedacht. Vielleicht ist auch zu erwarten, daß durch den Umgang mit diesem Konzept unsere Gedanken in Richtungen gelenkt, die bei der Modellaufstellung vorausgesetzten molekularbiologischen Grundlagen zu kritisieren gestattet.

PRESBER: Mit diesem Beitrag möchte ich an die Bemerkung von Prof. GEISSLER anknüpfen.
Es ist richtig, daß Basenaustausche, die die Umwandlung eines Basentripletts in ein synonymes Codewort bewirken, die Information in Bezug auf die Realisierung der codierten Proteinstrukturen nicht verändern.
In letzter Zeit wachsen jedoch die Hinweise, daß die Primärstruktur der DNS auch in den Abschnitten, die für bestimmte Proteine codieren, zusätzliche Information enthält, wahrscheinlich für verschiedenste Regulationsfunktionen.
Diese Information kann verändert werden, ohne daß sich dies (infolge der Redundanz des Codes) in Aminosäureaustauschen bemerkbar macht, was ja der Ausgangspunkt für diese Bemerkungen war.
Für viele Organismen konnte gezeigt werden, daß die Basenzusammensetzung der DNS nicht zufällig ist (bezogen auf einen bestimmten, durchschnittlichen GC-Gehalt), sondern daß größere Abschnitte des Genoms (bis zu $10^4$ Basenpaare) jeweils einen spezifischen, vom Durchschnitt des Gesamtgenoms abweichenden GC-Gehalt haben. Erst die Summe aller Teilabschnitte ergibt den durchschnittlichen GC-Gehalt des Genoms (s. Abbildung). Für den Phagen MS 2 zum Beispiel wurde gefunden, daß im Gen für das Hüllprotein, ich glaube 5 mal AAA für Lysin codiert, dagegen im Polymerasegen nur AAG für Lysin codiert.
Diese Befunde sprechen dafür, daß diese Sequenzen weitere Informationen enthalten, die man sicher in einfachen Modellbetrachtungen vernachlässigen kann, die jedoch berücksichtigt werden müssen, wenn es um die Beschreibung von Regulationsprozessen geht oder die Bewertung von Störfaktoren (z. B. Mutationen).
Im übrigen bin ich der Meinung, daß derartige Modelle, wie sie uns von Dr. BELLMANN vorgestellt wurden, für den Biologen wertvolle Voraussagen und Entscheidungshilfen liefern können.

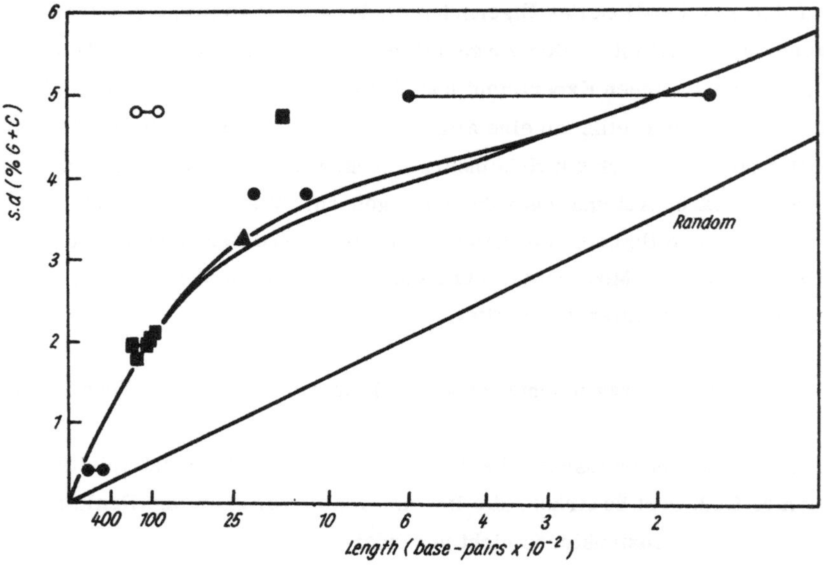


Abb. 1
Diese Abbildung zeigt die Abweichung (Standardabweichung, s. d.) verschieden langer Basensequenz (1 Basenpaar bis Genomlänge) von der Geraden, die einer zufälligen Verteilung der Basen bei einem bestimmten GC-Gehalt entsprechen würde. Es ist deutlich sichtbar, daß bis zu einer bestimmten Abschnittslänge die Verteilung der Basen noch unbekannten Gesetzen folgt. Die Summe derartiger Abschnitte mit spezifischem GC-Gehalt ergibt dann den durchschnittlichen GC-Gehalt des Genoms.
Abbildung aus ELTON, R.A.: J. theor. Biol. 45 (1974) 533.

GROSS: Ich möchte im folgenden nicht versuchen, die Frage zu beantworten, ob der Informationsbegriff unbedingt notwendig ist oder nur zur einfacheren Beschreibung komplexer Zusammenhänge dient. Ich möchte auch nicht die Frage erörtern, welche Forderungen wir an den Begriff Information stellen müssen, sondern nur anknüpfend an das Gesagte kurz meine Auffassung vom Informationsbegriff skizzieren. Ich stimme voll mit Dr. BELLMANN darin überein, daß Struktur an sich noch nicht Information ist. Dr. BELLMANN sagte, daß Signale erst dann Informationen darstellen, wenn sie von einem Empfänger akzeptiert, wenn Strukturveränderungen bewertet werden und Prof. FUCHS-KITTOWSKI formulierte es so, daß Strukturveränderungen eine gewisse Bedeutung für das System besitzen müssen. Ich meine, daß Information sinnvoll durch die Begriffe Struktur und Funktion definiert werden kann und damit zur Erfassung komplexer strukturell-funktioneller

Zusammenhänge dient. Struktur selbst stellt noch keine Information dar, eine Struktur trägt erst dann Information, wenn sie im Hinblick auf ein System eine funktionelle Bedeutung besitzt. Information kennzeichnet somit die Dialektik von Struktur und Funktion und stellt den funktionellen Inhalt einer Struktur dar. Dieser Gedanke wurde bereits von EIGEN (1), als auch von S. und H.A. ROSENTHAL, RAPOPORT und FUCHS-KITTOWSKI (2) zum Ausdruck gebracht. So sagt EIGEN: "'Information' ist ... mehr als bloß ein 'Strukturkorrelat der Funktion'." "'Funktion' kann nicht in organisierter Form auftreten, solange nicht 'Information' vorhanden ist, andererseits erhält diese Information ihren Sinn erst durch die Funktion, für die sie codiert."

Eine ähnliche Bestimmung wurde von SHUKOW (3) gegeben, welcher Information als "zweckmäßig geordnete Struktur der Objekte und Wechselwirkungen der organisierten Natur" begreift.

Ebenso brachte MOLEWITSCH (4) zum Ausdruck, daß in den bestehenden Informationskonzeptionen der funktionelle Aspekt im ungenügenden Maße erfaßt wird. Da es biochemische Prozesse gibt, bei denen der Informationsgehalt zunimmt, jedoch die Entropie sich nicht verringert, kann Information nicht auf Struktur oder Geordnetheit reduziert werden.

Nur auf strukturelle Komplexität und Vielfalt orientierte Informationskonzeptionen ermöglichen nur im beschränkten Maße Aussagen über die grundlegenden Tendenzen des Entwicklungsprozesses. Bei der weiteren Entwicklung des informationstheoretischen Apparates, so bemerkte MOLEWITSCH zu Recht, ist neben der strukturellen Vielfalt ebenfalls die funktionelle Vielfalt materieller Prozesse zu erfassen.

Analysiert man jedoch die bestehenden allgemeinwissenschaftlichen und insbesondere die mathematischen und semiotischen Informationskonzeptionen, so besteht doch gerade ein wesentlicher Gesichtspunkt darin, daß versucht wird, Funktionalitäten von Strukturen zu erfassen, zu messen bzw. zu bewerten. So erscheint uns in der semantischen Konzeption von CARNAP und Bar HILLEL (5) die Funktion von Sätzen bzw. Hypothesen in Gestalt der Auswahl möglicher Zustandsbeschreibungen und damit der selektive Aspekt der Funktion von Satzstrukturen quantitativ erfaßt. In der Konzeption der semantischen Information von SHREJDER (6) erscheint uns die Funktion von Texten in Form von Struktur- bzw. Thesauruserweiterungen. In der pragmatischen Konzeption von CHARKEWITSCH (7) dient Information zur Erreichung eines Zieles und wird durch deren Funktion, die als Beitrag zur Erreichung des Zieles präzisiert wird, bewertet. Bei

BONGARD (8) schließlich geht es darum, den Aufwand zur Lösung von Aufgaben mit Hilfe von Informationen (funktioneller Strukturen) zu verringern.
Aber ebenso kann die Shannonsche Entropie als Maß für die beseitigte Unbestimmtheit bzw. als notwendige Funktionalität (Information), als Kodieraufwand oder notwendige Auswahlfähigkeit interpretiert werden. Schließlich wird in der von KOLMOGOROFF (9) bzw. von CHAITIN (10) auf der Grundlage der Arbeiten von SOLOMONOFF entwickelten algorithmischen Methode nach der notwendigen Funktionalität (Information), nach dem Aufwand, dem Informationsbedarf zur Erzeugung von Strukturen bzw. zur Lösung von Aufgaben und Problemen gefragt. Diese Aufzählung ließe sich fortsetzen mit den Arbeiten von QUASTLER (11), RASHEVSKY (12), MOWSHOWITZ (13) u.a., wo die Erfassung der Spezifität bzw. Funktionalität von Strukturen den Ausgangspunkt bildet. So geht beispielsweise RASHEVSKY bei der Entwicklung der topologischen Methode davon aus, daß lebende Systeme durch eine hohe funktionelle Komplexität gekennzeichnet sind. Dies wiederum erfordert eine entsprechende strukturelle Komplexität, die insbesondere durch die Unterscheidbarkeit der Elemente einer Struktur bestimmt werden kann. Auf der Grundlage einer topologischen Äquivalenz wird ein Maß gebildet, welches die Vielfalt der Unterschiede erfaßt und somit im gewissen Sinne als Maß für die zur Erzeugung notwendige funktionelle Vielfalt bzw. für die von der Struktur realisierten bzw. hervorgebrachten funktionellen Vielfalt interpretiert werden kann.
Es ließen sich weitere Ansätze anführen, wo Bewertungen, Ähnlichkeiten, Äquivalenzen u.a.m. berücksichtigt wird.
Durch die Bestimmung der Information als Maß für die Funktionalität einer Struktur bzw. als dem funktionellen Inhalt einer Struktur ist m.E. eine sinnvolle, zweckmäßige und anwendbare Definition gegeben, welche insbesondere als methodologische Grundlage für die Analyse und Entwicklung von Informationskonzeptionen dienen kann.
Dies erfordert natürlich ebenfalls die Berücksichtigung weiterer wesentlicher Aspekte. So wurde von Frau Prof. ROSENTHAL auf den fundamentalen Zusammenhang von Information und Widerspiegelung hingewiesen und (unter Abstraktion von anderen Aspekten) als (objektivierbarer) Widerspiegelungsinhalt bestimmt. Zum anderen wurde aber zu Recht bemerkt, daß Widerspiegelung nur einen Aspekt einer Information darstellt. So wird von einigen sowjetischen Philosophen (zB. 3, 14) auf den untrennbaren Zusammenhang von Information und Steuerung hingewiesen und im speziellen Information als Steuerungsfaktor betrachtet. Ich meine, daß neben der Bestimmung der Information als strukturell-funktionelle

Einheit die Aspekte Widerspiegelung und Steuerung von entscheidender Bedeutung sind und insbesondere das dialektische Verhältnis von Widerspiegelung und Steuerung im Hinblick auf den Informationsbegriff näher zu untersuchen ist.

Literatur


1 EIGEN, M.: Selforganization of matter and the evolution of biological macromolecules. Naturwissenschaften 58 (1971)

2 ROSENTHAL, S. u. H.A., S.M. RAPOPORT und K. FUCHS-KITTOWSKI: Zu einigen aus den Erkenntnissen der Molekularbiologie ableitbaren theoretischen Verallgemeinerungen, III. Kühlungsborner Kolloquium 1972.

3 SHUKOW, N.I.: Philosophische Grundlagen der Kybernetik, (russ.) 1973

4 MOLEWITSCH, E.F.: Zur Frage nach Entropie- und Informationskriterien der Gerichtetheit der Entwicklung des Lebens, Philosophische Probleme der Biologie, (russ.) 1973

5 CARNAP, R. and Y. Bar HILLEL: Semantic Information, Brit. J. Philos. Science, 4, N 14 (1953)

6 SHREJDER, J.A.: Über die semantischen Aspekte der Informationstheorie, Information und Kybernetik, Moskau 1967 (russ.)

7 CHARKEWITSCH, A.A.: Über den Wert der Information. Probleme der Kybernetik 4 (1964)

8 BONGARD, M.M.: Über den Begriff der 'nützlichen Information'. Probleme der Kybernetik 6, (1966)

9 KOLMOGOROFF, A.N.: Logical basis for information theory and probability theory. IEEE Trans. IT 14 (1968)

10 CHAITIN, G.J.: Information-Theoretic Computational Complexity, IEEE Trans. IT 20 (1974)

11 QUASTLER, H. (Hsg): Information Theory in Biology (1953)

12 RASHEVSKY, N.: Life, Information Theory and Topology, Bull. math. Biophysics 17, (1955)

13 MOWSHOWITZ, A.: Entropy and the complexity of graphs, Bull. math. Biophysics, 30, (1968)

14 BIRJUKOW, B.W.: Kybernetik und Methodologie der Wissenschaft, Moskau (1974)


S. ROSENTHAL: Ich bin ein absoluter Laie auf dem Gebiet der Kybernetik und der mathematischen Modellierung, meine jedoch, daß solche abstrakte Wissenschaftsgebiete, wie es die Mathematik oder die Kybernetik sind, bei der Herausarbeitung allgemeiner Gesetzmäßigkeiten eines konkreten Wissenschaftszweiges eine Hilfestellung geben, um die Vielfalt der Aussagen dieser Wissenschaftsgebiete durchsichtig zu machen.

So vereinfacht das hier dargestellte Automatensystem auch ist, wenn man es nicht verabsolutiert, nicht als ein Dogma auffaßt, sondern als ein Prüffeld, dann glaube ich, ist das Vorgehen absolut berechtigt und hilft auch dem Wissenschaftler, der in einem Spezialgebiet arbeitet, sich nicht in den Einzelheiten der experimentellen Daten zu verlieren, sondern die Gesetzmäßigkeiten herauszuarbeiten.
Ein besonderer Aspekt dieser Methodik ist, die Notwendigkeit zur Quantisierbarkeit der untersuchten Prozesse. In der Biologie dominierte ja viele Jahrzehnte allein die qualitative Beschreibung. Mit der qualitativen Beschreibung erhalten wir kein klares Konzept über Struktur- und Funktionsbeziehungen der lebenden Materie, sondern nur wenn wir die Quantifizierbarkeit einführen und Qualität in der Spezifik der quantitativen Wechselwirkungen suchen. Das geht ohne Stöchiometrie und ohne Mathematik nicht mehr.
Auch sehr abstrakte philosophische Begriffe - wir haben gestritten über den Begriff Widerspiegelung, auch den Begriff Information würde ich dazu rechnen - brauchen wir, denn ohne sie sind wir nicht im Stande, die allgemeinsten Gesetzmäßigkeiten zu formulieren.
Als "konkreter" Biochemiker, Genetiker etc. sind wir an solchen Fragestellungen interessiert und sind der Meinung, daß sie nicht nur die Domäne des Philosophen allein sind.

# EINSCHRÄNKUNG DES ZUFALLS BEI DER ENTSTEHUNG VON MUTATIONEN IM VERLAUFE DER EVOLUTION

WOLFGANG PRESBER, DETLEV H. KRÜGER, CORNELIA SCHROEDER, HANS-ALFRED ROSENTHAL

Lehrstuhl Virologie, Bereich Medizin der Humboldt-Universität, Berlin

## I.

Das Buch von J. MONOD "Zufall und Notwendigkeit" (1) hat die Diskussion über die Rolle des Zufalls in der Biologie aufs neue entfacht.
In der Auseinandersetzung mit diesem Buch wurden eine Reihe von Arbeiten veröffentlicht, in denen die Unhaltbarkeit und Untauglichkeit einer Trennung von Zufall und Notwendigkeit auch im Falle der Interpretation der Resultate der Molekularbiologie nachgewiesen wurde (s. u. a. 2).
Wir folgen der in der Arbeit von FUCHS-KITTOWSKI und Mitarbeitern herausgestellten Determinismuskonzeption des dialektischen Materialismus, die mit der Dialektik von Zufall und Notwendigkeit in der Lage ist, die völlige Determiniertheit biologischer Prozesse (die unfähig wäre, Neues hervorzubringen) und völlige Indeterminiertheit biologischer, insbesondere evolutionärer Prozesse (die nur den reinen, blinden Zufall anerkennt und wegen der höchsten Unwahrscheinlichkeit der komplizierten Evolutionsereignisse ebenfalls nichts erklären kann) zu überwinden. Dabei möchten wir in unserem Beitrag diesen Gedanken weiterführen und zeigen, daß die Organismen verschiedene Wege einschlagen und mehrere Systeme entwickelt haben, die den Zufall bei der Mutationsentstehung einschränken.
Der Irrtum von J. MONOD beruht nicht nur auf einer ungenügenden Berücksichtigung der Selektion und der schrittweisen Evolution mit der damit einhergehenden Einschränkung der Möglichkeiten im Sinne eines feed-back-Kontrollsystems, sondern er beruht auch auf einer ungenügenden Berücksichtigung molekularer Kontrollelemente bei der Mutationsentstehung, die selbst Faktor und Objekt der Evolution werden können.
In seinem Buch "Was ist Leben?" führte E. SCHRÖDINGER folgendes aus:
"... Um aber die hohe Dauerhaftigkeit der Erbsubstanz mit ihrer winzigen Größe

in Einklang zu bringen, mußten wir der Tendenz zur Unordnung durch die "Erfindung des Moleküls" ausweichen, sogar eines ungewöhnlich großen Moleküls, welches ein Meisterstück höchst differenzierter Ordnung sein muß ... Die Gesetze des Zufalls werden durch diese "Erfindung" nicht entkräftet, ihre Auswirkungen sind aber modifiziert... " (3).

Diesem wichtigen Gedanken kann man heute, mehr als 30 Jahre später, nur zustimmen.

Bevor wir uns dem eigentlichen Problem zuwenden, möchten wir einige Erläuterungen zu den Begriffen geben, so wie sie von uns verwendet werden.

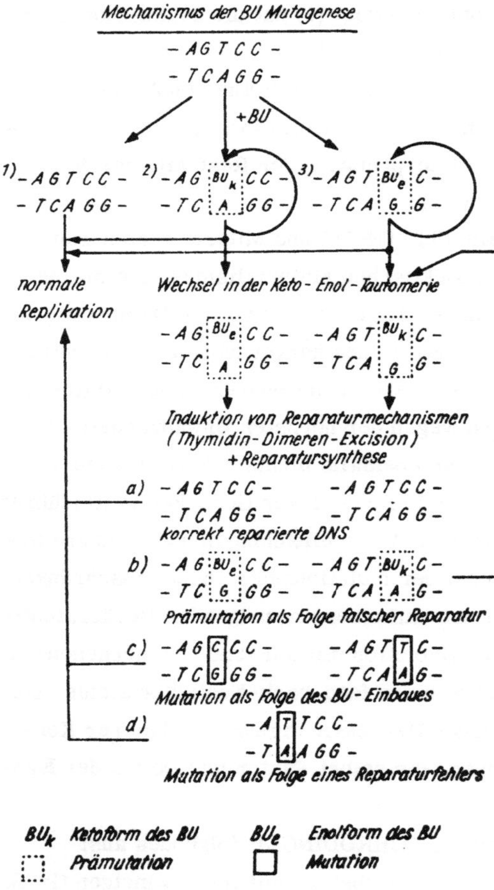

Wenn wir von Zufall sprechen, dann verstehen wir ihn im Sinne des dialektischen Materialismus, als die Realisierung einer von mehreren Möglichkeiten, wobei die Entscheidung, welche Möglichkeit im einzelnen realisiert wird, von äußeren, unwesentlichen Faktoren abhängt. Eine Einschränkung des Zufalls ist somit als eine Einschränkung der Möglichkeiten zu verstehen.

Als Mutationen bezeichnen wir replizierbare Veränderungen der Basensequenzen der DNS. Der Einbau von Bromdesoxyuridin, Reaktionen mit Alkylantien (z. B. Mitomycin C) oder UV-Schäden sind ebenso prämutative Ereignisse wie ein falscher Baseneinbau während der normalen DNS-Synthese. Erst eine anschließende DNS-Synthese (Replikations- oder Reparatursynthese) des komplementären Stranges entscheidet, ob eine Mutation entsteht (s. Abb. 1). Nach diesen Vorstellungen sind DNS-Polymerasen bei der Entstehung von Mutationen immer mitbeteiligt. In dem vorliegenden Beitrag beschränken wir uns auf die Betrachtung von

Abb. 1 Diese Abbildung soll verdeutlichen, wie viele enzymatische Schritte nötig sind, bis eine Mutation infolge des Einbaus von Bromdesoxyuridin (BU) entsteht. Jedes beteiligte Enzym hat eine bestimmte Spezifität und eine bestimmte Irrtumswahrscheinlichkeit (Fehlerrate), die im Laufe der Evolution Gegenstand der Selektion waren. Im Falle der BU-Mutagenese wird dieses Basenanalogon mit einer von der DNS-Polymerase abhängigen Wahrscheinlichkeit in die DNS eingebaut. Dabei gibt es drei Möglichkeiten:

1) Es werden nur korrekte Basen (kein BU) eingebaut.
2) BU in der Ketoform ($BU_k$) ersetzt Thymidin und paart sich mit Adenin.
3) BU in der selteneren Enolform ($BU_e$) ersetzt Cytosin und paart sich mit Guanin.

Dieses Stadium wird als prämutagen bezeichnet, da noch ein korrekter DNS-Strang vorhanden ist. Wechselt das eingebaute BU innerhalb der DNS-Struktur in eine andere tautomere Form (Keto-Enol-Tautomerie), entsteht eine Störung der Sekundärstruktur der DNS, die Reparaturprozesse induziert, welche der Thymindimerenexcision ähneln. Dabei wird eine der sich nicht mehr paarenden Basen (BU oder der nicht mehr komplementäre Partner) einschließlich einiger Nachbarbasen aus der DNS entfernt. Unter Benutzung des unversehrten Stranges als Matrize wird die entstandene Lücke gefüllt. Für diese Reparatur gibt es vier Möglichkeiten:

a) Es entsteht die ursprüngliche, korrekte DNS.
b) Die Reparatur findet am korrekten Strang statt und es kommt an diesem zum Basenaustausch. Es handelt sich auch hier noch um keine in jedem Falle endgültige Mutation, denn durch einen abermaligen Wechsel in der Keto-Enol-Tautomerie kann wieder eine Reparatur induziert werden. Erfolgt aber eine solche nochmalige Reparatur nicht, dient der falsch reparierte Strang bei jeder folgenden Replikation als falsche Matrize. Somit entstehen
c) mutierte DNS-Abschnitte mit einem falschen Basenpaar (Mutation) ohne direkte Korrekturmöglichkeit.
d) Es muß erwähnt werden, daß bei korrektem Herausschneiden von BU durch die Reparaturenzyme (Reparatursynthese) zusätzlich falsche Basen eingebaut werden können.

Punktmutationen (Basenaustausche oder Rasterverschiebungen), für die zumindest bei Prokaryonten schon klarere Vorstellungen über den molekularen Mechanismus bestehen.

In Bezug auf diesen Beitrag genügt es, unter Evolution die biologische Entwicklung zu verstehen, die unter dem Einfluß von Mutation und natürlicher Selektion abläuft.

Als Einschränkung der Betrachtungen sei am Anfang darauf verwiesen, daß die meisten Befunde der Molekularbiologie, auf die die Gedanken dieses Beitrages aufbauen, aus Experimenten mit Prokaryoten gewonnen werden. Auf die Schwierigkeiten, die sich bei ähnlichen Untersuchungen an Eukaryoten ergeben, sei später hingewiesen. Daten über Reparaturmechanismen bei Hefe und Störungen der UV-Reparatur bei der als Xeroderma pigmentosum bekannten Erkrankung des Menschen sowie über DNS-Synthese-Mechanismen in Hefe- und den verschiedensten tierischen Zellen zeigen aber, daß die Mechanismen identisch sein dürften und eine Ausdehnung der Gedanken auf die Eukaryoten gerechtfertigt ist.

## II.

Ausgangspunkt für die folgenden Gedanken ist die Einschätzung der biologischen Bedeutung der Mutationen. Ohne Mutationen ist keine Evolution möglich, da sie die nötige Vielfalt - das Rohmaterial - schaffen, die für die evolutionäre Anpassung nötig ist. Andererseits bergen Mutationen große Gefahren für das Leben. Sie können a) letal sein oder b) die genetische Stabilität beeinträchtigen. Je höher ein Mechanismus entwickelt ist, um so größer wird c) die Gefahr, daß auch bestimmte nichtletale Mutationen ein über Jahrmillionen entstandenes Wechselspiel von Proteinen, Nukleinsäuren und Metaboliten miteinander und untereinander stören.

Daraus ergibt sich folgendes:

1. Es existiert für jede biologische Species eine optimale Mutationsrate, die hoch genug ist, um eine evolutionäre Anpassung zu ermöglichen, die andererseits aber auch niedrig genug ist, um die Lebensfähigkeit des einzelnen Organismus zu gewährleisten. Daß dabei keine der beiden Anforderungen für sich allein optimal gelöst wird, beweisen, was die evolutionäre Anpassung betrifft, die zahlreichen ausgestorbenen Arten und, was die Stabilität betrifft, die vielen genetischen Defekte. Die Mutationsrate stellt sich gewissermaßen als ein

| Species | Nukleotod-paare | $\frac{\text{Mutationsrate}}{\text{Basenpaar}}$ | Gesamt-Mutationsrate |
|---|---|---|---|
| λ | $4,8x10^4$ | $2,4x10^{-8}$ | $1,2x10^{-3}$ |
| T4 | $1,8x10^5$ | $1,7x10^{-8}$ | $3,0x10^{-3}$ |
| E. coli | $4,5x10^6$ | $2,0x10^{-10}$ | $9,0x10^{-4}$ |
| Neurospora crassa | $4,5x10^7$ | $7,0x10^{-10}$ | $2,9x10^{-2}$ |
| Drosophila | $2,0x10^8$ | $7,0x10^{-11}$ | $1,5x10^{-2}$ |
| Mensch | $2,0x10^9$ | $3,0x10^{-8}$ | $6,0x10^2$ |

Abb. 2 Aufstellung der Mutationsraten für Vertreter verschiedener Species. (Die Angabe für die Mutationsrate beim Menschen ergibt sich nur aus einer Abschätzung aus den Werten für das Hämoglobin.)

Kompromiß ein (Abb. 2). Der Beweis für derartige optimale Mutationsraten wurde mit der Entdeckung von Mutator- und Antimutatorproteinen (u.a. DNS-Polymerasen) erbracht. Sie zeigen, daß höhere und niedrigere Mutationsraten in einem bestimmten Organismus möglich sind, sich in der Evolution aber nicht durchgesetzt haben (s.u.a. 4).

2. Die in der Evolution entstandenen hochspezialisierten Wechselwirkungen von Nukleinsäuren und Proteinen miteinander und untereinander erfordern hohe genetische Stabilität. Andererseits ist die gleich hohe genetische Stabilität für Proteine und Strukturen, die sich in direkter Wechselwirkung mit der äußeren Umwelt befinden und an denen die äußere Selektion direkt angreift, sicher ein Nachteil. So konnte gezeigt werden, daß die Mutationsrate der Gene für ribosomale Proteine in E. coli B und Bac. subtilis bis zu 1000 x niedriger ist als bei dem Durchschnitt des Genoms ($10^{-7}$(5)).
3. Mutationen stellen eine Möglichkeit dar, schon vorhandene Fehler zu kompensieren. Eine derartige phänotypische Korrektur einer Mutation durch eine Zweitmutation, die sogar in anderen Genen als die Primärmutation liegen kann, nennt man Suppression (s. Abb. 3). Für bestimmte Gene konnte gezeigt werden, daß bis zu 40 % der in ihnen auftretenden Mutationen supprimierbar sind (6).

Da eine Mutationsrate "Null" physikochemisch unmöglich ist, wäre - sogar unter der Annahme einer konstanten Umwelt, wo also keine evolutionäre Adaptation nötig sein sollte - eine genauestmögliche Replikation sicher nicht vorteilhaft, da sie keine Möglichkeit bietet, Fehler im System, die mit Sicherheit auftreten, zu korrigieren.

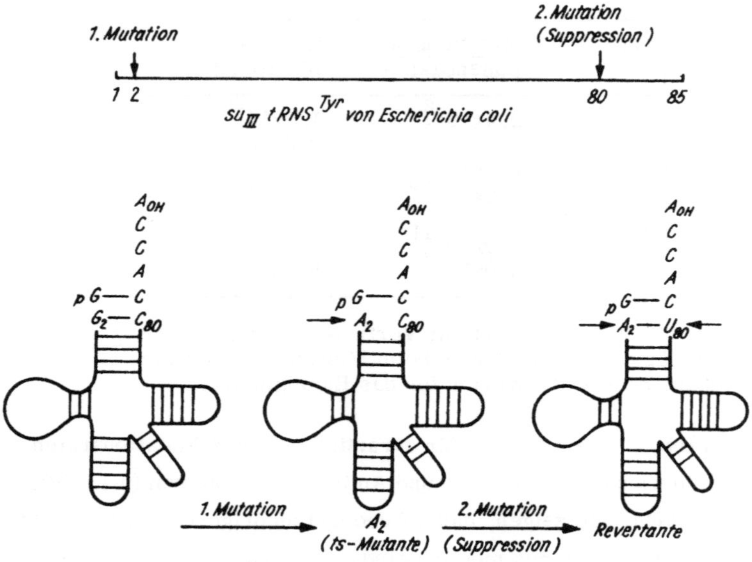


Abb. 3 Schema einer Suppressionsmutation

Der Austausch des Guanins an der Position 2 ($G_2$) der t-RNS durch Adenin führt zu einer thermosensitiven t-RNS, die bei $40^0$ C ihre biologische Aktivität verliert. Neben der Rückmutation in Position 2 kann auch der Austausch des Cytosins in der Position 80 ($C_{80}$) durch Uracil, also eine Zweitmutation, die völlige biologische Aktivität wieder herbeiführen, da die Ausbildung von Wasserstoffbrücken und damit die Wiederherstellung der aktiven Konformation möglich wird.

Diese Bedeutung der Mutationen in der belebten Natur zeigt sich darin, daß die Mutationsrate für jeden Organismus nicht zufällig festgelegt ist, sondern als Ergebnis einer Evolution der Mechanismen, die für das Zustandekommen der Mutationsrate verantwortlich sind, entstanden ist.

Dieser enge Zusammenhang der Mutationen mit Selektion und Reparaturprozessen bedingt aber auch die Schwierigkeiten bei der Untersuchung ihrer Häufigkeit sowie der Feinmechanismen ihrer Entstehung.

So sind alle Proteinpolymorphismen kein Maß für Mutationsraten, obwohl sie Aminosäureaustausche als Folge von Punktmutationen widerspiegeln. Da diese Proteine in lebenden Organismen vorkommen, sind sie schon herausselektiert und alle mit dem Leben unvereinbaren Austausche können also nicht aufgefunden werden. Zum anderen sind auf Grund der Redundanz des Codes Basenaustausche möglich, die

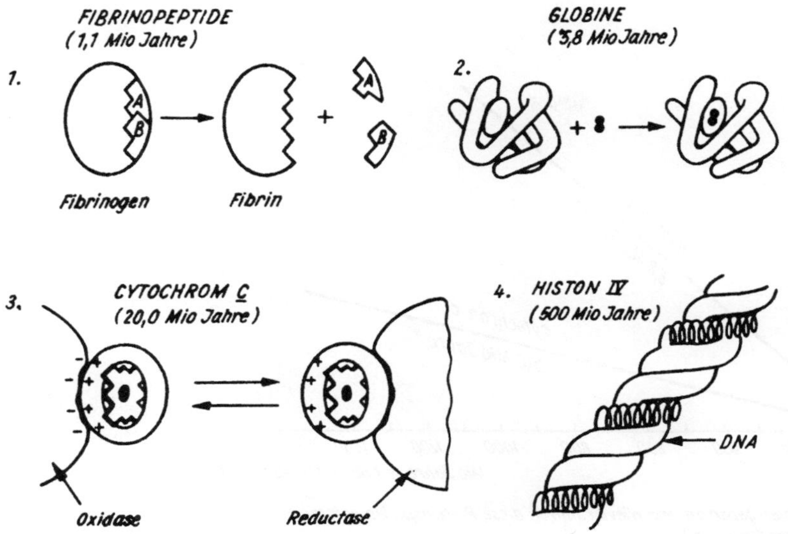


**Abb. 4 Wechselwirkung von Proteinen**

**1. Fibrinopeptide, 2. Globin ⟷ Häm.**
**3. Oxidase ⟷ Cytochrom C ⟷ Reduktase**
**4. Histone ⟷ DNS**
**Die Komplexität der Wechselwirkungen nimmt von 1. bis 4. zu. Die Zahlen in den Klammern geben Millionen Jahre an (million years), in denen sich ein Aminosäureaustausch im Laufe der Evolution realisiert (aus (7)).**

keine Aminosäureaustausche zur Folge haben. Aminosäureaustausche geben also keinen Einblick in Mutationsraten, sondern sind ein Ausdruck für die Proteinevolutionsrate (AS-Austausche/ 100 Mio Jahre), wobei niedrige Proteinevolutionsraten gut mit Komplexität und Spezialisierung korrelieren (s. Abb. 4 u. 5), (7). Mutationsraten kann man also entweder nur a) direkt als Basenaustausche messen, b) an nichtessentiellen Proteinen bestimmen oder c) als Reversionsraten ermitteln. Alle drei Methoden sind bei Prokaryoten besser durchführbar, was den diesbezüglichen unterschiedlichen Stand der gegenwärtigen Kenntnisse für Eu- und Prokaryoten mit erklären dürfte.

Erschwerend für die Untersuchungen an Eukaryoten ist, daß Mutationen oft nur als phänotypische Veränderungen gemessen werden, ohne daß bekannt ist, wieviel Gene an der Ausprägung des betroffenen Merkmals beteiligt sind. Höhere

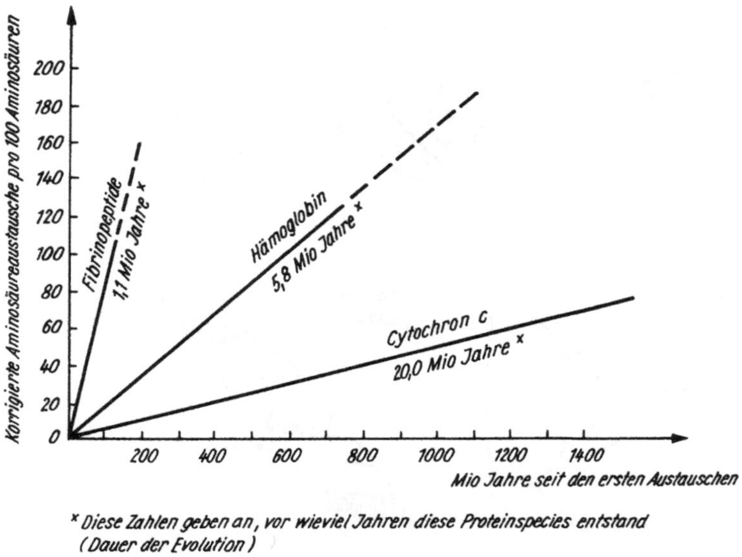


Abb. 5 Proteine, die komplexere Wechselwirkungen eingehen, machen eine langsamere Evolution durch (vergl. Abb. 4).
Die Zahl ausgetauschter Aminosäuren, wie sie bei den homologen Proteinen verschiedener Species gefunden werden, wurden gegen die Zeit aufgetragen, in der die entsprechenden Proteine aus einer gemeinsamen Vorstufe entstanden sind (aus (7)).

Mutationsraten für bestimmte Merkmale können also bedeuten, daß viele Gene beteiligt sind oder daß es sich tatsächlich um eine spezifisch erhöhte Mutationsrate dieses Abschnittes handelt. Außerdem sind viele Änderungen von Eigenschaften bei Eukaryoten nicht die Folge von Mutationen, sondern Ergebnis von Regulationsprozessen, meist Regulationen der Genexpression. Dies sind einige der Gründe, warum Untersuchungen an Eukaryoten bisher nur wenig zu dem Wissen über die Mutationsmechanismen beitragen konnten, mit denen wir uns im folgenden beschäftigen wollen.

III.

Eine ganze Reihe von Proteinen sind für das Entstehen von bestimmten Mutationen oder für die Einhaltung der Mutationsrate mit verantwortlich. Dabei konnte bisher nicht in jedem Falle eine direkte Beteiligung an der DNS-Syhthese oder -Reparatur nachgewiesen werden. Auffällig wurden diese Proteine durch die Eigenschaft bestimmter Mutanten, die Mutationsrate zu erhöhen oder zu erniedrigen. Man spricht dann von Mutator- oder Antimutatoreigenschaften bzw. -mutanten.

Bekannt und gut untersucht sind die Mutator- bzw. Antimutator-DNS-Polymerase-Mutanten des Phagen T4 (4). Gerade für den Phagen T4 konnte man mit Hilfe von Mutanten eine ganze Reihe weiterer Proteine (meist Enzyme) finden, die Einfluß auf die Mutationsrate haben (z. B. DNS-Ligase, P32 (Alberts Protein), Hydroxymethylase und verschiedene Reparaturenzyme), wobei bei Mutanten dieser Gene die Mutationsrate für das gesamte Genom verändert ist (s. Abb. 6).

Enzyme (Proteine) des Phagen T4,
die die Mutationsrate beeinflussen:

| | |
|---|---|
| DNS-Polymerase | Gen 43 |
| DNS-Ligase | Gen 30 |
| Alberts Protein | Gen 32 |
| Hydroxymethylase | Gen 42 |
| Thymidylatsynthetase | Gen td |
| Reparaturgene | Gen hm |
| | Gen px |
| | Gen v |

(vorläufige Aufstellung nach J. W. Drake) Abb. 6

Gibt es für diese Enzyme teilweise schon Vorstellungen über die Mechanismen bei der Mutationsentstehung, so konnte den sechs bisher bekannten Mutatorgenen von E. coli noch keine enzymatische Funktion zugeordnet werden. Allen Mutatoren und Antimutatoren gemeinsam jedoch ist, daß sie - was die Art der Mutation, die sie hervorrufen, betrifft - sehr spezifisch sind. Dies trifft nach vorläufigen Untersuchungen z. B. auch für Hefe (einen primitiven Eukaryoten) zu. So sind einige thermosensitive T4-DNS-Polymerasen starke Antimutatoren für AT ⟷ GC Transitionen, P32 erhöht die Mutationsrate an AT-Paaren und senkt sie an GC-Paaren (4). Der Mutator mut T1 von E. coli ruft AT ⟷ CG Transversionen und der E. coli Mutator mut S3 (früher S1) Transitionen an

AT ⟷ GC hervor. Für den letzteren konnte gezeigt werden, daß er in Abhängigkeit von den Nachbarbasensequenzen verschiedene AT-Paare unterschiedlich häufig mutiert (E.C. COX, nach 8). Die Vermutung, daß die Mutationsrate bestimmter Nukleotide von Nachbarbasen mit beeinflußt wird, wurde u.a. von LEIGH schon geäußert (9). Die Befunde einer Basenspezifität konnten für einige T4-Polymerasen an gereinigten Enzymen bestätigt werden (10).
Gleichzeitig konnte an solchen Polymerasen gezeigt werden, daß die Mutationsrate unterschiedlich ist, je nachdem, ob man $Mg^{++}$ oder $Mn^{++}$ anbietet (11). Dies ist evtl. die molekulare Grundlage für die Tatsache, daß $Mn^{++}$ als mutagenes Agens bekannt ist. DNS-Polymerasen plus $Mg^{++}$ oder $Mn^{++}$ stellen somit auch ein einfaches Modell dar, wie die Mutationsrate durch Effektoren geregelt werden kann. Ein vom Medium abhängiger Mutator in E. coli (8) könnte ein ähnliches Modell darstellen.
Man kann also feststellen, daß in den verschiedensten Organismen Proteine gefunden wurden, die einen sehr spezifischen Einfluß auf die Mutationsrate haben, indem sie bestimmte Mutationsmechanismen (best. Transitionen oder Transversionen oder wie im Falle der T4 Ligase frame-shift-Mutationen) bevorzugen bzw. verhindern. Diese Mutatoren variieren die Mutationsrate also entweder direkt proportional zu einem bestimmten Basengehalt oder doch in strenger Abhängigkeit zur Basensequenz.
Als Beispiel sei ein Lysozym-hot spot des Phagen T4 erwähnt, eine Region mit extrem hoher Mutationsrate, die - wie sich zeigte - eine Anhäufung von Adenin enthält, eine ideale Voraussetzung für das Entstehen von frame-shift-Mutationen (12). Ähnliche Verhältnisse wurden für andere hot spots zum Teil auch schon nachgewiesen (s. Abb. 7).
Somit kann eine unterschiedliche Mutationsrate über den GC-Gehalt der DNS geregelt werden bzw. bei Vorhandensein basenspezifischer Mutationsmechanismen hat ein veränderter GC-Gehalt eine veränderte Mutationsrate zur Folge.
Für unterschiedliche Basenzusammensetzungen innerhalb eines Genoms und für die biologische Bedeutung einer bestimmten Basensequenz gibt es eine Reihe von Hinweisen:

1. Der schon erwähnte T4-Lysozym hot spot mit seiner oligo A-Sequenz.
2. Der GC-Gehalt des Phagen lambda beträgt im Durchschnitt 49,2 %, dabei haben die frühen Gene einen Durchschnitt von 37 - 43 % und die späten Gene von 57 %. Hier deutet sich eine "Clusterung" nach Funktionsgruppen an.

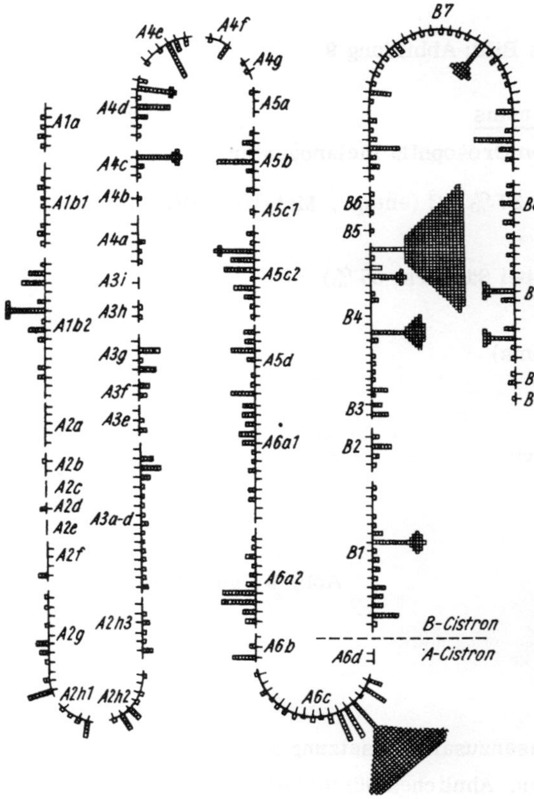


Abb. 7 Die Abbildung zeigt die Kartierung von Mutationen der rII-Region des Phagen T4 (Benzer). Jedes Karo bedeutet eine Mutation. Deutlich sind die beiden Häufungen von Mutationen, hot spots, sichtbar.

3. Die Satelliten-DNS von Eukaryoten, die wahrscheinlich Regulations- und Proteinbindungsaufgaben hat, ist sehr AT-reich und besteht teilweise nur aus AT-Sequenzen und wird demzufolge als polyAT bezeichnet. Dagegen unterscheiden sich rRNS- und tRNS-Gene in ihrem GC-Gehalt vom Durchschnitt des Genoms (s. Abb. 8).

Basenquotient $\frac{G + C}{A + U}$

| RNS-Typ | rRNS | m-RNS |
|---|---|---|
| Escherichia coli | 1,1-1,2 | 0,65-0,75 |
| Hefe | 0,96 | 0,71 |
| Ascites-Tumor | 1,4-1,6 | 0,7-0,8 |
| Leber | 1,7 | 0,84-0,89 |

Abb. 8 Basenzusammensetzung der DNS verschiedener Species (aus (14))

Für Drosophila ergibt sich folgendes Bild: Abbildung 9

<u>Zusammensetzung der DNS eines Genoms</u>

Aufschlüsselung des GC-Gehaltes von Drosophila melanogaster

| | | | |
|---|---|---|---|
| Durchschnitt des Gesamtgenoms: | | 37 % GC | (entspr. Metazoen-DNS) |
| tRNS tRNS | | 59 % | |
| 5S RNS | | 52 % | |
| rRNS | | | (rRNS bei Säugern: 65 %) |
| | 18S | 41 % | |
| | 28S | 38 % | |
| Satelliten-DNS (4 % des Gesamtgenoms) | | | |
| davon 83 % poly dAT | | | |
| Kern-Satelliten-DNS Typ | | | |
| I ACAAACT ) | | | |
| II ATAAACT ) | | jeweils 1000fach | |
| III ACAAATT ) | | | |
| Mitochondrien-DNS: | | | |
| Durchschnitt: | | 22 % GC | |
| 72 % des Genoms | | 24 % GC | |
| 28 % des Genoms | | 18 % GC | |

Abb. 9 (aus (13))

Sicher wird die Untersuchung der Basenzusammensetzung anderer Gene weitere Unterschiede im GC-Gehalt aufdecken. Ähnliches dürfte auch für die Gene der Histone und ribosomalen Proteine gelten.

Da basenspezifische Mutatoren ihrerseits zu einer Veränderung des GC-Gehaltes führen, hat sich im Laufe der Evolution für jeden Organismus ein bestimmter durchschnittlicher GC-Gehalt eingestellt (mit den schon skizzierten interessanten Abweichungen in den einzelnen Genen) sowie eine bestimmte artspezifische Ausstattung mit Mutator- und Antimutatorgenen. Die Wirkung dieser Mutatorsysteme auf die Basenzusammensetzung findet ihren Niederschlag in der Evolution des GC-Gehaltes. So treffen wir bei den niedrigsten Organismen noch eine große Variabilität des GC-Gehaltes an, wenn man einzelne Spezies vergleicht. Im Verlaufe der Evolution stellt sich jedoch ein bestimmter GC-Gehalt ein (Abb. 10).

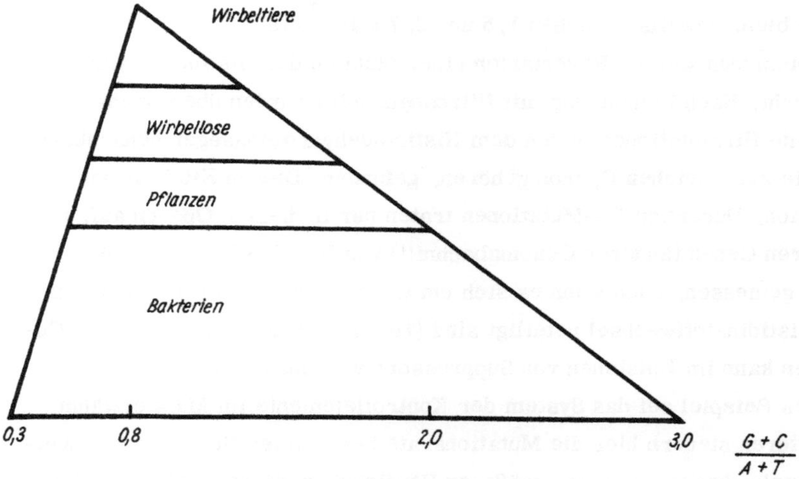


Abb. 10 Evolution des GC-Gehaltes
Mit der Höherentwicklung der Arten nehmen die Unterschiede im GC-Gehalt zwischen den verschiedenen Vertretern einer Art ab. Als Bezugsgröße sind die Basenquotienten angegeben (aus (14)).

IV.

Neben dieser möglichen unterschiedlichen Mutabilität einzelner Genomabschnitte je nach ihrer Basenzusammensetzung unter Mitwirkung basenspezifischer Mutatoren gibt es einige Hinweise für selektive Erhöhung bzw. Erniedrigung der Mutationsraten in bestimmten Genom- und sogar Genabschnitten durch andere Mechanismen.
Dabei sind die Mutationsratenveränderungen gewissermaßen induzierbar und nicht primär abhängig vom GC-Gehalt des betreffenden Genomabschnittes.
Die folgenden Beispiele sollen zur Veranschaulichung dienen:

1. So führt ein Mutatorgen in Chlamydomonas eugametos zu einer Erhöhung der Reversionsrate bestimmter nikotinamidbedürftiger Mutanten um das 1000fache. Die Mutanten nic 4 und nic 5 haben Reversionsraten von $10^{-9}$, bei Vorhandensein des Mutators jedoch $10^{-6}$. Interessant dabei ist, daß das Entstehen von

Streptomycinresistenz und Neaminresistenz durch den Mutator nicht betroffen wird, sie bleibt jeweils zwischen 1, 5 und 2, 7 x $10^{-7}$ (15).

2. Bei Streptomyces wurden Revertanten einer Mutante der Histinoldehydrogenase gesucht. Nach Behandlung mit Nitrosoguanidin wurden überdurchschnittlich erhöhte Hinmutationen in den dem Histinoldehydrogenasegen benachbarten Genen, die zum gleichen Operon gehören, gefunden. Diesen Effekt nennt man Co-Mutation. Derartige Co-Mutationen traten nur in diesem Operon auf, in entfernteren Genen (anderer Genomabschnitt) wurde keine Erhöhung der Mutationsrate gemessen, auch wenn es sich um Gene handelte, deren Genprodukte mit am Histidinstoffwechsel beteiligt sind (16). Die Bedeutung derartiger Co-Mutationen kann im Entstehen von Suppressormutationen liegen.
3. Als letztes Beispiel sei das System der Kontrollelemente im Mais erwähnt. Zwei Faktoren steuern hier die Mutationsrate bestimmter Genregionen. Welche Genomabschnitte mit einer größeren Häufigkeit mutieren, wird von der Position des einen Kontrollelementes bestimmt. Es handelt sich dabei um ein translocierbares DNS-Stück (einem Episom vergleichbar), welches mit bestimmter Häufigkeit seine Position verändert. Nur die diesem Kontrollelement nachfolgenden Genomabschnitte zeigen eine erhöhte Mutationsrate. Wechselt das Kontrollelement seine Position, ist nur in dem neuen Genomabschnitt die erhöhte Mutationsrate feststellbar. Das zweite Kontrollelement, der sogenannte Aktivator, kontrolliert die Ausprägung des Merkmals (hohe Mutationsrate). Seine Lokalisation im Genom ist für diese Funktion unerheblich (17).

Inwieweit bei dieser Form der Regulation der Mutationsrate bestimmte Basensequenzen eine Rolle spielen (z. B. der Kontrollelemente selbst oder anderer Erkennungsstellen), ist nicht bekannt. Sicher ist zumindest für die beiden letzten Beispiele, daß die Mutationsrate nicht primär durch den GC-Gehalt der betroffenen Region reguliert wird.

Derartige Befunde könnten eine Untermauerung der theoretischen Modelle sein (18, 19, 20), die eine Veränderung der Mutationsrate bestimmter Regionen je nach Fitness postulieren, wobei Mutationsrate und Fitness negativ proportional sein sollen.

Für die Regulierung der unterschiedlichen Mutationsraten lassen sich folgende Möglichkeiten und Modelle angeben (s. auch Abb. 11):

1. Die Mutationsrate eines Genomabschnittes wird durch ihren GC-Gehalt bestimmt (siehe Kapitel III).

Modelle der Realisierung abschnittsspezifischer Mutationsraten

1. Regulation der Mutationsrate durch den GC-Gehalt des entsprechenden Genomabschnittes

a% GC b% GC c% GC

$M_1$ $M_2$ $M_3$

Die Mutationsrate ist direkt abhängig vom GC-Gehalt der Region

2. Regulation der Mutationsrate des nachfolgenden Genomabschnittes

$R_1$ $R_2$ $R_3$

$M_1$ $M_2$ $M_3$

a) Regulation durch sekundäre Information der Regulationsstelle (McClintock)
b) Bindung von DNS-Polymerasen mit spezifischen Effektoren (Kussul)
c) Bindung verschiedener DNS-Polymerasen

$M_n$ = verschiedene Mutationsraten
$R_n$ = verschiedene Regulationsstellen

Abb. 11

2. Die Mutationsrate ist unabhängig vom GC-Gehalt mittels Regulationsstellen (z. T. vor dem Genomabschnitt) regulierbar.

a) Die Regulationsstellen besitzen auf Grund ihrer Primärstruktur eine Information über die Höhe der Mutationsrate, sie wirken selbst als allosterische Effektoren.

b) Die Regulationsstellen binden unterschiedliche DNS-Polymerasen mit jeweils spezifischen Mutationsraten.

c) Die Regulationsstellen binden spezifisch bestimmte, modifizierte DNS-Polymerasen (als Modell sei die Regulation der RNS-Polymerasen durch Sigmafaktoren erwähnt), wobei die Mutationsrate durch die Effektoren festgelegt wird.

V.

Ziel dieses Beitrages war es aufzuzeigen, daß auch die Mutationsmechanismen einer Evolution unterliegen. Sieht man die Entstehung von Mutationen als die zufällige Komponente in der biologischen Evolution an, dann zeigen die aufgeführten

Befunde eine Einschränkung der Möglichkeiten und damit des Zufalls bei der Mutationsentstehung.
Es kommt nicht nur zur Einschränkung des Zufalls, was die Mutationen als quantitatives Ereignis (Mutationsrate der Organismen) betrifft, sondern auch hinsichtlich der Orte des Auftretens von Mutationen in der DNS. Dies bedeutet eine unterschiedliche Mutationshäufigkeit in verschiedenen Genomabschnitten, die durch einen unterschiedlichen GC-Gehalt und/oder die weiteren geschilderten Mechanismen einer selektiven Veränderung der Mutabilität bestimmter Teile des Genoms eingestellt werden kann.
Die Einschränkung der Zufälligkeit der Mutationsorte und -mechanismen - die sich während der Evolution herausbildet - macht es möglich, daß Regionen der DNS, deren Stabilität lebensnotwendig ist, vor Mutationen besser geschützt werden können als Regionen, die für die evolutionäre Anpassung nötig sind und deren Vielfalt vorteilhaft ist. Gleichzeitig wird damit deutlich, daß in der Evolution die Mutationen nicht nur die für die Selektion notwendige Vielfalt schaffen, sondern die Mechanismen der Mutationsentstehung selbst Gegenstand der Selektion sind, d.h. die Mutabilität besitzt selbst Selektionswert.
Auch die weitere Evolution kann und wird die Entstehung von Mutationen nicht verhindern. In ihr wird gewiß nicht die Erniedrigung der durchschnittlichen Mutationsraten von Bedeutung sein, wahrscheinlich aber eine weitere Entwicklung der Mutationsmechanismen und eine weitere Kontrolle der Mutationshäufigkeit bestimmter Genomabschnitte. Dadurch kann der eingangs beschriebene Kompromiß zwischen Konstanz und Variabilität des genetischen Materials weiter optimiert werden.
Es existiert also nicht nur eine Evolution der Organismen bzw. Nukleinsäuren, sondern auch eine Evolution der Möglichkeiten und Formen ihrer Veränderung, eine Evolution der Mutations- und damit Evolutionsmechanismen selbst

## LITERATUR


1 MONOD, J.: Zufall und Notwendigkeit. Philosophische Fragen der modernen Biologie. Piper, München 1971

2 FUCHS-KITTOWSKI, K., S.M. RAPOPORT, H.A. ROSENTHAL und G. WINTGEN: Dt. Z. Phil. 20 (1972) 418

3 SCHRÖDINGER, E.: Was ist Leben? L. Lehnen, München 1951, S. 96/97

4 DRAKE, J.W.: Genetics Suppl. 73 (1973) 45
5 DAVIES, J. und M. NOMURA: Ann. Rev. Genet. 6 (1972) 203
6 HARTMANN, P.E. und J.R. ROTH: Advances in Genetics 17 (1973) 1
7 DICKERSON, R.E.: J. Molec. Evol. 1 (1971) 26
8 DEGNEN, G.E. und E.C. COX: J. Bacteriol. 117 (1974) 447
9 LEIGH, E.G. jr.: Genetics Suppl. 73 (1973) 1
10 HERSFIELD, M.S.: J. Biol. Chem. 248 (1973) 1417
11 HALL, Z.W. und I.R. LEHMAN: J. molec. Biol. 36 (1968) 321
12 OKADA, Y.; G. STREISINGER; J. OWEN; J. NEWTON; TSUGITA, A. und und M. INOUYE: Nature 236 (1972) 338
13 LAIRD, C.D.: Ann. Rev. Genet. 7 (1973) 177
14 TRÄGER, L.: Einführung in die Molekularbiologie. Fischer, Jena 1969
15 WANG, W.Y. und C.S. GOWANS: Genetics Suppl. 74 (1973) 290
16 CARERE, A. und G. SERMONTI: Genetics Suppl. 74 (1973) 38
17 McCLINTOCK, B.: Cold Spring Herb. Symp. Quant. Biol. 21 (1956) 197
18 KUSSUL, E. und I. LUK: Ideen des exakten Wissens 12 (1971) 821
19 KARLIN, S. und J. McGREGOR: Proc. Nat. Acad. Sci. 69 (1972) 3611
20 BALKU, B.J. und M.W. FELDMAN: Genetics 74 (1973) 171

DISKUSSION

DOBRINDT: Die Fortschritte in der Biologie sind nicht ohne Einfluß auf das philosophische Denken, wie umgekehrt die Philosophie insbesondere bei der Klärung theoretischer Fragen der Biologie große heuristische, methodologische und auch weltanschauliche Bedeutung hat. Auch Molekularbiologen müssen eine fundierte wissenschaftliche Weltanschauung haben, um einerseits nicht auf solche Irrwege wie der bekannte Molekularbiologe und Nobelpreisträger J. MONOD zu geraten und andererseits zur Weiterentwicklung der dialektisch-materialistischen Weltanschauung mit beitragen zu können. Seit der Veröffentlichung von MONODs Buch "Le Hasard et la Necsessite" ("Essai sur la Philosophie Naturelle de la Biologie Moderne", Paris 1970) ist der Streit um die Rolle des Zufalls im biologischen Geschehen von neuem entbrannt. Um die Rolle des Zufalls in der belebten Natur richtig einschätzen zu können, bedarf es eines dialektisch-materialistischen Standpunktes. Die dialektisch-materialistische Weltanschauung ist kein Dogma, sie entwickelt sich ständig auf der Grundlage neuer einzelwissen-

schaftlicher Erkenntnisse weiter. Auch die Molekularbiologie kann zu ihrer Weiterentwicklung beitragen.
Bisher wurden in der Mutationstheorie auf der einen Seite die Positionen des mechanistischen Determinismus und auf der anderen Seite die Verabsolutierung zufälliger Erscheinungen vertreten. T.D. LYSSENKO vertrat z.B. die Position des mechanistischen Determinismus. Während diese Konzeption die Kategorie des objektiven Zufalls ausschließt, verabsolutiert MONOD die Zufälligkeit, indem er sie von der Notwendigkeit trennt. wobei er jede Dialektik in der Natur und damit jegliche Gesetzmäßigkeit leugnet. Anliegen MONODs ist es, den Marxismus und insbesondere die materialistische Dialektik zu widerlegen. Seine Ablehnung der Dialektik (2) vereinfacht die Erklärung komplizierter biologischer Sachverhalte nicht, sondern macht sie nur noch schwieriger, wie das beispielsweise in seiner Konzeption über die Rolle des Zufalls in der Molekularbiologie zum Ausdruck kommt. MONOD behauptet z.B., die Veränderungen der Erblichkeit (Mutationen) seien völlig überflüssige Gesetzmäßigkeiten, sie würden seiner Meinung nach einen absolut zufälligen Charakter tragen. Dr. PRESBER hob in seinem Vortrag die Evolution von Mutationsmechanismen als Ausdruck für eine Evolution der Evolutionsmechanismen hervor. Er betonte in diesem Zusammenhang, die Mutatorsysteme würden eine Einschränkung des Zufalls bei der Entstehung von Mutationen bedingen, in dem bestimmte Mechanismen herausgebildet hätten, die Mutationen nach Gesetzmäßigkeiten entstehen lassen und der Evolution unterlägen. Die Gesetzmäßigkeit der Entstehung von Mutationen ist schon lange anerkannt; es handelt sich hier um statistische Gesetzmäßigkeiten. Man braucht m.E. nicht unbedingt von einer "Einschränkung" des Zufalls bei der Mutagenese zu sprechen, wenn man die Gesetzmäßigkeit dieses Vorganges betonen will, weil Zufall und Gesetz durchaus vereinbar sind. (3) Von einer berechtigten Einschränkung des Zufalls kann man m.E. nur bei der Selektion sprechen. Das wird auch von EIGEN in seinem Vorwort zu MONOD unterstrichen, in dem er betont, daß nur die Entstehung der individuellen Form dem Zufall unterworfen sei. Er schreibt: "Ihre Selektion - ihre Konkurrenz zu anderen Formen - jedoch bedeutet eine Einschränkung des Zufalls, denn sie erfolgt nach streng formulierbaren Kriterien, die im Einzelfall zwar - wie in der Thermodynamik - Schwankungen zulassen, in der großen Zahl aber Gesetz, also Notwendigkeit bedeuten." (4) Die neuen molekulargenetischen Erkenntnisse bestätigen die Zufallsauffassung in der Biologie. Der objektive Zufall spielt in der Evolution eine Rolle, wobei aber die Entstehung einer allgemein neuen Qualität notwendig ist. Die in der Mutationstheorie diskutierte

Zufallsproblematik ist ein wichtiger Ausgangspunkt für die Erklärung von Evolutionsprozessen. Die PRIGOGINschen Schwankungen bestehen beispielsweise in den zufälligen Mutationen. Zufälligkeit bei Mutationen bedeutet nach MAYR:

1. der Locus der nächsten Mutation kann nicht vorausgesagt werden und
2. es ist keine Korrelation zwischen einem besonderen Komplex von Umweltbedingungen und einer gegebenen Mutation bekannt.

Dies stelle nicht die Tatsache in Frage, daß die Wahrscheinlichkeit einer Mutation an einigen Loci höher ist als an anderen. (5) Der Mutationsvorgang, die Mutagenese, erfolgt objektiv zufällig. Daran ändern auch erste experimentelle Hinweise für die Möglichkeit einer selektiven Mutagenese, bei der in bestimmten Chromosomenregionen (den sogenannten "hot spots") Mutationen besonders häufig induziert werden können, nichts. Es handelt sich hier um bedingte Zufälligkeit. Der Zufall tritt hier im Rahmen der zunächst existierenden Notwendigkeit auf, wobei bestimmte innere und äußere Bedingungen als Faktoren für die Herausbildung von Mutationen zu berücksichtigen sind. Zufall ist nicht Unkenntnis des Systems oder nur Störung. Der Zufall ist in seiner dialektischen Einheit mit der Notwendigkeit zu sehen.

Einen hervorragenden Beitrag zur Zufallsdiskussion in der Biologie lieferte EIGEN mit seiner physikalischen Beschreibung der Evolution biologischer Systeme, in dem er das dialektische Zusammenwirken von Mutation und Selektion aufzeigte. Bei der Diskussion über die Zufälligkeit von Mutationen muß man verschiedene Ebenen betrachten. Hier wurde die Zufälligkeit auf der molekularen Ebene untersucht. Aber auch in den Wechselbeziehungen zwischen den einzelnen Mutanten - den Produkten des Mutationsprozesses - innerhalb der Populationen gibt es ebenfalls Zufälligkeiten. So ist es beispielsweise zufällig, welche Individuen sich miteinander paaren. Die Anhäufung zufälliger Verschiedenheiten bei den Organismen und ihre Erhaltung durch die natürliche Auslese können über lange Zeiträume zur Veränderung ihrer notwendigen Artmerkmale, zur Umwandlung einer Art in eine andere führen, wobei allerdings diese zufälligen Veränderungen bei den Organismen vor allem unter dem Einfluß der erblichen Besonderheiten der Organismen, d. h. der ihnen eigenen inneren Eigenschaften, die durch die Wechselwirkung der Moleküle der Nukleinsäuren (DNS, RNS) und der Eiweiße im System ihrer Zellen bestimmt werden. (6)

Literatur


1 MONOD, J.: Zufall und Notwendigkeit. München 1971, 46

2 MONOD, J.: Zufall und Notwendigkeit. München 1971, 47 f.

3 HÖRZ, H.: Marxistische Philosophie und Naturwissenschaften, Berlin 1974, 121 ff.

4 EIGEN, M.: Vorwort zu (1), XIV

5 MAYR, E.: Artbegriff und Evolution, Hamburg 1967, 146

6 PILIPENKO, N.W.: Wechselbeziehungen von Ursächlichkeit, Notwendigkeit und Zufälligkeit, in: Voprosi filosofii, 9 (1973), 76 f.


GEISSLER:[1] Der ersten These von PRESBER et al., wonach "das Wechselspiel von Mutation und Selektion ... die Grundlage der biologischen Evolution" ist, muß man natürlich uneingeschränkt zustimmen. Entsprechend kann auch der These 2, daß "die für jede Spezies jeweils konstante Spontanmutationsrate ... Ergebnis einer Evolution und eine Art Kompromiß" ist, ohne Einschränkung zugestimmt werden. Sie wird ja eindrucksvoll belegt durch die Tatsache, daß sich im Labor gefundene Antimutatormutanten von T4-Phagen mit "verbesserter" DNA-Polymerase, die auch unter Feldbedingungen entstehen sollten, nicht gegenüber Wildtypphagen mit ihrer "normal fehlerhaften" DNA-Polymerase durchgesetzt haben. In diesem Zusammenhang ergibt sich für mich aber folgende Frage: Geradzahlige T-Phagen werden seit etwa 30 Jahren, mindestens seit ihrer Registrierung durch DEMEREC und FANO im Jahre 1945, unter ziemlich identischen Bedingungen gehalten und wieder und wieder vermehrt: welche p o s i t i v e Rolle spielt bei ihnen die Mutabilität, welchen Vorteil haben die Wildtypphagen gegenüber den Antimutatormutanten mit ihrer reduzierten Mutabilität?
Hinsichtlich der dritten These aber möchte ich erhebliche Bedenken anmelden: Sind die Mutationsraten einzelner Genomabschnitte tatsächlich signifikant verschieden (abgesehen von der jeweiligen Gengröße und davon, daß die Genmutationsrate ja von der Anzahl der Nukleotid(paar)e pro Gen abhängt)? Von den Ergebnissen der molekularen Evolutionsforschung, wonach manche Genprodukte - wie die Fibrinopeptide - eine sehr hohe und andere - wie die Histone - im Verlauf der Phylogenese eine sehr niedrige Aminosäurerest-Austauschhäufigkeit aufweisen, kann man ja nicht ausgehen, da hier ja schon das Produkt von Mutation u n d S e l e k t i o n untersucht wird und da anzunehmen ist, daß Mutationen in den be-

---

[1] Zur Diskussion aufgefordert

treffenden Genen etwa gleich häufig auftreten und daß dann die Selektion darüber entscheidet, ob Austausche im betreffenden Genprodukt zugelassen werden oder nicht.

Von Bac. subtilis sind zwar Befunde bekannt, daß sich die Rückmutationsraten dreier verschiedener Mutanten in jeweils zwei Größenordnungen unterscheiden (his 21: $5,3 \times 10^{-7}$, his 30: $2,0 \times 10^{-9}$, pur: $8,15 \times 10^{-11}$), und zwar auch in fremdem Milieu, d. h. in transformierten Empfängerzellen (ZAMENHOF et al. 1962). Aber hier handelt es sich ja um die differentielle Rückmutabilität einzelner Allele zum jeweiligen Wildtypallel, wobei es sich einmal um eine Transition, beim zweiten Fall um eine Transversion und beim dritten schließlich um eine Rastermutation gehandelt haben könnte. Ohne eine molekulare Analyse, mindestens ohne eine Aminosäureanalyse tryptischer Fragmente der jeweiligen Genprodukte, läßt sich hier nur spekulieren. Als Beweis für eine unterschiedliche Mutabilität einzelner Genomabschnitte lassen sich derartige und ähnliche Befunde jedenfalls nicht verwenden.

Unterschiedliche Mutationsraten von sites innerhalb einzelner Gene werden durch die "hot spots" z. B. der rII-Region von T4-Phagen angezeigt. Hier gibt es tatsächlich Hinweise darauf, daß derartige hot spots von der Sequenz der benachbarten Basen abhängen, da durch bestimmte Basenpaaraustausche hot spots "gelöscht" werden können (vgl. DRAKE 1973). Aber ich frage mich, warum sich derartige hot spots immer nur auf isolierte sites beschränken, da - wenn hier tatsächlich Basen s e q u e n z e n eine ursächliche Rolle spielen - auch benachbarte Nukleotid(paar)e bzw. benachbarte Kodons betroffen sein sollten, während andererseits bekannt ist, daß durch Rekombinationsprozesse selbst benachbarte Basenpaare getrennt werden können, daß also auch Mutationen in benachbarten Tripletts als diskrete Ereignisse registriert werden könnten. Ich möchte daher einen Gedanken aufgreifen, den Gisela MOSIG, Nashville, vor vielen Jahren in einem Kolloquiumsvortrag in Rostock geäußert hat: Sind die hot spots in Wirklichkeit vielleicht nicht Orte erhöhter Mutabilität, sondern "cold spots of Recombination", d. h. Regionen mit eingeschränkter Rekombinierbarkeit, in denen benachbarte Mutationsorte durch Rekombination nicht mehr getrennt werden können und daher als ein einziger Ort mit entsprechend drastisch erhöhter Mutabilität erscheinen? Frau MOSIG bezog sich in dieser Diskussion darauf, daß sie bei T4-Phagen eindeutig "cold spots of recombination" nachweisen konnte, die dazu führen, daß in klassischer Weise, d. h. durch Rekombinationsversuche, aufgestellte Chromosomenkarten von geradzahligen T-Phagen für bestimmte Gene -

wenn ich mich recht erinnere z. B. für die Gene 34 und 35 - Ausdehnungen zeigen, die weit größer sind als der tatsächlichen physikalischen Länge, d. h. der Zahl ihrer Nukleotidpaare entspricht. Auch die vierte These, wonach Mutationen das Ergebnis von Wechselwirkungen der an der Replikation und Reparatur der DNA beteiligten Proteine sind, gilt m. E. nicht uneingeschränkt, weder für spontane noch für induzierte Mutagenese - man denke etwa nur an die mutagene Wirkung von Hydroxylamin oder Salpetriger Säure.
Weil in diesem Zusammenhang auch von der spontanen Mutagenese die Rede ist, möchte ich mir hier eine Abschweifung erlauben, um eine Bemerkung von Rolf LÖTHER (1974) aus seinem interessanten Beitrag "Mutation - Zufall und Gesetzmäßigkeit" zu kritisieren. LÖTHER schreibt da, die Unterscheidung zwischen spontanen und induzierten Mutationen beziehe sich "darauf, welche Rolle der Mensch in der Verursachung von Mutationen spielt" und er fährt fort: "Bei den induzierten Mutationen wird die Verursachung durch die bewußte Tätigkeit des Menschen vermittelt, spontane Mutationen treten ohne sein Zutun auf." Ohne an LÖTHERs Beweisführung für die kausale Determiniertheit der spontanen Mutation rütteln zu wollen, möchte ich aber doch darauf hinweisen, daß der Genetiker als spontane Mutationen jene bezeichnet, die auf endogene Prozesse im betreffenden Organismus zurückzuführen sind, wobei zur Zeit der Begriffsbestimmung die Natur solcher Prozesse noch völlig unbekannt war. Heute wissen wir, daß "spontane Mutationen" mindestens z. T. auf fehlerhafte DNA-Polymerase-Aktivität zurückzuführen und somit alles andere als spontan sind, wir behalten aber dennoch den Begriff "spontan" bei, um derartige Störungen der genetischen Information von den von außen herangetragenen zu unterscheiden. Bei diesen induzierten handelt es sich zwar oft, vor allem im Experiment, um durch die bewußte Tätigkeit des Menschen ausgelöste Mutationen - sie treten aber auch unabhängig und oft sogar g e g e n unseren Willen ein: Chromosomenmutationen durch Virusinfektionen beispielsweise, Mutationen, die durch Aflatoxine, Zykasin, Koffein, Kolchizin und andere Naturprodukte, durch ultraviolettes Licht, Höhenstrahlen und natürliche Radioaktivität induziert werden. Soviel zur Begriffsbestimmung.
Doch zurück zur These 4 von PRESBER u. Mitarb.: Daß bevorzugt AT-GC-Transitionen resultieren, gilt zwar für den von TREFFER analysierten Mutator und wohl auch für einige andere Transitionen verursachende Mutatoren, aber ganz sicher nicht uneingeschränkt: So fanden FREESE und FREESE (1967), daß in der rII-Region von T4-Phagen GC-AT-Transitionen zehn bis hundertmal häufiger wa-

ren als umgekehrte Basenpaaraustausche, und STRETTON und BRENNER (1967) fanden bei der Analyse von 113 Rückmutanten von T4-amber-Mutanten, bei denen einer der drei Basenpaare des amber-Tripletts TA, AT und GC verändert werden mußten, daß allein in 88 Fällen GC gegen CG bzw. TA transvertiert worden war. Auch FITCH (1967) beobachtete bei der Auswertung von 50 Hämoglobin-Mutanten sowie bei der Analyse von 229 Mutationen, die während der phylogenetischen Entwicklung des Cytochrom C aufgetreten waren, bevorzugt G-A-Transitionen. Analog fand VOGEL (1969) bei der Analyse von 140 Myoglobin- und 110 Hämoglobinmutanten jeweils 48 bzw. 52 Transitionen, von denen im Fall des Myoglobins etwa gleich viel AT-GC- und GC-AT-Transitionen (22 zu 26), beim Hämoglobin aber wesentlich mehr GC-AT- als AT-GC-Transitionen (32 zu 19) aufgetreten waren.

Dadurch ergibt sich die Unhaltbarkeit der 5. These, wonach durch einen unterschiedlichen Anteil GC-reicher Sequenzen der Kompromiß zwischen Stabilität und Variabilität des genetischen Materials optimiert wird. Aber hier ist ja glücklicherweise sogar ein experimenteller Zugang möglich: Beim Phagen lambda gibt es ja Genomabschnitte mit signifikanten Unterschieden im GC-Gehalt und man könnte relativ leicht - ggf. schon durch Sichtung der einschlägigen Literatur - feststellen, ob die einzelnen Gene bzw. Gengruppen eine dem GC-Gehalt (umgekehrt) proportionale Mutationsrate aufweisen.

Schließlich weiß ich nicht, ob in diesem ganzen Zusammenhang auch das - bisher wohl erst einmal beschriebene - Phänomen der sog. "Komutation" diskutiert werden sollte, zumal ich der Argumentation der Autoren nicht zu folgen vermag: Selbst wenn es Fälle gibt, wo eine Mutation die Mutationsrate im gesamten Operon (oder Skripton) erhöht, verringert sich ja gleichzeitig die Wahrscheinlichkeit, daß alle Mutationen im betreffenden Skripton durch intra- oder extraskriptonische Suppressoren kompensiert werden.

Es leuchten mir also die vorgeschlagenen Mechanismen zur Optimierung des Kompromisses zwischen Konstanz und Variabilität nicht ein und ich würde mich eher der Meinung von DRAKE anschließen, daß die Evolution dieser Evolutionsmechanismen primär über eine Evolution von DNA-Polymerase und anderer bei Replikation und/oder bei Reparatur beteiligter Enzyme erfolgt - ganz abgesehen von der nicht zu unterschätzenden Rolle von intra- und interchromosomalen Rekombinationsmechanismen, die Genfusionen, Genduplikationen sowie Genmutationen verursachen.

Literatur

DRAKE, J.W.: The genetic control of spontaneous and induced mutation rates in bacteriophage T4. Genetics, Suppl. 73, (1973), 45-64

FITCH, W.M.: Evidence suggesting a non-random character to nucleotide replacements in naturally occuring mutations. J.Molec.Biol. 26, (1967), 499-507

FREESE, E.B. and E. FREESE: On the specificity of DNA polymerase. Proc. Nat.Acad.Sci., Wash. 57, (1967), 650-657

LÖTHER, R.: Mutation - Zufall und Gesetzmäßigkeit. Mittbl.Ges.exp.med.DDR, No. 2, (1974), 7-25

STRETTON, A.O.W. and S. BRENNER: Spontaneous revertants of amber mutants. J.Molec.Biol. 26, (1967), 137-139

VOGEL, F.: Point mutations and human hemoglobin variants. Humangenetik 8, (1969), 1-26

ZAMENHOF, S., R. de GIOVANNI-DONNELLY and L.H. HELDENMUTH: Transfer, by transformation, of information determining mutation rates in Bacillus subtilis. Proc.Nat.Acad.Sci., Wash. 48, (1962), 944-947

LÖTHER:[1] Der im Vortrag zum Ausdruck gebrachten und auf das biologische Faktenmaterial angewandten Konzeption von Zufall und Notwendigkeit stimme ich vollauf zu. Ich beschränke mich auf einige Bemerkungen zum Vortrag und halte kein ausgearbeitetes Koreferat, zumal ich in dem Artikel, auf den Herr GEISSLER bereits freundlicherweise hingewiesen hat, ausführlich zur Zufälligkeit der Mutationen Stellung genommen habe.

1. Die im Vortrag getroffenen Aussagen über die Evolution von Evolutionsmechanismen enthalten wesentliche Konsequenzen für das Verhältnis von Mutation und Selektion.

   Wir haben nicht einfach einerseits das Entstehen von genetischer Vielfalt durch Mutationen und andererseits dann die an dieser Vielfalt ansetzende Selektion, sondern eine wechselseitige Durchdringung und einen Stellenwechsel von Mutation und Selektion im Prozeß der Evolution in dem Sinne, daß das Entstehen genetischer Vielfalt selbst durch die Selektion in der Evolution geformt wird.

2. Die Problematik der Zufälligkeit der Mutationen bezieht sich u.a. darauf, wann und wo mit welchem phänotypischen Effekt und Selektionswert mutative Veränderungen stattfinden. Wenn ich es recht übersehe, ging es im Vortrag um eine Einschränkung des Zufalls im Hinblick auf die Häufigkeit und den Ort

1 Zur Diskussion aufgefordert

der Mutationen, während die Zufälligkeit der auftretenden Mutationen bezüglich der Angepaßtheit der Mutanten nicht tangiert wird. Übrigens beschränken sich Betrachtungen über Zufall und Notwendigkeit bei Mutationen gewöhnlich auf die Mutagenese und dann die Mutante in Population und Umwelt. Für weitere Untersuchungen wäre es sicherlich wünschenswert, den Weg der Realisierung der Mutation in der Individualentwicklung des Lebewesens einzubeziehen. Diese Realisierung im Phänotypus ist vermutlich nicht zufällig, sondern notwendig, bzw. es ergeben sich andere Verhältnisse zwischen Zufälligem und Notwendigem als bei der Mutagenese.

3. Bei einer weiterführenden Einbeziehung der Eukaryonten in die im Vortrag behandelte Problematik ist es unumgänglich, Mutation und Selektion in ihrer Einheit mit der Rekombination in den Populationen sich sexuell-zweieltrig reproduzierender Organismen und die Verhältnisse in diploiden Chromosomensätzen einzubeziehen, weil sich die Mutationen dadurch in einem viel komplizierteren Beziehungsgefüge befinden.
4. Die von Herrn GEISSLER aufgeworfene Frage der spontanen und induzierten Mutationen scheint mir terminologischer, nicht inhaltlicher Natur zu sein. Ich habe mich an einen Sprachgebrauch gehalten, der der wissenschaftsgeschichtlich ursprüngliche ist und den man heute auch noch antrifft. Für das, was Herr GEISSLER als "spontan" und "induziert" bezeichnet, würde ich lieber "exogen" und "endogen" sagen, denn nach wie vor gibt es die Situation, daß Spontanmutationen festgestellt werden, aber niemand kann sagen, ob sie endogenen oder exogenen Ursprungs sind.

S. ROSENTHAL: Die Problematik der Mutationsratenbestimmung auf molekularem Niveau liegt im wesentlichen in den indirekten Methoden. Sie werden aus der Aminosäuresequenz abgeleitet, sie kann jetzt auch für die rRNS direkt bestimmt werden.
Aber eine direkte Analyse dessen, was bei der Replikation als Kopie entsteht, ist für uns noch sehr wahrscheinlich für lange Jahre nicht zugänglich. Vielleicht ergeben sich bei den kurzen Nuklotidsequenzen direkter Mutationsnachweise der kleinen Viren schon früher Möglichkeiten. Hieraus erwächst die große Schwierigkeit für alle Untersuchungen an Eukaryonten, weil das primäre Genprodukt für eine Polypeptidkette, hundertmal größer ist als das Stückchen, das nachher als Polypeptidkette übersetzt wird. Das heißt, aus den gefundenen Austauschen der

Aminosäuresequenz die Mutationsrate für das gesamte Genom abzuleiten, kann zu Fehlschlüssen führen.

Aber nun zur Frage des Zufalls und zur Herauskristallisierung bestimmter selektiver Orte an der DNS, die bevorzugt mutieren oder ausgespart werden.

In jedem dieser Schritte, die hier diskutiert werden, ob es die Polymerase, Nuklease oder Ligase ist oder irgendeine andere Wechselwirkung zwischen Proteinen und einem Teil des Genoms, reagiert das Protein nicht allein mit der DNS, sondern auch untereinander mit einem anderen Eiweiß. Jede dieser Reaktionen unterliegt statistischen Gesetzmäßigkeiten, d. h. jede Reaktion für sich betrachtet hat eine Variabilität, eine Zufälligkeit. Wenn wir viele Reaktionen hintereinander schalten und für jede dieser Reaktionen die Statistik in Anwendung bringen, erhalten wir eine Einschränkung des Zufalls. Die Frequenz des primären Mutationsschritts kann demnach viel höher sein, als was am Ende nach zwei, drei, vier enzymatischen Reaktionen als Mutation resultiert. Das erklärt aber nur die durchschnittliche Mutationshäufigkeit. Ich entsinne mich an einen Vortrag in einem der Reinhardsbrunner Symposien, in dem dargestellt wurde, daß der Einbau von BUdR in die DNS die Transkription in der Weise beeinflußt, daß nicht die Qualität, sondern die Quantität der Synthese eines spezifischen Proteins beeinflußt (vermindert) wurde. Inzwischen wurde für den Lac-Operater gezeigt, daß BUdR-Einbau in diesen DNS-Abschnitt zu einer Erhöhung der Bindungskonstante zwischen Repressor und Operator führt.

Das heißt, jede Veränderung in der Sequenz z. B. eines Operatorabschnitts für den Lac-Repressor oder $\lambda$ -Repressor, könnte demnach sich in der Weise äußern, daß das jeweilige Repressorprotein eine andere Bindungskonstante oder eine andere Dissoziationskonstante oder eine andere Wechselwirkungskonstante zu einem anderen Eiweiß aufweist. Wir kommen damit zu außerordentlich komplexen Regulationen, in denen genauso wie bei komplexen Stoffwechselwegen sich ein bestimmter Richtungsablauf ergibt. Möglicherweise sind solche speziellen Orte komplexer Regulationen an der DNS Operatoren oder Terminotoren oder bestimmte Eiweißbindungssequenzen, die eine allgemeinere regulatorische Bedeutung haben und die lokal gehäuft auftreten, ähnlich wie etwa bei der Glykolysekette, bei insgesamt 13 Reaktionsschritten nur an zwei Enzymen eine extreme Regulation verwirklicht ist, die die Einstellung des Stoffwechselweges bestimmt. Wahrscheinlich müssen wir solche Wechselwirkungsketten zwischen nichtinformativen DNS-Sequenzen und Proteinen postulieren, die anderen Prinzipien der Regulation folgen.

H. A. ROSENTHAL: Ich bin der Auffassung wie Kollege LÖTHER, daß das evolutionäre Schwergewicht darauf lag, die Senkung der Häufigkeit von Mutationen zu erreichen. Denn das ist ja allgemein bekannt, daß es unterschiedliche Mutationsraten in den verschiedenen Systemen geben kann. Im Ergebnis der Evolution treten an verschiedenen Stellen eines Genoms unterschiedliche Mutationsraten auf. Das heißt also, die Spezifität, die Lokalisation dieser Prozesse wurde erhöht. Mit erscheint besonders interessant, wenn sich das bewahrheiten sollte, daß z. B. Eukaryonten in der Lage sind, durch verschiedene Regulatoren, die verschiebbar sind, die an verschiedenen Stellen des Chromosoms eingesetzt werden können, wo sie durch Zufall hingelangen könnten, aber vielleicht auch nicht zu zufällig, die Mutationshäufigkeit zu regulieren. Vielleicht ist das eine besonders aussichtsreiche Position, von der aus man noch einmal an die Frage herangehen kann, wie erreichen die Organismen Sicherheit der erblichen Substanz und trotzdem erbliche Veränderung als Voraussetzung der Evolution.
Abschließend möchte ich noch sagen, daß es nicht unsere Absicht war, über verschiedene Arten von Zufällen zu sprechen. Der Zufall als solcher ist Zufall. Es ging hier um die Frage, daß das Mutationsereignis nicht statistisch über das Genom verteilt auftritt hinsichtlich des Ortes, wo es stattfindet und des Zeitpunktes, zu dem es stattfindet. Das ist gewissermaßen eine Einschränkung des "reinen Zufalls", so wie ihn MONOD wohl versteht.

HÖRZ:[1] Das Verhältnis von Gesetz und Zufall spielte in der Geschichte der Philosophie und der Wissenschaften immer eine wichtige Rolle. Der Begriff des Zufalls wurde historisch meist dem Begriff des Gesetzes entgegengestellt. Es gab aber auch Versuche, die Dialektik von Gesetz und Zufall aufzudecken. Erinnert sei an die Auffassungen von EPIKUR, die von LUKREZ in seinem philosophischen Lehrgedicht "Über die Natur der Dinge" dargelegt werden. Der Zufall wird dort als wesentlicher Aspekt objektiv realer Bewegung betrachtet. Später hatte besonders HEGEL auf die Dialektik von Notwendigkeit und Zufall verwiesen.
Der von MARX und ENGELS begründete dialektisch-materialistische Determinismus setzte sich sowohl mit der Rückführung des Zufalls auf die Notwendigkeit auseinander, wie sie vom mechanischen Determinismus vorgenommen wurde, als auch mit der Auffassung vom absoluten Zufall als einer ursachenlosen Erscheinung. Nach ENGELS ist der Zufall die Erscheinungsform der Notwendigkeit.

---

1 Zur Diskussion aufgefordert

Damit wurde deutlich hervorgehoben, daß der Zufall nichts Gesetzloses ist. Wenn nun im Vortrag von der Einschränkung des Zufalls gesprochen wird, so weist das einerseits auf die Dialektik von Gesetz und Zufall hin, wendet sich also gegen die Auffasung vom absoluten Zufall. Andererseits muß jedoch diese Bemerkung noch weiter interpretiert werden. Das kann im Zusammenhang mit der philosophischen Definition des statistischen Gesetzes geschehen. Im statistischen Gesetz sind drei Aspekte enthalten: Erstens erfaßt der dynamische Aspekt die unter Systembedingungen sich notwendig verwirklichende Systemmöglichkeit. Gegenüber diesem Aspekt würde die Einschränkung des Zufalls darin liegen, daß zufällige Erkenntnisse als Erscheinungsformen von notwendig sich verwirklichenden Möglichkeiten erkannt werden.

Zweitens drückt der stochastische Aspekt des statistischen Gesetzes die existierende Wahrscheinlichkeitsverteilung für die Verwirklichung von Elementmöglichkeiten aus dem Möglichkeitsfeld aus, das der Systemmöglichkeit zugeordnet ist. Wenn wir solche Wahrscheinlichkeitsverteilungen erkennen, dann schränken wir ebenfalls den Zufall insofern ein, als unerkannte Zufälle unser Handeln spontan beeinflussen, während erkannte Wahrscheinlichkeitsverteilungen für das zufällige Verwirklichen von Möglichkeiten bewußtes Handeln erleichtern.

Drittens enthält das statistische Gesetz Übergangswahrscheinlichkeiten für den Übergang von dem einen Zustand in den anderen, wobei für jede Möglichkeit eines solchen Übergangs (Elementmöglichkeit des Systems) bestimmte Bedingungen existieren. Das ist der probabilistische Aspekt des statistischen Gesetzes. Dieser zufällige Übergang von einem Zustand in den anderen ist also bedingt und die Erkenntnis dieser Bedingungen kann ebenfalls als Einschränkung des Zufalls durch Erkenntnis der Dialektik von Gesetz und Zufall betrachtet werden.

Wichtig ist weiterhin, daß neben der Differenzierung der Bedingungen für das statistische Gesetz in Existenzbedingungen verschiedener Ordnung, die sich auf das System, auf Teilsysteme und die Elemente beziehen, auch die Zufälle differenziert werden müssen. Der im Gesetz enthaltene bedingte Zufall ist durch das Möglichkeitsfeld, die Wahrscheinlichkeitsverteilung, die Übergangswahrscheinlichkeit und die System- und Elementbedingungen bestimmt. Je tiefer wir also mit unserer Erkenntnis in die Gesetzesstruktur eindringen, desto mehr erfassen wir die wesentlichen Seiten zufälliger Ereignisse nicht nur in ihrer Notwendigkeit, sondern auch in ihrer Wahrscheinlichkeit, die das Maß für die Verwirklichung dieser zufälligen Möglichkeiten ist. Es können wesentliche und unwesentliche, äußere und innere, erkannte und nichterkannte Zufälle unterschieden werden. In

Abhängigkeit von den Beziehungen zwischen Systemen, Teilsystemen und Elementen gibt es Zufälle verschiedenen Grades.
Es ist also wichtig und darauf orientiert der Vortrag, mit vereinfachten Auffassungen vom Zufall als einem absoluten Zufall Schluß zu machen. Es ist notwendig, weitere Aspekte des Zusammenhangs von Gesetz und Zufall auszuarbeiten. Das betrifft vor allem die Rolle des Zufalls in Entwicklungsprozessen.

KRÜGER: Gestatten Sie mir, auf einige der Diskussionshinweise zu unserem Vortrag zu antworten. Wir sind sehr froh über die Ausführungen von Prof. HÖRZ, die wir für eine ausgezeichnete Definition des Zufalls und seiner Bedeutung halten. Unsere Position stimmt voll mit diesen Darlegungen überein; dies scheint eine wertvolle Voraussetzung zu sein für die fruchtbare weitere Zusammenarbeit von Natur- und Gesellschaftswissenschaftlern zu diesem Thema. Wenn wir in unserem Vortrag über die Einschränkung des Zufalls sprechen, so meinen wir damit die Einschränkung der Wahrscheinlichkeit des Auftretens von Mutationen, die Einschränkung der entsprechenden Möglichkeiten. Wir sind sicher, daß uns die Philosophen gerade bei der Definition dieser Einschränkung weiterhelfen können.
Als Antwort auf einen der Hinweise von Prof. LÖTHER sei bemerkt, daß unsere Vorstellungen über die Auffassung, daß nur die Zufälligkeit der durchschnittlichen Mutationshäufigkeit eingeschränkt wird, hinausgehen. Wir sprechen ja gerade von einer Einschränkung der Möglichkeiten, daß Mutationen an bestimmten Orten des Genoms auftreten, sowie von einer Einschränkung der Möglichkeiten, um welche Arten von Mutationen es sich dabei handelt.
Wir möchten nochmals den Gedanken unterstreichen, auf den auch Prof. LÖTHER hinwies, nämlich daß Mutation und Selektion, daß Zufall und Notwendigkeit sich in vielfältigen Formen und auf den verschiedensten Ebenen wechselseitig durchdringen. Dabei kennen wir gewiß noch längst nicht alle dialektischen Beziehungen zwischen beiden Komponenten. Mit der in der Evolution stattfindenden Selektion der mit der DNS-Synthese und -Reparatur verbundenen Enzyme und Proteine wird das allgemein als notwendig anerkannte Element (Selektion) direkt in die Mutationsentstehung hineingetragen.
Wenn auch einige in unserem Vortrag entwickelte Thesen bisher nicht in jedem Falle und bis zur letzten Konsequenz experimentell bewiesen sind, so scheint doch der Zeitpunkt gekommen, um ein Problem auf der Grundlage molekulargenetischen Wissens neu zu fassen: die Definition der Mutation. Wir meinen, daß teil-

weise noch eine zu starke, undialektische Trennung zwischen den sogenannten spontanen und induzierten Mutationen vorgenommen wird, wobei zwar festgestellt wird, daß auch die spontanen Mutationen selbstverständlich nicht ohne inner Ursachen auftreten würden, doch wo diese "inneren Ursachen" liegen, bleibt dunkel. Die naturwissenschaftlichen Beweise für die Beschreibung der Mutationen als Folge von Fehlern in der DNS-Synthese und der Reparatur prämutagener Ereignisse sollten hier weiterhelfen.
Auf die weiteren Diskussionshinweise wird Herr Dr. PRESBER in seinem Schlußwort eingehen.

VOGEL: Eine Bemerkung und eine Anfrage.
Wenn man den Gedanken des Diskussionsbeitrages von Prof. HÖRZ folgt, so hätte das Thema des Vortrages lauten müssen: "Zur Widerlegung der MONOD'schen Auffassung vom Zufall". Dazu ist im Vortrag tatsächlich etwas gesagt worden. Aber das Thema lautete: "Die Einschränkung des Zufalls".
Wenn man davon ausgeht, das soll nicht heißen Einschränkung der Möglichkeiten, was ja nicht identisch wäre, dann interessiert, wie eigentlich vom Vortragenden die Einschränkung des Zufalls verstanden wird. Es gibt m.E. folgende vier Möglichkeiten. Der Terminus "Einschränkung des Zufalls" könnte bedeuten: 1. Der Zufall hat eine geringere Bedeutung als vorher; 2. die Häufigkeit des Zufalls ist geringer als vorher; 3. der Zufall wird in seiner Existenz abgebaut durch die Evolution der Mutation; 4. der Zufall wird zur Gesetzmäßigkeit durch die Evolution.
Alle diese vier Möglichkeiten könnten unter den Begriff "Einschränkung des Zufalles" fallen. Ich weiß aber nicht, wie Sie das aufgefaßt haben und wie weit das als gesichert angenommen werden kann. Welche der Varianten liegt denn Ihren Ausführungen zugrunde, meinen Sie alle oder nur eine oder gibt es noch eine fünfte oder sechste?

PRESBER: Nach der Diskussion zeigt sich, daß unser Vortragstitel hätte lauten müssen: "Über eine Änderung der Wahrscheinlichkeit, mit der bestimmte Mutationen auftreten, im Verlaufe der Evolution". Diese Veränderung der Wahrscheinlichkeit des Auftretens von Mutationen wird durch die verschiedensten Enzyme realisiert, die sich im Verlaufe der Evolution herausgebildet haben. Dies entspricht einer Modifizierung der Möglichkeiten der Mutationsentstehung, "des Zufalls" in der Biologie in dem Sinne, daß Häufigkeit, Ort und Mechanismus der

Mutationen eingeschränkt werden. An der Qualität des Zufalls und seiner Bedeutung, auf die wir im Referat ausführlich eingegangen sind, ändert sich nichts.
Zu den einzelnen Punkten der Diskussion von Prof. GEISSLER möchte ich folgendes sagen: Es ist möglich, im Labor Phagen so zu passagieren, daß sie, was ihre Mutator- und Antimutatoreigenschaften betrifft, dem eigentlichen "Wildtyp" entsprechen. Die Experimente über Mutationsraten bestimmter Phagenmutanten können also als Hinweis auf die evolutionäre Bedeutung der Mutationsraten verwendet werden. Die enge Beziehung zwischen Umwelt und Mutationsraten konnte durch Nestmann in Experimenten mit Mutatorstämmen von E. coli und Wildtypen im Chemostaten gezeigt werden, indem bei sich künstlich schnell ändernder Umwelt Mutatorstämme einen Selektionsvorteil besitzen.
Die Abschätzung der Mutationsrate im menschlichen Genom beruht auf einer Kalkulation allein für das Globingen, welches außerdem eine gewisse Sonderstellung haben kann (die Frage der Genamplifikation wird immer noch diskutiert), so daß der Wert von $10^{-8}$ (s. Tabelle) nicht endgültig feststehen dürfte. Diese Unsicherheit haben wir ja schon diskutiert.
Die Mutationsraten für die ribosomalen Proteine wurden als Reversionsraten bestimmt und sind somit ohne Einschränkung verwendbar. Außerdem haben Sie, Herr Prof. GEISSLER, selbst noch einige Beispiele für große Unterschiede in der Mutationsrate bestimmter Gene genannt.
Ihr Argument, daß eine bestimmte Mutationsrate für bestimmte Genomabschnitte auch nach Übertragung der DNS in eine Zelle eines anderen Organismus noch realisiert werden kann, ist doch auch ein Hinweis dafür, daß die Information über die Höhe der Mutationsrate in der betreffenden DNS (sei es GC-Gehalt oder bestimmte Regulationsstellen) gespeichert ist.
Die Interpretation des hot spots der rII Region ist schwierig. Es wurde als Illustration für einen hot spot gezeigt, stellvertretend für den Lysozym-hot spot. Der Mechanismus des letzteren wurde aufgeklärt und diente als Grundlage für unsere Betrachtungen. Zum rII hot spot muß aber folgendes gesagt werden:

1. Auch wenn es sich um einen cold spot of recombination handelt, ist die DNS-Polymerase mitbeteiligt, denn Polymerasemutanten mit höherer oder niedrigerer Rekombinationsrate wurden ebenfalls isoliert. Dies ist dann eine Übertragung der gleichen Problematik auf die Rekombinationsebene (Entwicklung bestimmter Rekombinationssysteme im Verlaufe der Evolution), über die wir in diesem Beitrag nicht sprechen wollten.

2. Daß für diesen hot spot die Rekombination zumindest nicht allein und die von uns diskutierten Punktmutationen zumindest auch eine Rolle spielen, konnte ebenfalls durch T4-ts-Mutatorpolymerasen gezeigt werden. Von über 50 untersuchten Mutanten eines T4-Wildtypstammes in der rII Region lagen alle im hot spot. Von ebenfalls über 50 untersuchten Mutanten in der rII Region einer Mutator-DNS-Polymerasenmutante lag keine Mutation im hot spot.

Dies ist ein Hinweis, daß DNS-Sequenzen die Mutationsrate der DNS-Polymerase beeinflussen, und daß verschiedene Polymerasen verschieden regulierbar sind.
So kann man auch auf die rII Region die Aussage unseres Beitrags anwenden.
Die von Ihnen genannten Befunde über die unterschiedlichen Rekombinationsraten der Gene 34 und 35 des Phaten T4 möchte ich als Begründung für die These verwenden, daß es neben der Entwicklung der Mutationsmechanismen (Punktmutationen) auch eine Entwicklung der Rekombinationsmechanismen gibt, nach dem gleichen, im Vortrag beschriebenen Prinzip. BECKENDORF konnte zeigen, daß die Rekombinationsrate in dem Genomabschnitt, der für den Teil des Schwanzfadens codiert, der mit dem Wirt wechselwirkt (Adsorption), erhöht ist, daß aber der Genomabschnitt, der für die Anheftung des Schwanzfadens an den Phagen codiert, stabil ist. "Gezielte Erhöhung der Rekombinationsrate"! ?
Bei der Bewertung der AT-GC-Austausche liegt ein von uns verschuldetes Mißverständnis vor. Die von uns angeführten Beispiele sollten nur die Spezifität demonstrieren und nicht bedeuten, daß andere Basenpaare durch andere Mutatoren nicht betroffen sind. Im Gegenteil, eben diese Vielfalt von Mutatoren mit ihrer Spezifität, die in jedem Organismus verschieden ist, erlaubt uns nicht abzuschätzen, welcher GC-Gehalt in einem bestimmten Organismus besonders stabil oder labil ist. Auch der Einwand, daß spezifische Mutatoren den GC-Gehalt verändern bzw. bestimmte Basenpaare völlig eleminieren könnten, ist richtig, jedoch ist die Lebensfähigkeit des Organismus eine Grenze, die bestimmte, letale Basenaustausche (auch wenn sie von einem Mutatorprotein bevorzugt werden) nicht zuläßt.
So stellt sich ein Gleichgewicht ein, welches sich in der Evolution des GC-Gehaltes widerspiegelt. Die großen Möglichkeiten für den Organismus liegen nun in der Regulation der Mutatoren durch Effektoren (Die Möglichkeit wurde im Vortrag angedeutet).
Dem "proof of the pudding", den GC-Gehalt von lambda betreffend, können wir nur zustimmen. Wir haben in der Literatur jedoch keine Angaben über derartige

Experimente gefunden und Befragungen von Kollegen, die mit diesem Phagen arbeiten, waren ebenfalls ohne Erfolg. So steht dieser Beweis noch aus.
Das beschriebene Phänomen der Co-Mutationen ist nicht einmalig und hat seine Bedeutung sicher nicht nur in dem möglichen Entstehen von Suppressormutationen im gleichen Gen oder anderen Genen. Es handelt sich möglicherweise um ein allgemeines Prinzip, wonach ein Organismus die Mutationsrate bestimmter Abschnitte je nach Angepaßtheit (Fitness) regulieren kann. Eine sich verändernde Umwelt (s. die Modelle von KUSSUL, KARLIN und BALKU) oder eine Störung im System durch eine Primärmutation sind das Signal für eine spezifisch erhöhte Mutationsrate, die die evolutionäre Adaptation ermöglicht. Dabei ist Suppression (phänotypische Herstellung des Ausgangszustandes) nur eine von vielen Möglichkeiten. Die mathematischen Modelle zeigen, daß man eine negative Korrelation von Fitness und Mutationsrate finden kann. Der Mechanismus der Co-Mutation wäre eine Möglichkeit, wie dieses Phänomen im Organismus realisiert wird.
Zu dem Beitrag von Frau Prof. ROSENTHAL möchte ich zwei Bemerkungen machen.
Erstens gibt es Möglichkeiten, Mutationsraten direkt zu bestimmen, indem man gereinigte Polymerasen mit Homopolymeren, dem entsprechenden (komplementären), markierten Triphosphaten und "falschen" (nichtkomplementären), ebenfalls aber verschieden markierten Triphosphaten inkubiert. So lassen sich nicht nur die Häufigkeit, sondern durch Einsatz verschiedener Systeme auch die Spezifität direkt bestimmen. Zum anderen ist die Bestimmung von Reversionsraten zwar indirekt, aber exakt, und kann bei bekannter Sequenz der Nukleotide am Mutations- bzw. Reversionswert teilweise auch Aufschlüsse über die Spezifität geben, wenn die Reversion nicht nur phänotypisch, d. h. Suppression ist.
Zweitens: Bromdesoxyuridin (BUdR) hat zwei Wirkungen, wenn es in die DNS eingebaut wird:

a) Es kann Mutationen induzieren - dafür reicht ein Molekül BUdR in der DNS aus.
b) Es kann, dies aber erst, wenn es in bestimmten Mengen (oder Clustern) vorkommt, die Proteinbindungseigenschaften der DNS verändern - die DNS wird "klebrig".

Für die Frage der Mutationsentstehung hat die zweite Eigenschaft (bei entsprechend niedriger BUdR-Konzentration) keine Bedeutung. Versuche mit BUdR in höheren Konzentrationen zeigen aber, daß nicht nur auf bestimmte Proteine mit bestimmten Eigenschaften selektiert wird, sondern daß sie selbst auch Selektionsfaktor sind - die Problematik der inneren Widersprüche und Bedingungen. So konnten nach mehreren Passagen von tierischen Zellen in BUdR-haltigem Medium BUdR-abhängige Zellen isoliert werden. Neu aufgetretene Proteine, die mit der DNS wechselwirken, benötigen "klebrige" DNS, um mit den lebensnotwendigen Festigkeiten an der DNS zu binden.

Abschließend möchte ich, mich auf die Bemerkung von Prof. HÖRZ stützend, die Frage von Prof. VOGEL so beantworten: Ausgehend von der Definition des Zufalls, wie sie von Prof. FUCHS-KITTOWSKI gegeben wurde, war es unser Ziel zu zeigen, daß durch die Evolution Systeme entstanden sind, die die Wahrscheinlichkeit der Realisierung der Möglichkeiten des Auftretens von Mutationen verändern. Dadurch ändert sich nichts an der Qualität des Zufalls, im Gegenteil, die Bedeutung desselben in der Biologie wird unterstrichen.

# OPTIMIERUNGSSTRATEGIEN DES INFORMATIONSWECHSELS IN DER STAMMESGESCHICHTE DER ORGANISMEN

GÜNTER TEMBROCK

Humboldt-Universität Berlin, Bereich Verhaltenswissenschaften

Die Evolution der Organismen ist ein irreversibler Prozeß. Er hat eine eigengesetzliche zeitliche Vorzugsrichtung, wobei ein physikalisch ableitbares Wertkonzept den Optimierungsprozeß in Richtung und Geschwindigkeit bestimmt (vgl. EIGEN 1971). Dieses Optimalprinzip kann nach EIGEN durch das Stabilitätskriterium von GLANSDORFF und PRIGOGINE (1971) an die thermodynamische Theorie stationärer Prozesse angeschlossen werden. Dabei liefert das Wertkonzept die Grundlage einer Informationstheorie (EIGEN 1971), die eine Beschreibung der Informationserzeugung einschließt.
Die Bewertung erfolgt durch die Fähigkeit, sich selbst zu reproduzieren, wobei energetisch entartete Zustände voneinander unterschieden werden: Es erfolgt eine primäre Selbstorganisation der Materie nach funktionellen Gesichtspunkten. Die Selbstinstruktion der Nukleinsäuren gestattet, nicht nur bestimmte Informationszustände zu reproduzieren, sondern auch jede (bewertete) Veränderung. Diesen Bewertungsprozeß wollen wir "semantische Belegung" nennen. Ein Beobachter könnte die Bewertung als "Bedeutung" im Sinne der Optimierung beschreiben. Den Prozeß der Informationsanreicherung in organismischen Systemen wollen wir als "Informations-Aggregation" bezeichnen (dieser Begriff deckt sich in der weiteren Evolution mit dem von KLIX, 1973, als "aktive Informationsbildung" benannten Vorgang). Aus diesen Zusammenhängen kann in Verbindung mit den weiteren innerorganismischen Vorgängen bis zum Output von Information als niveau-adäquate Begriffskategorie in Analogie zum Stoffwechsel der Begriff "Informationswechsel" abgeleitet werden (Abb. 1). Er beschreibt - wie wir meinen - in einer dem gegenwärtigen formalen Denkansatz angemesseneren Begriffskategorie den Zusammenhang, der mit A.v. HALLER als "Irritabilität" bezeichnet

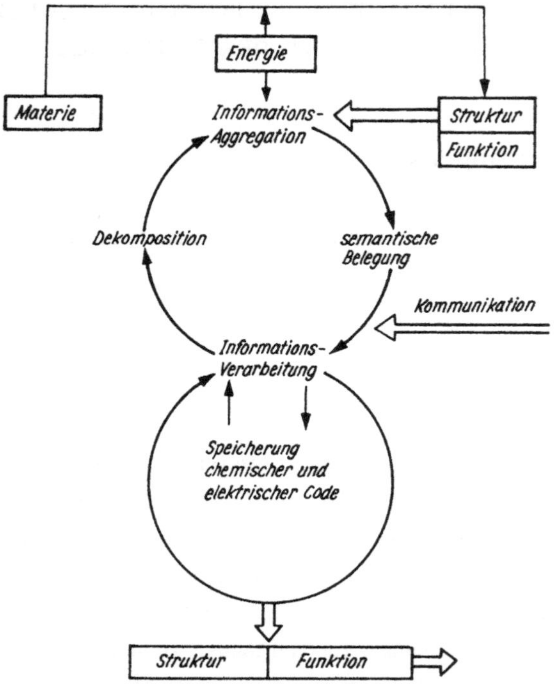


Abb. 1: Schema des Informationswechsels (aus TEMBROCK 1974)

und als eine Grunderscheinung aller Lebewesen angesehen wurde. Daraus leitet sich ab, daß Formwechsel, Stoffwechsel und Informationswechsel essentielle Konstituenten lebender Systeme sind, die Voraussetzung der Fließgleichgewichte (mit Negentropie) bilden, so daß man daraus ableiten kann, daß ohne Informationswechsel keine Evolution denkbar ist. Zugleich unterliegen alle drei Systemeigenschaften einer Evolution. Der Formwechsel grenzt den Organismus von der Umwelt ab, Stoffwechsel und Informationswechsel verknüpfen ihn mit seiner Umwelt, wobei die aktuellen Umweltanforderungen durch den jeweiligen inneren Zustand des Systems mitbestimmt werden. Gemeinsam mit der jeweils "aktuellen Umwelt" bildet der Organismus ein quasi-geschlossenes System (ganz geschlossen ist es nicht, weil letztlich über das Ökosystem die Zufuhr von Sonnenenergie erforderlich ist). Der Input in den zyklischen Prozeß des Informationswechsels (Abb. 1) kann an zwei Stellen erfolgen: Primär (also phylogenetisch älter) ist der Input über die aktive Informationsbildung (Informations-Aggregation). Derartige Signale nennt LYONS (1972) informativ. Sie sind dadurch gekennzeichnet, daß der Empfänger sie semantisch belegt. Wir wollen sie auch "nicht-kommunikative

Informationen" nennen. Gibt es einen Sender mit gleichem Alphabet und besteht ein Kanal, dann können auch Signale übertragen werden, die bereits der Sender mit Bedeutung belegt. Diese Signale nennt LYONS kommunikativ. Demnach kann sich der Input aus nicht-kommunikativen und kommunikativen Informationen zusammensetzen. Wir müssen davon ausgehen, daß in der Evolution die kommunikativen aus nicht-kommunikativen hervorgegangen sind oder, allgemeiner gesprochen, daß sich die Fähigkeit zur Kommunikation aus der aktiven Informationsbildung ableiten läßt. Das wird im folgenden noch genauer zu begründen sein. Zunächst ist jedoch die Organismus-Umwelt-Beziehung noch etwas präziser zu kennzeichnen. Generell können wir hier zwei Möglichkeiten unterscheiden:

- konnektive Beziehungen zwischen Organismus und Umwelt
- informationelle Beziehungen zwischen Organismus und Umwelt.

Konnektive Beziehungen sind materiell-stofflicher Natur. Über sie müssen sich die ersten von EIGEN im einzelnen gekennzeichneten Vorgänge vollzogen haben; intraorganismische Selektion und Elimination lieferten die weiteren Optimierungsschritte (in Verbindung mit mutativen Vorgängen, also sprunghaften Zustandsänderungen). Man könnte von einer "internen Bewertung" sprechen. Erst wenn der Organismus befähigt ist, eine "externe Bewertung" vorzunehmen, kann man von einem Verhalten sprechen. Damit geht der Konnektion ein informationeller Prozeß voraus, der zumindest eine "Ja-Nein-Entscheidung" zulassen muß.

Auf der Grundlage der durch den Informationswechsel ermöglichten externen Bewertung differenziert sich die Umwelt in Bezug auf den Organismus in zwei prinzipielle Ereignisfelder (Abb. 2):

- prozeßrelevant ($X_u$)
- prozeßirrelevant ($X_e$) ("Randbedingungen").

Innerhalb des zwischen Eingang und Ausgang des Organismus liegenden Umwelt-Vektors lassen sich nach unserer Meinung drei Umweltklassen ("drei Umwelten") unterscheiden, die sich nicht mit den "drei Umwelten" von COUNT (1973) decken:

- Die "Eigenwelt" (der Organismus selbst liefert für seinen Informationswechsel externe Ereignisfelder),
- die nicht-kommunikative (= "informationelle") Umwelt (das Ökosystem liefert abiotische und biotische Ereignisfelder, denen kein mit dem betreffenden Organismus gemeinsames Alphabet zugrundeliegt)
- die kommunikative Umwelt (Ereignisfelder im Populationssystem, denen ein gemeinsames Alphabet zugrundeliegt) (Abb. 3).

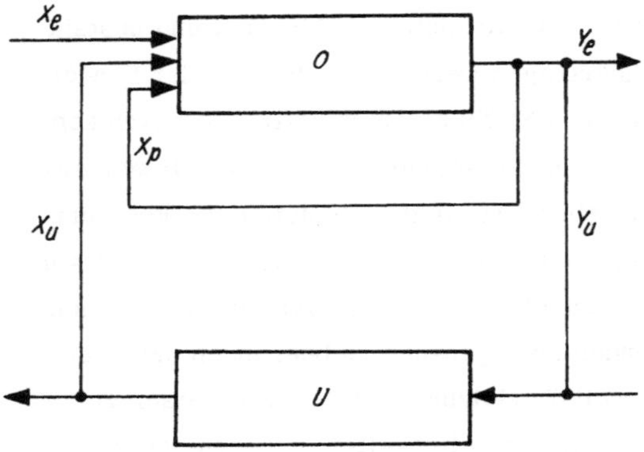


Abb. 2: Strukturbild für den elementaren Organismus-Umwelt-Kontext auf der Verhaltensebene. $X_e$ - Irrelevanz-Entropie, $X_u$ - Synentropie, $X_p$ - Eigenkontrolle des Verhaltens (extern), $Y_e$ - Äquivokationsentropie (auf Randbedingungen bezogenes Verhalten), $Y_u$ - Synentropie (UO) (prozeßrelevantes Verhalten).

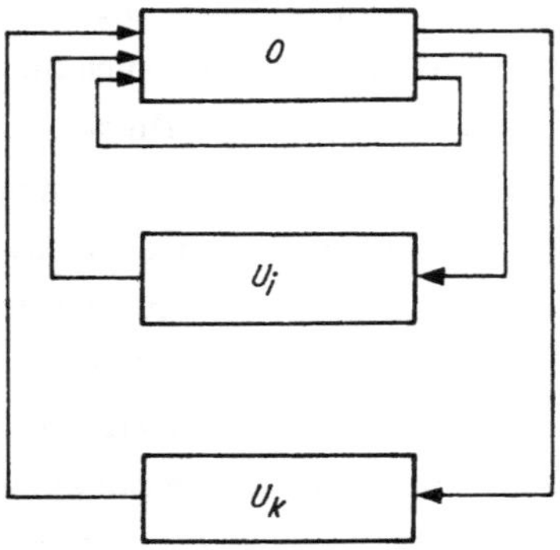


Abb. 3: Die "drei Umwelten" eines Organismus: Der Organismus als eigene Umwelt, $U_i$ - informationelle Umwelt, $U_k$ - kommunikative Umwelt.

Jede dieser Umwelten kann $X_u$ und $X_e$ liefern. Abbildung 2 versucht, den gesamten Informationsprozeß zwischen Organismus und Umwelt zu formalisieren, unabhängig von der jeweiligen Umweltklasse, jedoch unter Berücksichtigung der "Eigenwelt", die ja besondere Kriterien aufweist; hier ist, streng genommen, die "Umwelt" nur durch den Übertragungskanal vertreten. Die Darstellung unterscheidet außer den bereits besprochenen eingangsseitigen Größen noch den Zustandsvektor (Z) sowie den Ausgangsvektor mit $Y_u$ und $Y_e$, wobei $Y_u$ die Verhaltensformen vertritt, die unmittelbar auf den aktuellen Prozeß bezogen sind (z. B. das Ansetzen zu einem Beutesprung bei der Katze), während $Y_e$ motorische Einstellungen berücksichtigt, die durch ("zufällige") Umgebungsbedingungen dem Tier aufgezwungen werden (vgl. TEMBROCK 1974). Dieser bislang nicht berücksichtigte Zusammenhang erlaubt es einen $X_u/X_e$-Quotienten und einen $Y_u/Y_e$-Quotienten zu unterscheiden. Die Evolution hat für die verschiedenen Zustandsformen der einzelnen Organismenarten auf bestimmte Quotienten optimiert. Damit werden beispielsweise erhöhte Anteile von $Y_e$ im Verhalten ein Kriterium für gestörte innere Zustände (bis zu den Neurosen bzw. Stress-Wirkungen). Generell könnte aus der formalen Darstellung gefolgert werden, daß über $X_e$ unspezifische innere Zustände erzeugt bzw. verändert werden (Vigilanz, Emotion), während über

$X_u$ spezifische innere Zustände (Motivationen) gesteuert und geregelt werden. $X_e$ schafft den emotionellen "background". Hierbei muß noch ein Aspekt berücksichtigt werden, über den wir durch experimentelle Daten noch wenig konkrete Aussagen zur Verfügung haben: Auf Grund des "Zentrierungs-Effektes" (vgl. PIAGET 1966) können auch in einem aktuellen (motivierten) Verhaltensprozeß ein Teil der an sich relevanten Signale zu "Randbedingungen" werden, weil der unmittelbare Übertragungsvorgang nur einen begrenzten Informationsfluß (bit/s) zuläßt. Damit ließe sich erklären, daß in manchen Verhaltensbezügen, wie dem agonistischen Verhalten oder dem Sexualverhalten, bei denen der Verhaltenspartner ("die Umwelt") simultan über mehrere Kanäle breitbandig Information anbietet, eine hohe emotionale Systemverstellung auftritt, weil nur ein sehr begrenzter Anteil von Information über $X_u$ in das System eingehen kann, der Rest aber als $X_e$ wirksam wird. Entsprechendes gilt ausgangsseitig, sensorische Zentrierung fordert nicht selten auch motorische Zentrierung.
Der hierarchische Ordnungsgrad eines Organismus determiniert neben anderen Faktoren die an drei Umwelten zu stellenden Ansprüche (Abb. 4). In Bezug auf das Ökosystem (Ereignisfelder ohne gemeinsames Alphabet) sind dies: Nahrungsansprüche, Schutzansprüche, Raum- und Zeitansprüche, die alle untereinander vermascht sind. Unter den Raumansprüchen möchten wir unterscheiden:

- Raumanspruch 1. Ordnung (der durch die physischen Ausmaße der Organismen gegeben ist, sich im Verlauf des Lebens gewöhnlich verändert und bei stationären Organismen der einzige Raumanspruch bleibt)
- Raumanspruch 2. Ordnung (bei freibeweglichen Organismen der mit den inneren Zuständen wechselnde Raumanspruch).

Entsprechendes gilt für die Zeitansprüche:

- Zeitanspruch 1. Ordnung (der durch die individuelle Lebensdauer gestellte Zeitanspruch)
- Zeitanspruch 2. Ordnung (die mit wechselnden Zuständen auftretenden Zeitansprüche an bestimmte Umgebungsbedingungen).

Auch bei den Nahrungs- und Schutzansprüchen wollen wir jeweils zwei Klassen unterscheiden (die auch eine phylogenetische Folge ausdrücken):

- Nahrungs- bzw. Schutzansprüche 1. Ordnung (für den "Eigenbedarf")
- Nahrungs- und Schutzansprüche 2. Ordnung (für den Bedarf anderer Individuen).

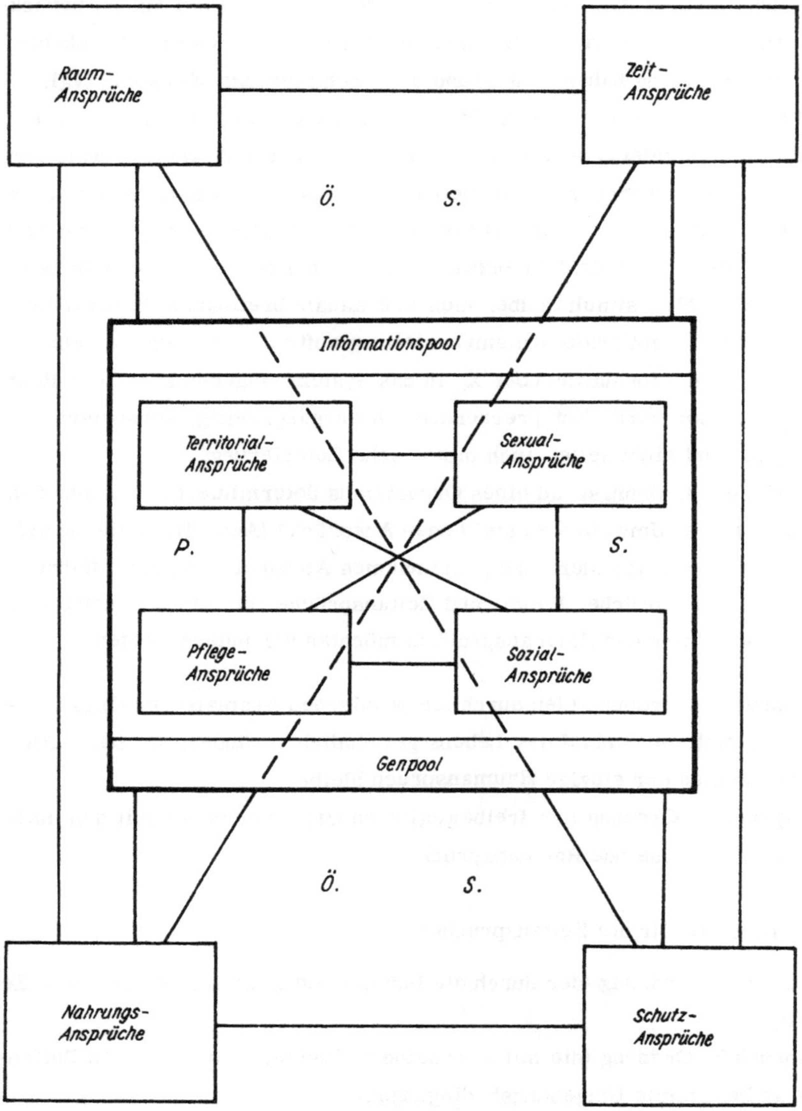


**Abb. 4: Schema der wichtigsten Determinanten des Ökosystems (s. str.) und des Populationssystems.**

Hier können sich die Ansprüche 2. Ordnung nur im Populationssystem verwirklichen. Dieses wird durch Individuen gebildet, die über ein gemeinsames Grundalphabet verfügen (Genbestand), und die als Population einen "Genpool" bilden (Mendelpopulation). Je nach Strukturierung einer Population können folgende Ansprüche inerhalb einer Population vorliegen: Territorialansprüche (populationsspezifische Raumansprüche), Sexualansprüche, Pflegeansprüche und Sozialansprüche. Diese vermaschen sich untereinander und mit den Ansprüchen an das Ökosystem. Dabei liegen den Nahrungsansprüchen, Sexualansprüchen und Pflegeansprüchen konnektive Prozesse zugrunde (Akzeptor-Donator-System). Über diese haben sich auch die Sozialansprüche entwickelt, die zu den höchststrukturierten Populationssystemen (bzw. Teilsystemen in Populationen) geführt haben. Eine Population kann sich aus mehreren Sozialsystemen zusammensetzen, so daß auch die Relationen zwischen diesen ein wichtiges Faktorengefüge bilden können.

Die hier grob klassifizierten Umweltrelationen, determiniert durch die jeweiligen Ansprüche, weisen bereits den generellen Trend der informationellen Prozesse bzw. der Evolution des Informationswechsels aus. Dabei ist noch zu berücksichtigen, daß die Ansprüche an das Ökosystem vor allem zu der verändernden Selektion führen (SCHMALHAUSEN 1966) und damit zur Grundlage der Mannigfaltigkeit der großen taxonomischen Einheiten werden, während die Populationsansprüche einer stabilisierenden Selektion unterliegen, weil hier die Transformation während der Individualentwicklung (Ontogenese) und die Transmission (ungestörte Genübertragung von der Zygote auf die Gameten) zu gewährleisten sind. Zugleich hat aber das Populationssystem den Genpool zu regulieren, was sich phänomenologisch in der Wahl der Fortpflanzungspartner ausdrückt. Sexuelle Isolationsmechanismen können dadurch zu einem wichtigen Mechanismus für die Wirksamkeit der Evolutionsstrategie werden. Daraus kann man ableiten, daß der Informationswechsel mit seinen Konstituenten (Informationsaufnahme, Informationsspeicherung, Informationsverarbeitung und Informationsabgabe) einer ähnlichen Strategie unterworfen ist, wie wir sie für die generelle organismische Evolution schon kennen (falls man nicht folgern will, daß diese sich letztlich von Informationsprozessen ableitet). Damit müssen wir als Grundlage ein Wechselspiel zwischen sprunghafter Veränderung und Auslese fordern. Es besteht hier eine Analogie zu mathematischen Suchschrittverfahren zur Approximation eines Optimums im Parameterraum. Hier könnten Modelle von Qualitätsfunktionen zur Ableitung von Formeln für die Fortschrittsgeschwindigkeit und die Erfolgswahrscheinlichkeit dienen (vgl. RECHENBERG 1973).

Die Abbildungen 5-7 versuchen, einen möglichen Weg nachzuzeichnen, über den der Informationswechsel in der Stammesgeschichte der Organismen sich weiterentwickelt und von der Informations-Aggregation schließlich zur Kommunikation geführt haben könnte. Letztere setzt Populationssysteme voraus, diese aber sind, wie wir heute wissen, die Grundlage aller Evolutionsvorgänge. In der ersten Stufe (Abb. 5) wird von einer Koinzidenz der Informationsprozesse bei zwei (oder mehr) Individuen der Population ausgegangen. Diese haben zum gegebenen Zeit-

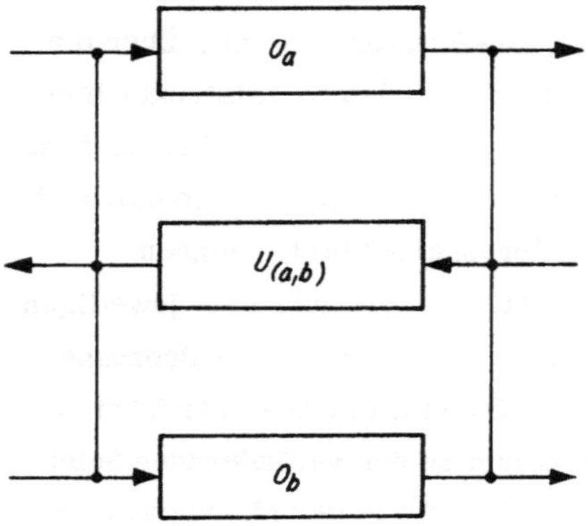


Abb. 5: Simultane aktive Informationsbildung mit gleichem Kontext durch zwei Individuen einer Population mit informationeller Umwelt.

punkt den gleichen Umweltbezug (z. B. visuelle Informationsaufnahme über einen "Luftfeind" = Greifvogel), da die inneren Zustände übereinstimmen (und ein gleicher struktureller Status gegeben sein soll, also etwa gleichaltrig), müßte es zu einem übereinstimmenden Output kommen: alle Individuen, die diese Information aufgenommen und verarbeitet haben, verhalten sich gleich (z. B. Aufflug, wenn wir annehmen, daß es sich um Vögel handelt). Hinzu kommt, daß auch die wechselseitigen Informationsprozesse zwischen Individuen einer Population (und speziell einer Sozietät) synchronisierend wirken [Magnet-Effekte zwischen den Zeitmustern der Verhaltensabläufe und Umweltansprüche, denen chronobiologische Vorgänge (Biorhythmen) zugrunde liegen]. Populationen fördern mutuelle aktive Informationsbildung, und diese wiederum führt zu einer zunehmenden mutuellen Attraktion durch die informationelle Verkopplung der Raum-Zeit-Muster ("Synlokalisation" und "Synchronisation"). Dieser Zusammenhang schafft die Voraussetzung für einen weiteren Evolutionsschritt der Informationsprozesse (Abb. 6). Wir möchten ihn "Funktionsübertragung" nennen. Er wäre gegeben, wenn der Organismus B in informationellem Kontakt zum Organismus A (derselben Population bzw. Sozietät) steht, jedoch keine Informationen über die aktuelle Umwelt

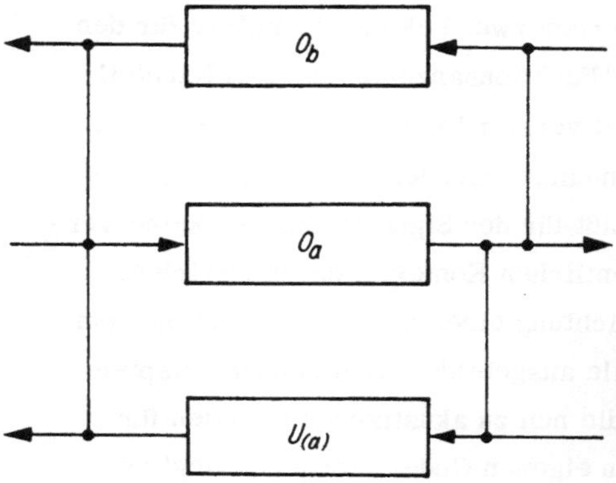


Abb. 6: Sukzessive aktive Infirmationsbildung; dabei ist $O_a$ für $O_b$ entweder informationelle Umwelt (ursprünglich), oder $O_a$ ist für $O_b$ kommunikative Umwelt (abgeleitet).

zum Organismus A (derselben Population bzw. Sozietät) steht, jedoch keine Informationen über die aktuelle Umwelt von A empfangen kann (A sieht den "Luftfeind", B jedoch nicht). A reagiert auf den Informationszufluß mit Auffliegen, B erhält Informationen über das Auffliegen (sieht A auffliegen) und übernimmt diese Funktion. Dieses Verhalten haben die Ethologen (nach SCOTT) als "allelomimetisches Verhalten" bezeichnet. Lag im ersten Fall eine simultane aktive Informationsbildung mit gleichem Kontext vor, so handelt es sich nun um eine sukzessive aktive Informationsbildung mit verschiedenem Kontext. Vom Beobachter beschrieben würde der Zusammenhang lauten: Im ersten Fall fliegen beide auf, weil sie zur gleichen Zeit den Luftfeind wahrnehmen, im zweiten Fall fliegt A auf, weil er einen Luftfeind sieht, während B danach auffliegt, weil er A in diesem Verhalten beobachtet hat (er hat also keine Information über die Ursache des Verhaltens). Auf ähnliche Weise können sich "Warteschlangen" bilden. Davon läßt sich die nächste Stufe ableiten, die durch dieselbe Abbildung (6) dargestellt werden kann, wenn man den Inputzweig von A nach B mit Signalen belegt, die A für B sendet. Das könnte in unserem Beispiel dadurch geschehen, daß A den Abflug "anzeigt", also Flügelbewegungen andeutet, ohne bereits aufzufliegen. Solche Bewegungen nennt die Ethologie mit HEINROTH "Intentionsbewegungen", die Entwicklung einer solchen Anzeige-Funktion wurde als "Ritualisation" bezeichnet (HUXLEY). Diese ist zunächst noch eine "Funktionsanzeige" (Aufflug) und bildet damit das Bezeichnete (den Aufflug) ab; solche Signale werden "ikonisch" genannt. Zu einer Bedeutungsanzeige kann ein derartiges Signal dann werden, wenn es eindeutig nur einem Ereignisfeld der Umwelt zugeordnet wird (also Anzeige des Auffluges ausschließlich bei "Luftfeind" erfolgt). Damit wird eine Bedeutungsübertragung möglich. In den hier geschilderten Zusammenhängen werden zwei Faktorenkomplexe für den weiteren Evolutionsprozeß wichtig: (1) die "Funktionsanzeige" hat den Nachteil (wie alle ikonischen Signale), daß sie "leicht verständlich" ist, und daher auch als Information von Nicht-Adressaten übernommen werden kann (z. B. auch von dem Raubfeind). (2) Die Funktionsanzeigt läßt für den Signalempfänger keine Verhaltensalternativen zu, da er über den eigentlichen Kontext nicht unterrichtet wird. Daher geht die Evolution weiter in Richtung einer höher entwickelten Kommunikation: Einmal werden arbiträre Signale ausgebildet. Das können beispielsweise Atemgeräusche (beim Abflug) sein, die nun zu akustischen Signalen für den Aufflug entwickelt werden. Da sie einen eigenen Code erfordern, liegt es nahe, daß sie zugleich auch bedeutungsspezifisch angelegt sind, also etwa speziell auf "Luftfeind" (bei Vögeln meist ein Langlaut mit schmalem Frequenzband und hoher Frequenz) bezogen, während eine andere Lautstruktur "Bodenfeind" anzeigt. Mit der Entwicklung arbiträrer Signale (die ihre Bedeutung nicht abbilden) wird demnach eine Bedeutungsübertragung über einen verschlüsselten Code (der ein gemeinsames Alphabet voraussetzt) möglich. Damit ist für den (oder die) Empfänger die Entscheidung über das weitere Verhalten gegeben, es liegt eine Information über das betreffende Ereignisfeld der Umwelt vor. Diese Beziehung zwischen Sender und Empfänger schafft eine neuartige Konstellation: Der Sender kann nicht mehr ohne weiteres feststellen, ob der Empfänger seine Signale richtig erhalten hat, wie das bei der Funktionsübertragung noch gegeben war, da hier der Empfänger ja das Verhalten übernahm. Daraus ergibt sich nun der nächste Evolutionsschritt (Abb. 7): Der Empfänger bestätigt den Empfang durch Wiederholung des Signals; es wird also das Prinzip der Übertragungsfolge beibehalten (nur statt der Flügelbewegung = Aufflug jetzt der Signallaut übernom-

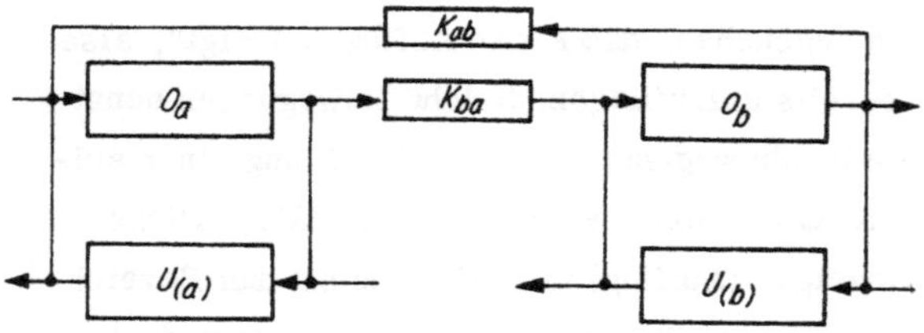


Abb. 7: Uni- bis bidirektionale Kommunikation; $Kanal_{ab}$ dient ursprünglich der Empfangsbestätigung und wird in der Evolution zum gleichwertigen simultan zu $K_{ba}$ belegbarem Kanal.

men). Unsere Mitarbeiterin KLOTZ (1973) fand bei ihren Untersuchungen zur akustischen Kommunikation bei Makaken, daß 24 % aller Dialoge unisono geführt wurden, Frage- und Antwortlaut also gleich waren. Bei diesem Dialogtyp beträgt die Antwortzeit im Mittel 0,9 s, während bei unterschiedlichen Antwortlauten (antiphone Dialoge) die Antwortzeit im Mittel 1,4 s beträgt. Auf diesem Wege kommt es zur bidirektionalen Informationsübertragung (Kommunikation). Der soziale Kontext kompensiert dabei den Zeitverlust (der in Gefahrensituationen nachteilig wäre); anders gesagt: Die Entwicklung der komplexen bi- und multidirektionalen Kommunikation wurde erst durch Sozialstrukturen möglich, die durch ihre neue Qualität des Umweltbezuges vielfältige Informationsprozesse innerhalb des Populationssystems zulassen. Nun können auch äußere Zustände und Ereignisse (aus dem Ökosystem) innerhalb der Population übertragen werden. Der Kommunikation innerhalb von Populationen kommt die Aufgabe zu, individuell erworbene Informationszustände quasi-identisch zu reproduzieren und damit ein "kollektives Gedächtnis" aufzubauen, einen erfahrungsabhängigen Informationspool. Die Beziehungen zwischen diesem Informationspool und dem Grundalphabet (Genpool) überschauen wir gegenwärtig nur sehr unzulänglich. Generell scheint jedoch folgende Matrix zu gelten (vgl. TEMBROCK 1972):

II. Stufe: Information gegeben, gesucht das Verhalten

I. Stufe: Verhalten gegeben, gesucht Information.

Auf der ersten Stufe optimiert der Organismus den Informationsinput in Bezug auf vorgegebene Verhaltensalgorithmen. Auf der II. Stufe, durch Übergänge mit der I. Stufe verbunden, optimiert der Organismus auf innere Modellierung der Umwelt, um daraus umweltgerecht Verhaltensstrategien ableiten und gegebenenfalls die Umwelt selbst verändern zu können.
In einer sehr verkürzten Form fassen die Abbildungen 8 und 9 die bisherigen Überlegungen zusammen. Abb. 8 führt dabei einen Spezialfall wechselseitiger (sukzessiver) aktiver Informationsbildung im unmittelbaren Konfrontationsstatus (Raubtier-Beute) vor (zum indirekten Konfrontationsstatus haben wir eine Modellanalyse durchgeführt, LUNDBERG 1974). Die hungermotivierte Katze wird zunächst eine Suchstrategie einsetzen, bei der Randbedingungen, die mit einer bestimmten Auftrittswahrscheinlichkeit von Mäusen gekoppelt sind, bevorzugt werden (Appetenzverhalten). Bei Wahrnehmung der Maus erfolgen die semantischen Belegungen:

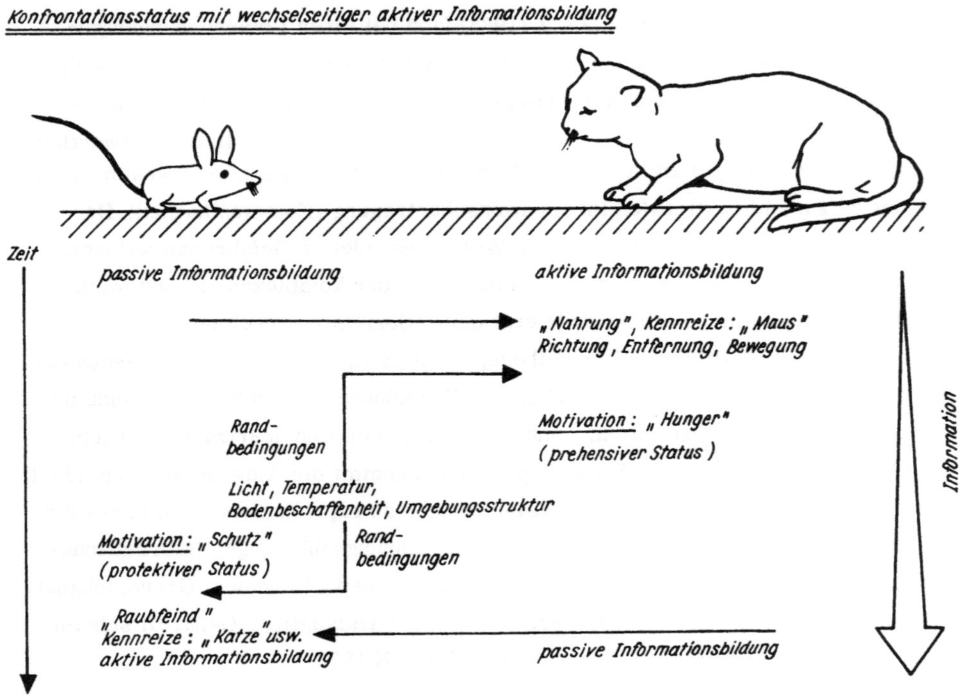


Abb. 8: Sukzessive aktive Informationsbildung im unmittelbaren Konfrontationsstatus

1. "Nahrung" (Klassenbildung)
2. "Maus", die über Kennreize identifiziert wird, auf die der Selektor eingestellt wird (adaptive Schwellenwertelemente). Sie liefern nach dem Modell von MESAROVIC (1968) die "Referenzvariablen". Hinzu kommen aktive (erzwungene) Informationen über Richtung, Entfernung und Bewegung der Maus. Der Richtung wird eine Taxiseinstellung (Rotationsorientierung) zugeordnet, der Entfernung die Einstellung der Elasis (JANDER, 1970, = Entfernungsorientierung, Translationsorientierung).
3. Randbedingungen wie Licht, Temperatur, Bodenbeschaffenheit, Umgebungsstruktur.

Die Bewegung der Maus wird über Taxis und Elasis verrechnet, im Kontaktfeld auch durch Modifikationen des motorischen Musters. In das Verhalten der Katze und damit in den Prozeß der aktiven Informationsbildung gehen auch noch innere Zustände mit ein (z.B. Phasenlage im Zeitmuster, Vigilanz, emotionaler Status und bereits aus früheren gleichartigen Verhaltensabläufen gespeicherte Informationen). Der ganze Vorgang hat eine Zeitbasis. Für den Fall, daß die Maus in diesem Zeitablauf die Katze nicht "bemerkt" (also keine Informationsbildung einleitet), wird die Endhandlung den Ablauf abschließen. Im anderen Fall kann die Maus eine aktive Informationsbildung erzwingen, die sich auf die Katze bezieht:

1. Klassenbildung: "Raubfeind"
2. "Katze", die über Kennreize identifiziert wird. Hinzu kommen dabei Größe, Richtung, Entfernung und Bewegung u. a. nach den gleichen Prinzipien der aktiven Informationsbildung, wie bereits für die Katze geschildert.
3. Randbedingungen (entsprechend, aber natürlich unter artspezifischen Auswahlkriterien).

Das ganze Verhalten der Maus unterliegt der Motivation "Schutz" (Strukturerhaltung = protektives Verhalten). Je mehr Zeit zur Verfügung steht, desto größer wird die Überlebenschance. Ist $H_i$ die subjektive Information der Katze und $H_j$ jene der Maus, dann gilt:

$H_i > H_j$ = Katze erbeutet Maus

$H_j > H_i$ = Maus entflieht Katze.

Da innerhalb der Bereiche Zwischenwerte bestehen, lassen sich die Beute-Wahrscheinlichkeiten und die Überlebenswahrscheinlichkeiten bei Vorliegen entsprechender Daten berechnen. Im System Raubtier-Beute nimmt mit der Zeit die subjektive Information zu, $\Delta$ t ist möglichst niedrig zu halten. Da Lernvorgänge für die subjektive Information eine höhere Ausgangsbasis schaffen können, hat die "erfahrene" Maus in kürzerer Zeit gleiche Überlebenschancen wie eine weniger erfahrene in längerer Zeit. Erfahrung ist in diesem Sinne "eingespeicherte Zeit".

Abbildung 9 faßt einige wesentliche Stufen der Evolution des Informationswechsels noch einmal zusammen. Geht man davon aus, daß im Zusammenhang mit der Evolution des Informationswechsels komplexe Sozialstrukturen entstehen, so lassen sich für die Optimierung folgende Güte-Kriterien nennen (die auch als Stabilitätskriterien wirksam werden):

- Energiehaushalt
- Reproduktion
- Adaptation
- Entwicklung
- Entstörung (Kompensation von Störeinwirkungen).

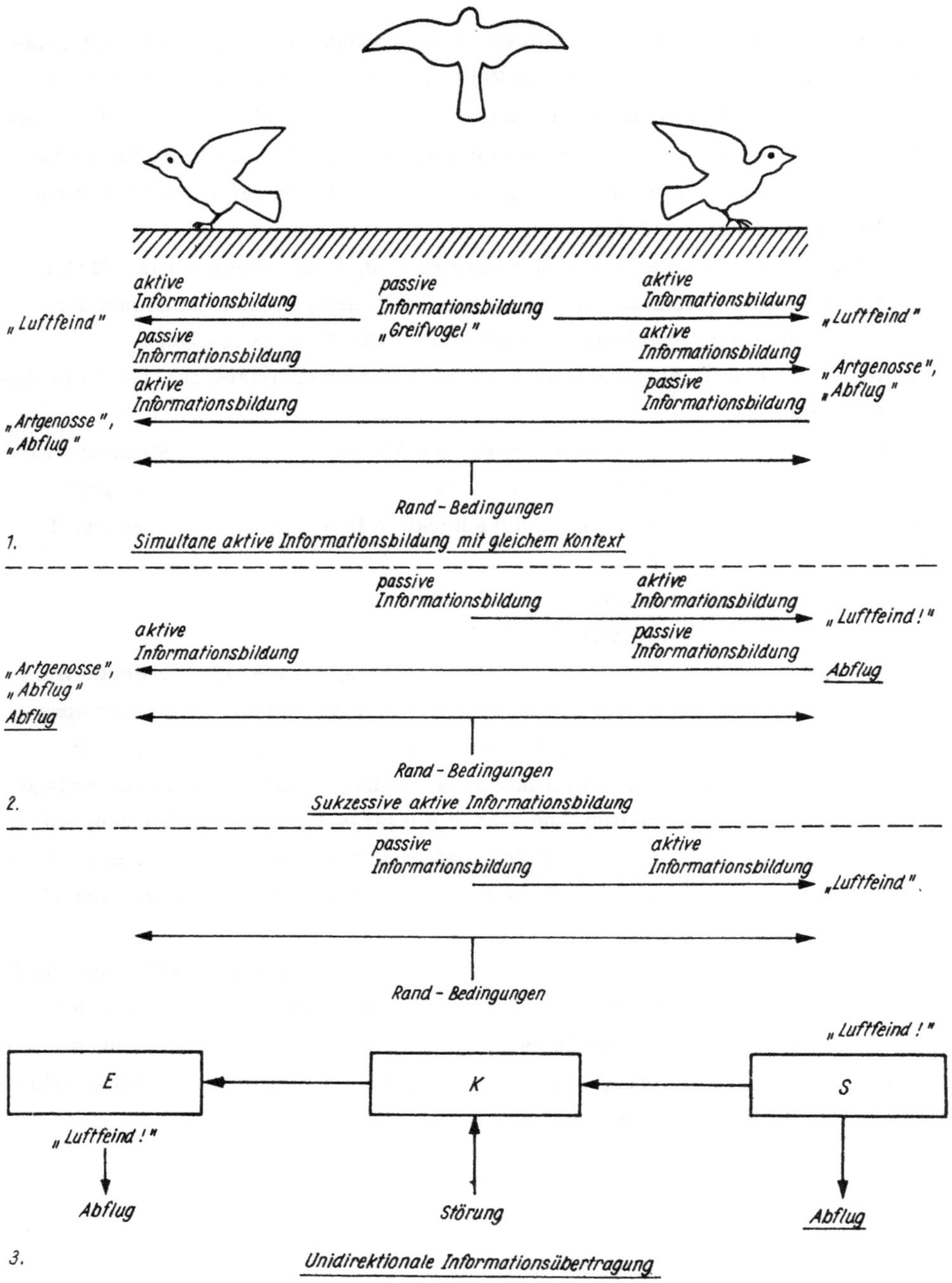


Abb. 9: Schematische Darstellung von drei Stufen der Evolution des Informationswechsels.

Die Optimierungs-Kriterien spielen auch in künstlichen Ökosystemen und in der Tierproduktion (die mit solchen arbeitet) eine erhebliche Rolle, wobei meist eine Bewertungshierarchie vorliegt, die von der natürlichen abweichen kann. Für die Optimierung kann den (jeweiligen) $X_u/X_e$ - sowie $Y_u/Y_e$ -Quotienten eine wesentliche Bedeutung zukommen. Zugleich entsteht mit dem zunehmenden Informationsbedarf eine schrittweise Verlagerung der aktiven Informationsbildung vom Ökosystem auf das Populationssystem, bzw. von der nicht-kommunikativen Umwelt auf die kommunikative (die eine Erfahrungsauswertung zuläßt). Durch die Erweiterung der relevanten Ereignisfelder für den Informationsinput gewinnt auch über das Populationssystem die Eigenwelt (Informationsaufnahme über den eigenen Körper und seine Individualität) neue Dimensionen, die den Subjektcharakter des Individuums wesentlich erweitern. Das Individuum ist in der Population die zentrale Informationsquelle. Die vielkanalige "Breite" des Informationsangebotes muß entsprechend den vorstehenden Überlegungen zu einer weiteren Differenzierung des emotionalen Hintergrundes führen, wobei sich jedoch speziell in Hinblick auf die Evolution des Menschen und der Kunst als Ausdruck emotionaler Zustandsformen einige neue (freilich noch sehr spekulative) Aspekte anbieten: Der Begriff "Kunst" umschreibt sensorisch wirksame Operationen, die bei dem Empfänger eine "Primer-Wirkung" (= Beladungs-Effekt, Statusänderung) hervorrufen. Sie beeinflussen die Systemlage und damit die Transformationsprozesse für die prozeßrelevanten Handlungen ($X_u \longrightarrow Y_u$). Die Tendenz hierzu könnte im Verlauf der Hominisation gefördert worden sein durch die Reduktion der Randbedingungen, die der natürlichen Umwelt entstammen, und die dort einen Organismus durch einen spezifischen $X_e$-Anteil in einen speziellen inneren Zustand versetzen, innerhalb dessen die jeweiligen "Gebrauchshandlungen" optimal vollzogen werden. $X_e$ muß beispielsweise bei Ruhemotivation ganz anders beschaffen sein als etwa während des Nahrungserwerbs oder der Sexualappetenz. Für einen sozialen Organismus entstammen wichtige Anteile von $X_e$ auch der sozialen Umwelt bzw. aus dem Populationssystem. Fallen solche Faktoren aus, dann kann der Organismus versuchen, sie zu ersetzen. Das Ökosystem wird akustisch und visuell ersetzt. Wo es sehr still ist, beginnt man zu pfeifen oder zu singen, wo nichts zu sehen ist, zu zeichnen oder zu malen, wo nichts zu "begreifen" ist, zu schnitzen, zu modellieren. Das setzt jedoch voraus, daß die Eigenwelt bereits ein wesentliches Element im gesamten Informationsprozeß geworden ist, was nach den obigen Darstellungen nur in hochstrukturierten Sozialeinheiten zu erwarten ist. Es entsteht ein Rückkopplungskreis zwischen $Y_e$ und $X_e$, der ursprünglich (stochastisch) von

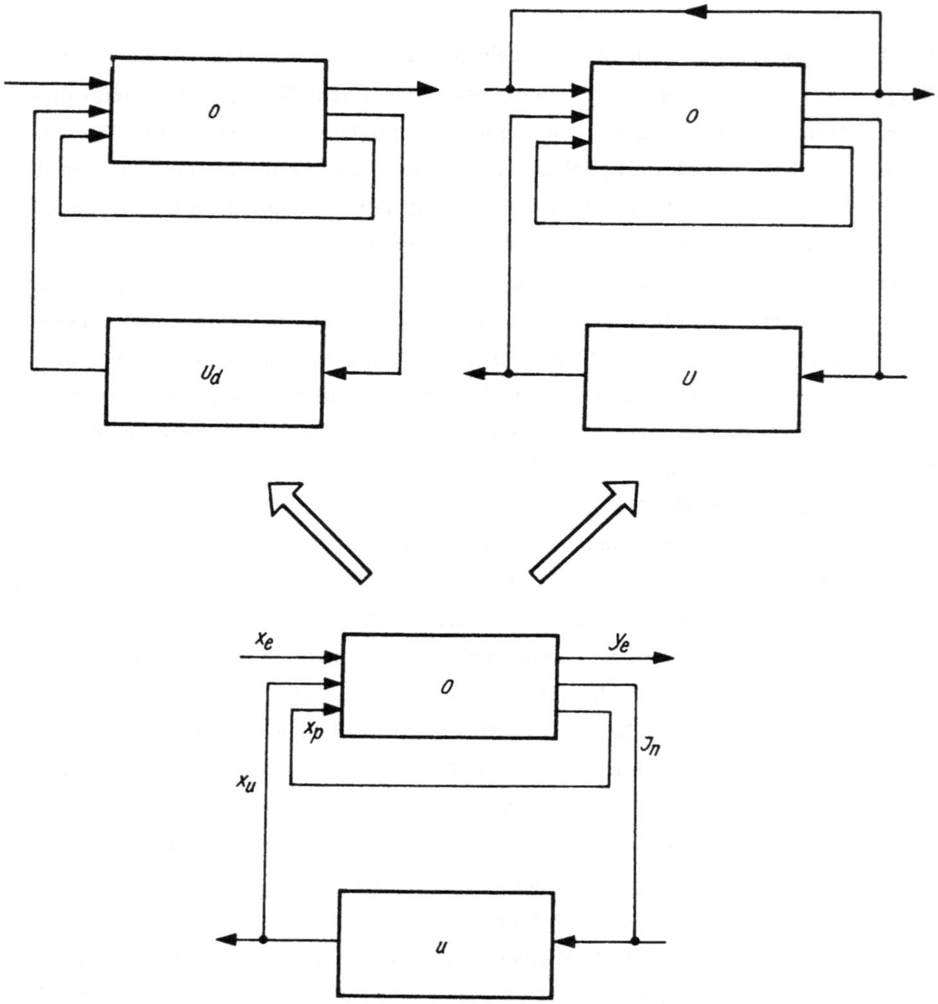


Abb. 10: Ableitung möglicher kreativer Umweltgestaltung durch den Menschen aus dem allgemeinen Verhaltens-Kontext; links durch Gestaltung einer verhaltensdeterminierten Umwelt ($U_d$), rechts durch Teilersatz der "Randbedingungen". Das Strukturbild enthält keine Bewertungskriterien; sie wären aus der Sozialstruktur abzuleiten, die für diese Ableitungen essentiell ist.

der externen Umwelt gebildet wird (Abb. 10). Besteht eine Sozialstruktur, so ist die nicht nur ein wesentliches Ereignisfeld für die aktuellen Informationsprozesse (überwiegend kommunikativ), sondern sie liefert auch ein komplexes Feld von Randbedingungen für den eigenen Handlungsvollzug (wir sprechen z. B. denselben Text vor 100 Zuhörern emotional anders als vor 5), und dann werden die Wirkungen dieses Handelns zu nicht-zufälligen Reaktionen in dieser Umwelt führen. Sind sie positiv, dann bekräftigen sie das Tun, kollektivieren es und können (entsprechend den allgemeinen Konsequenzen positiver Rückkopplung) zu einem Qualitätsumschlag führen. Ein solches Sozialsystem kann dann selektionieren (auf besondere Befähigung in diesem Sinne), die Evolutionsstrategie setzt ein. Dabei liefert auch die soziale Umwelt Randbedingungen, die bei zunehmender Isolation (durch Zivilisation und Urbanisation) zu einem weiteren Faktor zur Erzeugung einer "künstlichen emotionalen Umwelt" werden. Das mag ein Grund dafür sein, daß künstlerisches Schaffen im Prozeßgeschehen Isolationstendenzen zeigt. Emotionale Zustandsänderungen erfolgen nach dem Analog-Prinzip (kontinuierlich, mehr-oder-weniger); akustische Ereignisfelder (als Randbedingungen) enthalten starke analog-Anteile (Schallstärke, Lautdauer); daraus könnte man ableiten, daß akustische Ereignisse größeren Anteil an emotionalen Zustandsänderungen haben, während die visuellen Randbedingungen vor allem zur Raum-Zeit-Orientierung verwendet werden (akustische Ereignisse lösen visuelle Orientierung zur Schallquelle aus).

Über Akzent und Melos kann auch die menschliche Sprache auf den emotionalen Hintergrund einwirken. Auch phonetische Eigenschaften werden hier effektiv. Die Sprache hat aber vielleicht noch einen ganz anderen Aspekt, den man aus den hier dargelegten Zusammenhängen ableiten könnte: Sie trägt beim Menschen das Ökosystem in das Populationssystem hinein, weil es jenes weitgehend abbilden kann. Das würde bedeuten, daß mit der Sprache auch die "verändernde Selektion", jetzt aber auf der nicht im Genpool gespeicherten Informationsebene, innerhalb der Population wirksam werden kann.

Hier sind noch viele Fragen offen. Es verdeutlicht sich aber aus diesen Überlegungen die hohe Relevanz der zwei grundlegenden Aspekte, die mit den Begriffen "Bedürfnis" und "Emotion" generalisierend umschrieben werden und auch philosophische Kategorien liefern können.

## LITERATUR

COUNT, E.W.: Animal communication in man science, an essay in perspective. -- In: TH.A. SEBEOK and A. RAMSAY (Edit.), Approaches to Animal Communication. Den Haag: (1969), 71-130.

EIGEN, M.: Selforganization of nature and the evolution of biological macromolecules. -- Naturwiss. 58, (1971), 465-523.

GLANSDORFF, P. and I. PRIGOGINE: Thermodynamic Theory of Structure, Stability and Fluctuations. -- New York (1971)

JANDER, R.: Ein Ansatz zur modernen Elementarbeschreibung der Orientierungshandlung. -- Z. Tierpsychol. 27, (1970), 771-778.

KLIX, F.: Information und Verhalten. -- Berlin (2. Aufl.) 1973

KLOTZ, M.: Zum Problem der bidirektionalen akustischen Kommunikation bei der Gattung Macaca. -- Z. Psychol. 180, (1973), 283-310.

LUNDBERG, U.: Modell über Raubtier-Beute-Beziehungen unter Bedingungen mittelbarer Konfrontation. -- Biol. Zbl. 93, (1974), 207-226

LYONS, J.: in: HINDE (Edit.): Nonverbal Communication. -- Chicago (1972)

MESAROVIC, M. D.: System Theory and Biology. -- Berlin (1968)

PIAGET, J.: Psychologie der Intelligenz. -- Zürich (2. Aufl.) (1966)

RECHENBERG, I.: Evolutionsstrategie. -- Stuttgart - Band Cannstadt, Frommanholzboog (1973)

SCHMALHAUSEN, I. I.: Grundlagen des Evolutionsprozesses vom kybernetischen Standpunkt. -- In: Probl. Kybern. 4, Berlin (1964)

TEMBROCK, G.: Lernprozesse und Informationsverarbeitung in organismischen Systemen. -- Biol. Runsch. 10 (1972), 325-334

TEMBROCK, G.: Communikation and Evolution. -- Zool. Zhurn. 52, (1973), 1749-1767. (russ.)

TEMBROCK, G.: Parameter tierischen Verhaltens im Organismus-Umwelt-Kontext. -- Biol. Zbl. 93, (1974), 513-527

DISKUSSION

FRANZ: Prof. TEMBROCK! Sie haben in Ihrem Vortrag deutlich die Möglichkeit bzw. die Wahrscheinlichkeit hervorgehoben, daß der Grad der allseitigen kollektiven Verflechtung einer Population als wichtiges Selektionskriterium auftritt. Sie betonten weiterhin, daß mit der Entwicklung der Fähigkeit zur individuellen aktiven Informationserzeugung die innere Kommunikation der Population, die Interaktionen zwischen den Individuen immer entscheidender für das Verhalten, für die Leistung dieser Population werden.

Wenn ich nun zunehmende aktive Informationserzeugung der Individuen und gesteigerte innere Kommunikationsverflechtung in der Population als Ausdruck wachsender aktiver Widerspiegelungsfähigkeit werte, hinzu Ihre These nehme, daß der allseitige kollektive Verflechtungsgrad einer Population - an dem ja die jeweilige Widerspiegelungsfähigkeit entscheidenden Anteil hat - ein wichtiges

Selektionskriterium ist, dann ergeben sich für mich zwei Hypothesen, zu denen ich gern Ihre Ablehnung oder Zustimmung wüßte:

1. Die jeweils in einer Population realisierte Widerspiegelungsfähigkeit bestimmt entscheidend den Charakter, die Qualität der individuellen und kollektiven Verhaltensweisen dieser Population. Im Verlaufe der biologischen Evolution bewirkt nun die Selektion, daß mit der Höherentwicklung in Richtung Mensch und Gesellschaft die Widerspiegelungsfähigkeit der Individuen und der Populationen qualitativ vielfältiger, spezialisierter und intensiver wird. Das gestattet, die Zunahme der Widerspiegelungsfähigkeit als ein objektives Kriterium der Höherentwicklung anzusehen.
2. Wird dieses Kriterium auf Nebenlinien der Evolution angewendet, so kann unschwer festgestellt werden, daß es auch dort begrenzte Höherentwicklung gibt. Beispiel dafür könnte die Entwicklung der Biokommunikation in Sozial-Systemen sein.

Würden Sie persönlich diesen Hypothesen zustimmen?

ROSENTHAL:

a) In der Bedürfnisdiskussion der letzten 2 Jahre, die ja nicht zu Ende geführt, vielleicht überhaupt erst begonnen worden ist, wurde die Frage nach den biologischen Grundlagen für Bedürfnisse kaum gestellt.

Sie sprachen im zweiten Teil Ihrer Ausführungen außerordentlich plastisch darüber, daß biologische Komponenten in die Vielfalt der sozialen Kommunikationen der Menschen hineinspielen, mit hineinverwoben sind. Das ist, glaube ich, bei der ganzen Bedürfnisdiskussion gegenwärtig und in der Zukunft außerordentlich wichtig. Diese biologischen Aspekte genauer zu analysieren würde helfen, neue wissenschaftlich begründete Normwerte abzuleiten, die die Entwicklungs- und Alternsspezifik berücksichtigen und die in der Zukunft eine Optimierung wichtiger Umweltfaktoren möglicherweise auch gewisser innerer (biologischer) Faktoren ermöglichen. Von einer solchen Position aus könnte die Bedürfnisdiskussion von einer zu starken Betonung rein ökonomischer oder ideologischer Aspekte stärker wissenschaftlich begründet werden.

HEERKLOSS:[1] Prof. TEMBROCK stellt einen Zusammenhang her zwischen der Abgrenzung eines organischen Systems von seiner Umgebung und dem Auftreten

---

[1] Zur Diskussion aufgefordert

eines Informationswechsels. Eine Betrachtung des Verlaufes der Biogenese gibt Aufschlüsse über die Ursachen dieser engen Verbindung zwischen Informationswechsel oder Informationsverarbeitung und Systemabgrenzung.
Die Situation vor der Entstehung des Lebens zeichnete sich durch starke Ungleichgewichte zwischen dialektisch gegensätzlichen Polen aus. Es bestand als Folge der nahezu unbegrenzten Vielfalt der Möglichkeiten im Bereich der Makromoleküle ein Übergewicht an Mannigfaltigkeit, Irreversibilität und Zufälligkeit. Weil jedes längere Kettenmolekül vom Typ eines Polypeptides oder Polynukleotides in seiner Sequenz durch chemische Gesetzmäßigkeiten kaum bestimmt wurde, war es einmalig und einzigartig. Seine wiederholte Entstehung war extrem unwahrscheinlich und die Bedingungen für das Wirken statistischer Gesetzmäßigkeiten waren durch das Übergewicht an Mannigfaltigkeit stark eingeschränkt. Mit dem Auftreten autoreproduktiver Zellen wurden diese Ungleichgewichte durch die Entfaltung homogener Populationen überwunden.
In Bezug auf die Überwindung dieser Ungleichgewichte scheinen vor allem 2 Merkmale für das qualitativ Neuartige eines lebenden Objektes wesentlich zu sein:

1. Die Wiederholbarkeit der einzelnen Syntheseprozesse makromolekularer Strukturen wird durch das Vorhandensein eines stabilen, reversibel reagierenden Systems garantiert.
2. Es entstehen Muster unter dem Einfluß bereits vorhandener Muster, wobei ich unter Muster die Vielfalt und raum-zeitliche Ordnung einer Erscheinung verstehe.

Durch Muster wird im Bereich der Makromoleküle und höherer Strukturebenen bei Wechselwirkungen eine hohe Spezifität erreicht. Zwei Objekte gleicher stofflich-energetischer Zusammensetzung können ungleichwertig werden in Bezug auf ein drittes Objekt auf Grund ihrer Musterung. Dadurch kommt es zu einer qualitativ neuen Form des Systemzusammenhanges. Die Systeme der Strukturebenen Atom, Molekül und Makromolekül besitzen Stabilität durch energetische Bindungskräfte. Die Zellkomponenten sind dagegen primär auf Grund ihrer Musterung miteinander verbunden. Sie bilden durch ein Netzwerk spezifischer und gerichteter Kopplungen einen geordneten Zusammenhang. Die Stabilität dieses geordneten Zusammenhanges ist statt durch starke energetische Bindungen dadurch gegeben, daß das System eine bestimmte Grundstruktur gegen Einwirkungen von außen durch Erhaltungsreaktionen bewahrt. Es erhält seine Identität und bildet eine unteilbare und qualitativ scharf von seiner Umgebung abgegrenzte Ganzheit.

Diese Art der spezifischen Kopplung innerhalb eines reversibel reagierenden Systems kann auch als Steuervorgang aufgefaßt werden, wenn man wie HASSENSTEIN Steuern als Ändern und Kontrollieren der nicht durch Energieübertragung wirksamen Kausalbedingungen definiert. Die nicht durch Energieübertragung wirksamen Kausalbedingungen sind offensichtlich jene Seiten einer verursachenden Erscheinung, die als Muster zu bezeichnen sind. Die Zelle ist in diesem Sinne ein Steuersystem.

Steuersysteme sind allgemein zur Informationsverarbeitung fähig, wenn man unter Informationsverarbeitung die spezifische und reversible Reaktion eines Steuersystems auf Muster seiner Umgebung versteht.

Eine Erscheinung muß, um als Signal geeignet zu sein, raum-zeitlich geordnet und vielfältig (d. h. gemustert) sein. Ein Muster ist dann im eigentlichen Sinne Signal, wenn es Träger einer Bedeutung ist. Es scheint, daß der einfachste Fall einer Informationsverarbeitung vorliegt, wenn ein Empfänger durch Signalaufnahme reversibel verändert wird. Diese Betrachtungsweise schließt ein, daß einfache Systeme, z. B. mechanische Maschinen oder reversibel veränderliche Makromoleküle den informationsverarbeitenden Systemen zuzurechnen sind.

Die eingangs erwähnte These von Prof. TEMBROCK besagt, daß von dem Zeitpunkt an von einer Umgebung gesprochen werden kann, von dem an durch einen Informationswechsel die Bewertung der stofflich-energetischen Umgebungszustände durch den Organismus vor der Stoffaufnahme vollzogen werden kann. Dieser Sachverhalt läßt sich mit anderen Worten auch so formulieren: Steuersysteme reagieren auf Muster der Umgebungszustände spezifisch mit reversibler Zustandsänderung. Biologische Steuersysteme reagieren auf Grund ihrer Umweltangepaßtheit teleononisch. Sie sind dazu in der Lage, weil Umgebungszustände, bevor sie durch ihre stofflich-energetischen Eigenschaften einwirken, durch ihre Musterung bereits gewirkt haben und der Organismus sich durch eine geeignete Zustands- oder Verhaltensänderung bereits auf sie eingestellt hat. Im Gegensatz zu lebenden Objekten wird die Struktur eines leblosen makroskopischen Körpers unter dem Einfluß der Einwirkungen von außen im Prinzip nur irreversibel verändert. Es gibt keine seine Qualität bestimmende Grundstruktur, die erhalten wird. Sein Äußeres ist eine rein physikalische Phasengrenze, jedoch keine echte Abgrenzung zwischen System und Umgebung. Im Bereich der Strukturebenen, die höher liegen als das Makromolekül sind deshalb Abgrenzung zwischen System und Umgebung und Informationswechsel untrennbar verbunden.

Literatur

HASSENSTEIN, B.: Hdb. der Biologie, Herausgeber F. Gessner, Frankfurt a.M., 206-210 (1966)

H.A. ROSENTHAL: Ich habe nicht ganz verstanden, warum die Entscheidungsfreiheit des Vogels B auf das Pfeifsignal des Vogels A hin größer sein soll als auf das optische Signal des Flügelschlagens von A. Mir ist klar, daß es günstig ist, wenn A vom Flügelschlagen zum Pfeifen übergeht, weil dies seinem eigenen Schutz besser dient.
Aber für B kann es sich doch kaum um eine größere individuelle Freiheit zur Entscheidung "Anfliegen" oder "Nichtanfliegen" handeln, weil es in jedem Falle um Tod und Leben geht und B gelernt haben muß, auf entweder das eine oder das andere Signal hin sich in Sicherheit zu bringen.

HÖRZ: Der Vortragende hat seine Bemerkungen zum emotionalen Verhalten und seiner Bedeutung in der Gesellschaft als 'heißes Eisen' gewertet. Mir scheint, daß es an der Zeit ist, von seiten der Philosophen, Soziologen, Psychologen, Biologen und Verhaltensforscher das Verhältnis von Rationalem und Emotionalem genauer zu untersuchen. Daraus könnten sich wichtige Konsequenzen für Erziehungstheorien ergeben.
Herr TEMBROCK sprach von Komplexerfahrungen, die mit emotionalen Komponenten beim Kind verbunden sind. Er hat dafür Beispiele aus eigenem Erleben gebracht. Spielen dabei nicht gerade wesentliche und unwesentliche Faktoren eine Rolle, die als Komplex eine solche Emotion herausbilden, die später noch Bedeutung hat? Die Erinnerung an wesentliche Erkenntnisse wird gekoppelt mit anderen Faktoren, die dieses Ereignis begleiteten, aber keine direkte Beziehung zu ihm hatten. So spielt die Umgebung eine Rolle, die Anwesenheit anderer Personen usw. Die wesentliche Erkenntnis bleibt anschaulich in der Vorstellung gerade durch diese Faktoren erhalten. Dabei tragen Emotionen des Erwachsenen einen anderen Charakter als die des Kindes. Der Erwachsene kann sich aufgrund seiner Erfahrungen und theoretischen Einsichten auf das Wesentliche orientieren. Seine Emotionen haben gewissermaßen einen rationalen Hintergrund. Für die Erziehung tritt das auf, was wir als Erziehung der Gefühle bezeichnen. Dabei muß Schluß gemacht werden mit der Auffassung, daß das Emotionale niederen Erkenntnisstufen und das Rationale höheren zuzurechnen sei. Es geht im Marxismus-Leninismus nicht um einen neuen Rationalismus, wenn die Wissenschaftlich-

keit der Weltanschauung betont wird. Wohl aber ist es notwendig, auch das Verhältnis von Rationalem und Emotionalem wissenschaftlich zu untersuchen. Für die Erziehung der Gefühle spielen Emotionen, die rational zu begründen sind, eine entscheidende Rolle. Denken wir dabei an weltanschauliche Gefühle, wie sie dem Internationalismus und Patriotismus zugrunde liegen. Für die sozialistische Gesellschaft ist es deshalb wichtig, auf den emotionalen "background" zu achten und ihn bewußt zu gestalten, um Erziehungserfolge zu erreichen. Fragen der Atmosphäre, der Arbeitsbedingungen usw. spielen in der gesellschaftlichen Kommunikation einzelner Menschen untereinander, von kleinen Gruppen und auch von großen Gruppen, eine wichtige Rolle. Die Atmosphäre wird aber nicht allein durch die sprachliche Kommunikation bedingt, sondern durch den gesamten Emotions-background, der ständig überprüft und möglicherweise neu geschaffen werden muß, deutlich. Er ist eine Einheit von natürlichen und gesellschaftlichen Faktoren und sollte auch in dieser Komplexität untersucht werden.

TEMBROCK: Frage 1 betraf die Problematik Evolution der Kommunikationsprozesse. Ich würde auch sagen, daß man von einer echten Höherentwicklung sprechen kann und zwar in dem Sinne, daß mit dem kommunikativen Netzwerk und damit dem kollektiven Gedächtnis die Überlebenschance einer Population verbessert wird. Das kann wohl zu einem großen Anteil darauf zurückgeführt werden, daß die Speicherinhalte eines solchen kommunikativen Netzwerkes selektiv verteilt werden, also analog zum Genpool in der Erhaltensstrategie der Evolution eingesetzt werden. Wir verwenden gelegentlich (natürlich unter den erforderlichen Vorbehalten) den Vergleich zwischen Nervenpopulationen und Individuenpopulationen, da man offenbar gewisse Prinzipien der Informationsprozesse übertragen kann. Dazu gehören die Art und Weise des Informationsflusses, die Formen der "Verschaltung" (z.B. Konvergenz und Divergenz), der Einfluß des Zustandes des Systems, die Verstärkungen, Hemmungen (auch laterale Inhibition, Kontrastverschärfung). Es scheint nützlich, die bereits in dieser Hinsicht am Nervensystem gewonnenen Erkenntnisse auf ihren heuristischen Wert bei der Problemanalyse in Populationen hin zu prüfen. Ein gutes Kriterium ist dabei die Stabilität eines solchen Informationsnetzwerkes unter Umweltbelastung. Diese Stabilität drückt sich sowohl in den Übertragungsprozessen (den Transformationen im System), als auch in der Umsetzung in Verhalten gegenüber der Umwelt aus. In einer Population wird beispielsweise das System dann instabil, wenn Individuen ausbrechen, wenn die Population belastet wird, wenn der Informations-

fluß innerhalb einer Population gestört wird. In Bezug auf diese Wechselwirkungen mit der Umwelt können phylogenetisch etwa zwei Entwicklungsstufen unterschieden werden, deren eine beispielsweise durch die sog. "staatenbildenden" Insekten vertreten wird: Hier ist das Verhalten gegeben, gesucht die dazu passende Information; in der höheren Stufe, die dann die ältere langsam abgelöst hat, wurde die Relation umgekehrt: Gegeben ist die Information, gesucht das Verhalten. Während im ersten Fall enge Filter für genau die erforderliche Information optimal sind, ist im zweiten Fall ein inneres Modell der Umwelt optimal, es läßt innere Entscheidungen und letztlich auch eine Veränderung der äußeren Umwelt zu. Es können neue Verhaltensalgorithmen entwickelt werden, die um so besser in die reale Umwelt passen, je genauer diese zuvor informationell im System repräsentiert ist. Hier muß man ja wohl auch Voraussetzungen für die Bildung gnostischer Einheiten und echter kognitiver Vorgänge suchen.
Die 2. Frage nach der "Bedürfnisdiskussion" berührt tatsächlich einen auch im biologischen Bereich zentralen Komplex für das Verständnis der Evolutionsstrategie. Ein wesentlicher Gesichtspunkt scheint mir das Wechselspiel zwischen sozialer Integration einer Population und den ökologischen Ansprüchen zu sein. Mit der Zunahme der sozialen Integration sinkt der ökologische Anspruch des Einzelindividuums. Ein zunehmender Anteil der ursprünglich von jedem Einzelindividuum an die ökologische Umwelt zu stellenden Ansprüche wird jetzt von Artgenossen übernommen, manche Individuen empfangen ihre Nahrung ausschließlich von Artgenossen und werden durch diese auch vor Gefahren geschützt. Mit zunehmenden Ansprüchen an die Population nehmen die Ansprüche an die ökologisch determinierte Umwelt ab; dennoch leisten die sich dabei entwickelnden kollektiven Ansprüche an die Umwelt seitens der Population quantitativ und qualitativ mehr als die eines Einzelindividuums. Auch im biologischen Bereich (wie etwa bei sozialen Insekten) gibt es bereits Individuen, die außerhalb eines Sozialverbandes nicht mehr lebensfähig sind, also, auf sich selbst gestellt, mit der übrigen Umwelt nicht mehr fertig werden.
In diesem Zusammenhang spielen auch Probleme des emotionalen backgrounds mit hinein. Die Bedürfnisgestaltung im sozialen Bereich wird emotional bekräftigt (oder auch gehemmt). Hatte ursprünglich die ökologische Umwelt die Entscheidung über richtig und falsch (entsprechend den inneren Zuordnungen beim Einzeltier), so übernimmt jetzt zunehmend die Sozialstruktur diese Bewertung ("gut" oder "böse"), und ihre Antwort entscheidet, ob der Organismus für ein Verhalten Aversionen oder Appetenzen (Abneigung oder Zuneigung) aufbaut. Wir

meinen, daß damit eine neue Qualität des Verhaltens möglich wird. Es ist ein kollektiv bewertetes Verhalten. Das bedeutet aber auch, daß dann, wenn Handlungsentscheidungen überhaupt möglich sind (also Tendenz: Information gegeben, Verhalten gesucht), eine gegenüber dem ursprünglichen Verhalten des Einzelindividuums veränderte Bewertung der Umwelt möglich wird. Zugleich wird damit die emotionale Gewichtung ungleich bedeutender, da sie zu einem grundlegenden Kriterium für die Handlungsentscheidung wird. Insekten, deren Verhalten vorgegeben ist, und die nur die passende Information zu suchen haben, benötigen dieses Prinzip nur in sehr geringem Umfang. Manche Biologen haben ja vorgeschlagen, bei den Säugetieren von einem affektiv-motivationalen System zu sprechen, einem Intensitätsmonitor. Die emotionale Besetzung einer Motivation wird damit auch zum Kriterium ihrer Durchsetzung. Wir können ja die beiden elementaren Zustandsformen (+ = Appetenz, affiner Status, - = Aversion, diffuger Status) auch über physiologische Antworten des Organismus (wie das EKG) messen. Die Determination scheint mit der Zunahme der Herzfrequenz abzunehmen (Entropiezunahme), die Streubreite wird größer, während bei Senkung der HF die Selektivität sensorischer (und motorischer) Zustände wächst. Dies entspricht einer erhöhten Aufmerksamkeitseinstellung gegenüber der Umwelt. Hier ist fraglos ein breites Problemspektrum angesprochen, das noch einer intensiven experimentellen Aufbereitung bedarf. Dabei stellt sich auch die Frage nach Normwerten, die zur Kennzeichnung der Leistungsfähigkeit eines Systems (einer Gruppenstruktur in unserem Fall), gemessen über das Einzelindividuum und über die Gruppe, erforderlich sind und auch den Weg einer Optimierung nach vorgegebenen Zielen eröffnen.

Hier kann die Frage 3 angeschlossen werden: Eben jene Normwerte zu finden, die beispielsweise für frühkindliche Entwicklungen Optimalbedingungen zu schaffen erlauben. Hier sind wir im Feld der künstlichen Ökosysteme. Wir geben "Leistungsziele" vor, bei einem Schwein mögen es diejenigen des Zuwachses an Lebendmasse unter vertretbarem ökonomischen Aufwand sein. Hier wird aber der Mensch in jedem Falle vor Entscheidungen gestellt, hier ist Humanität gefordert, gleichviel um welcherart Lebewesen es sich handelt, die unter Bedingungen, die er selbst weitestgehend bestimmt, zu leben haben. Analog sind auch die Normwerte zu suchen, die wir in der Wertskala für das Kind zu finden haben. Wir wissen, wie stark Wertrelationen, die Eltern zu Umgebungsbedingungen (Kunstwerken, Musik, Gebrauchsgegenständen usw.) herstellen, in der kindlichen Entwicklung eben jene oben erwähnten emotionalen Gewichtungen bestimmen, die

später nur schwer überwunden werden können, nämlich dann, wenn das ganze Kausalnetz rational aufgebrochen wird. Dabei scheinen drei sensible Perioden von Bedeutung zu sein: Die (beim Menschen vielleicht nur rudimentäre) kritische Periode (irreversible Fixierung notwendiger Erfahrungen), die empfängliche Periode (erhöhte Bereitschaft zur Reizbindung bestimmter motorischer Muster) und die optimale Periode (erhöhte Bereitschaft für bestimmte Lernvorgänge, z.B. Lernen der Muttersprache). Wir wissen aus Versuchen an Affen, daß Jungtiere, die an Phantom-Müttern aufgezogen wurden, später extrem kontaktscheu sind, nicht spielen, und kaum zur Fortpflanzung kommen; auch das Erkundungsverhalten in einem fremden Raum ist weitgehend gehemmt.
Die Frage nach der Funktion von Zeichen unter dem Aspekt der Evolution, erörtert am Beispiel der Anzeige des Fluges, bezieht sich auf folgenden Zusammenhang: Der Aufflug eines Vogels, der einen Luftfeind wahrgenommen hat, kann im einfachsten Fall eben ein Zeichen für "Aufflug" sein. Der Empfänger dieses Signals kennt also die Ursache des Auffluges nicht. Er macht nur mit (weil dieses Mitmachen sich gegenüber der Umwelt als ein "Vorteil" erwiesen hat). In der zweiten Stufe könnte der Sender durch intendierte Flugbewegungen anzeigen, daß er auffliegen will, er liefert also ein Signal für den Aufflug. Auch in diesem Fall "weiß" der Empfänger noch immer nicht, warum aufgeflogen wird. Das wird sich auf diese Weise auch schwerlich signalisieren lassen, weil es für Vögel sehr viele Gründe für dieses Verhalten gibt. Wenn aber schließlich ein bestimmtes akustisches Signal genau dann angeboten wird, wenn dieser Aufflug durch einen Luftfeind ausgelöst wird, dann ist eine echte Information über einen bestimmten Grund für das Verhalten mit signalisiert. Von hier ist der Schritt nicht mehr weit, das akustische Signal allein für "Luftfeind" zu senden: Jetzt kann der Empfänger (unter Berücksichtigung seiner eigenen Umweltbeziehungen) selbst entscheiden, ob er auch auffliegt oder etwas anderes tut, und auch der Sender zeigt keinem "Unberufenen" (einschließlich dem Luftfeind) an, was er zu tun beabsichtigt; ein doppelter Selektionsvorteil also.

# QUANTITÄT UND QUALITÄT DER INFORMATION

HORST VÖLZ

Zentralinstitut für Kybernetik und Informationsprozesse der Akademie
der Wissenschaften der DDR, Berlin

## 0. Einleitung

Der Ursprung des Wortes Information ist sehr alt. Es stammt vom Lateinischen informare, was soviel wie bilden, aufklären bedeutet, ab. Es gelangte im 15. bis 16. Jahrhundert in die deutsche Sprache (1). Zum Fachterminus wurde es vor allem durch die fundamentalen Arbeiten von SHANNON, z. B. (2) und (3). Der Hauptnutzen dieser Theorie betrifft vor allem die optimale Auslegung von Nachrichtensystemen. Bereits zu Anfang der fünfziger Jahre begannen parallel zur Vertiefung der Theorie verschiedene Versuche, die Theorie auf andere Gebiete, wie z. B. Sprache, Biologie, Optik, Psychologie, Pädagogik, Soziologie, Ökonomie, Kunst, Leitungswissenschaften und Planung zu übertragen. Diese Erweiterungen zeigten zunächst beachtliche Erfolge, führten aber in der Mitte der sechziger Jahre zu teilweise unüberwindbaren Problemen. Der heutige Stand kann stark verdichtet wie folgt beschrieben werden: Die Informationstheorie bedarf im gewissen Sinne eines allgemeinen Ansatzes, um all das, was durch die bisherige Entwicklung jetzt als Information bezeichnet wird, widerspruchsfrei und möglichst einheitlich theoretisch zu beschreiben und wenn möglich auch berechnen zu können.
Der Beitrag beginnt mit einer kurzen Zusammenfassung der entsprechend seinem Ziel am wichtigsten erscheinenden Ergebnisse der klassischen Informationstheorie. Dann soll zugleich gezeigt werden, wie wenig bisher von der Theorie außerhalb der Nachrichtentechnik ausgenutzt wurde.
Im zweiten Abschnitt werden dann ausgewählte Versuche zur Erweiterung der Informationstheorie gestreift und das Kernproblem der Erweiterung dargelegt.
Der hier darzustellende Versuch hat drei Ausgangspunkte:

1. das dialektische Paar: Quantität und Qualität
2. Erfahrungen aus der Entwicklung der Meßtechnik
3. Kenntnisse aus dem allgemeinen Evolutionsgeschehen

Auf Seite 143 wird dann die vom Autor zur Zeit benutzte Arbeitsdefinition für den Begriff Information mitgeteilt. Im Hauptteil folgt dann der Versuch, hierfür Begründungen zu geben.

Der dritte Abschnitt stellt im wesentlichen einen relativ geschlossenen Ansatz der Zeichentheorie dar. Er fiel bei den Untersuchungen zur Information fast nebenbei an, stellt aber andererseits eine nicht unwesentliche Grundlage der späteren Betrachtungen dar.

Der vierte Teil ist der Einführung der vier vorgeschlagenen Qualitäten der Information: ensemblische, aktionische, contentische und direktivische, gewidmet. In Analogie zur Meßtechnik (Meßergebnis = Maßzahl x Maßeinheit) werden dabei Grundbegriffe (Grundeinheiten) eingeführt. Genau definiert ist der Unterschied für die ensemblische Information. Für die anderen Qualitäten sind dies, allerdings weniger gut definiert: Effekt, Deut und Intent. Mit den Qualitäten und Grundbegriffen werden erste Aussagen versucht. Es sei aber bereits hier betont, daß diese Ansätze ein erster Versuch sind. Nur spätere intensive Arbeit wird die realen Möglichkeiten, Schwächen und eventuell Präzisierungen erbringen können. Aus diesem Grunde ist dieser Beitrag in erster Linie als Diskussionsgrundlage gedacht. Der Autor ist an kritischen Hinweisen sehr interessiert.

## 1. Ausgewählte Ergebnisse der klassischen Informationstheorie

Die Informationstheorie, so wie sie in wesentlichen Teilen auf SHANNON zurückgeht und natürlich seitdem von vielen weiterentwickelt worden ist und soweit sie die Nachrichtentechnik betrifft, sei klassische Informationstheorie genannt. Darstellungen dieses Gebietes sind unter anderem in (4) bis (9) enthalten. In Tabelle 1 sind in sehr gedrängter Form und etwa geschichtlich angeordnet ihre wichtigsten Ergebnisse zusammengestellt. Ausführlicher ist die geschichtliche Entwicklung z. B. in (8) dargestellt. Die Auswahl in Tabelle 1 wurde zum Teil auch durch das Ziel dieser Arbeit mitbestimmt. Entsprechend der üblichen Einteilung wurde dabei von Abbildung 1 ausgegangen. Die Information geht von einer Quelle aus, die vielfach auch Sender genannt wird. Sie gelangt über einen meist gestör-

Tabelle 1

Zusammenstellung der ausgewählten wichtigsten Ergebnisse der klassischen Informationstheorie

| Kanal | Quelle | Ausgewählte Ergebnisse bei Anwendungen |
|---|---|---|
| **KÜPFMÜLLER 1924**<br>$2\tau \geqq 1/B$<br>Vergleich:<br>Einschwingzeit ↔ Spektrum | **PASCAL/FERMAT ca. 1650**<br>Wahrscheinlichkeit eines Ereignisses $p_k$ | **SHANNON 1951**<br>Entropie bei Verbundwahrscheinlichkeiten englischer Sprache |
| **HARTLEY 1928**<br>$n = \mathrm{ld}\, m$<br>Binärkodierung in n Schritten für k Zeichen (bit) | **MARKOFF 1912**<br>Verbundwahrscheinlichkeiten | **MANDELBROT (ZIPF) 1954**<br>Rangfolge und Häufigkeiten von Worten in Sprachen |
| **KOTELNIKOW 1933**<br>(Abtasttheorem)<br>$\Delta T = \frac{1}{2B}$<br>Vergleich im Zeitbereich:<br>stetig ↔ diskret | **SHANNON 1948**<br>$H = - \sum_{k=1}^{m} p_k \,\mathrm{ld}\, p_k$<br>bit = Entscheidungsgehalt<br>= Entropie | **FRANK 1960**<br>Organogramm der Informationsflüsse beim Menschen |
| **GABOR 1946**<br>$I' = 2\,T\,B$ Signale<br>Austausch:<br>Bandbreite B ↔ Zeitdauer T | **HUFFMAN 1952**<br>Vorschrift zur näherungsweisen Konstruktion eines Optimalcodes | **FUCKS 1960**<br>Lesbarkeitsindex von Texten (Sätzen) |
| **SHANNON 1948**<br>1) $m = \sqrt{1 + \frac{P_N}{P_{St}}}$<br>Vergleich: Amplitude:<br>stetig ↔ diskret<br>2) $C = B \,\mathrm{ld}\, (1 - \frac{P_N}{P_{St}})$<br>Kanalkapazität:<br>stetiger Kanal ↔ amplituden- und zeitquantisierter Kanal<br>3) $I = B\,T \,\mathrm{ld}\, (1 + \frac{P_N}{P_{St}})$<br>Austausch: Zeitdauer<br>Bandbreite<br>Störabstand | | **FRANK 1964**<br>Überraschungswert von Informationen |

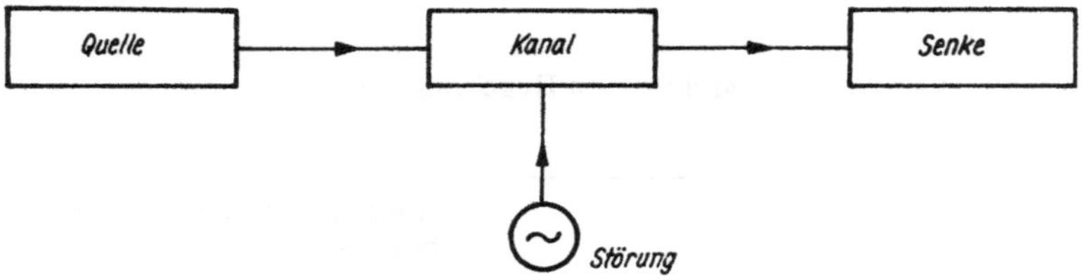


Abb. 1 Schema des SHANNONschen Kanals

ten Kanal zur Senke, vielfach auch Empfänger genannt. Weiter sind in Tabelle 1 beispielhaft einige Ergebnisse von Anwendungen der klassischen Informationstheorie auf andern Gebieten genannt.

## 1.1 Der Kanal

Für die Nachrichtentechnik ist der Kanal schon sehr lange Untersuchungsobjekt. Die ersten Ergebnisse, welche für die klassische Informationstheorie bedeutsam sind, gehen wohl auf KÜPFMÜLLER (10) zurück. Er fand zwischen der Einschwingzeit $\tau$ und der Bandbreite B die Beziehung

$$2 \ \tau \geqq 1/B \tag{1}$$

Damit war ein erster Vergleich zwischen der Zeit- und Spektralbeschreibung eines Signals gegeben. Für einen Tiefpaß kann die Bandbreite auch durch die obere Frequenzgrenze $f_0$ ersetzt werden. Wenig später (1925 bis 1927) fand HEISENBERG die für die Physik bedeutsame Unschärferelation. Für zwei kanonisch konjugierte Koordinaten, z. B. den Ort x und den Impuls p, gilt mit der Planck'schen Konstanten $h = 6,6 \cdot 10^{-34}\ Ws^2$ die Beziehung

$$\Delta x \cdot \Delta p \geqq h \tag{2}$$

Sie besagt: Wenn beide Größen aus einer Messung stammen, so ist die Ungenauigkeit beider Größen voneinander abhängig und zwar so, daß ihr Produkt stets größer gleich h ist. Genauere Messung des Ortes führt zu einem ungenaueren Wert des Impulses und umgekehrt. Diese Beziehung kann auch für die Energie E und den Zeitpunkt t bestimmt werden

$$\Delta E \cdot \Delta t \geqq h \tag{3}$$

Erst um 1950 konnte gezeigt werden, daß die Gln. (1) und (3) ineinander überführbar sind (z. B. (11)).
HARTLEY (12) zeigte, daß m verschiedene Symbole durch n Schalter, d. h. Ja-Nein-Entscheidungen gemäß

$$n = \mathrm{ld}\, m \tag{4}$$

codierbar sind. Damit wäre es im Prinzip schon damals möglich gewesen, den Kodebaum und die binäre Entscheidung im Sinne des bit einzuführen.
Auf KOTELNIKOW (13) geht der heute meist als Smplingtheorem, Probensatz oder Abtasttheorem bezeichnete Zusammenhang zurück. Es besagt, daß ein Signal der Bandbreite B hinreichend genau durch Abtastwerte mit dem Abstand

$$\Delta T = \frac{1}{2B} \quad . \tag{5}$$

beschrieben werden kann. Es wird damit der wechselseitige Zusammenhang von in der Zeit stetigen und diskreten Signalwerten bestimmt. Hieraus leitet sich die Grundlage der Impuls-Zeit-Techniken ab. Ferner wären im Prinzip damit bereits unter Bezugnahme auf HARTLEY Gl. (4) Angaben in der Form der Kanalkapazität möglich gewesen. Aus beiden Beziehungen folgt nämlich, daß über einen binären Kanal der Bandbreite B genau

$$C = 2\,Bn \tag{5a}$$

Signale pro Sekunde übertragen werden können.
Kurz vor der Vollendung der Grundlagen der Informationstheorie zeigte GABOR (14), daß die Information ein Produkt aus der Übertragungszeit T und der Bandbreite sein muß. Für die Übertragung einer bestimmten Informationsmenge I genügen

$$I' = 2\,T\,B \tag{6}$$

Signale. Damit ist ein Austausch von Bandbreite und Übertragungszeit möglich.
SHANNON gelang es schließlich, ein Maß für die unterscheidbaren Amplitudenstufen m (Anzahl Zeichen) in Abhängigkeit vom Störabstand $P_N/P_{St}$ zu finden:

$$m = \sqrt{1 + \frac{P_N}{P_{St}}} \tag{7}$$

So ist ein Vergleich zwischen Kanälen mit stetiger und diskreter (gequantelter) Amplitude möglich, und es konnte die Kanalkapazität als Informationsfluß (bit/s) der Größe

$$C = B \, ld \, (1 + \frac{P_N}{P_{St}}) \qquad (8)$$

eingeführt werden. Diese Beziehung folgt aus den Gln. (4), (5a) und (7). Durch sie werden also sowohl in der Amplitude als auch in der Zeit diskrete und stetige Kanäle gegenübergestellt. Mit der Beziehung auf Gl. (6) folgt die Informationsmenge einer Übertragung zu:

$$I = B \, T \, ld \, (1 + \frac{P_N}{P_{St}}) \qquad (9)$$

Damit kann ein Austausch zwischen den drei Übertragungsgrößen: Zeitdauer, Bandbreite und Störabstand berechnet werden.
Zu den Gln. (8) und (9) ist noch anzumerken, daß sie in dieser Form nur bei Störungen mit gaußisch-weißem Rauschen gelten. Bei anderen Störungen ist auf der rechten Seite ein Faktor einzufügen, der kleiner als Eins ist.

## 1.2 Die Quelle

Voraussetzung für die Quellenbetrachtung im Sinne von SHANNON sind Wahrscheinlichkeiten. Sie wurden wohl erstmalig von PASCAL und FERMAT verwendet (15). Die Verbundwahrscheinlichkeiten gehen auf MARKOFF zurück (16). Ohne nachweisbare Vorläufer ergibt sich dann die SHANNON'sche Entropie zu

$$H = - \sum_{k=1}^{m} p_k \, ld \, p_k \qquad (10)$$

Dabei ist eine Quelle vorausgesetzt, die m Symbole (Zustände) $A_1 \ldots A_m$ mit den Wahrscheinlichkeiten $p_k$ emittiert (annimmt). Die Entropie gibt dann an, wieviel Entscheidungen (ja-nein-Fragen, bit) im Mittel über viele emittierte Symbole je Symbol minimal notwendig sind, wenn alle Kenntnisse über die Wahrscheinlichkeiten ausgenutzt werden. Für eine fehlerfreie Übertragung bedeutet dies, daß gemittelt über eine hinreichend lange Zeit zumindest ein Kanal der Größe

$$C = 2 \, B \, H \qquad (11)$$

notwendig ist. Im Sinne der KÜPFMÜLLER-Beziehung Gl. (1) ergibt sich die notwendige Bandbreite B aus dem mittleren Abstand $\tau$ der einzelnen gesendeten Symbole $A_k$.

Mit den Gln. (10) und (11) existiert nun auch ein Hinweis darauf, was eine Optimalkodierung der Symbole speziell bei den vorgegebenen Quelleneigenschaften für eine Übertragung bestenfalls zu leisten imstande ist. Jede reale Kodierung kann dagegen bestenfalls diesen Grenzwert erreichen. Andererseits kann auch ein Vergleich zwischen den Werten der realisierten Kodierung einerseits und den Werten von Gln. (10) bzw. (11) andererseits durchgeführt werden. Hieraus folgt, wie weit die reale Kodierung noch von der idealen Optimalkodierung abweicht. Die Optimalkodierung entspricht damit etwa dem Carnot'schen Kreisprozeß der Thermodynamik. Deshalb führt die Entropieformel auch zu Betrachtungen, die den Wirkungsgraden der Thermodynamik analog sind.
Mit den Sätzen von SHANNON konnten kaum konstruktive Hinweise für eine Optimalkodierung gegeben werden. Auch das 1949 von FANO angegebene Verfahren führte noch nicht viel weiter. HUFFMAN (17) gelang es dann, ein sehr gutes Näherungsverfahren für die Konstruktion anzugeben.

## 1.3 Grenzen und Anwendungen

Entsprechend den vorangegangenen Betrachtungen ist bei der klassischen Informationstheorie vor allem zweierlei vorausgesetzt:
- Die Quelle muß unterscheidbare Symbole emittieren,
- Die Wahrscheinlichkeiten der Symbole müssen bekannt sein.

Dann gibt es Möglichkeiten, die Eigenschaften eines vorhandenen Nachrichtenkanals optimal auszunutzen bzw. einen aufzubauenden Nachrichtenkanal nahe dem Optimum zu gestalten. Die quantitativen Vorschriften sind also im ingenieurtechnischen Sinne durchaus ökonomisch zu nutzen.
Ferner gestattet die Informationstheorie:
- Umrechnung der Signal-(Zeichen-Zustands-)zahl in den Binärkode (bit)
- Berechnung einer Kenngröße für eine Signalquelle (bit)
- Berechnung einer Kenngröße für Kanäle (bit/s)
- Vergleich zwischen Kanälen, die im Zeit- und/oder Amplitudenbereich diskret bzw. stetig sind.
- Bei der Übertragung einer Informationsmenge kann ein Austausch zwischen den drei Übertragungsgrößen: Zeitdauer, Bandbreite und Störabstand berechnet werden.

Alle diese Aussagen beziehen sich nur auf die Quelle oder den Kanal. Es fehlen in der klassischen Informationstheorie Aussagen über den Empfänger. Ferner wird in ihr völlig davon abstrahiert, was eigentlich Information ist. Es interessieren nur unterscheidbare elektrische oder andere physikalische Werte (quantitative Größen) der Quelle bzw. des Kanals und ihre Wahrscheinlichkeiten. Es fehlen also Aussagen, was diese Signale bezwecken, bewirken sollen bzw. wofür sie da sind, also das, was eigentlich die Information ausmacht. Hierauf gibt die klassische Informationstheorie keine Antwort. Dies kann andererseits aber auch als besonders hohe Abstraktionsleistung betrachtet werden.
Ein entscheidender Vorteil für die Anwendung der klassischen Theorie liegt vor allem in der großen Allgemeinheit der Definition des bit bzw. der unterscheidbaren Signale. Das bit ist sowohl durch Gl. (4) als auch durch Gl. (10) berechenbar. Es kann aber auch indirekt über Gl. (7) oder (8) bestimmt werden. Die unterscheidbaren Signale, Zeichen, Zustände $A_k$ mit ihren Wahrscheinlichkeiten $p_k$ können im Prinzip beliebiger Natur sein und beliebig ausgewählt bzw. festgelegt werden. Dieser Vorteil führt zuweilen aber auch zu Schwierigkeiten. Dies tritt dann besonders deutlich auf, wenn die Zeichen $A_k$ willkürlich, z. B. aus einer Hierarchie ausgewählt werden können. Je nach der Wahl ergeben sich so verschieden große Entropien aus Gl. (10). In einem gewissen Umfange können andererseits zuweilen bessere Angaben mittels der Verbundwahrscheinlichkeiten erhalten werden. Dies wurde wohl erstmalig von SHANNON (18) selbst bei gedrucktem Englisch durchgeführt. Damit lag zugleich eine erste erfolgreiche außernachrichtentechnische Anwendung der klassischen Theorie vor. Einige weitere ausgewählte, nicht nachrichtentechnische Ergebnisse enthält Tabelle 1 gemäß (19) bis (22). In (21) ist außerdem ein Überblick über Anwendungen der Informationstheorie in der Pädagogik, in (19) bezüglich der Biologie, in (23) zur Leitung von Betrieben und in (24) zur Entwicklung in der Kunst enthalten. Mit dieser sehr speziellen Auswahl kann bestenfalls die umfangreiche Literatur zu diesen und anderen Anwendungen angedeutet werden. Es muß jedoch noch einmal betont werden, daß von den Ergebnissen der klassischen Informationstheorie nur sehr wenig außernachrichtentechnisch ausgenutzt wurde. Von ganz seltenen Ausnahmen abgesehen, betrifft dies vor allem die HARTLEY-Beziehung Gl. (9) und die SHANNONsche Entropie gemäß Gl. (10), eventuell noch erweitert durch Einbeziehung der bedingten Wahrscheinlichkeiten. Bezogen auf die volle Leistungsbreite der SHANNONschen Beziehungen ist dies sehr wenig. Vielleicht liegen hier noch Reserven der breiteren Anwendung. Andererseits erscheint es unter diesem Gesichtspunkt auch nicht be-

sonders erfolgversprechend, die SHANNONsche Entropieformel als jenes Informationsmaß zu betrachten, das nur noch verallgemeinert zu werden braucht.

## 2. Erweiterungen der Informationstheorie

### 2.1 Hauptwege der Versuche

Das bisher Gesagte gibt zwar in keiner Weise die Fülle und das breite Spektrum der klassischen Informationstheorie und ihrer Anwendungen auf anderen Gebieten wieder. Es weist andererseits aber auch nicht die bisher versuchten Wege aus, mit denen die Enge und die Grenzen der Theorie zu durchbrechen versucht wird. Bei einer groben Trennung lassen sich etwa drei typische Wege für die Verallgemeinerungen herauskristallisieren, nämlich die Versuche:

- mit mathematischen Mitteln ein allgemeineres Maß zu finden,
- mittels der Semiotik (also aus der Sprache) eine "allgemeine Informationstheorie" zu entwickeln,
- die Information als philosophische Kategorie zu betrachten.

Insbesondere erscheinen dem Autor die ersten beiden Wege bei dem jetzigen Stand der Kenntnisse wenig erfolgversprechend. Solange z. B. nicht der Begriff Information hinreichend klar, ist es unwahrscheinlich, mittels mathematischer Ansätze und Methoden bedeutsame neue Ergebnisse zur Verallgemeinerung der Information zu erhalten. In diesem Sinne kann URSUL (25) voll zugestimmt werden (S. 47): "Obgleich sich die Konzeptionen über die Qualität der Information wesentlich langsamer als die mathematischen Konzeptionen entwickeln, bedeutet das Hinausgehen über die quantitativen Methoden ein Aufspüren des tieferen Wesens der Information." Allerdings entspricht seine Auffassung über die Qualität z. T. noch sehr einfachen Vorstellungen, sonst könnte er auf S. 39 nicht behaupten, "daß der Code die Qualität bestimmt."
Die Semiotik hat für die Erweiterung der Informationstheorie den großen Nachteil, daß sie als Modell der (natürlichen) Sprachen entworfen wurde und weiterentwickelt ist. Es ist daher problematisch, sie auf nichtsprachliche Information zu übertragen. Unter anderem ist darauf hinzuweisen, daß der Mensch über mehrere weitere Sinneskanäle verfügt, von denen sogar der optische am informationsreichsten ist. Weiter ist alle Information, z. B. bei Tieren und in der Technik, im engeren Sinne nichtsprachlich. Aus dieser Sicht des Anwendungs-

bereiches ist die Semiotik für die allgemeine Information zu eng. Umgekehrt setzt die Sprache unbedingt ein Bewußtsein, genauer das 2. Signalsystem - oder anders ausgedrückt - den Menschen voraus. Viele Informationsflüsse erfolgen aber in Systemen, die weitaus einfacher sind. Von der Struktur aus gesehen ist die Semiotik also zu weit. Da die Semiotik also bezüglich der Information sowohl zu weit als auch zu eng ist, sind beide Gebiete allgemein unverknüpfbar. Weiter ist die Semiotik nur schwer von ihrem idealistischen Hintergrund zu trennen (siehe hierzu z.B. (26) und (27)). Auch gibt es bisher keine befriedigend exakten Definitionen ihrer Teilgebiete Syntax - Semantik - Pragmatik. Schließlich ist, wie sich später noch ergeben wird, auch die vorgenannte Reihenfolge der drei Teilgebiete sehr fragwürdig. Dennoch wurde die Semiotik mit ihren Begriffen z.T. erfolgreich auf vielen Gebieten, z.B. in den Verhaltenswissenschaften und in der Kunst, angewendet, z.B. (28) bis (31). Sobald mit ihrer Hilfe aber eine Erweiterung der Informationstheorie erfolgen sollte, werden die Begriffe nicht selten ihres letzten Inhaltes entleert werden. Auf die weiteren und anderen Versuche der Erweiterung der Informationstheorie, z.B. in der Biologie und Technik, sei hier verzichtet. Sie sind z.T. in (25) und (32) zitiert.
Im Gegensatz zu den bisher zitierten beiden ersten Ansätzen der Aufzählung von SHANNON kann die P h i l o s o p h i e, wie z.B. die Arbeiten (25) und (32) zeigen, wertvolle Ergebnisse zur Information erbringen. URSUL (25) ist u.a. deshalb besonders bedeutsam, da ihm eine gewisse Abkehr von der rein statistischen Information gelingt. Jedoch konnte der von ASHBY übernommene und ebenso bei FRANZ (32) wieder auftauchende zentrale Vielfaltansatz bisher nicht praktisch nutzbar gemacht werden.

## 2.2 Ansatz aus Quantität und Qualität

Nach Meinung des Autors dürfte aus der Philosophie vor allem dem dialektischen Paar: Quantität - Qualität große Bedeutung zukommen, z.B. (33) und (34). Aus diesem Grunde seien einige Zitate aus (34) wiedergegeben. Nachdem dargelegt ist, daß allen materiellen und ideellen Dingen und Prozessen "... die Einheit von qualitativer und quantitativer Bestimmtheit inhärent ist" (S. 124), folgt auf der nächsten Seite die Aussage: "... erst die Untersuchung der genauen funktionalen Abhängigkeiten der quantitativen Parameter führt zu Gesetzesaussagen, die die Sicherheit der qualitativen und quantitativen Momente dieser materiellen Prozesse widerspiegelt." Auf Seite 132 heißt es: "Die Einheit und wechselseitige Bedingtheit, der wechselseitige Zusammenhang zwischen Qualität und Quantität kommt im Begriff des Maßes zum Ausdruck ... Überschreiten die quantitativen Veränderungen diese Grenze, so hört das Maß auf, Maß des gegebenen Gegenstandes zu sein." Nachdem der Zusammenhang zwischen Qualität und Eigenschaften erklärt ist, folgt auf S. 127 die Aussage: "Qualität ist demzufolge die Gesamtheit der wesentlichen Eigenschaften eines Objektes oder Prozesses." Schließlich steht auf S. 130: "Mit dem Begriff "Quantität" bezeichnen wir die Beschaffenheit der Dinge und Erscheinungen, als Mengen von Qualitäten, Eigenschaften, Elementen usw. zu existieren. Quantität kennzeichnet damit auch den Anwesenheitsgrad bestimmter Eigenschaften und Qualitäten bei Prozessen und in Objekten. Quantität ist jedoch nicht nur eine Anzahl bzw. Menge von Qualitäten, Eigenschaften und Elementen, Quantität ist auch strukturelle Anordnung."

## 2.3 Erfahrungen aus der Meßtechnik

Eine weitere und ergänzende Richtlinie für allgemeine Erkenntnisse zur Information kann nach Meinung des Autors aus der Entwicklung der Meßtechnik, genauer der Meßsysteme, abgeleitet werden (35) bis (38). Ein Meßergebnis existiert heute als Ergebnis von Maßzahl und Maßeinheit. Für eine Geschwindigkeit gilt z.B. 25 m/s oder in anderer Maßeinheit 90 km/h. Im Laufe der Geschichte zeigte sich, daß alle (physikalischen) Einheiten aus einer kleinen Anzahl von Grundeinheiten ableitbar sind. Diese Grundeinheiten bilden dann das Gerüst des jeweiligen Maßsystems. Heute gilt in den meisten Staaten das internationale Einheitensystem mit den Grundeinheiten Meter, Kilogramm, Sekunde, Ampere, Grad Kelwin und Candela.
Bereits 1795 besaß Frankreich ein gesetzliches Maßsystem. Es baute auf m, kg und s auf. 1836 entwickelten GAUSS und WEBER das cgs-System, welches 1881 als Gauß'sches oder absolutes Maßsystem in der Wissenschaft verbindlich wurde. Im Laufe der weiteren Entwicklung zeigte sich dann, daß mit diesem System zumindest in der Elektrizitätslehre und im Magnetismus gebrochene Exponenten und auch Widersprüche bei abgeleiteten Maßeinheiten auftreten. Dies hängt damit zusammen, daß die elektrischen und magnetischen Gesetze nicht auf die mechanischen zurückführbar sind. Auf dieser Basis kam es um die Jahrhundertwende zu einer Vielzahl von Maßsystemen. Erst eine umfangreiche systematische Arbeit

vieler Forscher, von der noch ein kleiner Teil bei WALLOT (38) zu spüren ist, führte dann zu dem internationalen Einheitensystem, das auf der X. Generalkonferenz für Maß und Gewicht 1954 in Genf beschlossen wurde und für die DDR seit 1959 als Gesetz gilt. Mit dieser Entwicklung können jetzt sogar Programme aufgestellt werden, mit denen ein Rechner beliebige Umrechnungen vollautomatisch durchführt (39). Der Weg bis hierher ist relativ lang und keineswegs einfach gewesen. Ähnliches dürfte der Information vermutlich noch bevorstehen. Welche Irrwege hierbei bisher allein der Autor ging, zeigt die Folge der Arbeiten (40) bis (46).

## 2.4 Einbeziehung von Kenntnissen der Evolution

Die Evolution gilt heute als allgemeines Geschehen. Daher muß es auch für die Information eine Evolution geben. Sie muß sich also im Prozeß der Bildung von Galaxien, chemischen Elementen, Sternen, Planeten, Erde, Leben, Pflanzen, Tieren, Menschen und der Gesellschaft mitentwickelt und differenziert haben. Auch URSUL (25) deutet einen solchen Weg an, wenn er schreibt (S. 98): "Unter aufsteigender Entwicklung oder Fortschritt versteht man die Vergrößerung der inneren Vielfalt von Systemen. In der Sprache der Informationstheorie bedeutet das eine Anhäufung von Information." Diesem Weg nachzuspüren, beinhaltet eigentlich ein ganzes Forschungsprogramm. Nach Ansicht des Autors folgt aus ersten Analysen (siehe auch (46)), daß dabei stets entschieden werden muß, ob die Anwendung des Begriffes Information möglich, nützlich oder notwendig ist. In diesem Zusammenhang sei auf den Irrweg bezüglich der Kraft bei Heinrich HERTZ Bezug genommen. Er entwickelte nämlich eine Mechanik, die ohne die "unanschauliche" Kraft auskam (47). Hieraus kann im Prinzip gefolgert werden, daß wohl jeder Begriff, also auch jener der Information, umgehbar ist (vgl. hierzu auch WITTENBERG (65). Entscheidend ist für einen Begriff, welche ökonomischen und anderen Vorteile er bringt. Der Gewinn beim Gebrauch des Begriffes Information wird nun offensichtlich um so größer, je höher entwickelt die Bewegungsform der Materie ist. Evolutionsgeschichtlich wird der Begriff Information wohl erstmalig notwendig, wenn das Leben entstanden ist. Heute ist die Eiweißsynthese auf Grund der DNS-Sequenzen und aller damit im Zusammenhang stehenden Prozesse recht gut erklärbar. Allerdings sind die Kausalketten insgesamt so lang und kompliziert, daß mit ihnen geistig kaum weiter manipuliert werden kann.

Deshalb ist die verkürzte Aussage: Die DNS-Sequenzen tragen die Information für das zu bildende Eiweiß" äußerst vorteilhaft, d.h. denkökonomisch sinnvoll. Noch stärker ergibt sich die Notwendigkeit für eine derartig verkürzte Aussage bei allen höheren Entwicklungsstufen der Materie.

## 2.5 Arbeitsdefinition für Information

Werden die zuvor geschilderten Zusammenhänge durchdacht, so läßt sich auch eine vorläufige Arbeitsdefinition der Information angeben:

- Information wird als Begriff zur einfacheren, durchsichtigeren Beschreibung von hinreichend komplexen Ursache-Wirkungs-Relationen, Wechselwirkungen und ähnlichen Zusammenhängen verwendet. Information ist dabei ein zweckmäßiger, sinnvoller, nützlicher Begriff, der objektive Realitäten, Gesetzmäßigkeiten usw widerspiegelt.

Obwohl URSUL (25) insgesamt zu einer ganz anderen Definition der Information kommt (S. 214 etwa widergespiegelte Vielfalt), gibt er auch Begründungen für die hier vorgeschlagene Definition. Auf S. 126 zitiert er A. A. MARKOW und meint dann im weiteren Text, daß die Kybernetik auch als Wissenschaft von den Kausalgesetzen definierbar ist, wobei hier Kybernetik wesentlich durch Information bestimmt ist. In ähnlichem Sinne äußert sich auch PFEIFFER (48) auf S. 82. Er betont dabei, daß es nicht mehr um eine Ursache und eine Wirkung geht, sondern um die vielfältige und z.T. komplexe gegenseitige Verflechtung von Ursachen und Wirkungen.
Nach der oben gegebenen Definition müßten sich mit den verschiedenen Entwicklungsstufen der Materie auch verschiedene Qualitäten der Information gewinnen lassen. Vielleicht besteht dabei sogar eine gewisse Hoffnung, im Sinne der Meßtechnik "Grundqualitäten" zu finden. Weiter bekommen unter diesen Gesichtspunkten die bisher alternativen Aussagen:

- Information ist eine allgemeine Eigenschaft der Materie
- Information bildet sich mit der Entstehung des Lebens
- Information gehört zur Menschwerdung bzw. zu der Ausbildung Sprache

eine sinnvolle und damit dialektische Relativierung.
Im folgenden sollen nun vier Qualitäten versuchsweise eingeführt werden. Entsprechend der Evolution der pflanzlichen und tierischen Arten ist dabei zu berücksichtigen, daß heute nicht mehr die Ausgangsarten, sondern nur noch ihre rezen-

ten Vertreter existieren. Für die Informationsqualitäten bedeutet dies, daß die dargestellten Informationsqualitäten eher Urformen entsprechen und somit heute kaum mehr einzeln, d.h. rein, also unabhängig voneinander vorkommen. Alle Qualitäten sind also in der Regel bei einem Informationsprozeß miteinander verwoben. Es gibt natürlich auch Informationsprozesse, für die nur eine Qualität wesentlich ist.

Bevor die vorzuschlagenden Informationsqualitäten eingeführt werden, ist es aus didaktischen Gründen günstig, den Unterschied und einige Grenzgrößen einzuführen. Dabei wird zugleich eine möglichst straffe Zusammenfassung und einheitliche Darstellung von diesbezüglichen eigenen Teilergebnissen aus (42), (43) und (45) und in bezug auf den Unterschied als philosophische Kategorie entsprechend (25) und (32) versucht. Weiter wird dadurch der Unterschied als eine Grundgröße für die Qualitäten bereits im voraus relativ und genau definiert. Vielleicht ist es auch berechtigt, diese Zusammenhänge als wesentliche Grundlagen für eine allgemeine Zeichentheorie zu betrachten.

## 3. Unterschied und Grenzgrößen

### 3.1 Unterschied in der Philosophie

Den Unterschied als philosophische Kategorie hat ausführlich FRANZ (32) behandelt. Während im allgemeinen das dialektische Paar Unterschied - Identität betrachtet wird, führt er die folgenden vier Kategorien ein:

- Unterschied (U)
- Identität (I)
- Eigenschaft oder Relation (R)
- Ding (D)

Von diesen vier Kategorien können je zwei wechselseitig ineinander entarten. Deshalb ergibt sich zwischen den vier Kategorien die Anordnung mit sechs Entartungen (Pfeilen) gemäß Abbildung 2. Dementsprechend ist ihre Definition auch nur wechselseitig möglich. Sie soll hier durch einige Beispiele belegt werden:

- Unterschied ist die Nichtübereinstimmung, Nicht-Identität zwischen Dingen und Erscheinungen der objektiven Realität.
- Die Eigenschaft kann als eine bestimmte Klasse von Unterschieden und die Relation als eine bestimmte Klasse von Identitäten aufgefaßt werden.

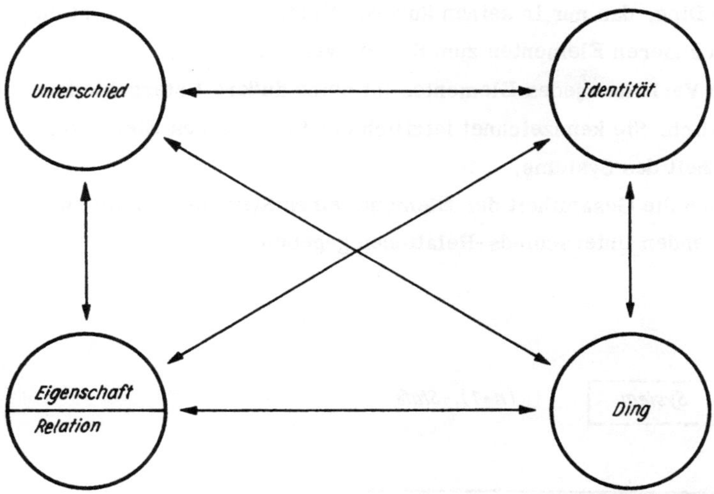


Abb. 2 Die vier Grundkategorien von FRANZ und ihr Zusammenhang

- Ein Ding wird durch seine (innere) Identitäts-Relation und durch seine (äußere) Unterschieds-Relation bestimmt.

Ferner schreibt FRANZ (32) auf S. 146: "Die Unterschiede können in innere und äußere, wesentliche und unwesentliche, qualitative und quantitative eingeteilt werden .... Unterschiede bestehen nur zwischen Dingen, Relationen, Identitäten."
Die vier Kategorien können auch als Ding-Konzeption aufgefaßt werden. Sie führt dann zwangsläufig zu einer allgemeinen System-Konzeption. Systeme sind danach eine Erscheinungsform von Dingen und werden ebenfalls mit einem Kategorienquartett beschrieben:

- System (S)
- Struktur (St)
- Element (E)
- Funktion (F)

Einige Definitionen mögen wiederum zur Erläuterung dienen:

- Ein Ding wird als System vollständig erfaßt, wenn es gelingt, seine wesentlichen inneren und äußeren Relationen in Abhängigkeit vom Stufencharakter (Hierarchie) darzustellen.

- Ein Element ist ein Ding, das nur in seinen äußeren Relationen bestimmt ist und durch diese mit den anderen Elementen zum System vereinigt wird.
- Für das spezifische Verhalten jedes Elementes ist seine äußere Unterschieds-Relation verantwortlich. Sie kennzeichnet letztlich die Funktion des Elementes gegenüber der Ganzheit des Systems.
- Die Struktur ist durch die Gesamtheit der Elemente eines Systems und die zwischen ihnen existierenden Unterschieds-Relationen gegeben.

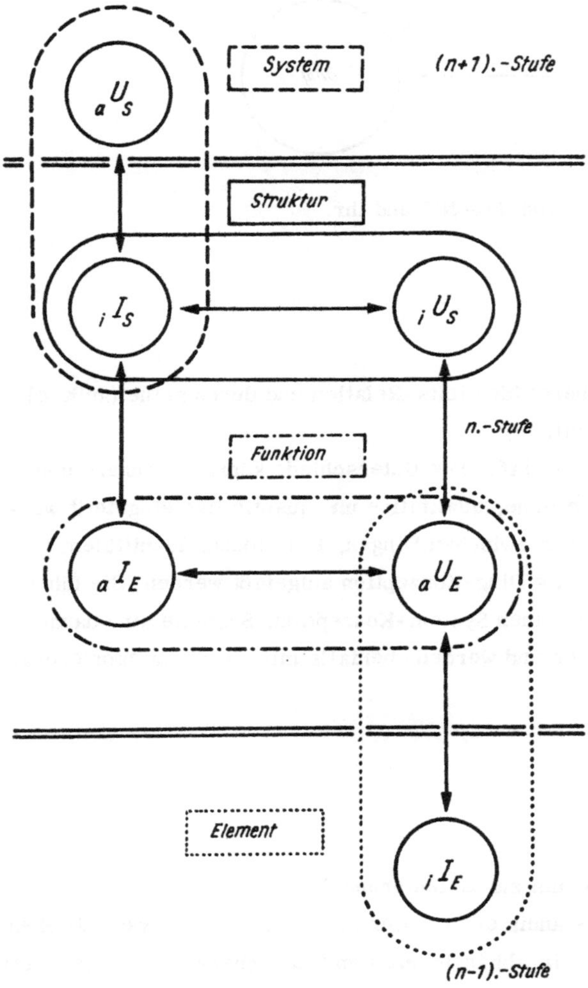


Abb. 3 Zusammenhang von innerem (vorderer Index i) und äußerem (a) Unterschied bzw. Identität in einer Hierarchie

Schematisiert lassen sich diese Zusammenhänge gemäß Abbildung 3 darstellen. Bei den Symbolen für Identität und Unterschied bedeuten der vordere Index i = innerer und a = äußerer. Die hinteren Symbole beziehen sich auf das System bzw. Element in der betrachteten Hierarchiestufe.
Die beiden ausgezogenen Umrandungen in Abbildung 3 geben wesentliche Fakten der Struktur bzw. Funktion wieder. Das System (gestrichelte Umrandung) ist durch sein Verhältnis zur Umwelt bzw. zum Element in der höheren Hierarchiestufe ausgewiesen. Das Element (punktierte Umrandung) erscheint in ähnlicher Weise als System für die nächst tiefere Hierarchiestufe.
Bei den Betrachtungen in Abbildung 3 ist zu beachten, daß im allgemeinen in jeder Stufe mehrere Unterschiede existieren. Dies bedeutet, daß der einen inneren Identität der n-ten Stufe ${}^{n}I_{S}$ die inneren Unterschiede ${}^{n}_{i}U_{S1}$; ${}^{n}_{i}U_{S2}$ ... ${}^{n}_{i}U_{Sk}$ gegenüberstehen. Zu ihnen gehören auch k Elemente mit den äußeren Identitäten ${}^{n}_{a}I_{EK}$ und äußeren Unterschieden ${}^{n}_{a}U_{EK}$. Die drei Größen ${}^{n}_{i}U_{S}$, ${}^{n}_{a}I_{E}$ und ${}^{n}_{a}U_{E}$ der n-ten Stufe aus Bild 3 können daher zusammengefaßt werden. In Bild 4 erfolgt dies symbolisch durch dreigeteilte Kreise. Sie existieren k-mal und sind an die eine Größe ${}^{n}_{i}I_{S}$ gekoppelt.
Jedem dieser dreigeteilten Kreise steht in der (n-1)-ten Stufe wieder genau eine innere Identität gegenüber ${}^{n-1}_{i}I_{Sk}$ (vergl. Abbildung 3 und 4). Für jede von ihnen erfolgt hier wieder eine Verteilung auf mehrere innere Unterschiede. Für die Größe ${}^{n-1}_{i}I_{Sk}$ seien es l. Dann ergibt sich für die neuen dreigeteilten Kreise die Bezeichnung wie unten rechts in der Abbildung 4. Sie ist u.a. durch Doppelindizierung rechts unten gekennzeichnet.
Mit jedem Übergang in eine tiefere Stufe erhöht sich so die Zahl der Kreise (Elemente) und die Anzahl der Indizierungssymbole. In der (n-3)-Stufe stehen so z.B. der inneren Identität ${}^{n-3}_{i}I_{Sklm}$ die p inneren Unterschiede ${}^{n-3}_{i}L_{Sklmp}$ gegenüber. Durch diese Fortsetzung ergibt sich insgesamt die typische Baumstruktur hierarchischer Systeme.

## 3.2 Vom physiologischen zum physikalischen Unterschied

Mit bloßem Auge ist es gerade dann noch möglich, zwei Punkte zu trennen (zu unterscheiden), wenn ihr Abstand 2 Minuten beträgt. Ähnliche physiologische Grenzwerte gibt es auch für alle Sinnesqualitäten; Abbildung 5 zeigt z.B. die Zusammenhänge beim Hören bezüglich Lautstärke- und Frequenzänderungen

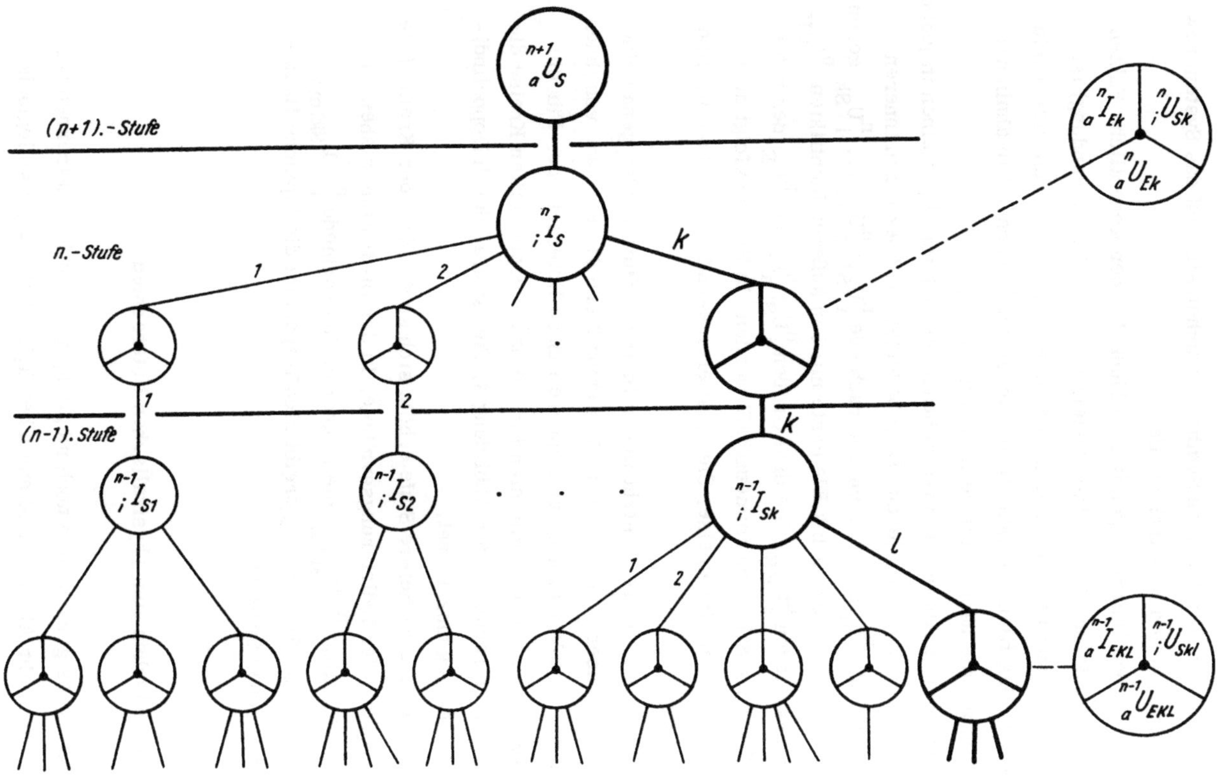


Abb. 4 Weitere Aufgliederung der Hierarchie gemäß Abbildung 3

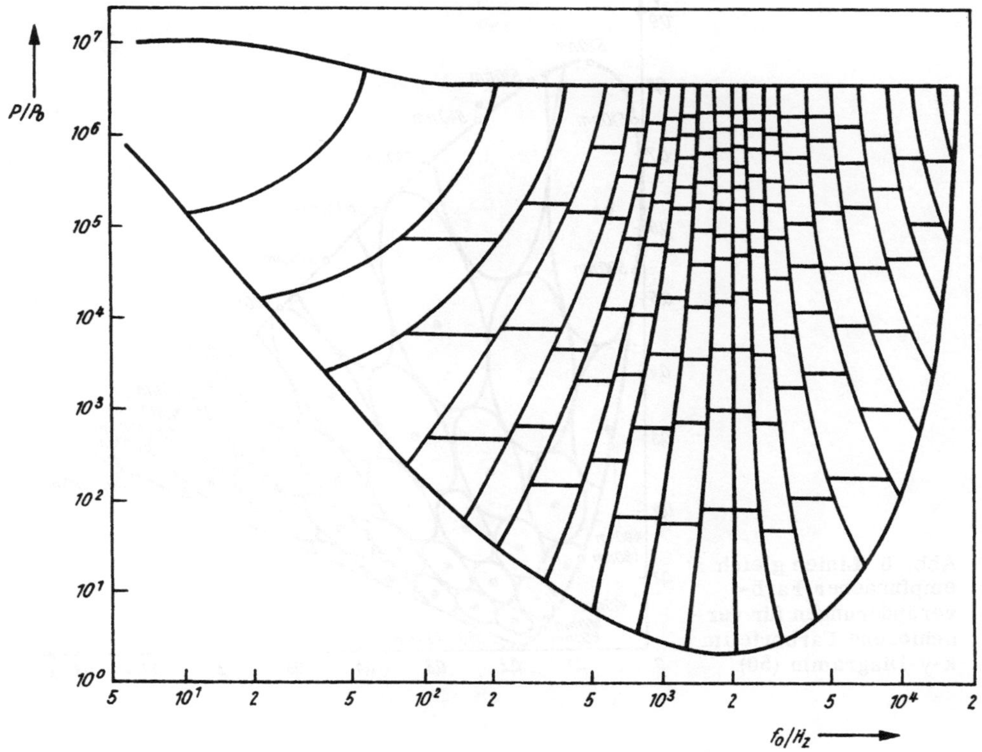


Abb. 5 Hörfläche (Eingangsübertragungsfläche) nach JACOBSON (49). Zur besseren Übersicht wurden jeweils 25 Amplituden- und 10 Frequenzstufen zusammengefaßt. Beide Achsen sind logarithmisch geteilt.

eines Tones (49). Ein weiteres Beispiel zeigt Abbildung 6 bezüglich der Wahrnehmbarkeit von Farbänderungen. Es gibt also sowohl absolute Wahrnehmungsgrenzen, z. B. die Hörschwelle in Abbildung 5, als auch Änderungsschwellen. Alle physiologischen Grenzen lassen sich stets mittels technischer Apparate, z. B. der minimale Sehwinkel durch eine Lupe bzw. ein Fernrohr unterschreiten. Die gesamte Entwicklung der Meßtechnik kann im Prinzip neben der Objektivierung von Erkenntnissen auch unter diesem Gesichtspunkt betrachtet werden. Dabei erscheint die Grenze für die Unterschiede zunächst nur als ein Problem des technischen Aufwandes und damit der Ökonomie. Geschichtlich wird der jeweils ökonomisch erreichbare Wert mit der Zeit immer weiter hinausgeschoben.

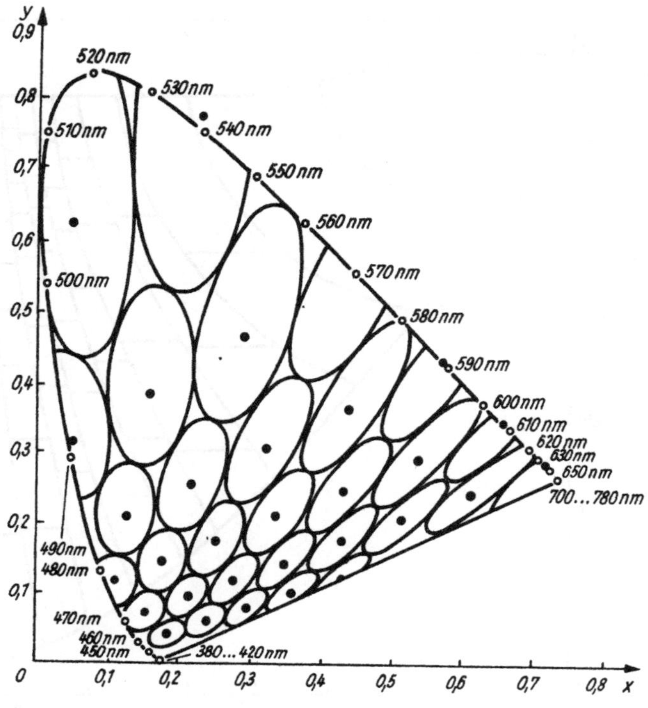


Abb. 6 Linien gleich empfundener Farbveränderungen für verschiedene Farborte im x-y-Diagramm (50)

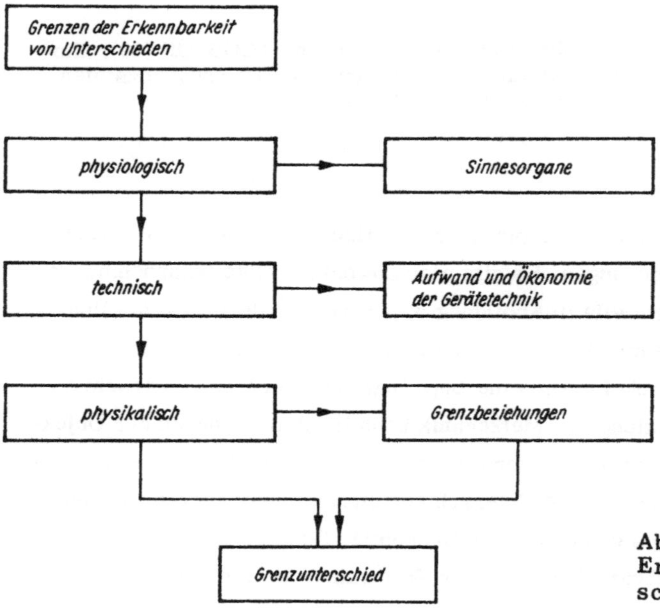


Abb. 7 Zu den Grenzen Erkennbarkeit von Unterschieden

Irgendwann erreicht aber diese Entwicklung eine prinzipielle Grenze, die dann mit keinen Mitteln mehr unterschreitbar ist. Sie definiert den Grenzunterschied. In den früheren Arbeiten, z. B. (42), wurde hierfür der Begriff Elementarzeichen verwendet. Er ist unglücklich gewählt und sei daher vermieden. Abbildung 7 faßt die soeben geschilderten Zusammenhänge graphisch zusammen.
Für den Nachweis von Unterschieden im soeben genannten Sinne ist die Meßsituation typisch. Der Unterschied liegt im Meßobjekt vor und soll mit einem Meßgerät festgestellt werden. Werden dabei die Unterschiede des Meßobjektes gegenüber seiner Umwelt immer geringer, so nähert sich der Unterschied dem Grenzunterschied, der die physikalische Nachweisgrenze im Sinne einer Ja-Nein-Aussage darstellt. Die sich dabei ergebenden komplizierteren Zusammenhänge sind in der Abbildung 8 gegenüber der Abbildung 7 detailliert dargestellt. Auffallend ist dabei, daß der Energie eine zentrale Bedeutung zukommt. Dies wurde zuerst im Zusammenhang mit der Speicherung in (51) erkannt. Im Sinne von Abbildung 1 können bei der Meßsituation drei Fälle unterschieden werden: Zunächst hat im Meßobjekt die Energiedichte als Unterschied wesentliche Bedeutung. Zweitens dringen in den Meßkanal Störungen ein. Deshalb gibt es minimale Signal-Energien, die gerade noch unterscheidbar sind. Schließlich muß eine gewisse Energiemenge vom Meßobjekt (Quelle) zum Meßgerät (Empfänger) gelangen, damit eine Messung überhaupt erfolgen kann. Die hierbei notwendige Kopplung verfälscht in gewissem Umfange die zu messende Größe. Deshalb gibt es bezüglich dieser Kopplung ebenfalls Grenzen. Im folgenden sollen die einzelnen Wege zum Grenzunterschiedgerät verfolgt werden. Zuvor sei noch erwähnt, daß jeder Unterschied, also auch der Grenzunterschied, eine Information tragen kann, aber nicht selbst die Information ist. Das Verb "tragen" ist hier bewußt unscharf gewählt. Eine präzisere Aussage wird sich später ergeben. Speziell der Grenzunterschied ist dann genau so definiert, daß er im SHANNONschen Sinne bestenfalls ein bit tragen kann. bit erscheint daher künftig als etwa synonyme Bezeichnung für digital belegbare Unterschiede. Im Sinne der Meßtechnik muß hier zwischen dem Nachweis ja oder nein eines Ergebnisses einerseits und der physikalischen Interpretation der Meßergebnisse andererseits unterschieden werden. Die Meßtechnik liefert unmittelbar das Meßergebnis als Maßzahl. Durch die Interpretation werden Erkenntnisse, also Informationen im weiteren Sinne, also in Quantität und Qualität erhalten.

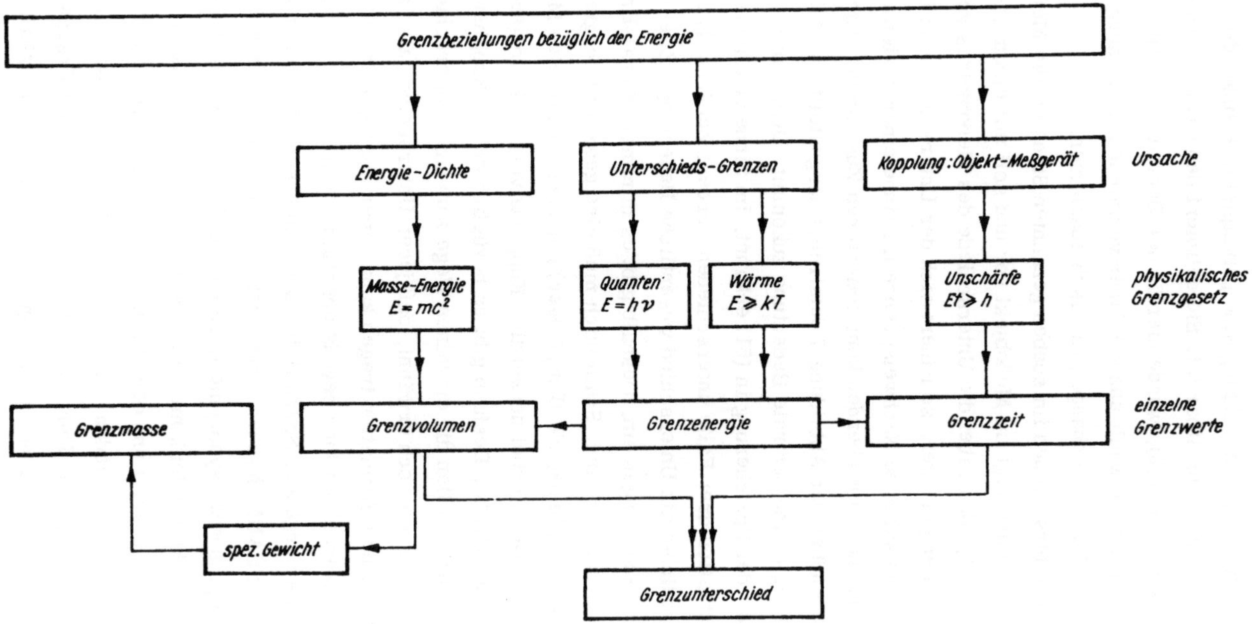


Abb. 8 Übergang von den Grenzbeziehungen zum Grenzunterschied

### 3.3 Grenzenergie

Werden Energien bzw. Energieunterschiede immer kleiner gewählt, so gelangt man zu Nachweis- bzw. Unterschiedsgrenzen quantenhafter oder thermodynamischer Art. Bei der elektromagnetischen Strahlung hängt die quantenhafte Grenze von der Frequenz $\nu$ ab. Mit der Planck'schen Konstante gilt

$$E = h\nu \tag{12}$$

Bei Elektronen kann andererseits nur ein Vielfaches des Ladungsquantums

$$e_o = 1,6 \cdot 10^{-19} \text{ As}$$

angenommen werden. Diese zwei Beispiele mögen für die quantenhafte Grenze genügen. Unabhängig vom Quantencharakter existiert noch die thermodynamische Grenze. Am Eingang von Meßgeräten tritt immer eine statistisch schwankende Energie auf, deren Ursache u.a. die Wärmebewegung ist. Als elektrische Folge entsteht ein Rauschsignal mit einer Störleistung $P_{St}$. Ist B die Bandbreite des Übergangskanals und T seine Temperatur, so nimmt die Störleistung mit der Boltzmannkonstanten $k = 1,381 \cdot 10^{-23}$ Ws $\text{grd}^{-1}$ den Wert

$$P_{St} = B k T \tag{13}$$

an. Die Nutz-(Signal-)Leistung im Kanal sei z-mal so groß:

$$P_N = z P_{St} \tag{14}$$

z entspricht dem Störabstand des Kanals.
Werden beide Leistungen in Gl. (10) eingesetzt, so gilt

$$C = B \text{ ld } (1+z).$$

Für das Verhältnis aus Nutzleistung und Kanalkapazität folgt

$$\frac{P_N}{C} = k T \frac{z}{\text{ld}(1+z)} . \tag{15}$$

Dieses Verhältnis hat die Maßeinheit Ws/bit. Es kann daher auch als Energie je bit (Unterschied U), also

$$\frac{P_N}{C} = \frac{E}{U} \tag{16}$$

interpretiert werden. Diese Energie je bit hängt gemäß den beiden letzten Gleichungen nur noch vom Störabstand z ab. Für den entsprechenden Teilausdruck von Gl. (15) gilt aber mit Übergang zum natürlichen Logarithmus

$$1 < \frac{z}{\ln(1+z)} \longrightarrow 1 \text{ für } z \longrightarrow 0 \qquad (17)$$

Mit dem Grenzübergang wird die kleinstmögliche Energie für einen Unterschied definiert. Sie heißt Grenzenergie und beträgt daher

$$E_{gr} = k\ T\ \ln 2 \qquad (18)$$

Der Faktor ln 2 ergibt sich aus dem Übergang vom natürlichen zum binären Logarithmus (vgl. Gl. (15) und (17)).
Der Grenzübergang in Gl. (17) bedeutet, daß die Nutzleistung im Kanal ebenfalls gegen Null geht. Dies erscheint zunächst unsinnig. Aber bereits SHANNON hat in seinen ersten Arbeiten, z.B. (3), nachgewiesen, daß auch dann eine fehlerfreie Übertragung möglich ist, wenn die Nutzleistung viel geringer als die Störleistung ist. Dann muß lediglich die Kodierung und Dekodierung entsprechend länger dauern. Die dadurch bedingte Verzögerung bei der Übertragung ist aber für diese Betrachtungen zunächst von untergeordneter Bedeutung.

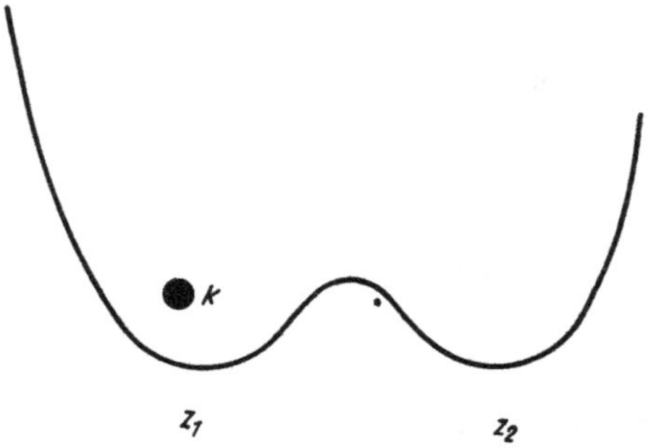


Abb. 9 Physikalisches System mit zwei energetisch gleichwertigen Zuständen $Z_1$ und $Z_2$ für die Lage der Kugel K

Das Ergebnis von Gl. (18) läßt sich auch einfacher, wenn auch weniger überzeugend, rein physikalisch ableiten. Gemäß Abbildung 9 sei ein physikalisches System mit zwei energetisch gleichwertigen Zuständen $Z_1$ und $Z_2$ gegeben. Das System ist also zweifach geartet. Die Kugel K kann sich deshalb mit gleicher Wahrscheinlichkeit, nämlich 0,5 in einer der beiden Energiemulden befinden. Wird die Kugel dagegen eindeutig fixiert, so geht die Wahrscheinlichkeit in 1 über. Die thermodynamische Entropie eines Systems lautet aber

$$S = k\ \ln W \qquad (19)$$

Hierin ist k wieder die BOLTZMANNkonstante, und die Wahrscheinlichkeit W entspricht den $p_k$ in Gl. (10). Die thermodynamische Entropie beider Zustände, nämlich bei unbekannter und bei bekannter (fixierter) Lage der Kugel beträgt daher

$$S_1 = k \ln 0{,}5 = -k \ln 2$$
$$S_2 = k \ln 1 = 0 \qquad (20)$$

Bei einer Temperatur T des Systems gehört zu einer Entropiedifferenz eine Wärmemenge (Energie) Q gemäß

$$Q = S \cdot T . \qquad (21)$$

Mittels der beiden Zustände von Gl. (20) entsteht so wieder die Grenzenergie von Gl. (18). Sie ist also zumindest für die Messung der Lage der Kugel aufzuwenden. Werden beide Ableitungen betrachtet, so entsteht leicht der Eindruck, daß Information und Physik eng zusammenhängen. Genau genommen gilt dies aber erst für den Unterschied (also Träger von Information, also Zeichen). Dies wurde nach Meinung des Autors bisher nirgends deutlich genug herausgestellt. Nur so konnten die heißen Dispute bezüglich der möglichen Gleichsetzung von thermodynamischer und informationstheoretischer Entropie gemäß Gl. (19) und (10) entstehen. Zuweilen entstanden dabei auch Aussagen in der Form, daß Information plus thermodynamischer Entropie eine Konstante sei. Allen derartigen Betrachtungen liegt zugrunde, daß der Unterschied, der eine Information tragen kann, mit der Information selbst gleichgesetzt wurde und dabei nicht einmal die qualitative Seite der Information erfaßt wurde. Der Unterschied und auch der Grenzunterschied im hier eingeführten Sinne ist eine physikalische Größe, und für ihn gelten selbstverständlich solche Betrachtungen, wenn die Voraussetzungen genau festgelegt sind. Doch dann sind sie im Grunde genommen trivial und bringen auch nichts Neues. Auch diese Gedankengänge sind wieder ein Beweis für die qualitative Seite der Information und auch dafür, daß sie ein kybernetischer Begriff und keine physikalische Größe ist.

Um eine gewisse Vorstellung über die Größenordnung der Grenzenergie zu erhalten, seien ihre Werte, auf den absoluten Nullpunkt bezogen, in verschiedenen Maßeinheiten aufgeschrieben:

$$\begin{aligned} k \ln 2 &\approx 10^{-23} \text{ Ws grd}^{-1} \\ &\approx 2 \cdot 10^{-24} \text{ cal grd}^{-1} \\ &\approx 1{,}8 \cdot 10^{-3} \text{ kcal mol}^{-1} \text{ grad}^{-1} \\ &\approx 7 \cdot 10^{-5} \; e_o \text{ V grd}^{-1} \end{aligned}$$

$\approx \quad 1{,}5 \cdot 10^{9} \quad \text{Hz grd}^{-1}$ (Photon mit $\lambda$ = 2 cm)

$\approx \quad 10^{-37} \quad \text{g grd}^{-1}$ ($10^{-9}$ Elektronenruhemassen)

Für Zimmertemperatur sind die Zahlenwerte mit entsprechend 300 °K zu multiplizieren. Selbst dann sind die Energiewerte noch extrem klein. Technisch ausgenutzte Werte für einen Unterschied liegen um mehrere Zehnerpotenzen höher.

### 3.4 Grenzvolumen

Wenn auf ein Material Energie einwirkt, so gibt es eine Grenze, von wo ab irreversible Vorgänge oder Zerstörungen im Material auftreten. Umgekehrt kann aus einem Material über physikalische, chemische oder sonstige Prozesse auch nur eine bestimmte Energiemenge entnommen werden. Spätestens setzt hierbei die EINSTEINrelation

$$E = m c^2 \tag{22}$$

die Grenze. In diesem Fall wird die Masse m vollständig in Energie umgewandelt. c bedeutet dabei die Lichtgeschwindigkeit. Über die Dichte $\varrho$ kann auch von der Masse zum Volumen V übergegangen werden.

$$V = m/\varrho \tag{23}$$

Für die zerstörungsfreie Energieaufnahme und -abgabe ist das Volumen von besonderer Bedeutung. Deshalb ist es sinnvoll, die Energiedichte

$$w = \frac{E}{V} \tag{24}$$

einzuführen. Für verschiedene Materialien und technische Lösungen zeigt Abbildung 10 in Anlehnung an (52) die Grenzen der Energiedichte. Für Effekte der klassischen Physik liegt die Grenze der Energiedichte bei etwa 0,5 Ws/cm$^3$, für chemische Verbindungen bei $10^5 \ldots 10^6$ Ws/cm$^3$. Die nutzbare Grenze der Kernenergie wird zu $10^{11}$ Ws/cm$^3$ geschätzt. Da in der Elektronik fast ausschließlich klassische Gesetze genutzt werden, sei weiterhin bevorzugt auf diese Grenze Bezug genommen.

Aus der Energiedichte und der Grenzenergie von Gl. (18) kann das Grenzvolumen berechnet werden:

$$V_{gr} = \frac{E_{gr}}{w} \tag{24a}$$

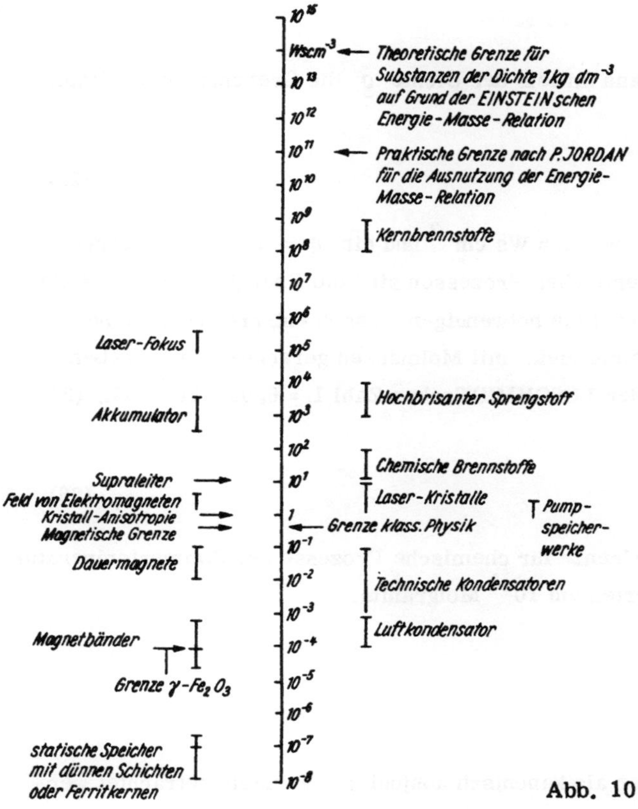


**Abb. 10 Leter der Energiedichte**

**Bei Zimmertemperatur und den 0, 5 Ws $cm^{-3}$ ergeben sich Werte von ca. $10^{-20}$ $cm^3$, also etwa 1000 Atome. Zu dem Wert der EINSTEINrelation von Gl. (22) gehören die "Volumina" der Elementarteilchen (ca. $10^{-35}$ $cm^3$).**
**Ob das hier eingeführte Grenzvolumen im ursächlichen Zusammenhang mit der in der Physik zuweilen angenommenen Elementarlänge von etwa $10^{-13}$ cm steht, kann z. Zt. nicht gesagt werden. Auffallend ist nur die etwa gleiche Größenordnung (52a).**

## 3.5 Grenzmasse

Aus dem Grenzvolumen kann mittels der Dichte $\varrho$ die Grenzmasse bestimmt werden

$$m_{gr} = \frac{\varrho E_{gr}}{w} . \qquad (25)$$

Für die klassische Grenze w = 0,5 Ws $cm^{-3}$ und ein $\varrho \approx$ 1,7 g $cm^{-3}$ ergeben sich etwa $10^{-20}$ g. Bei chemischen Prozessen sind die Energien um 5 bis 6 Zehnerpotenzen größer und damit die notwendigen Massen entsprechend kleiner. Außerdem wird in der Chemie meist mit Molmassen gerechnet. Sie ergeben sich durch Multiplikation mit der LOSCHMIDTschen Zahl L = 6,02 · $10^{23}$. Gl. (25) geht damit über in

$$M_{gr} = \frac{L \cdot \varrho \cdot E_{gr}}{w} \qquad (26)$$

Die theoretisch mögliche Grenze für chemische Prozesse bei Zimmertemperatur liegt bei den extremen Werten um $10^{-3}$ Molgramm.

## 3.6 Grenzzeit

Zeit t und Energie E können als kanonisch konjugierte Variable betrachtet werden. Deshalb gilt für sie die HEISENBERGsche Unschärferelation

$$\Delta E \cdot \Delta t + \geqq h \qquad (27)$$

Mit der Grenzenergie von Gl. (18) läßt sich hierzu eine Grenzzeit

$$t_{gr} = \frac{h}{E_{gr}} \qquad (28)$$

ableiten.

Dabei ist zu beachten, daß bei der Ableitung der Grenzenergie das Nutzsignal gegen Null konvergierte (Gl. (17)). In bezug auf SHANNON wurde dort mitgeteilt, daß bei derartigen Verhältnissen die Dekodierzeit sehr lang werden kann. Sie ist nicht in der Grenzzeit enthalten, da sie erst im Anschluß an den Meßvorgang verbraucht wird.

Für Zimmertemperatur folgt aus Gl. (28) ein Wert von 2,2 · $10^{-13}$ s. Bei Lichtgeschwindigkeit entspricht das einer Strecke von etwa 7 · $10^{-6}$ cm (70 nm also $10^{6}$ Atomdurchmesser).

In Gl. (28) ist die kleinstmögliche Energie, nämlich die Grenzenergie, eingesetzt worden. Nur unter dieser Voraussetzung gilt der Wert der angegebenen Grenzzeit. Werden größere Energien für Unterschiede verwendet, so sind natürlich auch kleinere Grenzzeiten möglich. Deshalb wird verständlich, daß in der Physik die Elementarzeit häufig zu $10^{-25}$ s angenommen wird. Die zugehörige Energie nach Gl. (27) muß dann mindestens bei ca. $10^{-8}$ Ws liegen. Innerhalb der $10^{-25}$ s bedeutet das die riesige Leistung von $10^{17}$ W.

### 3.7 Grenzunterschied

Die Grenzabschätzungen wurden bisher für Energie, Volumen, Masse und Zeit (vgl. Abbildung 8) so angestellt, daß einzeln für jede Größe unabhängig von den anderen Größen ein Grenzwert bestimmt wurde. Jeder so gewonnene Grenzwert kann dann, wenn auch die anderen Werte hinreichend groß sind, einen Unterschied ausmachen, also ein bit Information tragen. Nun sind aber die einzelnen Grenzwerte nicht unabhängig voneinander. Deshalb kann ein zusammengefaßter Grenzunterschied bestimmt werden. Für ihn folgt in bezug auf die Gln. (18), (23), (24a) und (28) aus Gl. (27) die Beziehung:

$$U_{gr} \mathrel{\hat{=}} V \cdot t \cdot w \geqq h \tag{29}$$

Diese Beziehung stellt also nur eine andere Schreibweise der HEISENBERGschen Unschärferelation, nämlich jene, die auf die Kenngrößen der Unterschiede bezogen ist, dar. Sie kann wie folgt interpretiert werden: Ein (digitaler) Unterschied ist gerade dann noch im Sinne einer physikalischen Grenze meßtechnisch, also prinzipiell nachweisbar, wenn das Volumen V, in dem die Messung vorgenommen wird, mit der Energiedichte w erfüllt ist und die Meßzeit t zur Messung mindestens zur Verfügung stehen. Damit liegt auch wieder eine Austauschrelation zwischen den drei Größen V, t und w vor, ähnlich wie sie beim SHANNONschen Kanal gemäß Gl. (9) zwischen Bandbreite, Übergangszeit und Störabstand gegeben ist. Hier bestehen aber noch zusätzliche absolute Grenzen für die Energie, Energiedichte und Dichte. Dadurch ist die Austauschrelation im gewissen Umfang eingeschränkt. Bedeutsam ist aber andererseits, daß der Grenzunterschied auf eine Naturkonstante, nämlich die PLANCKsche, zurückgeführt ist. Dies zeigt weiter, daß der Unterschied also nicht nur der Grenzunterschied im physikalischen Sinne eine Wirkungsgröße ist, die mindestens den Wert der PLANCKschen Konstanten besitzen muß. Träger von Information (Zeichen) sind also durch die zugehörige Wirkung z. B. in der Maßeinheit $Ws^2$ bestimmt. Ihr Wert muß stets ein Vielfaches von h, also von $6,623 \cdot 10^{-34}$ $Ws^2$ betragen.

## 3.8 Trägerzelle

Die vorangegangenen Betrachtungen waren darauf ausgerichtet, den theoretisch kleinstmöglichen Unterschied zu berechnen, der gerade noch eine digitale Information im Sinne der Unterscheidung: vorhanden - nicht vorhanden tragen kann. Hierzu mußten die physikalischen Grenzen bestimmt werden und die Frage nach Aufwand und Auswertungszeit war bedeutungslos. Die Meßzeit in den Gleichungen bestimmt daher die notwendige Dauer des Meßvorganges im Sinne des Energieaustausches zwischen Meßobjekt und Meßgeräteeingang. Diese Zeitdauer ist aber weitgehend unabhängig von der sich meist erst anschließenden Auswertezeit. Im Sinne von SHANNON entspricht die Auswertezeit eher der Verzögerung bei der Dekodierung. Für $z \rightarrow 0$ in Gl. (17) wurde sie sogar unendlich. Es sei noch ergänzt, daß auch in der Praxis die Meßzeiten zuweilen sehr viel kürzer als die zur Auswertung benötigten Rechenzeiten sind. Es sei beispielhaft nur an Messungen in der Kernphysik oder gar an Experimente zur Entscheidung zwischen Hypothesen erinnert.
Zur Ergänzung zeigt Abbildung 11, um wieviel die Grenzenergie für einen vorgegebenen Störabstand größer sein darf.
In der Praxis darf im Gegensatz zu den bisherigen theoretischen Betrachtungen weder die Auswertezeit noch der technische Aufwand beliebig groß werden. Es kommt vielmehr auf ökonomische, zuverlässige und schnelle Verfahren an. Dies bedeutet, daß die Grenzwerte und dadurch auch der Grenzunterschied um Größenordnungen überschritten werden müssen. Der sich dann ergebende technisch oder sonstwie, z. B. in der Biologie realisierte Unterschied heiße Trägerzelle. Sie besitzt wiederum eine Wirkungsgröße aus Energiedichte, Masse, Volumen und Zeit. Beispiele für die Speicherung zeigt Tabelle 2 (53).
In verschiedenen Fällen wird eine Trägerzelle dann nicht nur, wie bisher betrachtet, eine Ja-Nein-Entscheidung, sondern eine beliebige Zahl diskreter Zustände bis zu einem Kontinuum tragen können. Dies gilt besonders bei Trägern mit stetigen Eigenschaften, z. B. dem Schwärzungswert einer Fotografie, der Spannung auf einer Leitung usw. Hierfür sind natürlich physikalische oder sonsti-

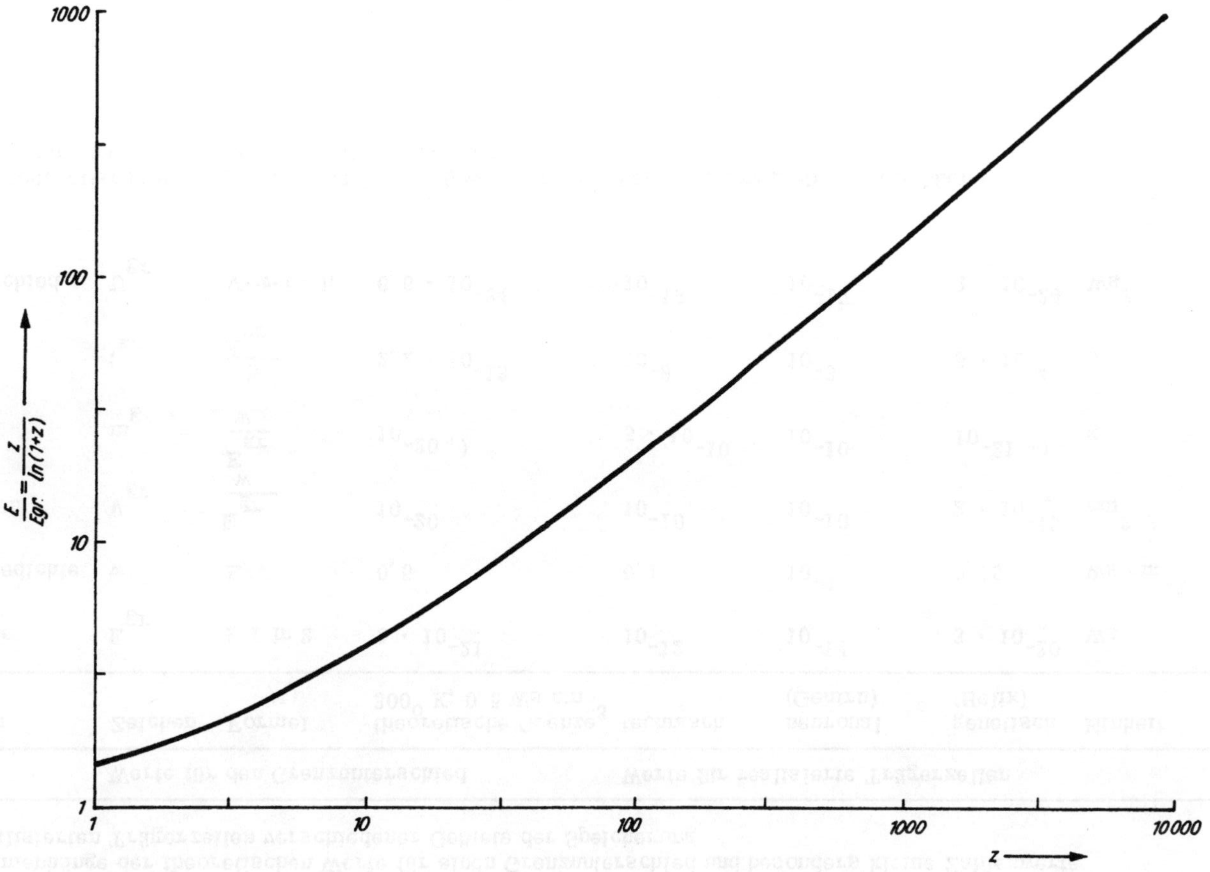


Abb. 11 Zunahme der Grenzenergie in Abhängigkeit vom Verhältnis z aus Nutz- und Störenergie

Tabelle 2

Zusammenhänge der theoretischen Werte für einen Grenzunterschied und besonders kleine Zahlenwerte bei realisierten Trägerzellen verschiedener Gebiete der Speicherung

| | Werte für den Grenzunterschied | | | Werte für realisierte Trägerzellen | | | |
|---|---|---|---|---|---|---|---|
| Größen | Zeichen | Formel | theoretische Grenze $300^0$ K; 0, 5 Ws $cm^{-3}$ | technisch | neuronal (Gehirn) | genetisch (Helix) | Einheit |
| Energie | $E_{gr}$ | k T ln 2 | $3 \cdot 10^{-21}$ | $10^{-12}$ | $10^{-14}$ | $3 \cdot 10^{-20}$ | Ws |
| Energiedichte | w | E/V | 0, 5 | 0, 1 | $10^{-4}$ | 0, 15 | Ws $cm^{-3}$ |
| Volumen | $V_{gr}$ | $\frac{E_{gr}}{w}$ | $10^{-20}$ | $10^{-10}$ | $10^{-10}$ | $2 \cdot 10^{-19}$ | $cm^3$ |
| Masse | $m_{gr}$ | $\frac{E_{gr}}{w}$ | $10^{-20}$ +) | $5 \cdot 10^{-10}$ | $10^{-10}$ | $10^{-21}$ +) | g |
| Zeit | $t_{gr}$ | $\frac{h}{E_{gr}}$ | $2,2 \cdot 10^{-13}$ | $10^{-8}$ | $10^{-3}$ | $5 \cdot 10^{-4}$ | s |
| Unterschied | $U_{gr}$ | $V \cdot w \cdot t = h$ | $6,6 \cdot 10^{-34}$ | $10^{-19}$ | $10^{-17}$ | $2 \cdot 10^{-24}$ | $Ws^2$ |

+) Der theoretische Wert gilt für eine Dichte $\varrho \approx 1,7$ g $cm^3$; bei der Doppelhelix ist die Masse des Volumens ohne Wasseranteil bestimmt worden.

ge Eigenschaften mit stetiger Veränderbarkeit in der Energie, im Volumen und/ oder Zeit Voraussetzung. Dabei gibt es zu kleinen Werten Grenzen durch Ungenauigkeiten infolge von Störungen verschiedener Art und maximale Werte, die im Eigenschaftsbereich aus verschiedenen Sicherheitsgründen nicht überschritten werden dürfen. Für den Eingang an einem Verstärker existiert z. B. in diesem Sinne eine maximale Eingangsspannung $U_{max}$, die er noch gerade verarbeiten kann und andererseits eine mittlere Störspannung $U_{St}$, die von verschiedenen Ursachen, z. B. Rauschen, Drift usw., herrührt. Die Störspannung legt dann eine minimale Stufengröße und damit die mögliche absolute Meßgenauigkeit fest. Mit ihr und der maximalen Eingangsgröße kann die Anzahl der unterscheidbaren Amplitudenstufen berechnet werden (54), (55):

$$m = \frac{U_{max}}{U_{St}} \tag{30}$$

In einigen Fällen hängt die Störspannung in z. T. komplizierter Weise auch von der Größe des vorhandenen Eingangssignals ab. Dann wird die Stufenzahl m einen anderen, vielfach kleineren Wert annehmen. Auf diese Zusammenhänge, die zu einer Erweiterung der SHANNONschen Informationstheorie führen, (also über die Angaben von Tabelle 1 und insbesondere über Gl. (7) hinaus) kann hier nicht eingegangen werden. Sie sind u. a. in (54) und (55) untersucht. Auf jeden Fall sind in diesem Sinne auch in jedem stetigen Kanal nur endlich viele Stufen unterscheidbar.

Die Betrachtungen für die Trägerzelle wurden zuvor am Beispiel eines Verstärkers und damit der Spannung durchgeführt. Allgemein muß aber wieder die Wirkung im Sinne eines unterscheidbaren Raum-Zeit-Energie-Elementes herangezogen werden. Es sei entsprechend dem Vorangegangenen angenommen, daß die Trägerzelle eine maximale Wirkung $W_{max}$ zuläßt. Die kleinstmögliche, vor allem durch Störungen bestimmte Wirkung sei andererseits gemäß Gl. (9) zu h angenommen. Für die in einer Trägerzelle maximal unterscheidbaren Signale (Zeichen, Symbole, Zustände) gilt daher

$$m_{max} = \frac{W_{max}}{h} \tag{31}$$

Ob der maximale Wert von m praktisch ausgenutzt wird, hängt wiederum von verschiedenen technisch-ökonomischen Umständen ab. Sobald m etwa größer als zehn ist, kann es bedeutsam sein, zwischen stetigen und diskreten Trägerzellen zu unterscheiden. Hierzu sei Abbildung 12 betrachtet. In Abständen auf der Wirkungs-

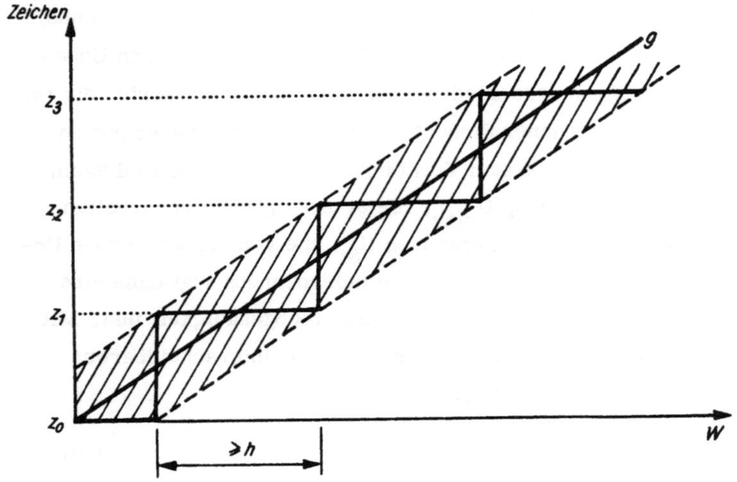


Abb. 12 Zum Zusammenhang von diskreten und stetigen Signalen

achse W, die größer gleich h sind, können auf der Ordinate Zeichen $Z_o$, $Z_1$ usw. gebildet werden. Andererseits kann h aber auch als Wirkungsstörung $h' > h$, z. B. durch thermodynamisches Rauschen betrachtet werden. Insgesamt kann entsprechend der Geraden g jedem W ein analoger Wert auf der Ordinate (Zeichenachse) zugeordnet werden. Dieser analoge Wert ist dabei um h ungenau. Im Sinne der Meßgenauigkeit beträgt der Fehler f beim maximalen Wert $W_{max}$

$$1/f \leqq \pm \frac{W_{max}}{2\,h} \quad . \tag{32}$$

Weitere Aussagen hierzu sind u. a. in (54) enthalten.
Die hier durchgeführte Unterscheidung von diskret und stetig führt dann erst nach der entsprechenden typischen Verarbeitung bzw. Darstellung zu digital bzw. analog. Sie schafft aber für beide Techniken genau an dieser Stelle eine wesentliche Voraussetzung.

## 4. Vorzuschlagende Informationsqualitäten

Bisher wurde nur die einzelne Trägerzelle betrachtet. Sie stellt die Grundlage der Zeichen dar, kann aber nur in Ausnahmefällen Information tragen. Hierzu sind fast immer mehrere Trägerzellen notwendig. Ohne Einschränkung der Allgemeinheit, aber zur besseren Übersichtlichkeit sei im folgenden angenommen, daß alle Trägerzellen digital sind, also genau einem Unterschied entsprechen. Tragen sie mehrere Unterschiede, so ist gemäß Gl. (4) stets eine Umrechnung möglich. Die direkten oder unmittelbar ableitbaren Eigenschaften der Trägerzellen, wie ihre Wahrscheinlichkeit, Anordnung, Bildungsgesetze usw., führen zur ensemblischen Information. Der Unterschied ist damit zugleich ihre Grundlage. Nach ähnlichen, aber komplexeren Beziehungen sind den Trägerzellen die später einzuführenden Grundgrößen der anderen Informationsqualitäten zugeordnet. Weiter gibt es für jede Qualität ein typisches Verb und spezifisches System. Es ist sehr wahrscheinlich, daß die vier Qualitäten in der Evolution der Information nacheinander entstanden sind. Aber ähnlich wie heute z. B. bei den Tieren nicht mehr die Urart lebt, sondern nur noch ihre rezenten Vertreter existieren, gilt dies wahrscheinlich auch für die Informationsqualitäten. In den meisten konkreten Informationssystemen treten nämlich die vier Qualitäten gleichzeitig auf. Es gilt daher, rezente Informationssysteme zu suchen, für die nur eine Qualität wesentlich ist. Zum Beweis für die Evolution der biologischen Arten stehen heute im wesentlichen drei Methoden zur Verfügung, nämlich:

1. Archäologische Funde
2. Individualentwicklung (nach HÄCKELschem Grundgesetz)
3. Vergleich der rezenten Arten (genetisch, Verhalten usw.).

Für die Informationsqualitäten fehlen z. Zt. noch derartige Betrachtungen. Sie erscheinen daher z. T. sehr theoretisch.

### 4.1 Ensemblische Information

Es gebe eine Menge $\mathfrak{U}$ von Unterschieden, so daß für jeden Unterschied $U_a$ mit a = 1 bis l gilt

$$U_a \in \mathfrak{U} \quad \text{für } a = 1 \ldots l \tag{33}$$

Zu den Unterschieden $U_a$ gibt es Aussagen über ihren Zusammenhang, z.B. über ihre Reihenfolge, Anordnung, Häufigkeit usw. Dann bedingen diese Zusammenhänge ensemblische Information. Derartige Aussagen können auf jede Schnittstelle, also Informationsquelle, Kanal oder Empfänger bezogen werden. In diese Beschreibung können alle Aussagen der klassischen SHANNONschen Informationstheorie einbezogen werden. Dies sei durch einige typische Unterqualitäten belegt.

### 4.1.1. Anordnung von Unterschieden

Mit den Trägerzellen sind auch die Unterschiede irgendwie im vierdimensionalen Raum-Zeit-Kontinuum angeordnet. In der Regel sind dabei nicht zugleich alle vier Koordinaten bedeutsam. So können Unterschiedsfolgen nach den für sie wesentlichen Koordinaten klassifiziert werden. Dabei gelten die acht Möglichkeiten von Tabelle 3.

Tabelle 3

Die acht möglichen Anordnungen von Unterschieden bzw. Trägerzellen

| Symbol | Existenz | Beispiele |
|---|---|---|
| F (0) | Unabhängig von Ort und Zeit | Zahlen, Begriffe |
| F (x) | Längs eines Weges | Magnetband, Schallplattenrille |
| F (x, y) | Auf einer Fläche | Bild, Fotografie |
| F (x, y, z) | Im Raum | Plastik, räumliches Modell |
| F (t) | In der Zeit | Sprache, Schallereignis, elektrisches Signal |
| F (x, t) | Längs Weg und Zeit | Verkehrsbelastung von Straßen |
| F (x, y, t) | Auf einer Fläche mit Änderung in der Zeit | Film, Fernsehbild |
| F (x, y, z, t) | In Raum und Zeit | Theateraufführung |

### 4.1.2. Statistisch ensemblische Information

Im Zeit- oder Scharmittel können einzelne Unterschiede $U_a$ mit den Wahrscheinlichkeiten $p_a$ auftreten. Dann ist die Entropieformel von Gl. (10) auf sie anwendbar und das SHANNONsche Informationsmaß gültig. Ferner kann zwischen einzelnen, irgendwie räumlich-zeitlich benachbarten Unterschieden auch eine bedingte Wahrscheinlichkeit im Sinne von MARKOW-Ketten bestehen. Dann sind für die Entropie die entsprechend korrigierten Formeln zu verwenden.

### 4.1.3 Strukturell ensemblische Information

Es gebe genau l verschiedene Unterschiede gemäß Gl. (33). Sie bilden das Ausgangsalphabet. Aus ihnen sind räumliche, zeitliche oder anders geordnete Folgen bildbar:

$$U_f = f(U_1, U_2, \dots U_l) . \tag{34}$$

Diese Folgen besitzen gleiche oder unterschiedliche Längen. Die Längen sind also insbesondere endlich:

$$|U_f| = 0, 1, 2, \dots b . \tag{35}$$

Bei linearer Anordnung in Raum oder Zeit kann eine solche Folge z.B. als Wort, bei zweidimensionaler Anordnung auf einer Fläche als Bild bezeichnet werden. Die Folgen $U_f$ erzeugen eine Menge $\mathfrak{U}_f$ bzw. stammen aus ihr. Es lassen sich auch hierarchisch strukturierte Folgen bilden.

### 4.1.4 Generativ ensemblische Information

Werden die Folgen $U_f$ mittels eines bestimmten Gesetzes (Regel) gebildet, so ist es sinnvoll, von einer Genration der Information zu sprechen. Dieses Gesetz kann z.B. im Sinne einer Grammatik der Theorie der endlichen Automaten, z.B. (56), gegeben sein.

$$U_f = f(V, E, R, S) \tag{36}$$

Darin bedeuten:

V Variablen als Unterschiede $U_a$, die in der späteren Folge enthalten sind, aber auch in Regeln stehen.

E Endbuchstaben als spezielle Unterschiede, die immer das Ende der Folge $U_f$ bilden. Für sie existiert also kein Nachfolger in den Regeln.

R Regeln, nach denen die Folge gebildet wird. Sie sind in einem speziellen Speicher enthalten.

S Startsymbol als ein bestimmter Unterschied, mit dem die Bildung der Folge nach den Regeln begonnen wird.

### 4.1.5 Abbildende ensemblische Information

Es existieren Unterschiede

$$U_a \in \mathfrak{U} \quad \text{mit } a = 1, \dots l \tag{37}$$

und Unterschiede

$$U_b \in \mathfrak{W} \quad \text{mit } b = l+1, \dots m , \tag{38}$$

wobei die Mengen $\mathfrak{U}$ und $\mathfrak{W}$ beliebig sein können. Es kann also z. B. gelten

$$\mathfrak{U} < \mathfrak{W} \quad , \ \mathfrak{U} = \mathfrak{W}, \ \mathfrak{U} > \mathfrak{W}, \text{ oder } \mathfrak{U} \neq \mathfrak{W} \tag{39}$$

Es existiere eine Abbildung F, welche beliebige Folgen (gilt auch für den Spezialfall einzelner Unterschiede) gemäß

$$U_f(U_1 \dots U_l) \xrightarrow{F} U_g(U_{l+1}, \dots U_m) \tag{40}$$

aufeinander abbildet. Dabei können einer Folge in $\mathfrak{U}$ durchaus auch mehrere Folgen in $\mathfrak{W}$ und umgekehrt entsprechen. Mit einer solchen Abbildung F ist die abbildende oder auch kodierte ensemblische Information definiert. Dabei kann eine weitere Einteilung nach der Art der Abbildung, z. B. eindeutig, umkehrbar usw. vorgenommen werden. Ferner ist es auch möglich, daß bei der Abbildung Speichereffekte eine Rolle spielen. Das heißt, erst nach Eintreffen einer bestimmten Zahl von Folgen wird die zugehörige Folge gebildet.

### 4.1.6 Matrix ensemblischer Informationsprozesse

Eine besondere Betrachtungsweise der abbildenden ensemblischen Information kann mittels der Anordnung von Unterschieden gewonnen werden. Dazu sei von Tabelle 3 ausgegangen. Ihre Einteilung werde nun einmal auf die Unterschiede der Menge $\mathfrak{U}$ und zum anderen auf die Unterschiede der Menge $\mathfrak{W}$ angewendet, dann läßt sich eine Matrix gemäß Abbildung 13 erzeugen. Sie wurde in (57) ent-

| Ein \ Aus | $F(0)$ | $F(x)$ | $F(x,y)$ | $F(x,y,z)$ | $F(t)$ | $F(x,t)$ | $F(x,y,t)$ | $F(x,y,t)$ |
|---|---|---|---|---|---|---|---|---|
| $F(0)$ | Festwert-speicher | Daten-speicherung | Symbole Ziffern Buchstaben | | Meßwert- und Digital-Wiedergabe | | | |
| $F(x)$ | Ablesen eines Zeiger-instruments | Magnetband-umzeichnung Vererbung | graph. Darstellung einer Gleichung Videofile-Wiedergabe | | Wiedergabe-vorgang der Speicherung | lineare Transport-probleme | Wiedergabe einer Videospeicherung | Theater aufführung |
| $F(x,y)$ | gerasteter Druckstock Zeichenerkenng. | Videofile-aufzeichnung | Reprotechnik Druck | Hologramm-Wiedergabe | Bildabtastung und -Wiedergabe | Verfolgen eines Kurvenzuges | Filmwiedergabe Nachzeichnen eines Bildes | Bau eines Gebäudes nach Skizzen |
| $F(x,y,z)$ | | | Photographie Landkarte mit Höhenlinien Hologramm-aufnahme | Holographie | | | | |
| $F(t)$ | Speicherung von Rechner-signalen | Signal-aufzeichnung | Oszillographie Bildwiedergabe Sonogramm | | Signal-übertragung | Bildtelegraph Fernschreiber | Fernsehbild-wiedergabe | |
| $F(x,t)$ | | | Weg-Zeit-Diagramm | | | | | |
| $F(x,y,t)$ | | Video-aufzeichnung | Filmaufnahme Zeichnen Moment-photographie | | Film-abtastung | | Kinematographie Fernseh-übertragung | |
| $F(x,y,z,t)$ | | Roman | Filmaufnahme Lichtpunkt-analyse | | mündlicher Bericht | | | echter Stereofilm |

**Abb. 13** **Matrix aller Informationsprozesse, also der abbildenden ensemblischen Informationen**

wickelt und in (45) ausführlich untersucht. Dort wird von Informationsprozessen bzw. Informationswandlungen gesprochen, obwohl in der Mehrzahl der behandelten Beispiele gerade die Information erhalten bleibt und lediglich die Unterschiedsanordnung verändert wird. Selbstverständlich fallen hierunter eine Vielzahl von technischen Informationsprozessen, bei denen die Information eben auf die hier eingeführte ensemblische Qualität eingeschränkt ist. In diesem Sinne, aber nur in diesem Sinne kann für diese Abbildungen oder Zuordnungen oder noch genauer Verkopplungen zwischen zwei Anordnungen von Unterschieden, kurz von Informationsprozessen gesprochen werden. Mittels Abbildung 14 ergibt sich eine günstige

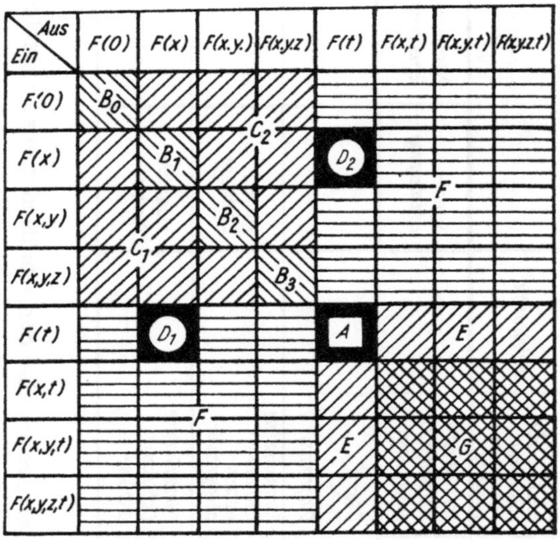


Abb. 14 Umzeichnung von Abbildung 13 zur deutlicheren Einteilung der Prozesse

Klassifizierung aller physikalisch möglichen Verkopplungen. Die Abbildung zwischen $\mathfrak{U}$ und $\mathfrak{W}$ kann auch durch einen Vierpol, im weitesten Sinne angenommen, wirklich oder gedanklich realisiert sein. Dann gelten die Unterschiede aus $\mathfrak{U}$ als Eingangs- und die aus $\mathfrak{W}$ als Ausgangsgrößen. Dabei lassen sich Grundprozesse (A bis D) und aus ihnen zusammengesetzte Prozesse (E bis G) unterscheiden. Sie seien der Reihe nach kurz beschrieben.

Nachrichtenübertragung (A)

Für den Menschen hat die Zeitabhängigkeit von Unterschieden größte Bedeutung. Auf ihrer Basis entstand die gesamte Nachrichtenübertragung. Sie ist in Abbildung 14 als A gekennzeichnet. Es seien hier zur Vereinfachung nur elektrische Signale betrachtet. Sie besitzen eine Zeit- und Amplituden-Achse. Sie sind im Prinzip beide beim Prozeß beeinflußbar. So ergibt sich die Tabelle 4.

Tabelle 4
Änderungen bei der Übertragung

| Nr. | Allgemeines Prinzip | Spezialfälle | Beispiele |
|---|---|---|---|
| 1 | Amplituden-verzerrungen | - linear | Verstärker, Dämpfungen |
| | | - nichtlinear | gekrümmte Kennlinien (Begrenzung) |
| | | - quasilinear mit Verzögerung | Dynamikregelungen |
| | | - frequenzselektiv | Filter |
| 2 | Zeittransformation | - additiv | Laufzeitglieder |
| | | - multiplikativ | Bandaufzeichnung und -wiedergabe mit unterschiedlichen Geschwindigkeiten |
| | | - multiplikativ und unstetig | Transponierungsvierpole |
| | | - nichtlinear | z. Zt. kein Beispiel |
| 3 | Amplituden-Zeit-Verlagerungen | - kontinuierlich | Amplituden- und Frequenzmodulation, einige Impulsmodulationen Kodierung, Digitalisierung |

Einfache Speicherprozesse (D)

Die beiden Matrixflächen D in Abbildung 14 erscheinen zunächst ohne unmittelbar sichtbare Ursache besonders hervorgehoben. Diese bevorzugte Stellung verdienen sie jedoch infolge ihrer besonderen Bedeutung bei der Speicherung: Die meisten Informationen sind Signale, also der Form F(t). Sollen sie gespeichert werden, sc muß ihre Zeitabhängigkeit verschwinden. Sie ist damit in eine

Tabelle 5

Stufen der Speicherung. $K_1$ bis $K_4$ sind konstante Größen, $g_E$, $g_T$ und $g_\Lambda$ sind Funktionen verschiedener Abhängiger, wobei die Größen $\xi$ und t unerwünschte oder meist unvermeidbare Einflüsse erfassen

| | | | |
|---|---|---|---|
| Übergänge | $S_E(t) \xrightarrow{v_E} Z_1(x)$ | $Z_1(x) \xrightarrow{T} Z_2(x)$ | $Z_2(x) \xrightarrow{v_\Lambda} S_\Lambda(t-T)$ |
| Bezeichnungen | Aufzeichnungsvorgang | Speicherzustand | Wiedergabevorgang |
| Kennlinienfunktionen | $g_E\left[S_E(t); \xi; t\right] = Z_1(v_E \cdot t)$ | $g_T\left[T, Z_1(x); \xi; \Delta\xi\right] \cdot Z_1(x) = Z_2(x)$ | $g_\Lambda\left\{Z_2\left[v_\Lambda \cdot (t-T); \xi; t\right]\right\} = S_\Lambda(t-T)$ |
| Gesamtfunktion | $g_\Lambda\left\{g_T\left(T; g_E\left[S_E(x); \xi; t\right]; \xi; \Delta\xi\right)\right\} \cdot g_E\left[S_E(x); \xi; t\right] = S_\Lambda(t-T)$ | | |
| Forderung für ideale Rückgewinnung | $S_E(t) = S_\Lambda(t-T)$ | | |
| abgeleitete Bedingungen | $v_E(x) = v_\Lambda(x)$ | $g_\Lambda\left\{K_1 \cdot g_E\left[S_E(t)\right]\right\}$ $g_T = g_{T1}(T) \cdot g_{T2}\left[Z_1(x)\right]$ | $g_{T1} = K_2$ für $T = T_0$ oder<br>$g_{T1} = K_3\left(1 \pm \frac{T}{T_0}\right)$ |
| technisch angestrebte Bedingungen | $v_E(x) = v_\Lambda(x) = \text{Konst.}$<br><br>1) Konstante Geschwindigkeit | $g_E\left[S_E(t)\right] = K_4 \cdot S_E(t)$<br><br>2) Lineare Aufzeichnungs- und Wiedergabekennlinie | $g_\Lambda\left[Z_2(x)\right] = \frac{1}{K_4} Z_2(x)$ $g_T = 1$<br><br>3) Unveränderlicher Speicherzustand |

Ortsabhängigkeit zu überführen. Dieser Prozeß wurde als Aufzeichnungsvorgang $D_1$ und seine spätere Umkehrung als Wiedergabevorgang $D_2$ eingeführt. In (58), (59) wurde auch versucht, eine mathematische Beschreibung beider Prozesse zu geben. Das zusammengefaßte Ergebnis zeigt Tabelle 5 und verdichtet Abbildung 15. Allgemein erfolgen beide Prozesse längs des Weges (Speicherung, z. B. Rille der Schallplatte oder Magnetband) mit einer gegebenen (meist konstanten) Geschwindigkeit. Die Geschwindigkeit ist ein bedeutsamer Parameter.

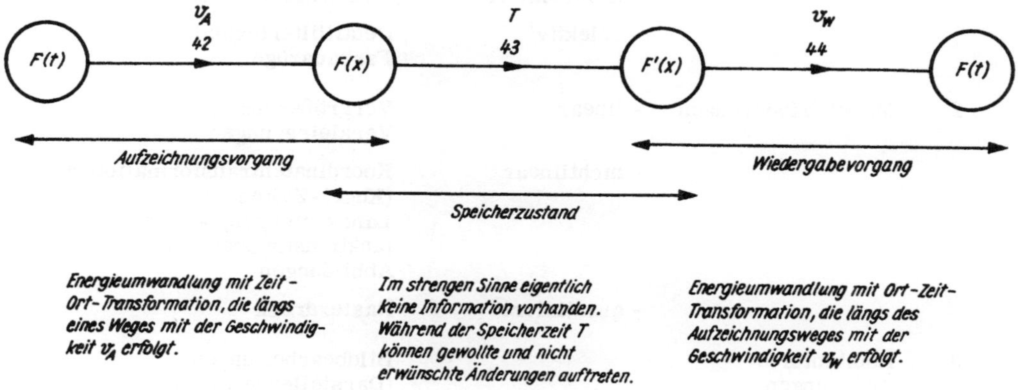


Abb. 15 Einteilung der Speicherung in ihre Grundprozesse

Speicherzustände (B)

In Abbildung 15 taucht der Begriff Speicherzustand auf. Er entspricht in diesem speziellen Fall dem Feld $B_1$ in der Matrix Abbildung 14. Bei ihm können Störungen oder bewußte Einflüsse (z. B. Entwicklung eines latenten Bildes in der Fotografie) während der Speicherzeit die Trägerzellen und damit die Unterschiede beeinflussen. Bezüglich Änderungen zwischen zwei Speicherzuständen sind aber auch allgemeinere Prozesse möglich. Als Beispiel sei nur das Sortieren von Informationen, z. B. technisch in der Magnetbandsortierung genannt. Informationen, die auf einem oder mehreren Magnetbändern als F(x) vorhanden sind, werden also nach bestimmten Kriterien, z. B. alphabetisch umgeordnet, so daß am Ende des Prozesses ein anderes F (x) vorliegt. Während der bisher betrachtete

Tabelle 6

Änderungen bei Speicherzuständen bei bleibender Koordinatenzahl

| Nr. | Allgemeines Prinzip | Spezialfälle | Beispiele |
|---|---|---|---|
| 1 | Änderung der Eigenschaften von Informationszellen | - linear | kontraständernde Kopien<br>Negative |
| | | - nichtlinear | Gradationsverzerrungen |
| | | - quantisiert | Schattenriß (Scherenschnitt) |
| | | - differentiell | Äquidensitometrie |
| | | - selektiv | Detailfiltertechnik<br>Farbauszüge |
| 2 | Maßstabänderungen | - linear | Vergrößerungen<br>Verkleinerungen |
| | | - nichtlinear | Koordinatentransformationen (Kugel-Zylinder)<br>Landkartenprojektionen<br>funktionstheoretische Abbildungen |
| | | - quantisiert | Rasterdruck |
| 3 | Kombinierte Änderungen | | Bildbearbeitungen (Darstellende Kunst) |

Fall die Dimension Eins hat, besitzen die Bilder mit der Dimension Zwei, also F(x, y) ebenso große Bedeutung ($B_2$). Bevorzugt für sie gilt die Aufteilung von Tabelle 6. Im Vergleich zur Tabelle 4 ist zu beachten, daß die Zeit als Koordinatenachse eine ausgeprägte Richtung besitzt. Deshalb sind die technischen Mittel bezüglich Zeit und Raum auch sehr unterschiedlich. Die Tabelle 6 gilt natürlich im Prinzip für alle B-Prozesse. Für räumliche Gebilde ($B_3$) gibt es aber in der Technik kaum noch Realisierungen. Für die dimensionslosen Prozesse stellt die EDV ein Musterbeispiel dar.

Speicherzustände mit Änderung der Koordinatenzahl (C)

Bei den zuvor behandelten Änderungen zwischen Speicherzuständen blieb stets die Anzahl der Koordinaten vorhanden. Allgemein muß aber auch ihre Änderung zugelassen werden. Dann sind Prozesse mit zunehmender oder abnehmender Koordinatenzahl möglich. Insbesondere bei abnehmender Koordinatenzahl besteht

Tabelle 7

Irreversible Unterdrückung von Koordinaten

| Nr. | Prinzip | Beispiele |
|---|---|---|
| 1 | Auswahl eines möglichst repräsentativen Punktes (Linie oder Fläche) | - Schnitt einer Konstruktion<br>- Mikrotomschnitt<br>- Querschnitt eines Rohres |
| 2 | Mittelwertsbildung oder Integration | - Röntgenaufnahme (Dickeneinfluß)<br>- Belichtungsmesser (Helligkeitswerte)<br>- Unschärfe bei der Fotografie |
| 3 | Spitzenwertbildung | - Schattenriß<br>- Scherenschnitt |

Tabelle 8

Reversible Koordinatenänderungen

| Nr. | Allgemeines Prinzip | Beispiele |
|---|---|---|
| 1 | Probenerzeugung nach Abtasttheorem und anschließende Umordnung | - zeilenweises Abtasten und Schreiben der Bildtelegrafie bzw. Videospeicherung |
| 2 | Austausch zwischen Anzahl der Informationszellen und ihren Eigenschaften | - Holographie<br>- Darstellung der Höhen durch Farben auf Karten |
| 3 | Anwendung spezieller Transformationen | - Parameterdarstellung<br>- Oszillograph |
| 4 | Relative Unterdrückung und Rekonstruktion | - perspektivische Darstellung<br>- Grund- und Aufriß<br>- Höhenlinien |

die Gefahr eines irreversiblen Informationsverlustes. Bei geschickter Wahl der Methoden kann dabei aber auch eine sinnvolle Redundanzminderung erreicht werden. Beispiele für verschiedene Prinzipien der irreversiblen Reduzierung der

Tabelle 9

Beschreibung der Grundprozesse von Bild 14

| Bezeichnung | Buchstabe | Funktionen | Vergleiche Tabellen | Beispiele |
|---|---|---|---|---|
| Übertragung | A | $F_1(t) \rightarrow F_2(t)$ | 4 | Nachrichtentechnik |
| Speicherzustände | $B_o$ | $F_1(o) \rightarrow F_2(o)$ | 6 | Magnetbandsortieren |
| | $B_1$ | $F_1(x) \rightarrow F_2(x)$ | | Schallplatte auf Magnetband umspielen |
| | $B_2$ | $F_1(x, y) \rightarrow F_2(x, y)$ | | Fotografische Vergrößerung oder Bearbeitung |
| | $B_3$ | $F_1(x, y, z) \rightarrow F_2(x, y, z)$ | | Schaffung von räumlichen Modellen |
| Dimensionsändernde Speicherung | $C_1$ | $F(x, y, z) \rightarrow F(x, y) \rightarrow F(x) \rightarrow F(o)$ | 7 bzw. | Schattenbild eines Gegenstandes |
| | $C_2$ | $F(o) \rightarrow F(x) \rightarrow F(x, y) \rightarrow F(x, y, z)$ | 8 | Herstellung von Geräten nach Zeichnung |
| Aufzeichnungsvorgang | $D_1$ | $F(t) \rightarrow F(x)$ | 5 | Magnetbandaufzeichnung |
| Wiedergabevorgang | $D_2$ | $F(x) \rightarrow F(t)$ | | Schallplattenwiedergabe |

Koordinatenzahl enthält Tabelle 7. Es gibt aber auch verschiedene Methoden mit reversibler Änderung der Koordinatenzahl. Sie sind in Tabelle 8 zusammengestellt. Jeweils zwei zusammengehörende Prozesse belegen dabei sich diagonal gegenüberstehende Flächen in Abbildung 14.

Zusammengesetzte Prozesse (EFG)

In Tabelle 9 sind die bisher behandelten Grundprozesse zusammengestellt. Alle weiteren Prozesse von Abbildung 14 lassen sich zumindest formal auf mehrere Grundprozesse zurückführen.
Im Gebiet E besteht eine Signalübertragung, bei der Raumkordinaten unterdrückt bzw. wiedererzeugt werden. Ein irreversibles Beispiel ist die rein zeitabhängige Schallübertragung, die durch den Mikrophonort festgelegt ist. Zwei Mikrophonorte erlauben bereits, das linear ausgedehnte Stereo-Schallfeld zu reproduzieren. Eine reversible Koordinatenunterdrückung erfolgt beim Fernsehen. Das Samplingtheorem ermöglicht hier die zeitliche Verschachtelung räumlich getrennter Proben. Allgemein werden solche und ähnliche Verfahren unter dem Begriff Zeitmultiplex zusammengefaßt.
Im Gebiet F liegen komplizierte Speicherprozesse. Neben den in D behandelten Aufzeichnungs- und Wiedergabevorgängen werden zusätzlich Prozesse von B bzw. C benutzt, welche die Koordinatenzahl ändern bzw. erhalten. Als Beispiel kann das Max-Min-Thermometer dienen. Mittels der Spitzenwertbildung Tabelle 7, Punkt 3, wird die zeitliche Koordinate über die Orts-Zeit-Transformation unterdrückt. Ganz ähnlich ist es bei Röntgendosimetern. Hier kommt jedoch die Summenbildung zur Wirkung. Einen zweidimensionalen Ausschnitt des raumzeitlichen Geschehens liefert die Momentfotografie. Die Lichtpunktanalyse arbeitet ähnlich, jedoch zeitlich integrierend.
Im Bereich G sind schließlich die am meisten komplizierten Prozesse zusammengefaßt. Sie enthalten in der Eingangs- und Ausgangsinformation Raum- und Zeitkoordinaten. In der Symmetriediagonalen stehen dabei koordinatenzahlerhaltende Prozesse.

### 4.1.7 Kennzeichen der ensemblischen Information

Durch die vorangegangenen Beispiele sind typische Kennzeichen der ensemblischen Information aufgezählt. Sie sind anschaulich in der Abbildung 16 zusammengefaßt. Natürlich ist damit noch keine hinreichend scharfe Definition gegeben. Dies ist bei diesem ersten Versuch wohl auch zu erwarten. Deutlicher wird

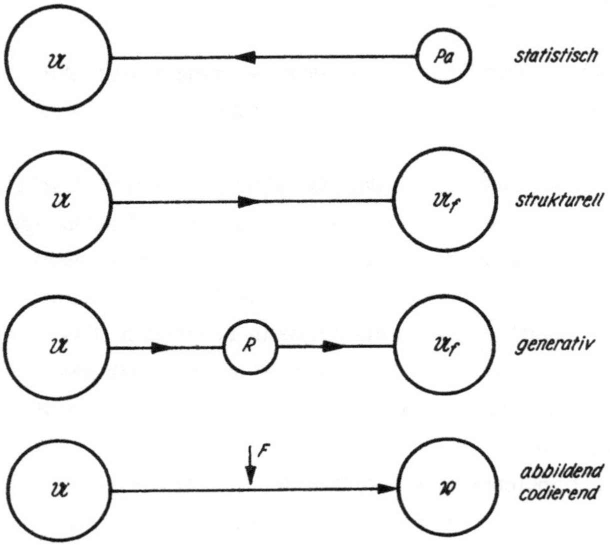


Abb. 16 Anschauliche Zusammenstellung der vier behandelten Unterqualitäten der ensemblischen Information

dies aber noch in Abgrenzung gegenüber den folgenden Informationsqualitäten werden. Ensemblische Information liegt etwa immer dann vor, wenn lediglich Unterschiede im Sinne von Abschnitt 3 vorhanden sind und zwischen ihnen irgendwelche Beziehungen, Operationen usw. definiert sind. Da diese Operationen bereits recht kompliziert sein können, genügt nicht immer das SHANNONsche Maß. Es versagt z. B. schon weitgehend bei der generativen und abbildenden ensemblischen Information. Außerdem lassen sich durchaus ensemblische Informationen aufführen, die in den hier genannten Unterqualitäten nicht enthalten sind. Die Kurzform für diese Zusammenhänge könnte so lauten: Die Unterschiede der Trägerzellen tragen ensemblische Information.

## 4.2 Aktionische Information

Bei der ensemblischen Informationsqualität ist die Information nahezu vom Selbstzweck geprägt. Abgewandelt könnte das bekannte "L'art pour l'art" gelten. Bestenfalls kann die eine ensemblische Information noch eine andere ensemblische Information übergehen. In der Regel wird es Zweck oder Ziel der Information sein, etwas zu bewirken, zu verändern oder zu beeinflussen. Dazu muß also ein Empfänger (im weitesten Sinne gemeint) der Information vorausgesetzt werden. Er besitzt einen Eingang für ensemblische Information. Zumindest muß er weiter im kybernetischen Sinne multistabil sein, sollte aber auch eine Kopplung, d.h. einen Ausgang zur Umwelt besitzen. Die auf den Eingang des Empfängers treffende Information bewirkt in ihm und damit auch meist aus ihn heraus etwas. Das Verb Bewirken ist hier ähnlich allgemein aufzufassen, wie das Verb Tragen bei der ensemblischen Information. Das Etwas sei in ähnlicher Allgemeinheit Effekt genannt. Der Effekt stellt für die aktivische Information die Grundgröße dar, so wie es für die ensemblische der Unterschied tut. Er ist die Auswirkung der am Eingang des Empfängers eintreffenden ensemblischen Information. Speziell kann ein Effekt z.B. sein: Zustandsänderung im Empfänger, Wirkung des Empfängers auf die Umgebung, Handlung oder Verhaltensänderung des Empfängers. Im gewissen Sinne ist es auch richtig, zu sagen, daß mit dem Eintreffen der Information am Empfängereingang eine Entscheidung bezüglich seiner möglichen Änderung ausgelöst wird. Aus der Sicht der Regelungstechnik ist der Empfänger gerade ein Stellglied. Auf der Basis des Automatisierungsgrades hat dies DÖHN fast wie für diesen Beitrag zugeschnitten analysiert (60). Ein weiteres Beispiel für die aktivische Information ist die Realisierung der Information der Nucleotid-(Basen-)Sequenzen in der Doppelhelix über die Aminosäuren zu den Eiweißen. Hier sind aber bereits so viele Zwischenstufen vorhanden, daß die Komplexität der in Abschnitt 2 gegebenen Informationsdefinition deutlich wird. Andererseits zeigt dieses Beispiel aber auch besonders klar die Verschiedenheit von Unterschieden der ensemblischen Information und Effekten der aktivischen Information. Die aktionische Information bei der Sprache könnte so beschrieben werden, daß die Unterschiedfolgen des Schalles "Strukturänderungen" im Gehirn bewirken. Welcher Art sie sind und wie sie entstehen, ist heute allerdings noch umstritten und bedarf daher noch umfangreicher Forschung. Dennoch kann hier der Begriff aktionische Information bereits als Hypothese ausgesprochen werden. Das Buch von KLIX (61) kann im gewissen Sinne sogar schon vom

Titel her "Information und Verhalten" weitgehend als die aktionische Information betreffend betrachtet werden. Insgesamt liegt aber bezüglich des Effektes noch keine ähnliche gründliche Analyse wie für den Unterschied vor. Hier ist noch-umfangreiche wissenschaftliche Arbeit für die weitere Begründung der aktionischen Information zu leisten. Dies ist eine wesentliche Schwäche der Definition. Formalisiert gilt für die Eingangsinformation wieder

$$U_a \in \mathfrak{U} \text{ für } a = 1 \ldots l . \tag{38}$$

Für den Effekt $E_b$ werde entsprechend festgelegt

$$E_b \in \mathfrak{E} \text{ für } b = 1 \ldots m . \tag{41}$$

Zwischen beiden vermittelt der Empfänger. Anschaulich ist das in Abbildung 17a dargestellt. Da Unterschiede und Effekte auch als Folgen auftreten können, soll in Analogie zu Gl. (40) dafür geschrieben werden

$$\sum_f U_f(U_1 \ldots U_l) \xrightarrow{E} \sum_g E_g(E_1 \ldots E_m) \tag{42}$$

a) 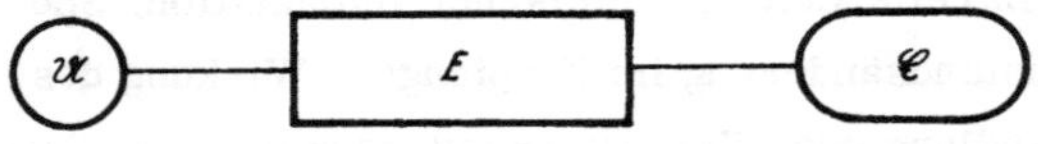


Abb. 17 Zur aktionischen Informationsqualität
a) Die Unterschiede aus der Menge $\mathfrak{U}$ bewirken mittels des Empfängers E Effekte aus der Menge $\mathfrak{E}$

Hierin bezeichnet $E_g$ Effektfolgen von z. B. räumlicher und/oder zeitlicher Anordnung. Im Prinzip können auch hierfür alle Anordnungsfolgen der Tabelle 3 auftreten. Ebenso läßt sich von den Unterschieden zu den Effekten eine Matrix gemäß Abbildung 14 aufschreiben. Es ist dann aber die Qualitätsdifferenz zwischen ensemblischer und aktivischer Information zu beachten, so daß in der Matrix entsprechend ausgewählte Prozesse stehen. Zum besseren Verständnis der Differenz zwischen ensemblischer und aktionischer Information sei ein symbolisches Beispiel aus der Meßtechnik angeführt. Masse und Gewicht waren für viele Fälle solange schwer zu unterscheiden, wie beide in Gramm gemessen werden durften. Erst als sich die Einheiten Gramm und Pond durchgesetzt hatten, gab es keine Probleme mehr. In diesem Sinne dürfte es sinnvoll sein, auch für die aktionische Qualität eine Maßeinheit einzuführen, die von bit deutlich differenziert ist. Der Autor schlägt hierzu bef aus <u>bi</u>närer <u>Ef</u>fekt vor. Dann können auch für Effekte formal die Gleichungen der SHANNONschen Theorie, also insbesondere die der Tabelle 1 übertragen werden. So werden Schwierigkeiten vermieden, die bisher durch die Gleichsetzung der Informationsqualitäten entstanden. Ein

Beispiel, wo besser mit bef als bit gerechnet worden wäre, betrifft die Arbeit von STIER über den Informationsgehalt manueller Zielbewegungen (62). Dies mag zunächst trivial oder gar tautologisch erscheinen. Es wird aber sofort anders, wenn die Zielbewegungen durch andere, z.B. ensemblische Information ausgelöst werden und mit beiden Informationsmengen gerechnet werden muß. Die Summenzeichen in Gl. (42) bedeuten, daß z.B. aus mehreren Unterschiedsfolgen auch eine einzige Effektfolge werden kann und umgekehrt. Mit dieser relativ allgemeinen Schreibweise sind schon verschiedene Unterqualitäten der aktivischen Information erfaßt. Sie brauchen deshalb nicht weiter eingeführt zu werden, denn sie lassen sich in Analogie zu den Unterqualitäten der ensemblischen Information bilden. Dabei ergeben sich Unterqualitäten wie: statistisch, strukturell, generativ, abbildend, kodierend, mit Speichereffekten, eindeutig, umkehrbar eindeutig usw. Neue Unterqualitäten ergeben sich jedoch durch zusätzliche Kopplungen zwischen den Effekten und Unterschieden. Dazu sei zunächst weiterhin angenommen, daß die Mengen $\mathfrak{U}$ und $\mathfrak{E}$ fremd sind. Zunächst können dann die Effekte über ein ensemblisches System (es heiße Beobachtungssystem B) gemäß Abbildung 17b als Unterschiede für den Empfänger kodiert (interpretiert) werden.

b)
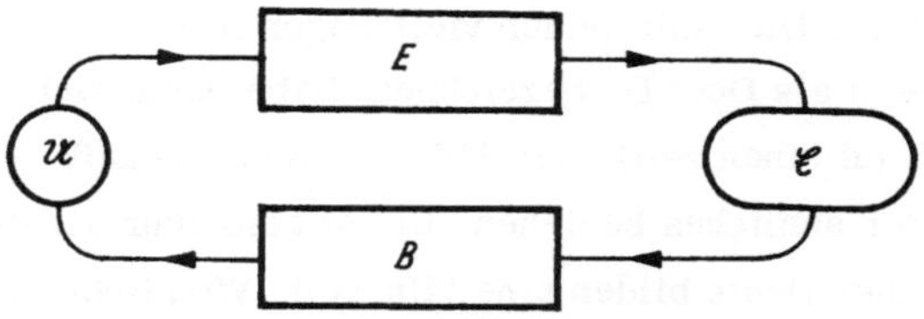


17 b) Die Effekte aus der Menge $\mathfrak{E}$ werden über ein beobachtendes System B zusätzlich als Unterschiede der Menge $\mathfrak{U}$ interpretiert

Das Beobachtungssystem entspricht also z.B. etwa den Meßgliedern der Regelungstechnik (60). Auch unsere Sinnesorgane können in dieser Weise aufgefaßt werden. Auf alle Fälle entsteht durch eine solche Anordnung ein rückgekoppeltes System oder besser ein geschlossener Regelkreis. Der soeben beschriebene Zusammenhang kann noch einfacher werden, wenn die Effekte und Unterschiede eine gemeinsame Teilmenge besitzen, d.h. wenn der Empfänger zugleich beobachtet werden kann (Abb. 17c).

c)

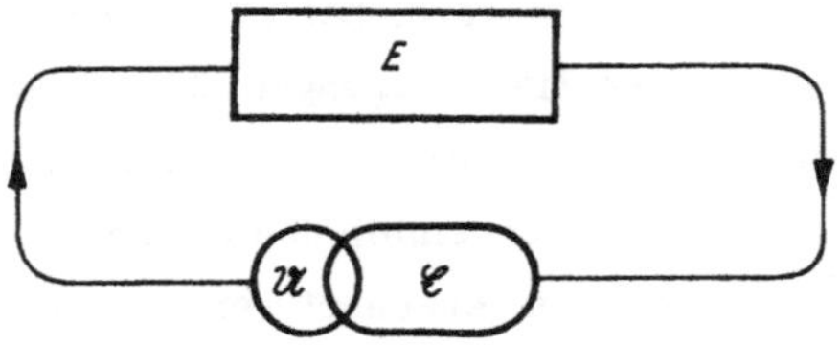


17 c) Wenn die Menge der Effekte mit der Menge der Unterschiede einen Durchschnitt besitzt, entsteht ein selbstbeobachtendes System

## 4.3 Contentische Information

Raum und Zeit sind die objektiv realen Existenzformen der sich bewegenden Materie (33). Im allgemeinen ist die Materie von hierarchischer Anordnung, in der sich die unendliche Vielfalt eines jeden Dinges, Ereignisses, Begriffs usw. widerspiegelt. (Vergleiche hierzu Abschnitt 3.1, insbesondere die Abbildungen 3 und 4.) Ein materielles oder ideelles Ding mit seinen vielfältigen inneren und äußeren Zusammenhängen werde jetzt als Deut $D_c$ bezeichnet. Dabei kann sich Deut im eben genannten Sinne auch auf einen zeitlichen Ablauf, einen Prozeß, eine Relation, eine Erscheinung oder ähnliches beziehen. Er ist also sehr allgemein aufzufassen. Eine Menge solcher Deuts bilden eine "Umwelt, Wirklichkeit, Realität".

Es gilt also

$$D_c \in \mathfrak{W} \quad \text{mit } c = 1, \ldots n. \tag{43}$$

Ferner gibt es wieder Unterschiede

$$U_a \in \mathfrak{U} \quad \text{mit } a = 1, \ldots l. \tag{33}$$

Aus den Unterschieden können auch wieder Folgen $U_f$ z.B. im Sinne von Abschnitt 4.1.3 und 4.1.4 gebildet sein. Diese Unterschiede bzw. Unterschiedsfolgen können dann irgendwie einem Deut zugeordnet werden oder sein. In dieser Zuordnung existiert die contentische Information. Der Deut steht also für die contentische Information. Auch hier ist das Verb Stehen wieder sehr allgemein aufzufassen. Bei der contentischen Information zeigen also ausgewählte Unterschiede bzw. Unterschiedsfolgen auf einen Deut:

$$U_f \xrightarrow{D} D_c \qquad (44)$$

In graphischer Darstellung beschreibt diesen Zusammenhang Abbildung 18. Infolge der hohen Komplexität des Deuts wird die zugeordnete Unterschiedsfolge von wesentlich geringerer Komplexität sein. Wenn überhaupt, so können mit der Unterschiedsfolge bestenfalls nur wesentliche Zusammenhänge des Deut erfaßt werden. Vielmehr wird der Zusammenhang zufällig, traditionell, soziologisch oder anders festgelegt sein. Mit dem Deut hängen in etwa solche technischen Disziplinen wie Klassifizierung und Zeichenerkennung oder wie von psychologischer Seite die Begriffsbildung zusammen (61). Bezüglich der Sprache können hierfür die semantischen Netze angeführt werden. Einem Deut entspricht dann etwa einem Knoten im Netz mit all seinen Verbindungen zu anderen Knoten. In der Gedächtnisstruktur des Menschen wird das Pendant zu einem solchen Knoten ja sehr wahrscheinlich gleichzeitig und sich gegenseitig ergänzend über mehrere Sinneskanäle gebildet. Erst diesem "Knoten" wird dann ein Wort der Sprache zugeordnet. Dieser Zuordnung entspricht die Relation D in Abbildung 18 und das

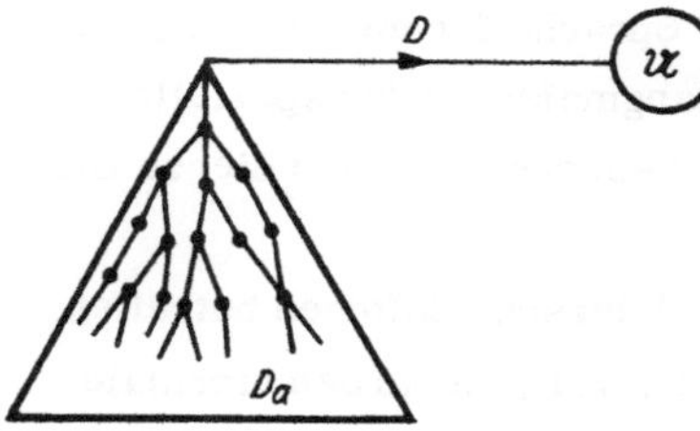


Abb. 18 Bei der contentischen Information zeigt ein Unterschied oder eine Unterschiedsfolge (U) mittels der Beziehung D auf einen Deut $D_e$.

Wort den Unterschiedsfolgen aus 𝔘. Wenn jemand mehrere Sprachen spricht, sind dem einen "Knoten" die den verschiedenen Sprachen entsprechenden Worte zugeordnet. Der Begriff Deut wurde in bezug zu den Deutzeichen verschiedener Schriften gewählt, z. B. (63).

Auch hier muß wieder eingefügt werden, daß die vorgenannten Beispiele nur den leider noch nicht ausreichend definierten Begriff Deut erläutern sollen. Seine wissenschaftliche Begründung ist noch notwendig. In gewissem Umfang sind contentische und semantische Information deckungsgleich. Wie groß dieser Bereich ist, hängt ganz wesentlich von der jeweiligen Auffassung oder Definition der Semantik ab. Da es hierbei in der Literatur große Streuungen gibt, wurde der neue Begriff contentische Information mit der Grundgröße Deut gewählt. Lohnenswert sind in diesem Zusammenhang die vom dialektischen Materialismus geprägte Arbeit von A. SCHAFF (64) und die mehr von der erkenntnistheoretischen Sicht des Mathematikers geprägte Arbeit von WITTENBERG (65). Wenn z. Zt. auch noch nicht die Notwendigkeit einer Maßeinheit besteht, so kann sie dennoch entsprechend dem Vorangegangenen aus binärer Deutformel zu beu gebildet werden.

### 4.3.1 Unterqualitäten

Die Unterqualitäten der contentischen Information können unter anderem auf dreierlei Art erfolgen.
Für die Zuordnungsrelation kann wieder die Einteilung von der ensemblischen Information im Sinne von statistisch, strukturell, generativ, kodierend, abbildend, mit Speichereffekten, eindeutig, umkehrbar eindeutig usw. sinngemäß übernommen werden. Sie kann aber auch als "Fortsetzung" von anderen schon bestehenden Zuordnungen abgeleitet werden. So besteht z. B. die Möglichkeit, daß Ähnlichkeitsbeziehungen zwischen den Unterschiedsfolgen und den Deuts auftreten. Dies ist z. B. in einigen Fällen bei der Sprache für die Belegung neuer Begriffsinhalte mit passenden Worten wichtig. Klangmalerei oder spezielle Komposita mit z. B. heuristischer Bedeutung wie Neuronennetz sind hierzu Beispiele.
Die zweite Unterteilung kann die Komplexität der Unterschiedsfolgen betreffen. Hiernach wären u. a. die verschiedenen "Sprachen", z. B. Gebärden, formale, kontextfreie, technische, natürliche, ikonische, künstliche usw. zu trennen. Ferner wäre dabei danach zu unterscheiden, wieweit die Relation mit den Unterschieden annähernd richtige, d. h. wesentliche Beziehungen vom Deut wiedergibt bzw. wiederzugeben imstande ist.
Die dritte Untermöglichkeit entsteht durch Zusammenschaltung von contentischen Systemen. Bisher wurde z. B. nichts dazu gesagt, auf welche Art und Weise die Relation D im Bild sich einstellt bzw. wie sie aktiv hergestellt wird. So besteht unter anderem die Möglichkeit, daß sie von einem oder mehreren Beobachtern B entsprechend Abbildung 19 benutzt wird. Die in Abbildung 18 angedeutete Hierarchie wird in diesem und in den folgenden Bildern durch das Dreieck der Menge $\mathfrak{M}$ angedeutet. Sobald die beiden Beobachter $B_1$ und $B_2$ gleiche oder ähnliche Relationen D benutzen, ergibt sich zwischen ihnen die Möglichkeit zur "Kommunikation".

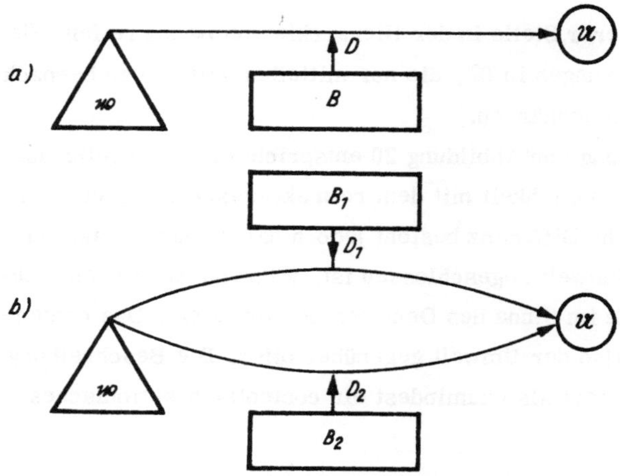


Abb. 19 Durch einen oder zwei verschiedene Beobachtungssysteme B ist oder wird die Relation D zwischen den Unterschiedsfolgen 𝔘 und der Umwelt 𝔚 hergestellt

### 4.3.2 Contentisch-aktionisches System

Bei der Zusammenschaltung von conentischen Systemen nimmt die Kopplung mit einem aktionischen System eine hervorragende Stellung ein. Sie ist in Abbildung 20 dargestellt. Die Effekte des aktionischen Systems E stammen aus der Menge 𝔈 und wirken dabei auf die Umwelt 𝔚 ein. Über die Relation D stehen die Unterschiede 𝔘 für den Deut (Umwelt). Weiter sind diese Unterschiede zugleich die Eingangsgrößen des Empfängers. Es ist zu beachten, daß die Pfeile von 𝔈 und nach 𝔘 an unterschiedlichen Stellen von 𝔚 angreifen. Die contentische Information geht immer von "Knoten" (Spitze der Hierarchie) aus, während die Effekte

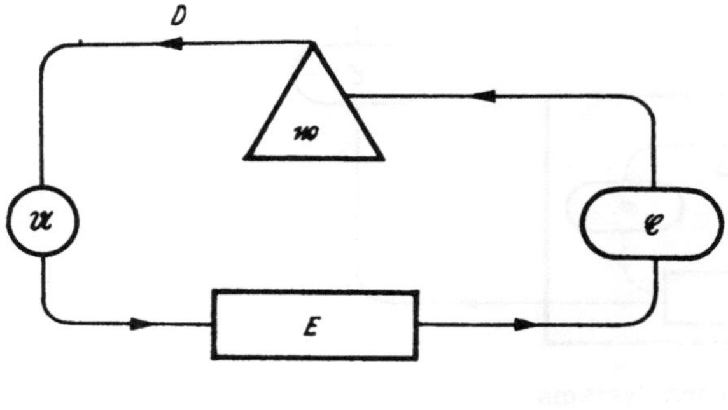


Abb. 20 Zusammenwirken von aktionischem und contentischem System

an beliebiger, meist aber anderer Stelle in der Hierarchie von 𝔚 angreifen. Sie bewirken so nur indirekt Änderungen in 𝔚, die nur mittelbar mit den zu beobachtenden Unterschieden 𝔘 zusammenhängen.
Die gesamte Zusammenschaltung von Abbildung 20 entspricht einem Regelkreis. Strukturell hat er zwar große Ähnlichkeit mit dem rein aktionischen System von Abbildung 17b. Eine wesentliche Differenz besteht jedoch darin, daß ein aktionisches System gegenüber der Umwelt abgeschlossen ist, während das contentisch-aktionische System die Umwelt im Sinne des Deut gerade einbezieht. Das contentisch-aktionische System ist also der Umwelt gegenüber offen. Die Beschreibung von Evolutionsvorgängen erfordert also zumindest ein contentisch-aktionisches System.

## 4.4 Direktivische Information

Ein direktivisches System entspricht im formalen Aussehen dem contentisch-aktionischen. Zusätzlich besitzt es jedoch Besonderheiten im "Inneren" des Empfängers E. Das typische Kennzeichen ist ein dort vorhandener Speicher 𝔴. Mit ihm modelliert, abbildet, widerspiegelt der Empfänger die Umwelt 𝔚. Auf diese Weise entsteht die Ersatzschaltung des direktivischen Systems gemäß Abbildung 21. Neben dem Umweltbild sind im Empfänger auch innere Effekte 𝔢 und Unterschiede $\breve{𝔲}$ notwendig. Mit ihnen ist das direktivische System imstande,

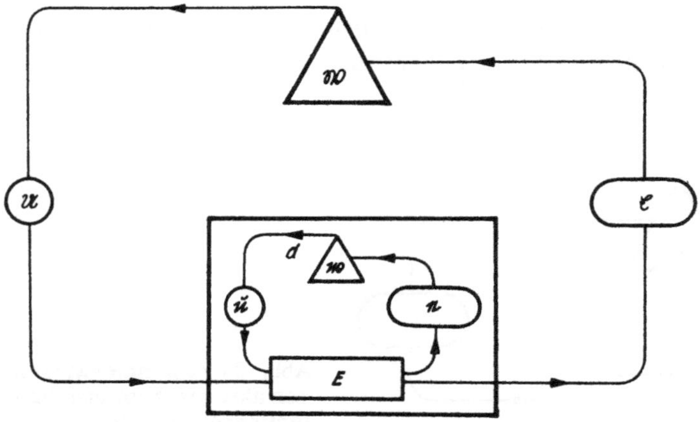


Abb. 21 Aufbau des direktivischen Systems

im Empfänger genauer bezüglich des Speichers $\mathfrak{w}$ vergangene, gegenwärtige und zukünftige Effekte auf die Umwelt und Beobachtungen in der Umwelt ($\mathfrak{U}'$) unabhängig von ihrer Realität zu simulieren. Besonders wichtig sind hier die Möglichkeiten für die Zukunft - die alle drei Teile, nämlich die Umwelt $\mathfrak{W}'$, die Effekte $\mathfrak{E}'$ und die Unterschiede $\mathfrak{U}'$ einzeln oder auch kombiniert betreffen. Aus diesen Möglichkeiten kann sich das System auf diese Weise eine bestimmte Variante, ein "Intent" für die wirkliche Ausführung erwählen. Intent ist dann der allgemeine Grundbegriff für die direktivische Information. Er entspricht in etwa und in Spezialfällen Begriffen wie Ziel, Zweck, Absicht, Richtung usw. Das zugehörige allgemeine Verb sei Bezwecken. Dann kann es heißen: direktivische Informationen bezwecken mittels Effekten die Realisierung bestimmter Intents in der Umwelt, die zuvor durch Modellierung im Innern des Systems erzeugt wurden. Auch hier muß wieder gesagt werden, daß der Begriff Intent wissenschaftlich noch nicht ausreichend definiert ist. Als Maßeinheit könnte hierfür der binäre Intent, das bin dienen.

Das direktivische System und die direktivische Information sind u.a. für das Erkennen der Umwelt von entscheidender Bedeutung. Dabei wird auch deutlich, wie entscheidend die praktische Tätigkeit selbst hier im Modell ist. Nämlich nur durch die Ausführung von Effekten gelingt es dem System ständig, eine möglichst gute Übereinstimmung zwischen dem Abbild $\mathfrak{w}$ und der Umwelt $\mathfrak{W}$ herzustellen, beizubehalten und sie zu verbessern. Dies ist vor allem deshalb bedeutsam, weil in der Regel die Komplexität des Modells $\mathfrak{w}$ viel kleiner als die der Wirklichkeit $\mathfrak{W}$ ist. Das Modell kann also bestenfalls wesentliche Züge der Wirklichkeit enthalten.

Es könnte eingewendet werden, daß zwischen dem contentischen und direktivischen System noch ein gnostisches zu stehen hätte. Es hätte den Aufbau des direktivischen, ohne daß es Intents bildet. Es spiegelt also nur die Wirklichkeit wider, ohne von den Ergebnissen Gebrauch zu machen. Solche Systeme sind sicher technisch interessant, dürften aber im Verlaufe der Evolution keine Realität besessen haben, denn dort waren und sind immer die Auseinandersetzungen mit der Umwelt wesentlich, und gerade hierbei ist das Vorausschauen und damit das Vorbereiten und Ausführen von Effekten wichtiger als das Erkennen allein.

Beim direktivischen System wird immer eine gewisse Differenz zwischen dem Intent und dem durch die ausgelösten Effekte Erreichten sein. Hierdurch ist es möglich, bei der direktivischen Information so etwas wie ein Gütemaß oder einen

Wirkungsgrad einzuführen. Es ist wahrscheinlich zugleich ein Gütemaß für richtige Widerspiegelung der Umwelt im Speicher.

### 4.4.1 Unterqualitäten

Unterqualitäten des direktivischen Systems können insbesondere von vielerlei Art sein:
Zunächst sind die schon mehrfach behandelten Unterqualitäten wie statistisch, eindeutig, umkehrbar, abbildend, generativ usw. einzubeziehen. Sie können die Übertragung des Teilsystems E, also von $\mathfrak{U}$ nach $\mathfrak{E}$ bzw. von $\breve{\mathfrak{u}}$ nach $\mathfrak{e}$ und ebenso die contentische Relation von $\mathfrak{W}$ nach $\mathfrak{U}$ bzw. $\mathfrak{w}$ nach $\breve{\mathfrak{u}}$ betreffen. Ferner können wie beim aktionischen System die Effektmöglichkeiten, also die Menge und wie beim contentischen System die Erkennungsmöglichkeiten, also die Menge der akzeptierbaren $\mathfrak{U}$ verschieden sein.
Bezüglich des internen Speichers ist u.a. eine Unterscheidung nach der Größe, Zugriffszeit und Organisation (z.B. sequentiell, direkt, assoziativ) möglich. Hierdurch werden die Widerspiegelungsfähigkeiten und -möglichkeiten begrenzt.
Eine besonders zu beachtende Unterqualität des direktivischen Systems entsteht offensichtlich, wenn es ein "Bewußtsein" entwickelt. Gute Ausführungen hierzu sind u.a. in (33) und (66) enthalten. Eine brauchbare Übertragung auf das hier allgemeiner definierte direktivische System ist dem Autor aber noch nicht gelungen.
Schließlich besteht wieder die Möglichkeit, mehrere Systeme zusammenzuschalten. Da im direktivischen System bereits automatisch und notwendig alle vorangegangenen Systeme enthalten sind, besteht noch die Möglichkeit, daß mehrere Systeme zusammenwirken. Zunächst können gemäß Abbildung 22 zwei Systeme so zusammengeschaltet werden, daß jeweils das eine für das andere die Umwelt darstellt. Ein Informationsfluß kann nur dann entstehen, wenn die Durchschnitte $\mathfrak{U}_1 \wedge \mathfrak{U}_2$ und $\mathfrak{E}_1$ A, $\mathfrak{E}_2$ nicht leer sind. Nach diesem Prinzip kann jedes System im anderen seine Intents (Ziele) verfolgen, und es besteht die typische spieltheoretische Situation. Die beiden Systeme können sich zumindest teilweise gegenseitig erkennen und im inneren Modell abbilden. Damit können sie auch die gegenseitigen Intents abschätzen.
Eine andere Situation ergibt sich, wenn beide Systeme gemeinsam mit Effekten auf eine Umwelt einwirken und/oder sie gemeinsam beobachten (Abb. 23a). Es

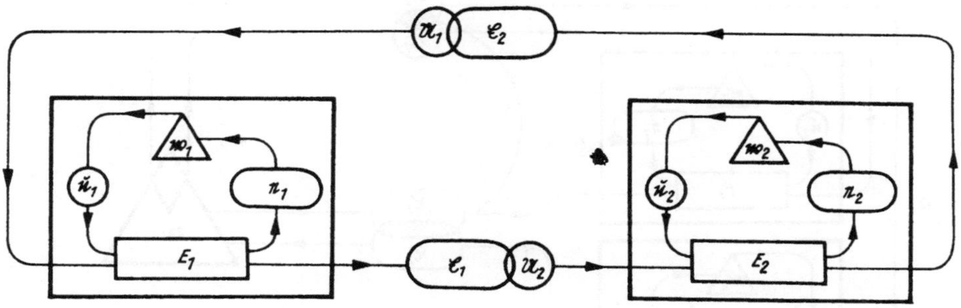


Abb. 22 Zusammenwirken von zwei direktivischen Systemen im "spieltheoretischen" Verhalten

sei angenommen, daß die Umwelt an nahe beieinanderliegenden Deuts beobachtet wird (deswegen die beiden Teilzipfel). Dann existiert ein gewisser Durchschnitt zwischen den zugeordneten Unterschiedsmengen $\mathfrak{U}_1$ und $\mathfrak{U}_2$. Ebenso sollen die auf die Umwelt einwirkenden Effekte ähnlich sein. Auch sie besitzen also einen Durchschnitt $\mathfrak{E}_1 \wedge \mathfrak{E}_2$. Sobald beide Systeme eine zeitlang gemeinsam gewirkt und beobachtet haben, kann sich eine Kopplung S zwischen den Durchschnitten $\mathfrak{U}_1 \wedge \mathfrak{U}_2$ und $\mathfrak{E}_1 \wedge \mathfrak{E}_2$ ausbilden. Mittels dieser "Sprache" S können sich beide Systeme über ihre Effekte und Beobachtungen verständigen. Dieser Durchschnitt ist dann ständig erweiterbar. Er kann sich deshalb zu gegebener Zeit zu einer Sprache im Sinne des 2. Signalsystems von PAWLOW verselbständigen. Die Systeme können dann hierüber zumindest zeitweilig ohne Kontakt mit der Umwelt Information austauschen. So entsteht Abbildung 23b. Mittels der Kopplung von $\mathfrak{U}$ und $\mathfrak{E}$ kann jedes System mit dem anderen, aber auch mit sich selbst in Kommunikation treten.

In Abbildung 23c ist noch der Fall der im üblichen Sinne als "pragmatisch" bezeichneten Situation dargestellt. Das System 1 bildet ein Intent, teilt ihn über S ( $\mathfrak{E}_1$; $\mathfrak{U}_2$) dem System 2 mit. Dadurch soll es mit Effekten $\mathfrak{E}_2$ auf die Umwelt $\mathfrak{W}$ im Sinne des Intent einwirken. Beide Systeme können die Wirkungen der Effekte über $\mathfrak{U}_1$ bzw. $\mathfrak{U}_3$ beobachten. Außerdem kontrolliert System 1 noch seine eigene Mitteilung S ( $\mathfrak{E}_1$; $\mathfrak{U}_2$) an System 2. Es handelt sich hier also bereits um eine recht komplexe Situation. Bei ihr wird das Wort von System 1 zur Wirklichkeit des Gedankens mittels der Effekte von System 2.

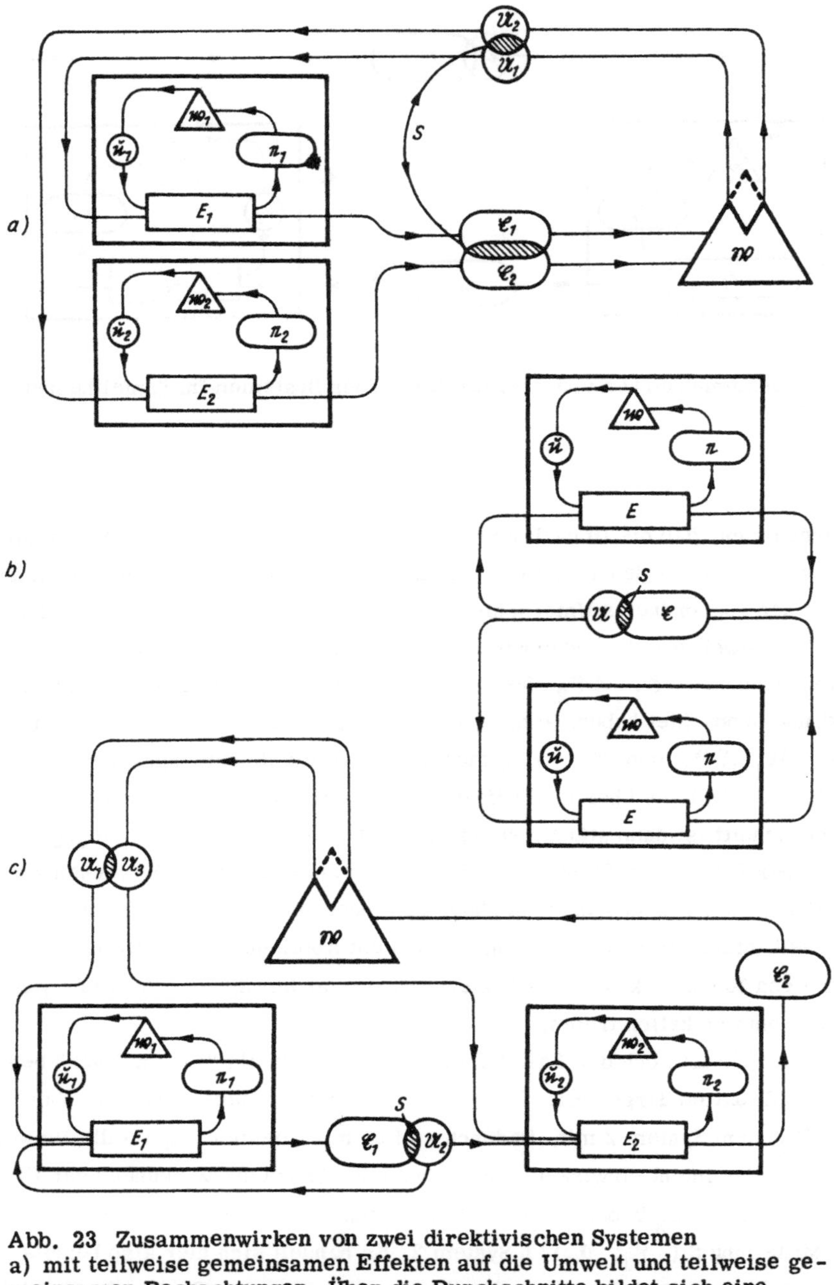


Abb. 23 Zusammenwirken von zwei direktivischen Systemen
a) mit teilweise gemeinsamen Effekten auf die Umwelt und teilweise gemeinsamen Beobachtungen. Über die Durchschnitte bildet sich eine Kopplung S aus
b) Sie läßt es zu, daß die Systeme zumindest zeitweilig unabhängig von der Umwelt Information austauschen
c) Darstellung der üblichen "pragmatischen" Situation

In den drei Systemzusammenschaltungen von Abbildung 23 hat die Ausbildung der Sprache und ihre zumindest teilweise Verselbständigung besondere Bedeutung. Es ist dem Autor noch nicht klar, ob hierdurch vielleicht schon eine neue, fünfte Informationsqualität vorliegt. Zumindest liegt aber auf diese Weise eine zusätzliche, qualitativ natürlich höhere Stufe der Widerspiegelung der direktivischen Qualität vor. Schließlich sei in diesem Zusammenhang auch auf den vorstehenden Beitrag von TEMBROCK (67) verwiesen. Er weist wohl einmalig überzeugend die Entwicklung der abstrakt vorgestellten Systeme an konkreten Beispielen aus.

## 4.5 Vergleichende Zusammenstellung

In Abbildung 24 sind die wichtigsten Eigenschaften und Größen sowie die zugehörigen Systeme der vier vorgeschlagenen Informationsqualitäten zusammengestellt. Entscheidend für jede Qualität ist eine Grundgröße, also Unterschied, Effekt, Deut und Intent. Zur Zeit ist von ihnen lediglich der Unterschied ausreichend fundiert. Für die anderen Grundgrößen konnten nur erste Begründungen und Beispiele für einige Spezialfälle mitgeteilt werden. Mit den zugehörigen vier Verben lassen sich definitionsartige Aussagen bilden:

ensemblische Information wird von Unterschieden getragen,
aktionische Information bewirkt effekte,
contentische Information steht für Deuts,
direktivische Information bezweckt Intents.

Weiter werden mit einem gewissen Vorgriff mögliche Maßeinheiten für die vier Qualitäten vorgeschlagen. Das bit aus binary digit bleibt entsprechend seinem Gebrauch in der Nachrichtentechnik der ensemblischen Information vorbehalten. Es muß aber nicht nur statistisch definiert bleiben. Entsprechend dem bit werden bef, beu und bin aus binärer Effekt, binärer Deut und binärer Intent gebildet. Dies erscheint zunächst recht formal. Es sei aber wieder an die eingangs zitierten Maßsysteme und die Relationen zwischen Masse in Gramm und Gewicht in pond erinnert. Es sei aber noch einmal betont, daß sich zunächst im wissenschaftlichen Meinungsstreit die vier Informationsqualitäten zu bewähren haben. Erst damit und dabei können sich auch solche Maßeinheiten vorteilhaft, ja eventuell als notwendig erweisen.

| Zusammenstellung der wichtigsten Größen der vier Informationsqualitäten | | | | |
|---|---|---|---|---|
| Informationsqualität | ensemblisch | aktionisch | contentisch | direktivisch |
| bevorzugtes Verb | (werden ge-) tragen | bewirken | stehen für | bezwecken |
| Grundgröße | Unterschied | Effekt | Deut | Intent |
| mögliche Maßeinheit | bit | bef | beu | bin |
| zugehöriges System |  | 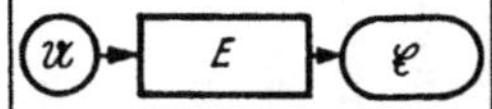  | 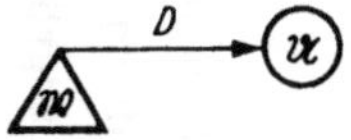  | 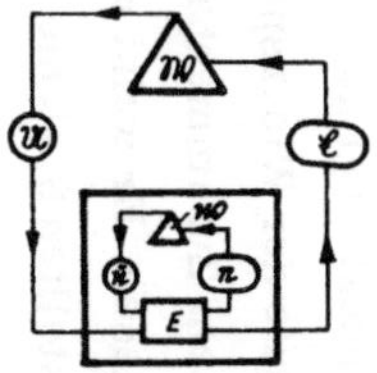  |
| wichtigste Zusammenschaltungen | 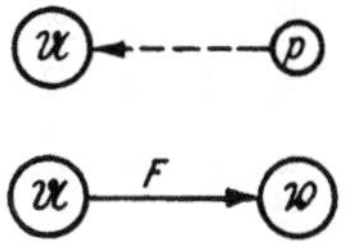  | 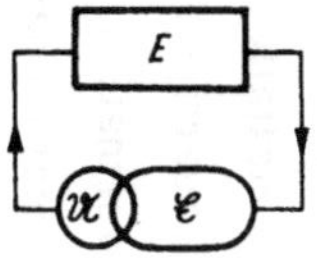  | 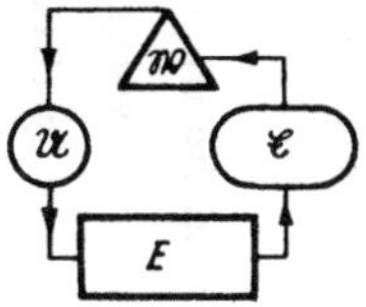  | 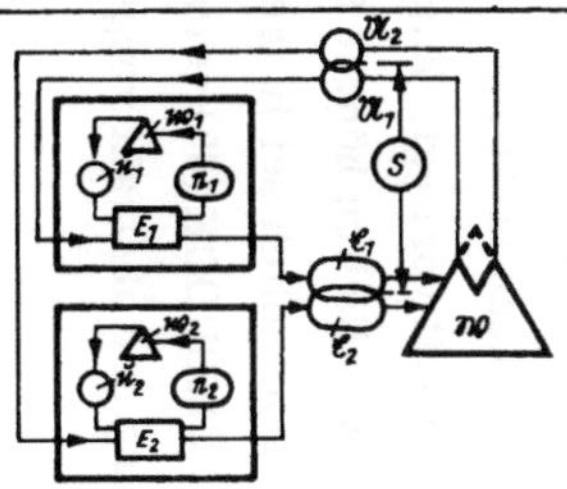  |

Abb. 24 Zusammenstellung der wichtigsten Beziehungen, Begriffe und Systeme für die vier vorgeschlagenen Informationsqualitäten

## 5. Kurze Erklärung der neu eingeführten Begriffe

| | |
|---|---|
| Aktionische Information = | Ihre Grundgröße ist der Effekt; die aktionische Information bewirkt Effekte. |
| Contentische Information = | Ihre Grundgröße ist der Deut. Contentische Information steht für Deut. In gewissem Umfang entspricht sie der sonst üblichen semantischen Information. |
| Deut = | Grundgröße der contentischen (z. T. semantischen) Information. Sie läßt sich am besten durch die Zuordnung einer Unterschiedsfolge zur Wirklichkeit beschreiben, steht also mit Bedeutung, Begriff usw. im engen Zusammenhang. |
| Direktivische Information = | Ihre Grundgröße ist der Intent. Direktivische Information bezweckt Intents. |
| Effekt = | Grundgröße der aktionischen Information. Er läßt sich am besten als Zustandsänderung im Empfangssystem bzw. durch die damit zusammenhängende Wirkung auf die Umwelt beschreiben. Es besteht ein enger Zusammenhang mit Begriffen wie Wirkung und Verhalten. |
| Ensemblische Information = | Ihre Grundgröße ist der Unterschied. Er trägt die ensemblische Information. |
| Grenzenergie = | Kleinste Energie, die in einem Meßvorgang als Ja-Nein-Entscheidung theoretisch prinzipiell noch nachweisbar ist. Gemäß $E_{gr} = k\,T \ln 2$ ist sie der absoluten Temperatur proportional. |
| Grenzmasse = | kleinste Masse, die aus dem Grenzvolumen und der Dichte $\varrho$ folgt: $m_{gr} = \frac{E_{gr}\varrho}{w}$. Es ist die kleinste Masse, die für einen Meßvorgang bei einer Ja- und Nein-Entscheidung theoretisch notwendig ist. |
| Grenzunterschied: = | Kleinstmögliche theoretische Wirkungsgröße, die für einen Meßvorgang zur Ja-Nein-Entscheidung notwendig ist. Sie entspricht der Planck'schen Konstanten h und ist ein Produkt aus Volumen, Energie und Zeit. Es gilt also $V\,w\,t \geqq h$. |
| Grenzvolumen: = | Kleinstes Volumen, das aus der Grenzenergie über die Energie w im Material folgt: $V_{gr} = E_{gr}/w$. Es ist also das kleinste Materialvolumen, aus dem mit einem Meßvorgang über eine Ja-Nein-Entscheidung theoretisch gerade noch eine Eigenschaft nachweisbar ist. |

Grenzzeit = Kleinstmögliche theoretische Zeit, die bei einem Meßvorgang zur Ja-Nein-Entscheidung notwendig ist. Es gilt $t_{gr} \geqq \frac{h}{E_{gr}} \geqq \frac{h}{k\,T\,\ln 2}$. Sie ist von der meist folgenden und dann wesentlich länger dauernden Auswerte- bzw. Dekodierzeit zu unterscheiden.

Intent = Grundgröße der direktivischen Information. Er entspricht etwa solchen speziellen Begriffen wie Ziel, Zweck, Richtung, Wunsch usw.

Trägerzelle = Praktisch (technisch, biologisch usw.) realisierte kleinste Wirkungsgröße als Träger für Information. Im Gegensatz zum Grenzunterschied wird die Wirkung der Trägerzelle ein sehr großes Vielfaches von h sein und kann auch diskrete bis stetige Werte annehmen.

Unterschied = Grundgröße der ensemblischen Information. Er läßt sich am besten als Größe verstehen, die durch Eigenschaften, wie z.B. Wahrscheinlichkeit des Auftretens oder Anordnung gegenüber anderen Unterschieden, Abbildung auf andere oder Erzeugung aus anderen Unterschieden nach gegebenen Regeln erklären.

## 6. LITERATUR


1 WASSERZIEHER, E.: Kleines etymologisches Wörterbuch der deutschen Sprache. VEB Bibliographisches Institut Leipzig 1972

2 SHANNON, C.E.: A mathematical Theory of communication. Bell Syst. Techn. J. 27, (1948), 379-423

3 SHANNON, C.E.: Communication in the presence of noise. Proc. Inst. Radio Engrs. 37, (1949), 10-21

4 FEY, P.: Informationstheorie. Akademie-Verlag Berlin 1963

5 SOLODOW, A.: Theorie der Informationsübertragung in automatischen Systemen. Akademie-Verlag Berlin 1972

6 KÄMMERER, W.: Einführung in mathematische Methoden der Kybernetik. Akademie-Verlag 1971

6a RAISBECK, G.: Informationstheorie - eine Einführung für Naturwissenschaftler und Ingenieure. Akademie-Verlag Berlin 1970

7 WOSCHNI, E.G.: Information und Automatisierung. VEB Verlag Technik Berlin 1970

8 NEIDHARDT, P.: Informationstheorie und automatische Informationsverarbeitung. VEB Verlag Technik Berlin 1964

9 MEYER-EPPLER, W.: Grundlagen und Anwendungen der Informationstheorie. Springer-Verlag Berlin, Göttingen, Heidelberg 1959

10 KÜPFMÜLLER, K.: Die Systemtheorie der elektrischen Nachrichtenübertragung, 2. Auflage. S. Hirzel Verlag Stuttgart 1952

11 KAUFMANN, H.: Das Informationsmaß der Nachrichtentechnik als physikalische Größe. Physiker-Tagung Hamburg. Physik-Verlag Mosbach/Baden, 1968, 98-102

12 HARTLEY, R. L. V.: Transmission of Information. Bell. Syste. Techn. J. 7 (1928) H. 3, 535-563

13 KOTELNIKOW, W. A.: Über die Kanalkapazität des Äthers mit den Drahtverbindungen in der elektrischen Nachrichtentechnik. Tagungsbericht der 1. Allunionskonferenz der Nachrichtentechnik 1933. (zitiert nach (8))

14 GABOR, O.: Theorie of Communication. J. Inst. Electr. Engrs. 93/III (1946) 429

15 Kleine Enzyklopädie Mathematik. VEB Bibliographisches Institut Leipzig 1965

16 MARKOFF, A. G.: Essai d'une recherche statisque sur le texte du roman "Eugene Onegin'illistrant la liaison de êprenves en chain. (in russischer Sprache). Bull. Acad. Impér. Sci. St. Pétersburg Sér VI 7 (1913), 153-162 (zit. nach (9))

17 HUFFMAN, D. A.: A method for the construction of minimum redundancy codes. in: Jackson, W.: Communication Theory Butterworths Scientic Publ. London 1953, 102-110

18 SHANNON, C. E.: Prediction and Entropie of printed English. Bell. Syste. Techn. J. 30 (1951) S. 50-64

19 PEIL, J.: Einige Bemerkungen zu Problemen der Anwendung des Informationsmaßes in der Biologie. Biometr. Z. 15, (1973), H. 2, 117-128, H. 3, 199-213

20 MANDELBROT, B.: Structure formelle des textes et communication. Worx 10, (1954), 1-27 (zitiert nach (9))

21 FRANK, H.: Kybernetische Grundlagen der Pädagogik. Agis-Verlag Baden-Baden, 2. Aufl. 1962

22 FUCKS, W.: Mathematische Analyse von Werken der Sprache und Musik. Physikalische Blätter 16, (1960), H. 9, 452-456

23 BRÖNIMANN, Ch.: Aufbau und Beurteilung des Kommunikationssystems von Unternehmungen. Verlag P. Haupt, Bern-Stuttgart 1970

24 MASER, S.: Rückblick und Neubesinnung auf die Erkenntnisse, Methoden und Ziele der Informationsästhetik. Grundlagenstudien Kybernetik und Geisteswissenschaften 14, (1973), H. 2, 37-48

25 URSUL, A. D.: Information - eine philosophische Studie. Dietz-Verlag Berlin 1970

26 ALBRECHT, E.: Bestimmt die Sprache unser Weltbild? Akademie-Verlag 1972

27 ALBRECHT, E.: Sprache und Erkenntnis. VEB Deutscher Verlag der Wissenschaften Berlin 1967

28 CHRAPTSCHENKO, M.: Semiotik und Kunstschaffen. Kunst u. Literatur 20, (1972), H. 4, 349-371, H. 6, 602-621

29 TEMBROCK, G.: Biokommunikation, Teil I und II. Akademie-Verlag Berlin 1971

30 KRILLI, F.: Semiotik des Films. C. Hauser Verlag München 1971

31 KRONTHALER, E.: Syntaktische, semantische und pragmatische Information. Grundlagenstudium aus Kybernetik und Geisteswissenschaft 10, (1969), H. 4, 99-109

32 FRANZ, P.: System und Information unter besonderer Berücksichtigung des Zusammenhanges beider Kategorien sowie der Dialektik von Unterschied und Identität. Dissertation Humboldt-Universität Berlin 1972

33 Autorenkollektiv: Grundlagen der marxistisch-leninistischen Philosophie. Dietz-Verlag Berlin 1971

34 BARTSCH, G. und KLIMASZEWSKI, G.: Materialistische Dialektik - ihre Grundgesetze und Kategorien. Dietz-Verlag Berlin 1973

35 ABC Naturwissenschaft und Technik. 10. Auflage. Brockhaus-Verlag Leipzig, 1969, 205-297

36 ABC Physik. Brockhaus-Verlag Leipzig 1973, 332, 948-949

37 FÖRSTER: Einheiten, Größen, Gleichungen und ihre praktische Anwendung. 2. Auflage. VEB Fachbuchverlag Leipzig 1974

38 WALLOT, J.: Größengleichungen, Einheiten und Dimensionen (2. Aufl.). J. Barth Verlag Leipzig 1957

39 SPITZNER: Persönliche Mitteilung

40 VÖLZ, H.: Einige Gedanken zum Begriff der Information. Dt. Z. Phil. 16, (1968), H. 3, 336-348

41 VÖLZ, H.: Zum Informationsbegriff. Wiss. Z. Pädagogische Hochschule Dresden 2, (1968), Sonderheft 310

42 VÖLZ, H.: Einige Grundlagen zum Informationsbegriff. EIK 7, (1971), H. 2, 95-106

43 VÖLZ, H.: Versuch einer Definition und Gliederung der Information. Int. Symposium Cybernetics in modern science and society (Jurema) Zagreb 1971, 113-128

44 VÖLZ, H.: Das Buch zwischen Zukunft und Vergangenzeit. Technik 26, (1971), H. 12, 765-772

45 VÖLZ, H.: Eine mögliche Ordnung aller Informationsprozesse. EIK 7, (1971), H. 7, 447-456

46 VÖLZ, H.: Betrachtungen zur Information. In: ALBRECHT, E. u. a.: Streitbarer Materialismus und gegenwärtige Naturwissenschaft. Akademie-Verlag Berlin, 1974, 65-78

47 HERTZ, H.: Die Prinzipien der Mechanik, in neuem Zusammenhang dargestellt. Leipzig 1894

48 PFEIFFER, A.: Abbild und Leitbild. Akademie-Verlag Berlin 1973

49 JACOBSON, E.: Information and the human ear. J. Acoust. Soc. Amer. 23, (1961), 463-471

50 FIX, H.: Einführung in die Farbfernsehtechnik. Funktechnik 21, (1966), H. 11, F 11

51 VÖLZ, H.: Zum Zusammenhang von Energie- und Speicherdichte bei der Informationsspeicherung. Internat. Elektron. Rdsch. 16, (1967), H. 2, 41-44

52 FEITSCHER, W.: Wissensspeicher mit geringer Redundanz. Funkamateur 15, (1966), H. 1, 21-23

52a KIRSCHNITZ, D.: Auf der Suche nach der Elementarlänge. Ideen des exakten Wissens. (1971), H. 2, 93-98

53 VÖLZ, H.: Vergleich der Informationsspeicherung für technische, neuronale und genetische Information. Int. Symposium Cybernetics in modern science and Society (Jurema). Zagreb 1974, 19-40

54 VÖLZ, H.: Fehlergrenzen bei Messungen unter Berücksichtigung der Magnetspeichertechnik. Z. messen, steuern, regeln 9, (1966), H. 7, 223-228

55 VÖLZ, H.: Betrachtungen zur Signalübertragung bei allgemein gestörten Kanälen. Habilitationsschrift Humboldt-Universität Berlin 1964

56 KÄMMERER, W.: Digitale Automaten 2. Auflage. Akademie-Verlag Berlin 1973

57 VÖLZ, H.: Versuch zur Erfassung aller Informationswandlungen. Technik 23, (1968), H. 5, 303-305

58 VÖLZ, H.: Versuch einer systematischen und perspektivischen Analyse der Speicherung von Informationen. Technik 20, (1965), H. 10, 650-659

59 VÖLZ, H.: Grundlagen der magnetischen Signalspeicherung, Bd. 1. Akademie-Verlag Berlin 1968

60 DÖHN, G.: Technische Meßmöglichkeiten der Automatisierung verfahrenstechnischer Prozesse. Chem. Techn. 24, (1972), H. 12, 727-733

61 KLIX, F.: Information und Verhalten. VEB Dt. Verlag d. Wissenschaften Berlin 1971

62 STIER, F.: Über den Informationsgehalt manueller Zielbewegungen. Kybernetik 5, (1969), H. 6, 209-219

63 KÜMMEL, P.: Struktur und Funktion sichtbarer Zeichen. Verlag Schnelle, Quickborn 1969

64 SCHAFF, A.: Einführung in die Semantik. VEB Verlag d. Wissenschaften Berlin 1966

65 WITTENBERG, A. I.: Vom Denken in Begriffen. Birkhäuser-Verlag Basel-Stuttgart 1968

66 RUBINSTEIN, S. L.: Sein und Bewußtsein. Akademie-Verlag Berlin 1972

## DISKUSSION

TEMBROCK:[1] 1. Die Unterscheidung der Zeichenträger nach den drei Koordinaten des Raumes und einer der Zeit und die daraus abgeleiteten acht Raum-Zeit-Anordnungen hat zu einer von VÖLZ (1971) als "zunächst willkürlich" bezeichneten Anordnung der Funktionen geführt: F(0), F(x), F(t), F(x, y), F(x, t), F(x, y, z), F(x, y, t) und F(x, y, z, t). Es stellt sich die Frage, ob bei der Selbstorganisation der Materie und der Selbstinstruktion im organismischen Bereich nicht doch eine Evolution der Entwicklung "natürlicher Zeichen" stattgefunden hat, die letztlich auf den RIEMANNschen Raum zurückzuführen wäre. Geht man diesem Aspekt nach, dann würde sich folgender "Stammbaum" anbieten, der auch die möglichen Transformationen berücksichtigt (Abb. 1). Der Weg zu F(0) führt ausschließlich über F(t) (Sprache). Vielleicht wurde erst über F(0) der Schritt vollzogen, der aus prinzipiellen Gründen eine Abbildung des Systems über sich selber zuließ, und dies genau deshalb, weil nur diese Signale dimensionslos sind. In der Evolution sind im Falle von F(x, y, z, t) Quelle und Signale identisch. Es wäre sicher interessant, die Bedingungen zu ermitteln, die in der organismischen Evolution die Entwicklung der weiteren Zeichenträger und ihre jeweiligen Transformationen bestimmt haben.

2. Es stellt sich die Frage, ob es sinnvoll ist, verschiedene Klassen von Informationen zu unterscheiden. In der Semiotik stellt sich der Informationsprozeß als ein "Ganzes" dar, das unter verschiedenen Aspekten zu betrachten bzw. zu analysieren ist. GRÜSSER (1972) sieht bei der Analyse der Nachrichtenübertragung zwischen biologischen Systemen sechs sich teilweise überschneidende "Kategorien", die man anwenden kann: signaltechnische, syntaktische, semantische, pragmatische, ökonomische und vitale Kategorien (z.B. Energiebedarf). Wir unterscheiden im akustischen Kanal neben dem syntaktischen Aspekt noch den phonetischen. Eine rein "syntaktische Information" kann es in organismischen Systemen nicht geben (wohl aber in technischen). Sicher ist zu erörtern, ob auf der Ebene der menschlichen Gesellschaft weitere Aspekte hinzukommen, die für den organismischen Bereich nicht zutreffen. Dennoch müßte ein generelles Sende-Empfangs-System bestimmte Bedingungen erfüllen, aus denen sich zwangsläufig "Kategorien" (Aspekte) ableiten, unter denen die Teilprozesse adäquat beschrieben werden können (Abb. 2). In einem solchen Strukturbild könnte man den Zusammen-

---

[1] Zur Diskussion aufgefordert

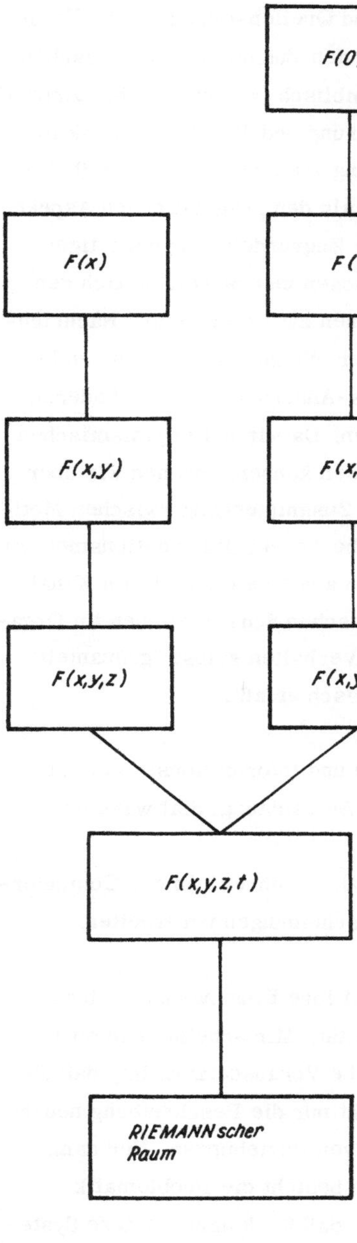
F(0)
F(x)
F(t)
F(x,y)
F(x,t)
F(x,y,z)
F(x,y,t)
F(x,y,z,t)
RIEMANNscher Raum

Abb. 1

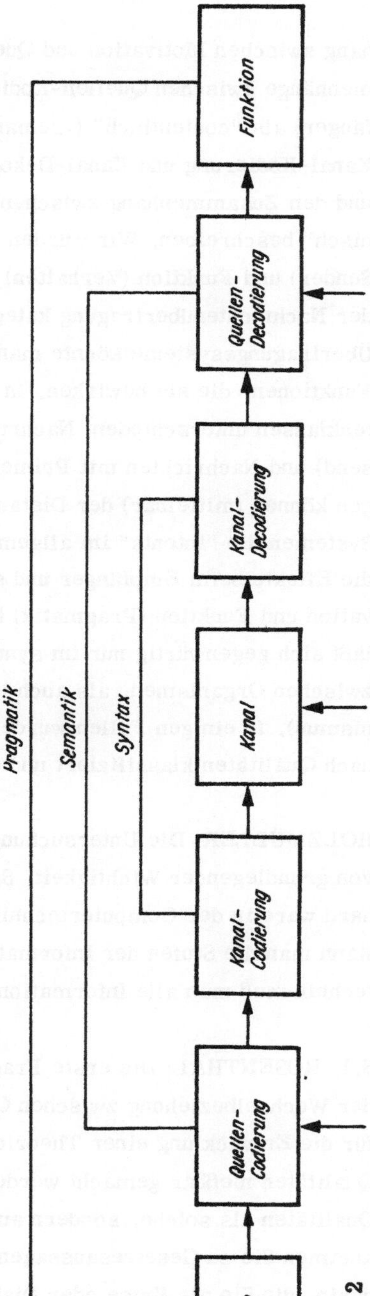
Motivation
Quellen-Codierung
Kanal-Codierung
Kanal
Kanal-Decodierung
Quellen-Decodierung
Funktion
Pragmatik
Semantik
Syntax

Abb. 2

hang zwischen Motivation und Quellen-Kodierung als "direktivisch", die Zusammenhänge zwischen Quellen-Kodierung (Sender) und Quellen-Dekodierung (Empfänger) als "contentisch" (=semantischer Aspekt), den Zusammenhang zwischen Kanal-Kodierung und Kanal-Dekodierung als ensemblisch (= syntaktischer Aspekt) und den Zusammenhang zwischen Quellen-Dekodierung und Funktion als "aktionisch" beschreiben. Wir würden den Zusammenhang zwischen Motivation (beim Sender) und Funktion (Verhalten) beim Empfänger als den pragmatischen Aspekt der Nachrichtenübertragung kategorisieren. Unter Zugrundelegung derartiger Übertragungssysteme könnte man Nachrichten-Klassen unterscheiden nach den Funktionen, die sie bewirken. In der Biologie werden zwei elementare Nachrichtenklassen unterschieden: Nachrichten mit Releaser-Wirkung (Verhalten auslösend) und Nachrichten mit Primer-Wirkung (Status-Änderung). Status-Änderungen können (mittelbar) der Distanzregulation dienen. Da wir bei organismischen Systemen die "Intents" im allgemeinen nicht erfassen können, messen wir über die Effekte beim Empfänger und stellen damit den Zusammenhang zwischen Motivation und Funktion (Pragmatik) her. Der metrische Aspekt (Informationsmetrik) läßt sich gegenwärtig nur im syntaktischen Bereich anwenden (sowohl im Kanal zwischen Organismen, als auch in den Kanälen zwischen Schaltstationen im Organismus). In einigen Fällen wurde jedoch auch das Verhalten selbst "gequantelt", nach Qualitäten klassifiziert und informationsmetrisch erfaßt.

HOLZMÜLLER: Die Untersuchung von Information und Informationsträger ist von grundlegender Wichtigkeit. Sie entspricht der Betrachtung: Soft ware und hard ware in der Computertechnik.
Kann man die Stufen der Information aufeinander zurückführen? In der Computertechnik muß man alle Information als Ja-Nein-Entscheidungen verarbeiten.

S.I. ROSENTHAL: Die erste Frage bezieht sich auf Ihre Eingangsdarstellung der Wechselbeziehung zwischen Quantität und Qualität. Mir scheint, daß doch für die Entwicklung einer Theorie die grundsätzliche Voraussetzung ist, daß die Qualitäten meßbar gemacht werden. D.h. also nicht nur die Beschreibung neuer Qualitäten als solche, sondern auch ihre quantitativen Beziehungen. Nur dann kommen Sie zu Gesetzesaussagen. Möglicherweise besteht die Problematik darin, die Sie als Krise oder Diskussion anführen, daß für kompliziertere Systeme diese meßbaren quantitativen Beziehungen gegenwärtig noch nicht entwickelt sind.

Die zweite Frage bezieht sich auf Ihre vier neuen Qualitäten. Für mich war es interessant, daß nur in die allererste, die elementare Einheit, das "bit" zur Beschreibung eingegangen ist, während alle übrigen vorschlagen eine möglicherweise andere Maßeinheit, die bisher nicht näher definiert ist und deren Beziehung zur Elementareinheit bisher noch nicht klar ist oder zumindest mir bisher noch nicht klar geworden ist.
Sind nicht die neuen Qualitäten, die Sie hier anschreiben in Wirklichkeit nicht integrative Streifen, in der die Grundelemente zu bestimmten Struktur-Funktions-Netzen zusammengeschlossen sind. Ich möchte also auf keinen Fall dieser Trennung zwischen Struktur- und Funktionsnetzen zustimmen, die Sie in einem der Anfangsdias gebracht haben. Ich meine, daß es notwendig wäre, diese integrativen Streifen genauer zu definieren und mit bestimmten Stufen der Qualität der Materie zu identifizieren oder gleichzusetzen.
Die letzte Frage bezieht sich auf Ihre große Tabelle des Vergleiches Nachrichtentechnik, Gehirn, DNS auf die Besonderheit in der Abweichung der Zeitkonstanten. Mir ist nicht klar, wieso eine Konstante, die Zeit, so weit abweichen kann, während alle übrigen Konstanten mit den ursprünglichen Maßen fast identisch sind. Wenn eine so große Abweichung der Zeitkonstanten vorliegt, müßte sich das auch in den anderen Maßen in irgendeiner Form widerspiegeln oder in der starken Abweichung der Zeit steckt eine neue, eigene Gesetzmäßigkeit, über die wir gestern auch gesprochen haben, ein besonderes Maß der Stabilität, die aber zurückzuführen sein muß auf sehr stabile Wechselwirkungen, die diese Information sozusagen hat.

HÖRZ: Es gibt immer wieder Bemerkungen, die Anlaß zu pholosophischen Mißdeutungen geben. Auf zwei möchte ich verweisen: Die eine betrifft den Begriff der Denkökonomie und die zweite das Verhältnis von Begriff und objektiver Realität. LENIN hat sich in seiner Arbeit "Materialismus und Empiriokritizismus" mit der positivistischen Verfälschung des materialistischen Widerspiegelungskonzepts durch MACH und andere, die dafür den Begriff der Denkökonomie benutzten, auseinandergesetzt. Will man mit dem Begriff "Denkökonomie" nur aussagen, daß die objektive Realität in unseren Begriffen exakt widergespiegelt wird, dann ist ein denkökonomischer Begriff eine Tautologie.
Immer wieder gibt es Diskussionen zum Verhältnis der Begriffe zur objektiven Realität. Wird im Vortrag die Widerspiegelung als objektiver Prozeß erfaßt, dann wird vernachlässigt, daß wir diesen Prozeß ebenfalls begrifflich erfassen.

Widerspiegelung ist also auch ein Begriff. Insofern unterscheiden wir den Begriffsinhalt der außerhalb und unabhängig von unserem Bewußtsein existiert vom Begriff selbst. Es geht hier um die Beantwortung der Grundfrage der Philosophie. Quelle unseres Wissens ist die objektive Realität und unsere Begriffe und Theorien sind Abbilder. Da es sich um exakte Abbilder handelt, ist eine Unterscheidung zwischen den objektiv realen Prozessen und seiner Widerspiegelung nur dann erforderlich, wenn erkenntnistheoretische Probleme direkt eine Rolle spielen. So sprechen wir auch vom Fallgesetz und meinen damit die Gesetzesformulierung als Widerspiegelung der objektiv gesetzmäßigen Beziehungen beim freien Fall. Da es bei der Informationsproblematik viel Streit um die materialistische Beantwortung der Grundfrage der Philosophie gegeben hat, müssen wir die objektiven Informationsprozesse ebenso wie die objektiven Widerspiegelungsprozesse vom Informations- und Widerspiegelungsbegriff unterscheiden. Soll mit der Feststellung, daß Information eine Kategorie ist, nur hervorgehoben werden, daß erst der Mensch Kategorien bildet, dann ist das trivial. Entsprechend der Grundfrage der Philosophie müssen wir jedoch beachten, daß der Informationsbegriff und die Informationstheorie nur eine relativ exakte Widerspiegelung objektiv realer Prozesse unter bestimmten Bedingungen sind. Unsere Begriffe und Theorien können mehr umfassen, als heute schon in Experimenten nachgewiesen ist. Sie können aber auch unberechtigte Extrapolationen sein.

VOGEL: Ich habe zwei Fragen. Die erste kann vielleicht dadurch entstanden sein, daß ich zu spät kam. Sie betrifft das, was Sie Information nennen und als Abbildung von Unterschieden durch oder auf Unterschiede charakterisieren. Meine Frage lautet, ob das Abbilden von Unterschieden auf Unterschiede nur gilt für quantitative Unterschiede auf quantitative Unterschiede oder kann man auch qualitative Unterschiede auf qualitative Unterschiede abbilden oder nur quantitative auf qualitative? Wie ist dabei die Möglichkeit im Rahmen der ensemblischen Information? Die zweite Frage betrifft das, was Sie kontentische Information nannten. Mir ist nicht klar, in welcher Beziehung das zu dem steht, was man die Bezeichnungsrelation nennt. Das eine Beispiel, das Sie anführten, hat bei mir die Frage aufgeworfen, ob bei Ihnen beides identisch ist oder ob die Bezeichnungsrelation oder das, was man als solche nennt, ein Spezialfall dessen ist, was Sie kontentische Information nennen. Wenn es so sein sollte, dann wäre die kontentische Information etwas, was inhaltlich hinter der ensemblischen zurückstehen würde, also weniger wäre als diese. Denn das Abbilden von Unterschieden auf Unterschiede enthält mehr als eine bloße Bezeichnungsrelation.

WEISS: In der Skalierungstheorie, die vor allem in der Psychologie angesiedelt ist, ist es grundsätzlich möglich, qualitative Aussagen, also nominal skalierte Merkmale, in quantitative Aussagen zu überführen. Diese Überführung gelingt immer dann, wenn für die qualitativen Aussagen ein gemeinsames Bezugssystem, eine gemeinsame Tiefenstruktur nach KLIX, eine gemeinsame Information zugrundeliegt. Diese Reduktion qualitativer Begriffe auf quantitative, diese Meßbarmachung ist ein typisch naturwissenschaftliches Anliegen. Es ist aber oft sehr schwierig, wie hier deutlich geworden ist, den theoretischen Ansatz für eine generelle Reduktion bestimmter Sachverhalte zu finden. Das Ziel darf aber von einem Naturwissenschaftler nicht aus den Augen verloren werden.

H.A. ROSENTHAL: Dem Versuch, Qualitäten der Information zu definieren und aufzufinden, kann man wohl nur zustimmen. Ich bin aber nicht mit der in den Thesen und zu Beginn des Vortrags geäußerten Auffassung einverstanden, daß Information eher ein denkökonomischer Begriff sei und die in der Natur aufgefundenen Sachverhalte auch auf andere Weise, unter Verzicht auf den Begriff Information, beschrieben werden könnten. Information, z.B. genetische, existiert objektiv real, sowohl in Form ihres Trägers als auch in bezug auf ihre Bedeutung im System. Ich kann Knochen oder Muskeln als Begriff fortlassen und an deren Stelle eine umständliche Beschreibung bringen. Was nutzt das? Ändert das etwas an der Existenz dieser besonderen Qualität?

VOGEL: Ich habe ebenfalls Bedenken gegen einige Aussagen der 5. These, vor allem aus methodischer Hinsicht. Es wird nicht sauber unterschieden zwischen dem Wort "Information", dem Begriff Information und dem Objekt Information. Das, worauf Dr. ROSENTHAL hinwies, ist das Objekt Information, wie es in der Genetik vorliegt und auch in anderen Prozessen.
Wenn ich den letzten Satz der These nehme, "Information ist ein denkökonomischer Begriff", dann kann damit nie das Objekt gemeint sein. Das Objekt Information ist weder in der Genetik noch in Kybernetik nur ein Begriff. Deshalb muß sehr sorgfältig darauf geachtet werden, ob vom Objekt oder vom Begriff gesprochen wird. Im letzten Satz der 5. These müßte korrekt vom Begriff "Information" gesprochen werden, denn wenn überhaupt, so könnte höchstens der

Begriff Information ein denkökonomischer Begriff sein; nie aber die genetische Information, die unabhängig davon existiert, ob es Begriffe oder Worte über sie gibt oder nicht. Begriff, Objekt und Wort werden hier nicht sauber unterschieden.
Was hier über HERTZ gesagt wurde, ist ebenfalls unklar, bei HERTZ wird lediglich das Wort Kraft ausgemerzt und nicht der Begriff. Ohne diesen Begriff kommt die Physik gar nicht aus. Man kann ein Wort ausmerzen wollen, das ist möglich. Aber man muß wissen, worauf sich die Aussage bezieht. Das war mir nicht klar. Sie sagten, Widerspiegelung ist der objektive Prozeß, Information ist der Begriff darüber. Es gibt aber Informationsprozesse, die unabhängig davon ablaufen, ob es Begriffe darüber gibt, und insofern möchte man diesen Gedanken etwas exakter in der Formulierung haben, weil es sonst zu vielen Mißverständnissen und sogar zu philosophischen Fehldeutungen Anlaß geben kann.
Ich möchte Herrn ROSENTHAL unterstützen und betonen, daß es auch materielle Information und Informationsübertragung gibt.

STRUSS: Es scheinen mir hier sehr viel Mißverständnisse vorzuliegen. Soweit ich es verstehe, geht es darum, einen meßbaren Begriff für die Information in Form einer vierwertigen Matrix zu schaffen. Etwa ähnlich wie man in der Farbenlehre mit einem Tripel arbeitet. Darum geht es und nicht darum, das Wort Information zu umschreiben, sondern in Form einer Matrix festzulegen.

HÖRZ: Es ist notwendig, von philosophischer Seite eine Bemerkung zum Verhältnis von Quantität und Qualität zu machen. Qualitäten sind Einheiten von wesentlichen und unwesentlichen Zusammenhängen, die sich von anderen Einheiten solcher Zusammenhänge unterscheiden. Die Qualität kann also durch ihre Unterschiede zu anderen Qualitäten gemessen werden. Insofern hat jede Qualität eine bestimmte Quantität und umgekehrt, was in der Philosophie durch die Kategorie des Maßes ausgedrückt wird. Das Maß selbst ist nur durch die entsprechenden Systemgesetze zu bestimmen. Dabei erfordert die Messung von Quantitäten die Berücksichtigung des Unterschieds zwischen anderen, neuen und höheren Qualitäten.
Eine höhere Qualität in einem Entwicklungsprozeß muß mit der Ausgangsqualität verglichen werden, wobei die Unterschiede, die gemessen werden, signifikant nach einem Entwicklungskriterium, die qualitativ bessere und quantitativ umfangreichere Erfüllung der Funktion der Ausgangsqualität durch die höhere Quali-

tät nachweisen müssen. Entwicklungsprozesse führen also zu komplizierteren Messungen im Vergleich mit der quantitativen Bestimmung bei einfachen Unterschieden.

Die vom Vortragenden vorgenommene Differenzierung der Information hat vieles für sich. Es ist sicher nun zu klären, wie, ausgehend von ihr, neue Fragen gestellt und beantwortet, Messungen vorgenommen und praktische Ergebnisse erreicht werden. Insofern muß man mit dieser Konzeption arbeiten, um vielleicht ihre Grenzen oder ihre Bedeutung genauer zu erkennen. Es wäre interessant zu überprüfen, ob die seit einiger Zeit in der philosophischen Literatur geführte Diskussion zur Subjekt-Objekt-Dialektik mit dem differenzierteren Herangehen an die Informationsproblematik besser zu lösen ist. Dabei geht es um die Bindeglieder zwischen objektivem Gesetz und gesellschaftlichem Handeln, die aus der Erkenntnis der Gesetze, den Wertungen und Normen, den Entscheidungen und den Auswertungen bestehen. Bisher wurden objektive Gesetze untersucht und der Informationsgehalt von Begriffen und Theorien betrachtet. Vielleicht könnte die hier vorliegende Informationskonzeption durch ihre Differenzierung helfen, Einsichten in den Wert- und Normbildungsprozeß und in die Entscheidungsproblematik zu gewinnen.

RÜDIGER: Vom Standpunkt der Neurophysiologie möchte ich mir einige Bemerkungen zur Frage Meßbarkeit, Qualität und Information erlauben. Es ist so, daß man bei psychophysischen, subjektiv-sensorischen Qualitäten neurophysiologisch erkennbare Prozesse in Nervenfasern und Nervenzentren vor sich hat, die einer quantitativen Beschreibung zugänglich sind. Auf Grund der Tatsache, daß die Folgen einer Reizeinwirkung beim Menschen mit Wahrnehmung und der Entstehung von Begriffen über die Reizeinwirkung, z. B. warm, kalt, verbunden sind, kann man bei ihm diese Beziehung direkt zeigen, sofern geeignete, nichtschädigende neurophysiologische, z. B. elektrophysiologische Methoden vorliegen. Natürlich hat man mehr Möglichkeiten im Tierexperiment. Man kann z. B. bei der Katze definierte Reize in bestimmten rezeptiven Zonen geben, sagen wir optische figürliche Reize oder chemische Reize für Rezeptoren auf der Zunge, und dabei Impuls-Zeitmuster ableiten, die einer statistischen Aufarbeitung zugänglich sind. Ein gleiches gälte auch für den Menschen, der einen Begriff über das Reizereignis zugleich zu bilden vermag. Die mathematische Bearbeitung erlaubt die Bewertung bestimmter Sekundärdatendarstellungen der Impulszeitmuster, z. B. in

Form der verschiedenen Histogramme. Man erhält quantitative Angaben für eine Qualität, für eine Information, für einen psychophysiologischen Tatbestand.

VÖLZ: Zunächst möchte ich mich für die umfangreiche und kritische Diskussion herzlich bedanken. Sie hat mir gezeigt, welche Probleme ich noch nicht erkannt und bewältigt habe. So habe ich beim Ausdruck "denkökonomisch" nicht an seinen vielfältigen Inhalt gedacht. Er ist in der Arbeitsdefinition der Information durch einen besseren zu ersetzen. Ferner haben die Beiträge von Prof. VOGEL und Prof. HÖRZ mich gelehrt, noch präziser zwischen dem Wort, Begriff und zugeordneten Objekt der Information zu unterscheiden. Offensichtlich ist es mir noch nicht gelungen, mein Anliegen bezüglich des Zieles der Meßbarkeit von Informationen in Quantität und Qualität deutlich genug auszudrücken, denn gerade auf die Meßbarkeit aller Informationen ziele ich hin und habe dabei festgestellt, daß die eine Maßeinheit bit hierfür nicht ausreicht. Deshalb steht der neue Vorschlag zur Diskussion. Er scheint mir Möglichkeiten zu bieten, hat sich aber zu bewähren. Dabei ist das andere, nämlich eine weitere Klärung zur Information (so meine ich zumindest) erfreulicherweise mit angefallen. Deshalb kann auch nicht das Ziel eine Trennung von Struktur und Funktion sein, wie es Prof. ROSENTHAL vermutet, sondern ich möchte gerade die Einheit ihrer gegenseitigen Bedingung betonen. Ich meine sogar, daß die vier eingeführten Aspekte nur im Zusammenhang vorliegen und auch so zu betrachten sind.
Die Bemerkungen von Prof. TEMBROCK zur möglichen Evolution der Zeichen auf Grund meiner Einteilung der Trägerprozesse begrüße ich sehr. Hierüber lohnt es sich bestimmt, noch genauere Untersuchungen anzustellen.
Die Verteidigung der Semiotik durch Dr. GROSS ist meines Erachtens ein sehr ernst zu nehmendes Anliegen. Bei meinen Untersuchungen zur Information kam ich bisher leider aber immer wieder zu Widersprüchen. Dennoch habe ich nichts gegen die Semiotik ganz allgemein. Meines Erachtens könnte sie für bestimmte Gebiete - insbesondere für die Sprache - ihre Bedeutung behalten. Ich habe nur etwas dagegen, sie zu weit zu verallgemeinern.
Nun noch zu zwei speziellen Fragen: Ich stimme mit Prof. VOGEL überein, die Bezeichnungsrelation größtenteils auf der Ebene der ensemblischen Informationsqualität anzusiedeln. Sobald aber vielfältige Inhalte des Bezeichneten, vielleicht im Sinne von semantischen Netzen in sie integriert werden, kommt sie dem Contentischen näher. Die Komplexität ist hierbei entscheidend. Genau genommen

kann das, was die Bezeichnungsrelation ausdrückt, nicht einer Qualität der Information zugeordnet werden.
Bei den Abbildungen von Unterschieden auf Unterschieden, wie Prof. VOGEL weiter fragt, ist wiederum deutlich zwischen den Prozessen mit Trägern und Information zu unterscheiden. Für Träger kann es nur quantitative Unterschiede mit speziellen physikalischen Eigenschaften geben. Die Qualität bezieht sich in meinem Beitrag dagegen nur auf die Information.
Prof. ROSENTHAL sieht Probleme in den Unterschieden bei den Zeiten. Ich meine, hier habe ich mich vielleicht nicht klar genug ausgedrückt. Es ist zwischen theoretischen, d. h. minimal möglichen Zeiten und den praktisch realisierten Zeiten zu unterscheiden. Die realisierten müssen immer länger sein, und je größer das Verhältnis zwischen beiden ist, um so ein kleinerer Fehler gegenüber statistischen Störungen ist möglich. Ein allgemeines Maß für den Störabstand folgt jedoch nicht aus dem Zeitabstand allein, sondern aus den Wirkungsgrößen, also der letzten Spalte in der Tabelle 2.

# ZUM ZUSAMMENHANG VON WIDERSPIEGELUNG, INFORMATION UND ENTWICKLUNG

PETER FRANZ

Zentralinstitut für Philosophie der Akademie der Wissenschaften der DDR, Berlin

Unsere Ausgangsposition besteht in der These, daß objektiv reale Entwicklungsprozesse notwendig Widerspiegelungsprozesse beinhalten. Die Tendenz jeder Entwicklung zur Höherentwicklung wird wesentlich durch die Widerspiegelungsfähigkeit der Materie begründet. Dabei erweist sich die im Verlaufe von Entwicklungsprozessen realisierte und ständig quantitativ und qualitativ erweiterte Widerspiegelungsfähigkeit der sich entwickelnden materiellen Objekte als objektives Kriterium für die Höherentwicklung. Information kennzeichnet dabei objektiv die Wirkung der Widerspiegelungsprozesse in den jeweiligen materiallen Systemen bezüglich bestimmter Umweltsituationen. Sie stellt den Zusammenhang von Widerspiegelungsinhalt, Eigenschaften des widerspiegelnden Systems und Verhaltenskorrelation zur Umwelt dar; damit ist die Information weder eine reine Systemeigenschaft noch identisch mit der Widerspiegelung bzw. dem Widerspiegelungsinhalt.

## 1. Zum Wesen der Widerspiegelung als allgemeiner Eigenschaft der Materie

### 1.1. Historisches

Verfolgt man den Gedanken der Widerspiegelung in der Geschichte menschlicher Erkenntnis zurück, ergeben sich insbesondere zwei Quellen für seine Entwicklung:
Aus der Philosophie trugen besonders erkenntnistheoretische und naturphilosophische Konzeptionen zur Festigung des Widerspiegelungsgedankens bei; die Entwicklung der Naturwissenschaft, besonders des 19. und 20. Jahrhunderts,

bekräftigte das Widerspiegelungsprinzip mit empirischen und theoretischen Resultaten.

Seitens der Erkenntnistheorie wurde das Abbildprinzip entwickelt. Obwohl der Abbildgedanke fast allen Erkenntnistheorien zugrundeliegt, waren es insbesondere materialistische Philosophen, die die Lehre von den Formen und Eigenschaften des Abbildes und der gesetzmäßigen Beziehungen zwischen Abbild und Abgebildetem entwickelten. So waren die griechischen Philosophen ANAXAGORAS und EMPEDOKLES wohl die ersten, die die Erkenntnis als Abbildrelation auffaßten. (1) Dieser Gedanke fand bei ARISTOTELES seine Fortführung. Neben schon früher geäußerten Thesen von der Materialität der Seele (z.B. HERAKLIT) waren es hauptsächlich DEMOKRIT, EPIKUR und LUKREZ, die dem Abbildprinzip eine geschlossenere Form gaben. (2) Sie nahmen an, daß die materiellen Objekte ihnen adäquate Abbilder (eidola) in Gestalt feiner, unsichtbarer Atome aussenden, welche in die menschlichen Sinnesorgane eindringen und dadurch das Erkennen der Objekte ermöglichen. HOLBACH, HELVETIUS und DIDEROT verwarfen die Unterscheidung in primäre und sekundäre Qualitäten, die von HOBBES und LOCKE getroffen wurde. Empfindung, Wahrnehmungen und Ideen hielten sie insgesamt für Abbilder, welche durch die Einwirkung der außerhalb des menschlichen Bewußtseins existierenden materiellen Objekte auf die Sinnesorgane hervorgerufen werden. Empfindungen, Wahrnehmungen und Denken waren für HELVETIUS Funktionen des menschlichen Gehirns. (3)

Die Beschränkung der englischen und französischen Materialisten auf die Sinneserkenntnis überwanden SPINOZA und FEUERBACH. Die idealistische Erkenntnistheorie betonte insbesondere die tätige Seite des Bewußtseins.

Eine weitere Entwicklungslinie des Widerspiegelungsgedankens findet man in der Naturphilosophie der letzten Jahrhunderte. Sowohl die Erkenntnistheorie als auch die psycho-physiologischen Forschungen befassen sich vorrangig mit den höheren Formen der Widerspiegelung. Die Naturphilosophie entwickelte den Gedanken, daß die Widerspiegelung eine allgemeine Eigenschaft der Materie sei und legte diese Eigenschaft als Prinzip ihrer Auffassung von der Naturentwicklung mit zugrunde.

In der Blütezeit der Urgesellschaft existierten animatistische Vorstellungen,[1] die davon zeugen, daß sich der Mensch von der Natur noch nicht bewußte differenzier-

[1] Aminatismus (vom lat. aminatus = belebt) ist eine Anschauung, die die ganze Natur oder ihre einzelnen Teile als belebt ansieht. Nach STERNBERG und BOGORASH-TAN ist der A. die erste Stufe der Entwicklung der Religion (Vgl.: L. Ja. STERNBERG; Die Urreligion im Lichte der Etnographie, Leningrad, 1936; W.G. BOGORASH-TAN, Die Tschuktschen, Leningrad, (1939), 1-4.

te, daß ihm seine Unterschiedlichkeit zur umgebenden Natur noch nicht bewußt geworden war. Später, als sich der Mensch als etwas von der übrigen Natur Unterschiedliches zu betrachten begann, entstand auch die Frage nach der verbindenden Brücke zwischen Natur und Mensch, zwischen Geist und Natur. Diese Brücke versuchte man zu finden, zum Teil durch Erklärungen in Übereinstimmung mit dem gesunden Verstand und auf realen Beobachtungen aufbauend, zum Teil durch spekulative Konstruktionen. Für das materialistische Denken (und dieses soll in diesem Zusammenhang nur interessieren) gab es zwei Möglichkeiten[2]: entweder es wurde der gesamten Natur eine Empfindsamkeit (Fähigkeit zur Empfindung) zugeschrieben, oder man betrachtete die Empfindsamkeit als ein naturhistorisches Entwicklungsprodukt der Materie. Da erst relativ spät einzelwissenschaftliches Material für einen derartigen Entwicklungsgedanken vorlag, realisierte sich in der Entwicklung der Vorstellung über die Brücke zwischen Natur und Geist zunächst die erste Möglichkeit. So findet man bereits im Altertum hylozoistische Gedanken.[3]
DIDEROT schließlich unterschied eine "innere Empfindlichkeit" der anorganischen Körper und eine "aktive", "tätige" Empfindlichkeit der lebenden Organismen. (4)
Die zweite Quelle des Widerspiegelungsgedankens findet sich in den Forschungen der Psycho-Physiologie besonders des 19. Jahrhunderts. Hier wurde der Widerspiegelungsgedanke im Konkreten von prozessualer Seite aus betrachtet und das Verhältnis zwischen nervaler Tätigkeit und geistiger Tätigkeit untersucht. Lange Zeit wurden die nervale Tätigkeit und die geistige Tätigkeit als zwei verschiedene und kaum miteinander verbundene Prozesse betrachtet. Erst mit der Entwicklung der Physiologie der höheren Nerventätigkeit, die mit dem Wirken großer Wissenschaftler, wie HELMHOLTZ, MÜLLER, FECHNER, WEBER, HERING, WUNDT, SETSCHENOW, BECHTEROW und I. P. PAWLOW engstens verbunden ist, wurde die naturwissenschaftliche Begründung dafür geliefert, daß die reflektorische höhere Nerventätigkeit auf Grund ihres Signalcharakters zugleich wider-

---

2 Wenn man von der dritten Möglichkeit, der Verneinung der spezifischen Qualität der Sensibilität und der Reduktion auf nur Stoffliches absieht.

3 Hylozoismus (gr. hylo = Stoff, zon = Leben) ist die Lehre von der Beseeltheit, der Empfindsamkeit der Materie. Nach G.W. PLECHANOW ist der Hylozoismus "nichts anderes als ein naiver Materialismus", (G.W. PLECHANOW, Grundprobleme des Marxismus; Berlin, (1958), 11).

spiegelnde Tätigkeit ist. Allerdings gibt es bis heute eine Reihe von Problemen und Schwierigkeiten, den Prozeß der Umwandlung "der Energie des äußeren Reizes in eine Bewußtseinstatsache" (5) im Einzelnen aufzuhellen.

Ein Hauptmangel der psycho-physiologischen Forschung auf diesem Gebiet war im vorigen Jahrhundert die Beschränkung auf den mechanischen Determinismus als Erklärungsgrundlage der Umwandlung physiko-chemischer Reize in Empfindungen, Vorstellungen, Wahrnehmungen und Gedanken. Man erkannte aber, daß äußere Einwirkungen durch einen Komplex innerer Bedingungen zu Abbildern vermittelt werden. Dieser Komplex selbst ist historisch entstanden und widerspiegelt frühere Einwirkungen eben in vermittelter Form. Diese Vermittlung oder "Mittelbarkeit" kann der Adäquatheit der Abbildung nicht entgegenstehen im Sinne einer dem Abbild fremden Beimischung, sondern sie schafft durch ihre historische Genesis und Wirksamkeit einen qualitativ höheren Grad der Adäquatheit - ja, sie ermöglicht erst diese adäquate Abbildung. Ohne in diesem Rahmen auf detailliertere Erkenntnisse eingehen zu können, (6) soll bezüglich des Widerspiegelungsgedankens das Prinzip der Mittelbarkeit aller Abbildungsprozesse als Ergebnis der Neurophysiologen und der Psychologie hervorgehoben werden. Mittelbarkeit bedeutet dabei, daß im Abbildungsprozeß das Abbild, durch die innere Bedingtheit und Bestimmtheit des abbildenden Systems vermittelt, in diesem System entsteht.

Mit der Entwicklung der exakten Naturwissenschaften (besonders auf biologischem Gebiet) ließ sich das angereicherte Forschungsmaterial bzgl. Widerspiegelungsprozesse bereits im vorigen Jahrhundert zu naturhistorischen Entwicklungskonzeptionen theoretisch verallgemeinern.

Der Mnemismus z.B. hat zur Entwicklung des Gedankens von der Widerspiegelung als allgemeiner Eigenschaft der Materie einen großen Beitrag geleistet, der in unserer Literatur leider bisher noch keine Würdigung fand. Hauptsächliche Thesen des Mnemismus sind folgende:

Vergleichende Forschungen bei unterschiedlichen biologischen Prozessen, die ihrer "materiellen Grundlage", "ihrer Substanz", ihren "ablaufenden Prozessen" nach verschieden sind, zeigen, daß ihnen "ein identisches Prinzip zugrundeliegt, daß ihr Ablauf von ein- und derselben Gesetzmäßigkeit beherrscht wird." (7) "Die Einflüsse der Außenwelt wirken in zweifacher Weise verändernd auf den Organismus ein. Erstens im Sinne einer synchronen vorübergehenden Veränderung; zweitens durch diese hindurch engraphisch verändernd, also dauernd umbildend". (8) Mit dem Prinzip der Mneme "können wir auch die scheinbare Kluft zwischen lebend und leblos überbrücken ... Da wir das Psychische aus der Rindenfunktion so verstehen können, wie irgend eine andere physiologische Funktion, ist damit die Kontinuität von der physischen Welt durch die lebende bis hinauf zur Geisteswelt denkbar geworden. "(9)

Trotz seines Kampfes gegen den Mechanismus und Vitalismus blieb der Mnemismus in der Frage der konkreten Entstehung des Bewußtseins und dessen Wesensbestimmung auf metaphysischem Boden, da er die gesellschaftliche Bedingtheit bei der Entstehung des Bewußtseins und die Rolle des sozial-historischen Faktors für die Bestimmtheit des Bewußtseins nicht begriff und das Bewußtsein nur biologisch determiniert auffaßte.

Aufbauend auf den Ergebnissen dieser Entwicklungslinien des Widerspiegelungsgedankens und aus historischer Notwendigkeit heraus (10) entwickelten die Klassiker des Marxismus-Leninismus die dialektisch-materialistische Erkenntnistheorie. Sie erkannten die Mängel aller bisherigen materialistischen Erkenntnistheorien und arbeiteten den dialektischen Charakter, die gesellschaftliche Natur, die allseitige materielle Determiniertheit des Bewußtseins heraus.

In Auseinandersetzung mit der bürgerlichen Ideologie schuf W.I. LENIN in seinem Werk "Materialismus und Empiriokritizismus" (11) die Grundlage für die dialektisch-materialistische Widerspiegelungstheorie. In der Bestimmung des Primats der Materie gegenüber dem Bewußtsein, des Bewußtseins als höchstes Entwicklungsprodukt und als Eigenschaft, Bewegungsform der Materie sowie als höchst entwickeltste Widerspiegelungsform zeigt sich die wissenschaftliche Verarbeitung aller dazu notwendigen wissenschaftlichen Erkenntnisse und praktischen Erfahrungen. Gestützt auf die Ergebnisse der Naturwissenschaft und der Philosophie, in Anknüpfung an Auffassungen von DIDEROT und in philosophischer Auseinandersetzung mit führenden bürgerlichen Wissenschaftlern - wie z.B. WUNDT und PEARSON - formulierte er die These, daß es logisch sei "(... anzunehmen, daß die ganze Materie eine Eigenschaft besitzt, die dem Wesen nach der Empfindung verwandt ist, die Eigenschaft der Widerspiegelung)." (12)

## 1.2. Wesentliche Gesetzmäßigkeiten der Widerspiegelung als allgemeine Eigenschaft der Materie

Bei der theoretischen Verallgemeinerung einzelwissenschaftlicher Resultate zur Bestimmung des Wesens der Widerspiegelung gilt es zu beachten, daß die Bestimmung der "Widerspiegelung als allgemeine Eigenschaft der Materie" nicht die Spezifik einer einzelnen Widerspiegelungsform zum Inhalt hat, sondern daß das real und objektiv in den einzelnen Widerspiegelungsformen existierende Allgemeine herausgehoben und begrifflich erfaßt werden muß.

Die in der Literatur vertretenen Auffassungen weisen meist eine gewisse Einseitigkeit bzw. Unvollständigkeit auf. Einige Autoren sehen das Wesen der Widerspiegelung in der "Reaktion eines Gegenstandes auf äußere Einwirkungen", wobei im unterschiedlichen Maße betont wird, wovon die Qualität der Reaktion abhängt (z.B. A.W. WOSTRIKOW (13), N.N. LADYGINA-KOTS (14), W.G. AFANASJEW (15) sowie darauf aufbauende Arbeiten späteren Datums). Andere Autoren heben die "Veränderung des inneren Zustandes", die Reproduktion oder "Einprägung der äußeren Einwirkungen" hervor (z.B. A.W. ORLOW (16), N.N. RUTKEWITSCH (17) und M. CORNFORTH (18) sowie spätere Arbeiten).

Beide durch Einwirkungen erzeugten Veränderungsarten eines widerspiegelnden materiellen Systems, die "synchrone" Veränderung und die "dauerhafte" Veränderung bilden jedoch eine untrennbare Einheit.

Widerspiegelung als "Reaktion" auf Einwirkungen und als deren "Reproduktion" im inneren Zustand, ihre "Einprägung" oder "spurenhafte Aufbewahrung" - das sind nicht zwei Prozesse, sondern nur ein einziger. Hier soll im weiteren von der funktionellen-strukturellen Komponente der Widerspiegelung (bezogen auf das widerspiegelnde System) gesprochen werden. Dabei muß der Aspekt der Reproduktion äußerer Einwirkungen hervorgehoben werden, da er letztlich die Widerspiegelung als ein Prinzip bestimmt, das durch das Wechselwirkungsprinzip nicht erfaßt wird, die Widerspiegelung in ihrem Wesen auch der Abbildung entsprechend macht und sie als Entwicklungsprinzip zur Erklärung der Naturentwicklung erst wirksam werden läßt.

Der Charakter der Einwirkung steht mit dem Charakter der bewirkten Veränderung in einem gesetzmäßigen Zusammenhang, dem Verhältnis der Übereinstimmung oder Adäquatheit.

Bezüglich organischer Systeme schrieb dazu W.A. PAWLOW: "Die Reaktionen eines Organismus auf äußere Einwirkungen sind derart, daß sie der Aufrechterhaltung seiner Lebensfähigkeit, der Gesamtstruktur des Organismus auch unter den neuen Bedingungen dienen. Mit anderen Worten: die Reaktion eines Organismus auf äußere Einwirkungen tragen den Charakter der adäquaten Anpassung. Darin besteht die Adäquatheit der Reaktion lebender Organismen auf Umwelteinwirkungen." (19)

Ein noch wesentlicherer Zusammenhang in der Beziehung zwischen Einwirkung und bewirkter Veränderung, zwischen Widergespiegeltem und dem Resultat der Widerspiegelung ergibt sich, wenn die kausale Struktur des realen Widerspiegelungsprozesses hervorgehoben wird.
Dieser Zusammenhang wird als Grundgesetz der Widerspiegelungstheorie bezeichnet (20).
"Das Widergespiegelte existiert außerhalb und unabhängig von der Widerspiegelung; die Widerspiegelung dagegen existiert in ursächlicher Abhängigkeit vom Widergespiegelten."

Die Widerspiegelung als Resultat existiert aber nicht nur in Abhängigkeit von der Qualität des widerspiegelnden Systems. Die äußeren Einflüsse bewirken keine unmittelbaren Veränderungen, sondern wirken durch den inneren Zustand des widerspiegelnden Systems, der selbst Produkt früherer Einwirkungen ist.
Diese Seite betonte S. L. RUBINSTEIN in seiner Definition, nach welcher "äußere Ursachen durch innere Bedingungen wirken (die sich selbst im Ergebnis äußerer Einwirkungen formieren (21))." Diese Beziehung ist ein gesetzmäßiger Zusammenhang zwischen der Widerspiegelung und dem widerspiegelnden System, der hier als Gesetz des mittelbaren Charakters der Widerspiegelung bezeichnet werden soll. Des weiteren gilt als nachgewiesen, daß höhere Widerspiegelungsformen sich aus niederen entwickeln, diese aber in sich negieren.
Das Grundgesetz der Widerspiegelungstheorie, das Gesetz der Adäquatheit der Widerspiegelung, das Gesetz des mittelbaren Charakters der Widerspiegelung und die Einheit der funktionellen und der strukturellen Wirkungskomponente der Widerspiegelung sind Wesensbestimmungen der Kategorie "Widerspiegelung als allgemeiner Eigenschaft der Materie". Alle bisher genannten Wesensmerkmale stehen mit der Entwicklung in enger Beziehung und gestatten eine Differenzierung der Widerspiegelung von der Wechselwirkung, von der Bewegung als Veränderung überhaupt usw. Doch lassen diese Wesensmerkmale die Widerspiegelung noch nicht als ein Entwicklungsprinzip erscheinen - so wie es einige Naturphilosophien postulierten. Ein möglicher Weg zur Aufhellung dieses Zusammenhangs sei hier angedeutet. Dieser Weg beruht auf unserer These, daß die Widerspiegelungsfähigkeit der Materie eine wesentliche Voraussetzung und Grundlage des Prozesses der dialektischen Negation und damit auch der Gesetzmäßigkeit der Negation der Negation ist.
Die dialektische Negation kennzeichnet in ganz spezifischer Form qualitative Veränderungen eines Systems als Wirkung der diese Veränderungen verursachenden

Kausal- und Widerspruchszusammenhänge. Der inhaltliche Zusammenhang des Entstehenden mit dem Bleibenden, die durch die neue Systemqualität modifizierte Aufbewahrung des Alten und des Einwirkenden - dies verkörpert das kontinuierliche Moment der dialektischen Negation. Dialektische Negation heißt daher auch Widerspiegelung wesentlicher Merkmale des Alten und des Einwirkenden im Neuen. Das Bestehende widerspiegelt daher bestimmte Merkmale und indirekt auch Evolutionsbedingungen seiner "Ahnen" - kurz, es spiegelt seine eigene Genesis in durch sich selbst vermittelter Form wider.

Die Widerspiegelung charakterisiert in diesem Fall die Bestimmtheit qualitativer Veränderungen - nicht jedoch ihre Bedingtheit (womit eine Abgrenzung gegenüber der Kategorie Kausalität und ihre Abgrenzung gegenüber der Wechselwirkung möglich ist). Während die Kausalität die materielle Bedingtheit aller Erscheinungen und Prozesse zum Ausdruck bringt, stellt das universelle Widerspiegelungsprinzip die entscheidende Erklärungsgrundlage der materiellen Bestimmtheit aller Erscheinungen und Prozesse dar. Kausalität und Widerspiegelung sind daher eng zusammenhängende, elementare Grundformen des universellen Zusammenhangs; sie sind untrennbare Aspekte jeder Wechselwirkung. Die Widerspiegelung ist folglich eine elementarere Form des Zusammenhanges als die Entwicklung. Nicht jede qualitative Veränderung bzw. endliche Folge qualitativer Veränderungen ist zugleich fortschreitende Entwicklung - wohl aber beruht jede Entwicklung auf Folgen qualitativer Veränderungen und damit auch auf einer zusammenhängenden Kette von Widerspiegelungsprozessen.

Diese Art der Widerspiegelung soll als ihr historisch-genetischer Aspekt bezeichnet werden. Dieser Aspekt der Widerspiegelung als allgemeiner Eigenschaft der Materie; er ist nicht identisch mit dem voran skizzierten strukturell-funktionellen Aspekt der Widerspiegelung (eine Einheit von adäquater "Einprägung" und adäquater Reaktion).

Mit der Beachtung des Wesens der historisch-genetischen Widerspiegelungsaspekte ergibt sich der strukturell-funktionelle Aspekt der Widerspiegelung als die Fähigkeit materieller Systeme, bei Erhaltung ihrer Grundqualität (ihrer wesentlichen Bestimmtheit) empfangene Einwirkungen durch strukturelle Veränderungen (z. B. auch durch Eingliedern neuer Teilstrukturen) adäquat zu reproduzieren bzw. auf diese Einwirkungen adäquat ("Synchron") zu reagieren. (Ein Beispiel dafür könnte die "Polymerisation" von einfachen Nucleosidphosphaten zu Polyphosphaten in der präbiotischen Evolutionsphase sein: Die Ausbildung immer größerer Kettenformationen ändert nichts an dem biochemischen Reaktionstyp dieser Moleküle; jedoch erhalten sie mit zunehmender Komplexität immer ausgeprägtere und spezialisiertere "Erkennungs"-, Kombinations- und Reaktionseigenschaften (22).

Zwischen historisch-genetischem und strukturell-funktionellem Aspekt der Widerspiegelung existiert ein enger gesetzmäßiger Zusammenhang. Der historisch-genetische Aspekt der Widerspiegelung bestimmt qualitativ den strukturell-funktionellen Aspekt und ist in diesem Sinne ihm gegenüber primär. So ist z. B. die prinzipielle Erkenntnisfähigkeit des Menschen primär durch den mit der Entstehung und Entwicklung der Gesellschaft verbundenen historisch-genetischen Widerspiegelungsprozeß bestimmt.

Dieser gesetzmäßige Zusammenhang kann anhand der Analyse jeglicher Entwicklungsprodukte nachgewiesen werden. Er bestimmt auch die qualitative Differenziertheit der einzelnen Widerspiegelungsformen sowie ihren historisch-genetischen Zusammenhang. Daraus resultiert für uns die Berechtigung zur Formulierung folgender These:

Ist in einem Entwicklungsprozeß die historisch-genetische Widerspiegelung mit einer qualitativen Erweiterung der in den jeweiligen Systemen realisierten strukturell-funktionellen Widerspiegelungsfähigkeit verbunden, dann liegt eine Höherentwicklung vor.

Diese Gesetzmäßigkeit, formuliert als ein objektives Kriterium der Höherentwicklung, wird durch die Analyse der einzelwissenschaftlichen Fakten bestätigt: mit zunehmender historisch-genetischer Widerspiegelung wächst entwicklungsgeschichtlich die strukturell-funktionelle Widerspiegelungsfähigkeit qualitativ von der einfachsten mechanischen Einwirkung materieller Systeme aufeinander, über die chemische Reaktionsfähigkeit der molekularen Bewegungsebene zur einfachen Reizbarkeit primitiver Organismen; weiter von den unbedingten Reflexen zum ersten Signalsystem; von der bedingt-reflektorischen Tätigkeit mit Hilfe des zweiten Signalsystems zum sinnlichen und begrifflich-abstrakten Abbilden der objektiven Realität im Menschen, zum gesellschaftlichen Bewußtsein insgesamt.

## 2. Zum Wesen der Information

### 2.1. Zum Informationsbegriff in den Einzelwissenschaften

Wenn man nicht von der praktischen, sondern von der allgemein-theoretischen Bedeutung der informationstheoretischen Arbeiten von SHANNON spricht, so ist als das wichtigste Ergebnis die wahrscheinlichkeitstheoretische Behandlung anzusehen, welche es möglich machte, die Forschungen auf eine viel höhere Stufe zu heben und eine viel umfassendere Definition des mathematischen Informationsbegriffs vorzuschlagen, in der die Definition HARTLEYs als ein Spezialfall mit enthalten ist (23).

Sich stützend auf zahlreiche Arbeiten nachrichtentheoretischer und mathematischer Art, begriff SHANNON das Maß der Information als Maß der Verringerung der Unbestimmtheit für das Eintreten statistischer Ereignisse. Als Maß der Unbestimmtheit selbst wählte er im Hinblick auf HARTLEYs Ergebnisse und in Analogie zur BOLTZMANNschen statistischen Thermodynamik die Größe H als Entropie von zufälligen Ereignissen bzw. Ereignisfolgen (z. B. Signale bzw. Signalfolgen) aus einer gegebenen Gesamtheit von Ereignissen bzw. Ereignisfolgen. Dabei wird hier von der Natur der Ereignisse, ihrer Bedeutung für konkrete Empfangssysteme und den Dekodier- und Interpretationsregeln in den Empfangssystemen abstrahiert. Wichtig hierbei sind nur die Wahrscheinlichkeiten, mit denen die einzelnen Ereignisse auftreten und die Begrenztheit der Ereignismenge. Diese enorme Abstraktionshöhe macht die verallgemeinerte SHANNONsche Informationstheorie zu einer universellen Theorie der Struktur stochastischer Übertragungsprozesse.

Ohne auf alle Interpretationen bzw. mathematische Arbeiten eingehen zu können, sei hier eine knappe und abrißartige Analyse der mathematischen Informationskonzeptionen vorgenommen, beginnend mit SHANNON:

Jeder einem Zufall unterworfene Versuch enthält definitionsgemäß eine gewisse Unbestimmtheit. Man kann vor Beobachtung und Erkennung eines Versuchsausgangs nicht sagen, welches Resultat realisiert wird, welches Ereignis eintritt. Als Maß des Unbestimmtheitsgrades über dem endlichen Wahrscheinlichkeitsfeld einer solchen Versuchsanordnung wird nun die Entropie dieses Feldes eingeführt:

$$H(Z) = H(A) = - \sum_{k=1}^{n} p_K \ \mathrm{ld}\, p_K \qquad (1)$$

H(Z) läßt sich als Maß einer Äquivalenzklassenstruktur auffassen, deren Elemente bewertet sind (24):

$$
\begin{aligned}
Z &= ( A_1, \ldots, A_n ) \\
P &= ( p_1, \ldots, p_n )
\end{aligned}
\tag{2}
$$

Ebenso kann die Entropie als Maß einer Zerlegungsstruktur verstanden werden, dessen Elemente geordnet sind. (25) Die Bewertungen $p_i$ spiegeln dann die Ordnung auf der reellen Achse wieder.

Faßt man H(Z) in Gl. (1) als Zwischenresultat eines noch nicht beendeten Abbildungsprozesses eines Empfängers in abstrakter Form auf und sind vorangegangene Resultate nicht fixierbar, dann kann diese Zerlegung unter Verwendung alles bisherigen Wissens als a priori-Annahme des Empfängers über die Struktur der Ereignismenge, z.B. der Signalfolge, der sie erzeugenden Quelle usw. charakterisiert werden. H(Z) entspricht dann einer konkreten Erwartungsstruktur bzw. ist deren Maß.

Es wird angenommen, daß diese a priori-Erwartungsstruktur nicht vollständig der objektiven Struktur der Ereignismenge entspricht. Nachdem der Empfänger eine Anzahl von Ereignisfolgen, z.B. Nachrichten, Meßwerte, Veränderungen usw. empfangen, gemessen, beobachtet usw. hat, stellt er eine neue Zerlegung

$$Z' = ( B_1, \ldots, B_m ) \tag{3}$$

mit den Wahrscheinlichkeiten

$$Q = ( q_1, \ldots, q_m ) \tag{4}$$

fest. Beide Wahrscheinlichkeitsfelder seien abhängig voneinander; das Element $B_k$ ist z.B. abhängig von dem Element $A_i$ - es existieren bedingte Wahrscheinlichkeiten $p(A_i, B_k) = p_{i/k}$. Mit ihnen läßt sich dann ein Maß für die a posteriori-Erwartungsstruktur angeben (bedingte Entropie):

$$H_{Z'}(Z) = \sum_{k=1}^{m} \sum_{i=1}^{n} q_k p_{i/k} \, \mathrm{ld} p_{i/k} \tag{5}$$

Die Informationsmenge, die durch die aufgenommene Ereignisfolge bzgl. H(Z) gewonnen wurde, läßt sich dann als Differenz dieser beiden Strukturmaße angeben:

$$I(Z', Z) = H(Z) - H_{Z'}(Z) \tag{6}$$

Dies ist das grundlegendste Gesetz der auf SHANNON aufbauenden Informationstheorie. Je nach Betrachtung bzw. Ausgangsmodell wird I auch als "relative" Information, als Differentialentropie usw. bezeichnet. Der Prozeß der Strukturveränderung selbst wird hierbei nicht explizit erfaßt, sondern nur sein Ergebnis konstatiert.

Eine solche Bestimmung und Interpretation läßt deutlich erkennen, daß Entropie mathematisch ein Strukturmaß über eine Zahlenmenge ist, die auf Grund des STONEschen Satzes und der darauf aufbauenden Axiomatik von KOLMOGOROFF isomorphes Abbild einer Ereignismenge ist. Dabei ist die Entropie stets abhängig vom Charakter der Zerlegung Z. Allgemein ergibt sich die Information in dieser abstrakten Form als spezifische Differenz von Strukturen voneinander abhängiger Wahrscheinlichkeitsfelder. Die SHANNONsche Informationstheorie kann in ihrer abstraktesten Form nur dann angewendet werden, wenn die untersuchten zufälligen Ereignisse mit ihren Wahrscheinlichkeiten identifiziert werden können.

So verstanden, werden auch zahlreiche Versuche zur Erweiterung der SHANNONschen Informationstheorie leichter klassifizierbar. Alle auf der Wahrscheinlichkeitstheorie aufbauenden Informationskonzeptionen benutzen mehr oder weniger direkt das Gerüst dieser Theorie:

1) die Objekte dieser Theorie: KOLMOGOROFFsche Wahrscheinlichkeitsfelder $(\Omega, \mathfrak{a}, P)$
2) den Apparat der Theorie: H(Z) als Maß für Klassenstrukturen in $\Omega$ und I $(Z', Z)$ als Maß für Strukturveränderungen

Die wahrscheinlichkeitstheoretischen Informationskonzeptionen können daher in folgende Gruppen eingeteilt werden:

1. Die ursprünglichen Objekte einer anderen Theorie werden so modifiziert, daß sie als Wahrscheinlichkeitsfelder interpretiert werden können; der Apparat der SHANNONschen Theorie wird auf sie in unveränderter Form angewendet. Hierzu zählen die Arbeiten von CARNAP und BAR-HILLEL (26), HINTIKA (27), KRONTHALER (28), BECKMANN (29), WOISCHWILLO (30), KEMEMY (31) u.a.

   Wie in der statistischen Theorie, werden hier zur Bestimmung der Information Differenzen von Strukturmaßen verwendet. Diese Strukturmaße sind über spezielle Mengenalgebren definiert, zu denen isomorphe Ereignisalgebren existieren. Der wesentliche Unterschied besteht darin, daß in diesen Theorien die "Ereignisse" unterschiedlichste Sachverhalte darstellen und die eineindeutige Zuordnung von Wahrscheinlichkeiten für die einzelnen Sachverhalte nach speziellen Regeln erfolgt. Die abgeleiteten Struktur- und Informationsmaße werden dann auf der Ebene der Ereignisalgebren qualitativ interpretiert. In dieser Gruppe von Arbeiten handelt es sich meistens um die Bestimmung des semantischen Wertes der Information auf der Grundlage der "logischen Wahrscheinlichkeit". Als Beispiel seien die Maße von CARNAP und BAR-HILLEL angeführt. Die relative Information einer Hypothese h bzgl. ihrer Grundlage e besitzt zwei qualitativ differenzierte Maße:

$$\begin{aligned} \text{inf}\ (h/e) &= \log p(e) - \log p\ (e/h) \\ \text{cont}\ (h/e) &= p(e) - p\ (e/h) \end{aligned} \qquad (7)$$

"cont" ist hier das Maß des "substanzziellen" Aspekts des semantischen Inhalts einer Information, und "inf" das Maß des Überraschungswertes einer semantischen Information. (32) "p" ist die logisch bestimmte Wahrscheinlichkeit, die die Beziehung zwischen bestimmten Aussagen, formuliert in einer L-semantischen Sprache, ausdrückt. Ohne weitere inhaltliche Diskussion sei nur angedeutet, daß die Bestimmung der mittleren inf und cont dem SHANNONschen Apparat entspricht und so formal die Gleichungen der semantischen Theorien mit denen der SHANNONschen Theorie übereinstimmen.

2. Die Objekte der ursprünglichen Theorie werden als Wahrscheinlichkeitsfelder interpretiert und im Apparat der Theorie wird die Entropie H(Z) verändert. Hierzu gehören die Arbeiten von BONGARD (33), WEISS (34), BELIS-GUIASU (35) u.a. Es handelt sich hierbei vorrangig um Konzeptionen der pragmatischen Information. Angestrebt wird meistens ein Maß des Nutzens, des Wertes einer Information für einen Empfänger in einer bestimmten Umweltsituation - z.B. Zielrealisierung. Bei vielen dieser Konzeptionen ist die Einführung der sogenannten subjektiven Wahrscheinlichkeit und die Methoden ihrer Bestimmung Mittelpunkt der theoretischen Abhandlung - wobei eine wesentliche Voraussetzung in der stets (annähernd) gleichen Bedeutung der Elementarereignisse für das jeweilige Subjekt (Empfänger) besteht. Auch hier ist die Interpretation der Maßbestimmungen in der Ereignismenge von größter Bedeutung für den Wert dieser Konzeptionen.

   Als Beispiel sei hier die Informationsdefinition von BONGARD angeführt: Betrachtet wird ein System in einem Problemlösungsprozeß mit stochastischem Charakter (z.B. die Auswahl von zufälligen Elementen aus einer Menge und ihre Klassifikation). Die Unbestimmtheit einer solchen Aufgabe hängt einmal von der objektiven Wahrscheinlichkeitsverteilung P ab. Zum anderen wird die Wahl der Lösungsschritte und damit auch die Unbestimmtheit der Aufgabe für ein konkretes Subjekt von der subjektiven Annahme Q über die Wahrscheinlichkeitsverteilung bestimmt. Als Maß der Unbestimmtheit einer Aufgabe für einen bestimmten Lösungsalgorithmus ergibt sich nach BONGARD:

$$H(p/q) = -k \sum p_i \log q_i \qquad (8)$$

H(p/q) ist ein Maß einer subjektiv bewerteten Äquivalenz-Klassenstruktur in einer bestimmten Mengenalgebra, die ebenfalls Abbild einer Ereignisalgebra ist. Der Wert einer erhaltenen Nachricht für die Lösung einer Aufgabe wird nun an der Veränderung der Unbestimmtheit dieser Aufgabe gemessen (36):

$$I = H_0 - H_1 \qquad (9)$$

$H_0$ ist die Unbestimmtheit der Aufgabe für einen gegebenen Lösungsalgorithmus vor Erhalt der Nachricht, $H_1$ - nach Erhalt und Auswertung der Nachricht. Dann ergibt sich I als Maß des Wertes der Information im Hinblick auf die Lösung einer Aufgabe - als Maß der pragmatischen Information. Auch hier wird das Informationsmaß also aus der Differenz von Strukturmaßen gebildet.

3. Mehrere Arbeiten überschreiten den Rahmen der klassischen Informationstheorie, indem als Objekte der Theorie stark logisch verallgemeinerte Wahrscheinlichkeitsfelder auftreten, z. B. bei WATANABE oder bei ROSENKRANTZ (37), SNEED (38) und GÄNG (39), wo Wahrscheinlichkeitsfelder in Einheit mit anderen mathematischen Strukturen aufgefaßt werden. Man erkennt auch in diesen Arbeiten die Gesetzmäßigkeit, Informationsmaße aus der Differenz von Strukturmaßen zu bestimmen.
4. Eine große Gruppe von Autoren untersucht vorrangig den Entropiebegriff und nicht den Informationsbegriff. In solchen Arbeiten wird die Entropie als maßtheoretische Größe für unterschiedlichste Disziplinen fruchtbar gemacht; in ihnen geht es nur um strukturelle und nicht um informationstheoretische Betrachtungen - wie es manchmal mißverständlich ausgedrückt wird. In einigen Arbeiten aus dieser Gruppe wird der Boden der Wahrscheinlichkeitstheorie verlassen und die Bezeichnung "Entropie" für Komplexitäts- bzw. Kompliziertheitsmaße über eindeutig determinierten Strukturen wird fragwürdig.
   Zu dieser Gruppe zählen die Arbeiten von ADLERS-KONHEIM - McANDREW (40), CUBE - GUNZENHÄUSER (41), HOFMANN (42), MOWSHOWITZ (43), RASHEWSKY (44), ROCHLIN (45) und SINAI (46).

Eine für die Entwicklung der logisch-mathematischen Informationstheorie und ihre Anwendung wichtige Richtung ist die, in welcher die Objekte der Theorie andere mathematische Strukturen sind und der Apparat der neuen Theorie nur in Analogie zum SHANNONschen Apparat aufgebaut wird. An erster Stelle sind hier die Arbeiten von A. N. KOLMOGOROFF (47) zu nennen. Ausgehend von der Linie des mathematischen Konstruktionismus entwickelte KOLMOGOROFF darin die algorithmentheoretische Bestimmung der Informationsmenge; er zeigte, daß sich der Wahrscheinlichkeitsbegriff auf den so bestimmten elementaren Informationsbegriff aufbauen läßt. Mit Hilfe der Theorie rekursiver Funktionen definierte KOLMOGOROFF die Komplexität eines Wortes x über dem Alphabet 0, 1 als die minimale Länge eines Programms $\ell$ (p), das eine Turing-Maschine zum Ausdrucken dieses Wortes veranlaßt:

$$K_F 1(x) = \begin{cases} \min l(p): & F^1(p) = x \\ \infty , \text{ wenn } & \vee \; p \in S \vee F^1(p) \neq x \end{cases} \qquad (10)$$

Diese Komplexität stellt ein Strukturmaß dar und bezeichnet intuitiv den Konstruktions- oder Kodierungsaufwand zum Aufbau des Wortes x. Die bedingte Komplexität K (x/y) kennzeichnet intuitiv den Kodierungsaufwand für x, der zusätzlich notwendig ist, wenn das Wort y mit Bestandteilen von x schon gegeben ist. Die Informationsmenge in y über x bestimmt sich dann

$$I(y:x) = K(x) - K(x/y) \qquad (11)$$

Auch hier wird das Informationsmengenmaß über die Differenz von Strukturmaßen gebildet.

Einen Versuch zu nicht von der Wahrscheinlichkeitstheorie ausgehenden Bestimmungen der semantischen Information unternahm Yu. A. SCHREIJDER. (48) Diese Konzeption bezieht sich auf die Veränderung eines Thesaurus V in einem Empfängersystem durch den empfangenden Text T. SCHREIJDER versteht unter dem Begriff Thesaurus eine spezifisch strukturierte Menge von Vorkenntnissen des Empfängers über die Umwelt; als System besitzt dieser Thesaurus verschiedene Zustände, die durch den Algorithmus $A_T$ ineinander überführt werden können. Ein Text T enthält dann den Informationsbetrag, der den Thesaurus V (unter bestimmten Bedingungen) in einem bestimmten Grad ändert:

$$I(V, T) = V_T - V_o \qquad (12)$$

$V_o$ ist ein Maß über die Struktur des Thesaurus vor Erhalt des Textes T; $V_T$ - nach Erhalt des Textes. I(V, T) wird als Betrag der semantischen Information in einem Text T bzgl. des jeweiligen Zustandes des Thesaurus V bezeichnet.

Die Differenz von Strukturmaßen ist hier ebenso Grundlage der Bestimmung von Informationsmaßen wie in der Arbeit von H. THIELE. (49) Ausgehend von den Auffassungen K. STEINBUCHs, daß "objektiv betrachtet ... Informationen Klassenkennzeichen äquivalenter Signale (sind - P. F.), welche den Empfänger zu bestimmtem Verhalten veranlassen", (50) betrachtet THIELE die Informationserzeugung anhand der Abbildung einer Klasse von Signalen auf eine Klasse von Verhaltensweisen spezieller Empfangssysteme. Solche Empfangssysteme werden als "bewertete Wirkungssysteme" definiert und mittels "schwach-initialen Mealy-Automaten" mit festgelegten zusätzlichen Steuergängen beschrieben:

$$I(q,p) = {}_sE_p - {}_sE_{p/q} \qquad (13)$$

Dieses mit automatentheoretischen Mitteln dargestellte Informationsmaß beruht auf der Differenz von Maßen über Äquivalenzklassenstrukturen. Als Zerlegung der Signalmenge fungiert hierbei die definierte Wirkung der Signale auf bestimmte Wirkungssysteme bei gegebenen Signalsendern. Interessant an dieser Konzeption ist der Ausgangspunkt der Modellierung - nämlich die Wirkung eines Widerspiegelungsprozesses in definierten widerspiegelnden Systemen zur Charakterisierung der Information zu verwenden (q als Ausgangssignal von unter der Bedingung p als Eingangssignal!).

Unabhängig vom Ausarbeitungsgrad und bei Vernachlässigung wesentlicher Definitionen und Interpretationsmöglichkeiten wurden einige der bedeutungsvollsten logisch-mathematischen Informationskonzeptionen skizziert bzw. klassifiziert. Bereits eine solch knappe und sicher noch zu erweiternde Analyse bestätigt, daß die Information mathematisch als Differenzmaß definiert wird und Strukturveränderungen in abstrakter Form beschreibt. Bewertungen von Informationen werden über Bewertungen von Strukturveränderungen vorgenommen und damit mittelbar über Strukturmaße. Methoden zur Konstruktion von Strukturmaßen sind also die Grundlage zur mathematischen Verallgemeinerung des Informationsbegriffs. Die qualitative Charakteristik der Informationsdefinitionen hängt in jedem Fall von dem Widerspiegelungsinhalt derjenigen Modellvorstellungen ab, die objektive Sachverhalte in strukturierten Ereignismengen abbilden, welchen dann isomorphe Mengenalgebren zugeordnet werden. Mathematische Informationsdefinitionen erfassen also nur spezielle Seiten von Modellen objektiver Informationsprozesse in abstrakter Form.

Was jedoch eine Analyse logisch-mathematischer Informationskonzeptionen zweifellos ergibt, ist die Einsicht, daß dem von uns vorgestellten "Strukturdifferenzkonzept" der Information, (51) das in einigen Beiträgen auf diesem Kolloquium inhaltlich schon zur Verwendung gelangte, in der objektiven Realität Strukturveränderungsprozesse in widerspiegelnden Systemen zugrundeliegen - auch wenn der Charakter solcher Systeme und das Wesen der Widerspiegelungsrelation nicht Gegenstand der mathematischen Informationstheorie sind und von ihnen abstrahiert wird. Alle bisherigen Modellvorstellungen über objektive Informationsprozesse und die davon abgeleiteten mathematischen Informationsdefinitionen erfassen das Resultat, die Wirkung realer Widerspiegelungsprozesse in den widerspiegelnden Systemen in strukturell-funktioneller Hinsicht und in abstrakter Form. Je nach dem Wesen der in Ereignismengen abgebildeten objektiven Sachverhalte und ihres statistisch oder dynamisch determinierten Zusammenhangs, je nach dem Abstraktionsgrad und der Adäquatheit der Modellvorstellungen ergeben sich qualitativ unterschiedliche Informationsbegriffe. Stets jedoch geht es um Informationserzeugung in einem System, um Information in Etwas bzgl. Anderem. Stets ist ein reales System notwendig (implizit oder explizit angenommen, vorausgesetzt oder als Grundlage in die theoretische Abhandlung mit einbezogen), in dem z. B. die Unbestimmtheit sich verringert; das Erwartungen und Hypothesen aufstellt, das Signalfolgen, Wörter oder Texte kodiert bzw. dekodiert - welches Informationen über seine Funktionen verwendet und dadurch bewertet.

## 2.2. Zum Zusammenhang von Information und Widerspiegelung

Im Rahmen allgemeinwissenschaftlicher und philosophischer Diskussionen des Wesens der Information wurden in zahlreichen Arbeiten einzelne qualitative Merkmale der Information zur Bestimmung ihres Wesens herangezogen, die vom Standpunkt des "Strukturdifferenzkonzeptes" nicht als solche bezeichnet werden können. Wenn z. B. die Information als Unbestimmtheitsmaß (- nicht als deren Verringerung!), als Komplexitäts-, Kompliziertheits-, Ordnungsmaß und Maß des Organisationsgrades, als Maß des Wissens schlechthin, als Negentropie oder allgemeiner als Vielfaltsmaß (ASHBY) definiert wird, dann liegt eine Verwechslung von Struktur und Information bzw. von Struktur- und Informationsmaßen vor. Die Bestimmung solcher Maße ist zwar eine wesentliche Voraussetzung zur Entwicklung von Informationsmaßen - macht sie jedoch nicht mit diesen identisch. Als Beiträge zur Entwicklung bzw. qualitativen Grundlegung einer allgemeinen Theorie der Maße sind sie von enormer Bedeutung; sie helfen, die Mathematisierung der Wissenschaften voranzutreiben. Von besonderer Bedeutung ist hierbei die ASHBYsche Vielfaltskonzeption, (52) die grundlegend für eine allgemeine mathematische Strukturtheorie sein könnte. Doch auch diese Konzeption ist in ihrer sehr abstrakten Form noch nicht geeignet, allein das Wesen der Information zu umreißen. Mathematisch gesehen, kennzeichnet nämlich der Begriff Vielfalt nichts weiter als die Anzahl Äquivalenzklassen einer Menge bei einer bestimmten Zerlegung. Damit ist man noch nicht beim Wesen der Information - selbst wenn die Information als widergespiegelte Vielfalt definiert wird. (53) Erst recht abzulehnen sind dann Konzeptionen, die die Information als Maß jeglicher Inhomogenität bestimmen (54).

Eine wesentlich tiefere inhaltliche Bestimmung der Information ist ihre Bindung an Steuerungs- und Regelungssysteme, gekoppelt mit der Vorstellung der Information als Maß des Ordnungsgrades. (55) Der Sinn solcher Auffassungen besteht darin, daß eine geordnete Menge der Zustände des Signals als Inhalt der äußeren Umgebung in das Steuerungssystem einbezogen wird. Die Ordnung ist Bild (pattern (56)), ist Abbild der Quelle dieser Information. Auf Grund dessen, daß die Information als Ausdruck der Ordnung, der Organisiertheit des Signals (N. WIENER) gleichzeitig Abbild der Quelle ist, kann eine adäquate Reaktion des Steuerungssystems auf die Außenwelt - eben die Steuerung - stattfinden. Hier werden der Widerspiegelungsinhalt (Merkmale der äußeren Umgebung als geordnete Zustandsmenge des Signals), Spezifik der Systemstruktur (eben spezielle Regelkreisstruktur) und adäquate Reaktion in der Bestimmung des Wesens der Information vereint.

Erweitert wird diese Bestimmung durch die Forschungsergebnisse der modernen Biologie und Psychologie. Organismische Informationserzeugung und -verarbeitung wird mit der Erzielung adäquater Verhaltensweisen untrennbar verbunden; Information und Verhalten (nicht nur Steuerung!) werden sogar als duale Kategorien betrachtet. (57) Dabei wird das Prinzip der Mittelbarkeit der Widerspiegelung besonders hervorgehoben und untersucht.

So wie diese inhaltlich orientierten Konzeptionen, liefern auch zahlreiche philosophische Diskussionen zum Informationsbegriff wesentliche Beiträge; ohne Zweifel sind Analysen des Zusammenhangs von Information und Kausalität, von Information und Möglichkeit (Wirklichkeit), Information und Zufall (Notwendigkeit), Unbestimmtheit (Bestimmtheit), von Information und Modell usw. wesentliche Seiten einer allgemeinen Analyse des Begriffs Information. Doch erfassen sie alle nur einzelne Aspekte des Zusammenhangs von Widerspiegelung und Information, sie beruhen auf diesem Zusammenhang und konkretisieren ihn.

Seit der Entstehung der Kybernetik wandten sich die marxistischen Philosophen verstärkt dem Begriff der Information, seinem Inhalt zu. Dabei konnte die Frage, welche spezifischen Eigenschaften der Materie, welche objektiven Prozesse bezeichnet man mit dem Begriff "Information", nicht allein durch Auswertung einzelwissenschaftlicher Ergebnisse beantwortet werden. Es ist das Verdienst zahlreicher Philosophen, z.B. G.M. BIRJUKOW, L.M. BRAGINA, G.M. LJACHOW, I.B. NOWIK, A.G. SPIRKIN, W.S. TJUCHTIN, B.C. UKRAINZEW, A.D. URSUL, T.D. PAWLOW, J. ZEMAN und anderer, den Beweis dafür erbracht zu haben, daß die Natur der Information nur im Zusammenhang mit der Widerspiegelung als allgemeiner Eigenschaft der Materie verstanden werden kann, daß eine weitere Klärung des Informationsbegriffes, seine allgemeine Definition nur unter Beachtung seines Zusammenhangs mit philosophischen Kategorien, wie z.B. Wechselwirkung und Widerspiegelung, vorgenommen werden kann.
Auch in der DDR gibt es Arbeiten, in denen der Versuch unternommen wird, den Informationsbegriff philosophisch zu deuten, das Wesen der Information zu ergründen (siehe hierzu z.B. die Arbeiten von S. BÖHNISCH (58), G. KLAUS (59, 60, 61), H. METZLER (62), V. STOLJAROW (63), H. VOGEL (64), H. VÖLZ (65), K. FUCHS-KITTOWSKI (66). In diesen Arbeiten sind wertvolle Gedanken und fruchtbare Anregungen zur Untersuchung des Begriffes Information, des Zusammenhangs zwischen Information und marxistisch-leninistischer Erkenntnistheorie sowie zwischen Information und speziellen einzelwissenschaftlichen Problemen enthalten. Einige dieser Beiträge beschäftigen sich besonders mit den mathematisch-physikalischen, andere besonders mit den philosophischen Aspekten des Informationsbegriffs. In der Überbetonung oder einseitigen Untersuchung spezieller Informationsaspekte liegen jedoch meistens ihre Grenzen. Als Nachteil für ein weiteres Vordringen in dieser Problematik erweist sich oft die nicht vollständige Erfassung aller hierfür brauchbaren Ergebnisse der Naturwissenschaften und anderer konkreter Wissenschaften. Oft wird z.B. nur die statistische Informationstheorie analysiert, um auf der Grundlage einer Verallgemeinerung der Thesen dieser Theorie unter Heranziehung einiger philosophischer Kategorien eine erweiterte Definition der Information zu geben. In der Regel ist ein solcher Informationsbegriff für eine allgemeine, philosophische Bestimmung des Wesens der Information zu eng. Das kommt insbesondere darin zum Ausdruck, daß in einigen Arbeiten die Information lediglich als eine kybernetische Kategorie, d.h. als eine Eigenschaft nur einer eng begrenzten Gruppe materieller Erscheinungen usw. angesehen wird. Bis in die letzte Zeit hinein war das

nicht auf der Wahrscheinlichkeitstheorie beruhende Herangehen in der Informationstheorie für viele Forscher noch fremd. Der qualitative Aspekt der Information (z. B. der pragmatische und semantische) sowie die Anwendung der Informationstheorie in den Wissenschaften von der unbelebten Natur wurden häufig ungenügend analysiert.

Aus der Analyse logisch-mathematischer Informationskonzeptionen folgte das Strukturdifferenzprinzip der Information; d. h. Information wird als Resultat spezieller realer Strukturveränderungsprozesse in Bezug zu dem Einwirkenden erzeugt. Aus der Analyse ihrer Anwendungsgebiete und der unterschiedlichen Begriffsdeutungen folgte weiterhin die reale Systemgebundenheit der Information; die Information wird stets in einem System bzgl. eines anderen erzeugt, von ihm zur Verhaltensänderung verwendet und dadurch bewertet. Und schließlich folgte aus der bisherigen philosophischen Diskussion, gestützt auf einzelwissenschaftliche Ergebnisse, die Erkenntnis, daß die in den Informationskonzeptionen untersuchten Strukturveränderungen Resultate von Widerspiegelungsprozessen sind.

Es kommt nun darauf an, die o. a. Gesetzmäßigkeiten der Widerspiegelung mit denen der Information in Beziehung zu setzen - Hinweise dazu gibt es ja aus den bisherigen Diskussionen genügend.

Als Ergebnis einer solchen Arbeit wird folgende Auffassung der Information als These zur Diskussion gestellt:

Die Information kennzeichnet die Wirkung der Widerspiegelung - relativ zu einer begrenzten Folge bzw. zu einzelnen Strukturveränderungen in widerspiegelnden Systemen, die sich in einer Umwelt befinden, mit ihr im Zusammenhang stehen, und sich in ihr und mit ihr bewegen. Die Information stellt den Zusammenhang von Widerspiegelungsinhalt, Systemqualität des widerspiegelnden Systems und Funktionsrealisierung in einer bestimmten Umwelt her. (Die Einheit von Struktur und Funktion ist hier enthalten - Information jedoch nicht darauf beschränkt.) Information ist somit eine spezielle Form des objektiven Zusammenhangs, welche stets vom Widerspiegelungszusammenhang abgeleitet, damit an die universelle Widerspiegelungsfähigkeit und an den Systemcharakter der Materie gebunden ist.

Dem Grundgesetz der Widerspiegelung folgend und in Verallgemeinerung von Anwendungsergebnissen der Informationstheorie existiert die Information in primärer Abhängigkeit vom Widergespiegelten und damit vom Widerspiegelungsinhalt!

Bezüglich des Adäquatheitsprinzips der Widerspiegelung verkörpert die Information gerade die Adäquatheit des Widerspiegelungsresultats in vermittelter Form, also auf der Grundlage des Prinzips der Mittelbarkeit der Widerspiegelung. Mittelbarkeit der Informationserzeugung bedeutet hier ihre sekundäre Abhängigkeit von der im widerspiegelnden System vorhandenen und die jeweilige Strukturveränderung mitbestimmenden Systemstruktur.

Aus der objektiv untrennbaren Einheit des strukturell-funktionellen und des historisch-genetischen Widerspiegelungsaspektes folgt auch das Vorhandensein und die Einheit eines strukturell-funktionellen und eines historisch-genetischen Aspektes der Information. Der historisch-genetische Informationsaspekt ist hierbei gegenüber dem strukturell-funktionellen primär. Hierzu einige Erläuterungen:

Im Prozeß der strukturell-funktionellen Widerspiegelung wird eine bestimmte materielle Struktur in dem widergespiegelten System erzeugt und im Rahmen spezieller Wechselwirkungsprozesse auf andere Systeme übertragen. Diese materielle Struktur widerspiegelt in ihrer Spezifik besondere Merkmale des widergespiegelten Systems (Signalfunktion); sie besitzt eine strukturelle Vielfalt als Gesamtheit der widergespiegelten Merkmale. Die strukturelle Vielfalt wird mittels Signale auf ein widerspiegelndes System übertragen und führt in diesem durch ihre Eingliederung (bedingt durch die Materialität der Signale und an andere Voraussetzungen, wie die "Systemadäquatheit" nach FUCHS-KITTOWSKY, gebunden, zu irreversiblen Strukturveränderungen. Die irreversiblen Strukturveränderungen bewirken im widerspiegelnden System eine qualitative oder quantitativer Veränderung der Verhaltensweise gegenüber dem einwirkenden (widergespiegelten) System - derart, daß die Verhaltensweise (Funktion) des widerspiegelnden Systems gegenüber dem einwirkenden adäquat gestaltet wird. Das hat letztlich seine Ursache darin, daß die übertragene und eingegliederte strukturelle Vielfalt adäquate Merkmale des einwirkenden Systems widerspiegelt und dieser Widerspiegelungsinhalt in der veränderten Struktur des widerspiegelnden Systems dialektisch negiert wird (was wiederum auf der allgemeinen Widerspiegelungsfähigkeit der Materie beruht.) Das heißt, die in der veränderten Struktur des widerspiegelnden Systems enthaltene Information über das einwirkende System "kodiert" qualitativ oder quantitativ veränderte Funktionen gegenüber diesem System. Der Erzeugungsprozeß dieser strukturell-funktonellen Information verändert dabei die Grundqualität des widerspiegelnden Systems nicht.

Strukturell-funktionelle Information kann deshalb nicht übertragen werden - übertragen wird eine strukturelle Vielfalt als objektiver Widerspiegelungsinhalt, die an die räumlich-zeitlichen Unterschiede von stofflich-energetischen Trägern (Signale) gebunden ist, jedoch gegenüber Transformationen invariant ist. Die Information wird als Folge der Eingliederung der strukturellen Vielfalt und der damit verursachten Strukturveränderung im "empfangenden" System erzeugt; stets in Bezug zum einwirkenden System (Information in Bezug worauf? Information worüber?).

Während der quantitative Aspekt der Information durch die Messung der Quantität der Strukturänderung im abbildenden System bestimmt werden kann (Bestimmung der Informationsmenge als Differenzmaß z. B. mittels wahrscheinlichkeitstheoretischer-statistischer, dynamischer, kombinatorischer, topologischer, algorithmentheoretischer u. a. Methoden), ergibt sich der qualitative Aspekt der Information aus der durch sie kodierten Funktionsqualität.

Einige weitere Folgerungen: Jede Ebene eines hierarchisch strukturierten Systems besitzt dann im Widerspiegelungsprozeß ihre eigene Informationsqualität. Informationen aus unterschiedlichen Ebenen ein- und desselben Systems sind nicht direkt miteinander vergleichbar. Daher muß in jedem Fall die Angabe einer Information a) in einem Bezugssystem und b) durch die Bestimmung der Informationsmenge (entspricht einer Maßzahl) und c) die gleichzeitige Kennzeichnung der dazugehörigen Qualität (entspricht einer Dimension) erfolgen (67).

Aus dem Dargelegten ist ersichtlich, daß die Mehrzahl aller informationstheoretischen Arbeiten sich ausschließlich auf den strukturell-funktionellen Informationsaspekt konzentriert. Auf der Grundlage dieses Informationsaspektes läßt sich auch der Begriff "Informationsverarbeitung" bestimmen. Auf der Basis der strukturell-funktionell realisierten Widerspiegelungsfähigkeit eines konkreten Systems wird in diesem bezüglich einer spezifischen Umwelt ständig Information aktuell erzeugt, wodurch unterschiedliche Verhaltensweisen gegenüber eben dieser Umwelt ausgewählt werden. Das geschieht aber im Rahmen des Musters der prinzipiell möglichen Verhaltensweisen - d. h. die wesentliche Systemqualität bleibt unverändert. Die Fähigkeit der Informationsverarbeitung bezieht sich daher auf die Variation von Verhaltensweisen bezüglich einer gegebenen Umwelt. Das Muster der prinzipiell möglichen Verhaltensweisen ist hier vorrangig von der historisch-genetischen Widerspiegelung determiniert und ist somit Ausdruck der historisch-genetisch aggregierten Information.

Die im Prozeß der historisch-genetischen Widerspiegelung vor sich gehende Folge genetisch verknüpfter qualitativer Veränderungen und die damit zusammenhängende Strukturveränderungsfolge bedingt die dialektische Negation alter und den Erwerb neuer Funktionsqualitäten der genetisch auseinander hervorgehenden Systeme. Die historisch-genetische Information, die in der Struktur dieser

Systeme enthalten ist, "kodiert" alte und neue Funktionsqualitäten in vermittelter Form. Die im Prozeß der historisch-genetischen Widerspiegelung erzeugte Information kodiert dabei solche Funktionsqualitäten, die für das jeweilige System wesentlich waren, zur Veränderung seiner Grundqualität und zur Entstehung neuer Systeme führten. Im Gegensatz zur strukturell-funktionellen Information ist die historisch-genetische Information übertragbar.
Die Berechtigung zur Definition des historisch-genetischen Widerspiegelungs- und Informationsaspektes wird besonders durch die Arbeiten von Nobelpreisträger M. EIGEN zur molekularen Selbstorganisation der Materie unterstrichen (68) (69).
Wichtig für das Verständnis des historisch-genetischen Aspektes der Information ist ebenfalls, daß solche Information nur dann neu erworben wird, wenn bezüglich des zugrundegelegten materiellen Systems qualitativ neue Funktionen bzw. Verhaltensweisen zur Systemnotwendigkeit geworden sind. Über diese Funktion erst äußert sich die Qualität der Information und durch sie wird sie erst bewertet: "Wert" einer Information in diesem Sinne ist der Ausdruck der Bedeutung der neu erworbenen Eigenschaft, d. h. der in der Systemstruktur neu "kodierten" Funktion für die Erhaltung bzw. Entwicklung des Systems unter bestimmten Umweltbedingungen (letzteres gilt auch für die strukturell-funktionelle Informationserzeugung).
Setzt man die endliche Existenz evolutionsfähiger Systeme voraus und faßt die Gesamtheit der sich ebenfalls ändernden Umweltbedingungen zu "Auswahlbedingungen" zusammen, dann geht der Informationswert in einen Auswahlwert über - z. B. ab der zweiten Evolutionsphase von EIGEN als "Selektionswert" zum Zwekke der Systemerhaltung bezeichnet (70). Dabei ist es notwendig, zwischen dem Wert der Information für die reine Existenzerhaltung und dem für die weitere Evolutionsfähigkeit zu unterscheiden. Dies gilt für jede Entwicklung - nicht nur für spezielle Phasen! So wird auch deutlich, daß es berechtigt ist, unter bestimmten Bedingungen von einem "natürlichen Bewertungsprinzip" der Materie zu sprechen: eine solche Bewertung erfolgt in gesetzmäßig ablaufenden Auswahlprozessen, in deren Verlauf die im Entwicklungsprozeß, im Prozeß der historisch-genetischen Widerspiegelung erzeugte Information durch die äußeren Auswahlbedingungen hinsichtlich ihrer Funktion zwecks Erhaltung bzw. weiterer Entwicklung dieses Systems in Konkurrenz zu anderen bewertet wird. Es ist klar, daß von Auswahl und Bewertung nur dann gesprochen werden kann, wenn sich eine Vielzahl solcher Systeme zugleich und in Konkurrenz miteinander dem Aus-

wahlprozeß stellen - was übrigens die Notwendigkeit des statistischen Charakters entwicklungsfähiger Systeme unterstreicht.
Der historisch-genetische Aspekt der Information kennzeichnet also die Wirkung der historisch-genetischen Widerspiegelung - relativ zu einem begrenzten Entwicklungsabschnitt sich entwickelnder Systeme in einer sich dynamisch verändernden Umwelt. Dieser Aspekt unterliegt daher ebenfalls den vorher angeführten allgemeinen Gesetzmäßigkeiten der Information.
Für den untrennbaren Zusammenhang des historisch-genetischen und des strukturell-funktionellen Aspektes der Information in Entwicklungsprozessen soll bei Vorhandensein der gleichen Entwicklungsbedingungen die gleiche Gesetzmäßigkeit wie für den Zusammenhang von historisch-genetischer und strukturell-funktioneller Widerspiegelung gelten (siehe oben!). Unterstrichen wird diese These durch die objektiv vorhandene qualitative Vergrößerung der Informationsverarbeitungsfähigkeit (gebunden an den strukturell-funktionellen Aspekt der Information) in Prozessen der Höherentwicklung - also in direkter Abhängigkeit von der Aggregation der historisch-genetischen Information.

## 3. Entwicklung, Widerspiegelung und Information als Formen des gesetzmäßigen Zusammenhangs

### 3.1. Zur Einheit von Widerspiegelung und Information in der biologischen Evolution

Die philosophische Grundlage zur wissenschaftlichen Aufklärung des Zusammenhangs von philosophischer und biologischer Entwicklungstheorie ist die materialistische Dialektik. Der "große Grundgedanke" dieser Dialektik ist die Erkenntnis, daß die Welt "ein Komplex von Prozessen ist, worin die scheinbar stabilen Dinge nicht minder wie ihre Gedankenabbilder in unserem Kopf, die Begriffe, eine ununterbrochene Veränderung des Werdens und Vergehens durchmachen, in der bei aller momentanen Rückläufigkeit schließlich eine fortschreitende Entwicklung sich durchsetzt". (71) Die materialistische Dialektik lehrt, daß über den einzelnen Dingen nicht deren Zusammenhang; über ihrem Sein nicht ihr Werden und Vergehen, über ihrer Ruhe nicht ihre Bewegung vergessen werden darf. (72) Sie ist darum nicht nur bloße Entwicklungslehre, sie ist zugleich Wissenschaft von den Zusammenhängen, vom Gesamtzusammenhang. (73) Der objektive

Zusammenhang ist dabei als Prozeß aufzufassen - die Entwicklung als eine seiner allgemeinsten Formen. Diese Entwicklung vollzieht sich als Übergang von einer Qualität zu einer höheren, als sich durchsetzende Tendenz aller quantitativen und qualitativen Veränderungen und ihres gegenseitigen ineinander Umschlagens. Vorangetrieben vom Kampf der Gegensätze, welche erst in ihrer im Widerspruch gefaßten Identität als Triebkraft auftreten, verläuft die Entwicklung insgesamt in Richtung der scheinbaren Rückkehr zum Alten (Negation der Negation). Erst in ihrer untrennbaren Einheit charakterisieren diese Grundgesetze den Entwicklungsprozeß. Sie dürfen deshalb auch nicht einzeln verabsolutiert bzw. einseitig einander entgegengestellt werden.
Von dieser Position ausgehend, entsteht nun die Frage, wie diese allgemeinsten Entwicklungsgesetzmäßigkeiten in der biologischen Evolution zum Ausdruck kommen. Im Hinblick auf unser Thema bedeutet dies, zu fragen, wie Widerspiegelung, Information und biologische Evolution zusammenhängen.
M. EIGEN formulierte unlängst eine Theorie der Selbstorganisation der Materie und begründet, wie Information als Werteigenschaft in einem sich reproduzierenden System entstehen kann. Wie er zeigt, erlaubt ein physikalisch eindeutig definierbarer Selektionswert die Selbstbewertung des Systems und entscheidet über die Erhaltung und weitere Evolution eines durch Zufall entstandenen Informationsgehaltes. (74)
Hier fragen wir: Was sind das für Eigenschaften, die solchen objektiv realen Erscheinungen wie "Selektionswert" und "Selbstbewertung" materieller Systeme zugrundeliegen? Was ist hierbei "Information"? In welchem Sinne verwendet EIGEN den Informationsbegriff und entsteht wirklich die Ausgangsinformation, die potentiell im "Informationsträger" (75) enthaltene Information zufällig?
Zur Beantwortung dieser Fragen sollten wir gemäß EIGEN (76) zuerst einmal mehrere Evolutionsphasen unterscheiden, die zeitlich nicht vollständig voneinander zu trennen sind: 1. eine präbiotische "chemische" Phase. 2. die Phase der Selbstorganisation zu replizierenden "Individuen", 3. die Entwicklung der Arten. Wir werden sehen, daß die Beachtung der Gesetzmäßigkeiten aller Phasen uns ein tieferes Eindringen in die Problematik der zellulären Differenzierung gestattet, welche ja eigentlich zur dritten Phase gehört.
Die erste, rein "chemische" Phase wurde entsprechend dem heutigen Wissensstand an anderer Stelle ausführlich behandelt (z. B. PONNAMPERUSS 1971 u. a. (77)) Es darf heute als gesichert angesehen werden, daß unter präbiotischen Bedingungen, d. h. in einer reduzierenden Atmosphäre mit verschiedenen (Ener-

giequellen und in den ersten Phasen eines Urozeans, sich alle wichtigen Bestandteile biologischer Makromoleküle - wie z.B. Aminosäuren, energiereiche Nucleosidphosphate wie ATP und seine Basenhomologen - herausbilden, polymerisieren konnten. Wichtig erscheint uns die Frage nach dem Bezugspunkt der Bezeichnung "chemische Evolutionsphase" - was entwickelt sich in dieser Phase?
Ohne Zweifel handelt es sich beim Übergang vom Anorganischen (atomar und molekular differenziert) zum Organischen (niedere molekulare Form) im Rahmen dieser ersten Phase um die Evolution extrem "großer statistischer Systeme". Was wird hier unter extrem großen statistischen Systemen verstanden?
Unter den gegebenen Bedingungen des Sonnensystems, des erdualen Raums und der geologischen (geotektonischen) Evolution, die in reichem Maße eine stetige, sich jedoch qualitativ differenzierende Energiezufuhr ermöglichten, entwickelten sich (über Phasentrennung) extrem große Gesamtheiten bestimmter Gruppen anorganischer Atome und Moleküle im Oberflächenbereich der Erde (einschließlich der Atmosphäre) zu neuen Gesamtheiten mit massenhaft auftretenden, einfachen organischen Molekülen. Solchen Gesamtheiten fehlt eine innere funktionelle Organisation - innere Wechselwirkungen zwischen räumlich weitverteilten Ensembles der organischen Elemente existieren nicht. Abstrahiert man von den äußeren Wechselwirkungen und Umweltbedingungen, dann allerdings erscheinen solche Gesamtheiten eher als ein Chaos denn als System. Wird diese Abstraktion verabsolutiert, dann ist man auch nicht mehr in der Lage, das Entstehen und die Entwicklung solcher Gesamtheiten als historisch notwendig zu begreifen; das Entstehen makromolekularer Elemente für die Selbstorganisationsphase erscheint dann als ein "Spiel des Zufalls", als rein zufällig.
Werden jedoch Umweltbedingungen und äußere Wechselwirkungen beachtet, so ergibt sich folgendes Bild: Auf alle anorganischen Elementareinheiten in bestimmten Oberflächenbereichen der Erde wirkten sich verändernde, sich differenzierende Umweltbedingungen und Einflüsse beinahe gleichzeitig und in gleicher oder ähnlicher Art aus. Dadurch wurden massenhaft bestimmte Möglichkeiten zur chemischen Reaktion anorganischer Atome und Moleküle und damit zur Entstehung einfacher organischer Spezies realisiert. Die aus dem Anorganischen entstandenen großen Gesamtheiten mit organischen Elementen besaßen daher eine gesetzmäßige Entstehungsgeschichte, die sich von denen anderer Gesamtheiten unterschied. Darüber hinaus grenzten sich solche Gesamtheiten von den übrigen ab (Differenzierung); zwar waren sie im Anorganischen eingelagert, doch konzentrierten sie sich in bestimmten Bereichen der Erdoberfläche und wirkten in qualitativ

neuer Art auf das Anorganische zurück. Die gemeinsame Geschichte sowie ihre qualitativ neuen Funktionsmöglichkeiten machten die organischen Moleküle in ihrer Gesamtheit zu Trägern der präbiotischen Evolution. Wir sehen darin eine Berechtigung, die Gesamtheit aller zur Evolution beitragenden Elementareinheiten als ein großes statistisches System zu betrachten, als das System zu bestimmen, was sich in der "chemischen Evolutionsphase" entwickelt. Es ist deshalb ein "statistisches" System, weil es aus einer Vielfalt extrem großer Elementarmengen besteht, welche untereinander nur äußerst begrenzt wechselwirken. In der Bindung der präbiotischen Evolutionsphase an ein solches System sehen wir die einzige Möglichkeit, diese Evolution zu analysieren und in ihren allgemeinen Gesetzmäßigkeiten darzustellen.

Auf Grund der fehlenden inneren Wechselwirkung zwischen großen Ensembles der organischen Elemente blieb in dieser Phase der extrem statistische Charakter dieser Systeme gegenüber dem Anorganischen im Wesentlichen erhalten; innere Widersprüche auf der Systemebene konnten sich nicht realisieren und reduzierten sich daher auf die gemeinsamen inneren Widersprüche aller organischen Elemente. Das heißt, die äußeren Widersprüche übten durch die Veränderung der Elemente auf das System einen vermittelten Evolutionsdruck aus. Das Übertragen einzelner zufällig entstandener neuer Elementareigenschaften auf die Systemgesamtheit war extrem unwahrscheinlich, da dies weitreichende Wechselwirkungen unter den Elementen voraussetzt - welche in solchen Systemen jedoch nicht vorhanden waren. Traten solche zufälligen Ereignisse jedoch massenhaft und in gleicher Qualität auf, dann wurden sie zur Systemnotwendigkeit. Die äußere Determination überwog in dieser Evolutionsetappe großer statistischer Systeme die innere.

Eingelagert in weitaus allgemeinere Entwicklungszusammenhänge und von diesen wesentlich bedingt und bestimmt, verlief also die präbiotische Phase der Evolution gesetzmäßig und führte zu einer neuen Qualität der statistischen Systeme. Neue Qualitätsmerkmale als Ergebnis dieses dialektischen Sprunges waren z.B. die Vergrößerung der Elementemöglichkeiten (so die qualitativ differenziertere und speziellere Kombinationsfähigkeit der organischen Moleküle) gegenüber dem Anorganischen und die davon abhängige größere qualitative Vielfalt von weiteren Entwicklungsmöglichkeiten des Gesamtsystems.

Gleichzeitig fand eine dialektische Negation von Eigenschaften des Anorganischen beim Übergang zum Organischen statt. Bezüglich des kontinuierlichen Moments der dialektischen Negation (78) wurden in den organischen Elementen spezielle

physikalische und chemische Reaktionsfähigkeiten des Anorganischen in modifizierter Form aufbewahrt, bezüglich des diskontinuierlichen Moments wurden andere physikalische und chemische Reaktionstypen unterdrückt.
Sinn dieser Überlegung ist eine Analyse von EIGENs erster Voraussetzung zur Selbstorganisation der Materie, die er wie folgt angibt: "Am 'Anfang' - was auch immer man genauer darunter zu verstehen hat - muß ein molekulares Chaos geherrscht haben, ohne jegliche funktionelle Organisation unter der ungeheuren Vielfalt chemischer Spezies. Deshalb muß die Selbstorganisation der Materie, die wir mit dem 'Ursprung des Lebens' in Beziehung setzen, von Zufallsereignissen ausgegangen sein." (79)
"Molekulares Chaos" und "ohne jegliche funktionelle Organisation" - diese Feststellungen scheinen uns nur bedingt wörtlich gemeint zu sein. Einmal sind sie ohne Zweifel deshalb berechtigt, weil EIGEN vorrangig die Phase der Selbstorganisation behandelt und die präbiotische Phase nur in ihren Erscheinungen als Ausgangspunkt dient. Zum anderen aber, wie seine Arbeit zeigt, ist er sich bewußt, daß hinter einer großen Zahl annähernd gleichzeitiger und gleichartiger Zufallsereignisse auf Grund allgemeiner Entwicklungszusammenhänge eine starke Gesetzmäßigkeit steht. In diesem "Chaos" differenziert sich z. B. das statistische System mit organischen Elementen. Es besitzt als Ganzes eine größere Dynamik (Veränderungsgeschwindigkeit) sowie eine Vielfalt qualitativ neuer Verhaltensweisen seiner Elemente, welche nicht auf die anorganischen reduzierbar sind. Diese organischen Elemente widerspiegeln ihre eigene Entwicklung - sowohl die allgemeinen, wesentlichen und "massenhaft" wirkenden Bedingungen (Notwendigkeit) als auch die speziellen, "individuell" verschiedenen und besonderen Bedingungen (Zufall) ihrer gesetzmäßigen Entstehung. Mit ihren qualitativ neuen Eigenschaften widerspiegeln die organischen Elemente bestimmte Eigenschaften des "Alten", der anorganischen Ausgangselemente und die zu ihrer eigenen Entstehung führenden Bedingungen und Einwirkungen (hier vorwiegend energetisch) in spezifischer, eben dialektisch negierter Art. Die von EIGEN gemeinten "chemischen Spezies" besitzen gegenüber den atomaren einen neuen qualitativen Inhalt, der durch die Fähigkeit der Materie, bestimmte Besonderheiten und Züge des Alten im Neuen aufzuheben, wesentliche Einwirkungen auf das Vergangene (die zu dessen Veränderungen führten) durch das Bestehende widerzuspiegeln, erst möglich geworden ist.
Die hier angedeutete Tatsache des im Evolutionsprozeß zunehmenden qualitativ neuen Inhalts mit den Merkmalen eines widergespiegelten Inhalts wollen wir da-

her als historisch-genetischen Aspekt der Widerspiegelung bezeichnen.
Um auf die Frage zurückzukommen, ob die molekularen "Informationsträger" als Ausgangsmaterial der Selbstorganisation der Materie rein zufällig entstanden sind, so antworten wir: nein. Im Verlaufe der Entwicklung einfacher organischer Moleküle findet eine historisch-genetische Widerspiegelung sowohl in deren neuen Struktur als auch in ihrem massenhaften Vorhandensein statt, die mit einer Informationsentstehung (Erzeugung) verbunden ist. Dem liegt ein Auswahlprozeß zugrunde, der die vorhandene anorganische Vielfalt mittels spezifizierter energetischer Bedingungen einschränkt - sowohl quantitativ (nur die in bestimmten Bereichen der Erdoberfläche und Atmosphäre vorhandenen anorganischen Elemente tragen zur Entstehung des Organischen bei) als auch qualitativ (die anorganischen Elementmöglichkeiten werden eingeschränkt und nur einige realisiert; nur bestimmte physikalische und chemische Reaktionsfähigkeiten bleiben im Organischen in modifizierter Form erhalten). Am Ende dieses Auswahlprozesses entsteht jedoch etwas Neues - nicht nur Eingeschränktes; denn der zugrundeliegende Evolutionsprozeß ist auch zugleich ein integrierender Prozeß, eine Synthese, als deren Ergebnis strukturgebundene Information entsteht, die qualitativ neue Funktionen codiert - wie z.B. speziellere Kombinationsfähigkeiten und neue Reaktionstypen. So kann auch der in dieser Phase der Evolution wichtige Prozeß der Polymerisation durch die Eigenschaft einfacher organischer Moleküle gekennzeichnet werden, mittels der im Prozeß der historisch-genetischen Widerspiegelung erzeugten Information niedere "Erkennungsfunktionen" zwecks Auswahl anderer spezifischer Moleküle zur Anlagerung zu realisieren (sterische Eigenschaften als Grundlage für diese neuen Eigenschaften).
Wir möchten auch für diese Phase der Evolution hervorheben, was EIGEN für die zweite und dritte Phase hervorhebt: "Für bestimmte Materie mit spezifizierten (hier spezifizierten "Erkennungs"- und Kombinations-P. F.)Eigenschaften erweist sich die Evolution als unabwendbares Ereignis, solange ein endlicher Fluß freier Energie vorhanden ist, der die stetige Entropieproduktion (der einfachen organischen Moleküle - P. F.) kompensiert (80).
Der von uns verwendete Informationsbegriff ist hierbei analog dem von EIGEN (81) - nur mit dem Unterschied, daß wir jede Etappe in den Evolutionsphasen einer spezifischen Informationsqualität zuordnen. Unter Informationsqualität soll hier die durch die Information codierte Funktionsqualität verstanden werden. Wir stimmen ihm völlig zu, daß die Selbstorganisation unmittelbar die spezifische Qualität der Information voraussetzt, die Funktion für die "Reproduktion" oder "Konservie-

rung" des eigenen Informationsinhaltes zu codieren. (82) Diese Informationsqualität existiert noch nicht in einfachen organischen Molekülen - dort existiert eine andere, gesetzmäßig entstandene (siehe oben). Da die bei EIGEN formulierten Informationserzeugungsprozesse von uns als Ergebnisse der historisch-genetischen Widerspiegelung erkannt werden und das Wesen dieser Prozesse in allen Phasen der Evolution erhalten bleibt (einschließlich der präbiotischen Phase), wollen wir diese Art der Information (letztlich als Resultat von Evolutionsprozessen entstanden) mit dem historisch-genetischen Aspekt der Information identifizieren.

Zur Erzeugung strukturell-funktioneller Information zählen wir die Erzeugung der von EIGEN als "sekundär" bezeichnete Information - welche als Strukturkorrelat zu sekundären Funktionseigenschaften (83) aufzufassen ist (wobei als "primär" die historisch-genetisch erworbene Information charakterisiert ist). Kehren wir noch einmal zur prähistorischen Phase der Evolution zurück.[4] Auf Grund der geringen strukturellen Voraussetzungen existierten anfangs große statistische Systeme mit einfachen organischen Molekülen. Einzelne zufällige Strukturveränderungen in diesen Molekülen sind für die Qualität des Systems völlig unwesentlich - sie beeinflussen in keiner Weise die Systemnotwendigkeit, die im Wesentlichen durch die äußeren Bedingungen determiniert wird. Die Evolutionsgeschwindigkeit wird daher fast ausschließlich durch die Veränderungsgeschwindigkeit der Umweltbedingungen diktiert, welche zugleich und annähernd gleichartig auf alle Elemente des Systems einwirken. Auf Grund der sich differenzierenden energetischen Bedingungen in der Atmosphäre und an der Erdoberfläche, beim Übergang etwa in die wässrige Phase eines Urozeans, kommt es zur massenhaften Aggregation komplizierterer Elementareinheiten und zur Abgrenzung und Entstehung neuer statistischer Systeme - mittels anderer Auswahlprozesse, als in den vorangegangenen Etappen. Diese Systeme sind wesentlich eingeschränkter und begrenzter als die extrem großen der ersten Etappen. Dazu ist der spezifische Charakter der begrenzenden energetischen Bedingungen zu beachten: einerseits ermöglicht die Senkung der mittleren Energieverteilungsdichte mit größerer Wahrscheinlichkeit als vorher die massenhafte Entstehung makromolekularer Strukturen, ohne sie sofort zu zerstören; andererseits "zwingt" eine solche Ver-

---

[4] Wesentliche Gedanken zur EIGENschen Arbeit, die hierzu analog sind, befinden sich in: K. FUCHS-KITTOWSKI und H.-A. ROSENTHAL: Selbstorganisation und Evolution, Wi. Fortschr. 22, (1972), 2, 308-313.

ringerung der Energiedichte (etwa im Urozean) zur Ausprägung von besonderen Mechanismen, um die Stabilität auch unter den neuen Bedingungen gegenüber den niederen Elementareinheiten und dem Anorganischen zu gewährleisten.
Bevorteilt, d.h. positiv bewertet wurde diejenige historisch-genetische Information in den Elementareinheiten, die funktionell entweder eine höhere Stabilität durch Vergrößerung des eigenen Stabilitätsbereiches (stärkere innere Wechselwirkung, relative Isolationsmechanismen z.B. durch Ausnutzung neuer sterischer Eigenschaften, Anlagerung qualitativ anderer "Puffermoleküle" bzw. sogar eigener komplementärer Makromoleküle usw.) oder aber eine hohe Dynamik des Stoff- und Energieaustausches mit der Umwelt (z.B. durch Ausprägung immer spezifizierterer "Erkennungsleistungen und hoher Katalysekapazitäten) gewährleistete.
Eine entscheidende Bedingung für die Stabilität statistischer Systeme mit makromolekularen Elementen ist aber nach wie vor die massenhafte Entstehung dieser Elementareinheiten; zufällige Vernichtung der Elemente oder Entstehung veränderter Teilstrukturen sind in Einzelfällen für die Systemnotwendigkeit unwesentlich. Erst wenn die Veränderungen massenhaft auftreten, werden sie zur Systemnotwendigkeit; solche Ereignisse sind dann aber nicht rein zufällig, sondern in Umweltabhängigkeit notwendig und gesetzmäßig.
Zu der ersten Gruppe von Trägern bewerteter Information in der letzten Etappe der präbiotischen Evolutionsphase könnten die sich herausbildenden ein- und doppelsträngigen Nucleinsäuremoleküle gehört haben. Zur zweiten gehörte dann die Vielfalt der Proteine.
Wahrscheinlich jedoch aber waren diese Prozesse viel komplizierter; Wechselwirkungen der Elementareinheiten verschiedener Systeme waren ja überall und jederzeit möglich. Dennoch darf nicht vergessen werden, daß jede sich durchsetzende massenhafte Veränderung als Beitrag zur Erhöhung der Stabilität der Elementareinheiten bzw. Schaffung komplizierterer Elementareinheiten eine gesetzmäßige historisch-genetische Informationsaggregation voraussetzte und zugleich bedingte. Ob sich nun basische Polypeptide an die Nucleinsäurestränge anlagert und diese dadurch zuerst stabilisiert und dann deren Replikation ermöglicht haben, ob sich einsträngige Nucleinsäuremoleküle mit Proteinen zu spezielleren Komplexen zusammengelagert haben, ob dann durch massenhaft auftretende Kombination dieser beiden Komplextypen sowohl die hohe Replikationsrate als auch die Vorschrift zur Eiweißsynthese als Eigenschaften der neu entstandenen Elementareinheiten erzeugt wurden - oder diese Prozesse anders verliefen - eines ist sicher: Die Entstehung der Elementareinheiten für den Beginn der "Selbst-

organisation" der Materie im EIGENschen Sinne verlief massenhaft und gesetzmäßig!

Ebenso ist die in ihnen enthaltene historisch-genetische Information als Folge der historisch-genetischen Widerspiegelung in vielen Evolutionsschritten gesetzmäßig entstanden.

Im Verlaufe der Evolution änderte sich der Charakter der Evolutionsgesetzmäßigkeiten selbst: Zu Beginn der präbiotischen Phase war die äußere Determination der extrem großen statistischen Systeme beinahe absolut; innere Widersprüche konnten wegen fehlender Wechselwirkungen nicht realisiert werden - die äußeren waren für diese Phase die entscheidenden; die Herrschaft des Zufalls bezüglich des einzelnen Elementes war fast absolut - bezüglich des Systemganzen spielte er keine Rolle. Mit fortschreitender Evolution nahm der extrem große und statistische Charakter der für die weitere Evolution wesentlichen Systeme laufend ab - die neu entstandenen Systeme waren in den vorangegangenen eingelagert und nun auch von dort einem alle neuen Elementareinheiten zugleich angreifenden Evolutionsdruck ausgesetzt. Durch die zunehmende funktionelle Organisation der Elementareinheiten selbst wurde die Rolle des Zufalls in ihnen bezüglich ihrer Zugehörigkeit zu einem bestimmten System reduziert. Mit dem Auftreten der Eigenschaft zur massenhaften Selbstreproduktion ändert sich diese Gesetzmäßigkeit noch stärker im Sinne eines qualitativen Sprunges: Zufällig entstandene Struktur- und Eigenschaftsveränderungen einzelner Elementareinheiten können unter bestimmten Bedingungen bei positivem "Selektionswert" über eine Anzahl von Folgegenerationen zur Systemnotwendigkeit der dann bestehenden speziellen statistischen Systeme werden. Der Zufall kann dann unter diesen Bedingungen für das Gesamtsystem wesentlich sein.

In Konsequenz der vorliegenden Gedanken sollen die vier Voraussetzungen EIGENs zur Selbstorganisation der Materie (84) zusammengefaßt werden:

1. Evolution muß von auseinander hervorgehenden großen statistischen Systemen ausgehen (von massenhaften Zufallsereignissen als Ausdruck allgemeiner Notwendigkeit).
2. Evolution (und speziell die Selbstorganisation) erfordert auch auf molekularer Ebene instruktive Eigenschaften, die auf der Widerspiegelungsfähigkeit der Materie beruhen; sie verlangt Information als Korrelation von erworbenen Widerspiegelungsinhalten, Systemspezifik und Funktionsrealisierung in einer bestimmten Umwelt.

3. Information entsteht als Wirkung historisch-genetischer und strukturell-funktioneller Widerspiegelungsprozesse in Systemen bezüglich vorangegangener Entwicklungsetappen bzw. ihrer Umwelt; Information wird bewertet über die durch sie "codierte" Funktion im Hinblick ihres Beitrages zur Systemerhaltung oder zur weiteren Evolutionsfähigkeit bei gegebenen einschränkenden Bedingungen (Auswahl - im Speziellen "Selektion").
4. "Selektion" tritt unter bestimmten Bedingungen auf und setzt statistische Systeme voraus, deren Elementareinheiten die historisch-genetische Information zu ihrer eigenen Synthese beinhalten.

### 3.2. Die Einheit der Zusammenhangsformen Entwicklung, Widerspiegelung und Information am Beispiel der Differenzierung unter ontogenetischen und phylogenetischen Aspekten[5]

Unter dem Aspekt der Verschiedenheit zellulärer Funktionsmuster am Ende eines divergenten Entwicklungsprozesses eukaryotischer Zygoten ist die Genese des Begriffes Differenzierung in der experimentellen Biologie zu betrachten. Da die Differenzierung als komplexer Zusammenhang der qualitativ determinierende Vorgang für die Individualentwicklung ist, ist die Untersuchung der sie initiierenden systeminhärenten Widersprüche, ihrer Ursachen und Gesetzmäßigkeiten von zentraler Bedeutung für die biologischen Wissenschaften und somit einem der Hauptthesen der theoretischen Biologie.
Der Prozeß der Zelldifferenzierung während der Ontogenese ist das Resultat und zum jeweiligen Zeitpunkt das Moment einer historischen, kontinuierlichen Auseinandersetzung von Generationsfolgen biologischer Individuen als Elemente spezieller statistischer Systeme, den Populationen, mit ihrer sich ständig verändernden Umwelt. Die mit den Wechselwirkungen zwischen System und Umwelt auftretenden Widersprüche sind in ihrer Gesamtheit der Quellwiderspruch, der die phylogenetische Entwicklung vorantreibt. Die Ursachen dieses Prozesses liegen wesentlich in der chemischen Labilität der Primärstruktur der Desoxyribonukleinsäure des genetischen Speichers begründet. Diese, bereits in der Qualität der Nukleinsäuren als Elemente der untersten Strukturebene biologischer Systeme begründete Eigenschaft ist die Grundvoraussetzung zur Erzeugung biologi-

---

[5] Die nachfolgenden Bemerkungen entstammen einer gemeinsamen Arbeit mit Herrn A. KNIJNENBURG, ZKI der AdW, Berlin.

scher Vielfalt überhaupt. Die Vielfalt, durch Selektion eingeschränkt, gestattet erst die historisch-genetische Informationsbildung und, mittels dieser, die Anpassung biologischer Individuen an ihre Umwelt und ihre Evolution.
Natürliche Veränderungen in der Nukleotidsequenz der DNS sind spontan und ungerichtet, also von zufälliger Natur, die konkret durch innere und äußere Bedingungskomplexe bestimmt wird, z.B. als wesentlich oder unwesentlich.
Der auf molekularer Ebene fixierte systeminnere Widerspruch zwischen historisch funktional notwendiger Stabilität des genetischen Speichers und der Notwendigkeit der Variabilität des Speicherinhaltes ist für die historische Genese des zellulären Systems in einer sich ändernden Umwelt entscheidend und determiniert dessen Grundwiderspruch. Damit ist die Möglichkeit für ein biologisches System, sich während seiner Existenz über mehrere Generationsfolgen von Individuen hinweg an eine sich im großen Ausmaße verändernde Umwelt anzupassen, bereits gegeben. Die Beziehungen zwischen den Speichereinheiten, die über ihre proteinische Expression hinweg realisiert sind, verändern sich auf Grund der mit der Änderung der DNS-Primärstruktur einhergehenden Veränderungen des codierten Speicherinhaltes. Veränderungen im genetischen Netz werden durch die Umwelt des Individuums - unabhängig von der Art ihrer Verursachung - bewertet, indem sich über die Realisierung der zellspezifischen Proteinsynthesenetze das Individuum als Ganzes mit seiner Umwelt auseinanderzusetzen hat. Die durch zufällige und ungerichtete genetische Veränderungen erzeugte Vielfalt von Individuen einer Population wird durch die natürliche Selektion eingeschränkt, so daß Individuen, deren Phänotyp sich als besser angepaßt erweist, auf Kosten der anderen eine höhere Vermehrungsrate erreichen (Selektionsvorteil). Die Bewertung erfolgt somit durch die Lösung der äußeren Widersprüche.
Genetische Veränderungen unterliegen einer spezifischen dialektischen Negation, da die besser an die Umwelt angepaßten Individuen aus der zufällig erzeugten Vielfalt bezüglich ihrer Vermehrung bevorzugt (relativ aufbewahrt) und die anderen benachteiligt (relativ vernichtet) werden. Sie erhalten so nachträglich eine Richtung, indem sie, falls sie in den Folgegenerationen realisiert werden, systemnotwendig werden. Das heißt aber, es erfolgt zugleich auch ein Schritt der historisch-genetischen Widerspiegelung in der Systementwicklung (Population).
Die gesetzmäßige Veränderung der Strukturen der genetischen Netze in einer Population in Richtung einer größeren Widerspiegelungsfähigkeit ist zugleich Erzeugung von historisch-genetischer Information im genetischen Netz der Population. Biologische Evolution heißt auch Informationsaggregation bezüglich bestimm-

ter Umweltbedingungen. (Bedürfte dies einer intuitiven Untermauerung, wäre besonders auf die Fülle morphologischer und funktioneller Konvergenzen im Bereich der lebenden Materie zu verweisen.) Da das genetische Netz als Netz aller qualitativen Beziehungen zwischen den Inhalten der proteincodierenden Speichereinheiten verstanden wird, wird mit dem Beginn seiner proteinischen Realisierung im zygotischen Initialzustand des Individuums der weitere Ablauf seiner proteinischen Realisierung festgelegt. In der Struktur des genetischen Netzes ist ein sich selbst organisierender "Algorithmus der Abarbeitung" dieses Netzes codiert.

Das setzt voraus, daß durch die historisch-genetische Widerspiegelung und Informationserzeugung auch Abbildungen bestimmter äußerer Bedingungen codiert wurden. Die Umweltabhängigkeit bestimmter ontogenetischer Entwicklungsschritte, welche in der notwendigen Kompetenz einiger Zellen ihren Ausdruck findet, belegt das.

Phylogenetische Entwicklung der Struktur des genetischen Netzes ist somit zugleich phylogenetische Entwicklung dieses Algorithmus. Die Abarbeitung des Algorithmus ist der ontogenetische Prozeß der Differenzierung auf zellulärer Ebene. Die phylogenetische Entwicklung genetischer Netze ist somit die phylogenetische Seite des Prozesses der Differenzierung.

Während sich die "phylogenetische Differenzierung" durch Veränderungen des Inhaltes des genetischen Speichers biologischer Systeme vollzieht, wird die "ontogenetische Differenzierung", da sie die phylogenetisch entstehenden Algorithmen zur zellspezifischen partiellen Realisierung des genetischen Netzes über die Ausprägung der zellulären Proteinsynthesenetze "abarbeitet", durch Änderungen des Zustandes der zellulären genetischen Speicher geprägt.

Im Zentraldogma der Molekularbiologie liegt damit auch zugleich die Richtung des Zusammenhangs zwischen historisch-genetischer und strukturell-funktioneller Widerspiegelung von Umwelteigenschaften in der Struktur biologischer Systeme. Der historisch-genetische Widerspiegelungsprozeß realisiert sich in der durch Selektion bewerteten Strukturänderung des genetischen Speichers (Speicherinhaltsumcodierungen durch Änderungen der Nucleotidsequenz der DNS-Stränge). Die proteinische Realisierung des jeweiligen Speicherinhaltes realisiert die strukturell-funktionelle Widerspiegelung über die Struktur des zellulären Proteinmusters. Beides bildet eine Einheit und bedingt einander, der historisch-genetische Aspekt ist jedoch - auf Grund seiner Bindung an die Existenz der Nucleinsäuren - laut Zentraldogma primär. (Womit eine o.a. Gesetzmäßigkeit der Widerspiegelung für diesen Bereich bestätigt wurde.)

Der Zustand des zellulären genetischen Speichers fixiert die qualitaitve Bestimmtheit des Proteinsynthesenetzes, dessen Realisierung bestimmte zelluläre bzw. individuelle Leistungen ermöglicht und dadurch das Verhaltensmuster des Individuums bestimmt. Ändert sich das Systemverhalten, verändert sich die Menge der Wechselbeziehungen. Kommt es andererseits zu einer Änderung der Wechselwirkungen zwischen Elementen des Systems und Elementen der Umwelt, infolge derer sich andere Elementeeigenschaften herausbilden, kommt es zur Ausbildung einer neuen Systemstruktur. Führt die Quantität der Strukturänderungen zu quantitativen Veränderungen im Proteinsynthesenetz, hat sich das System an die Umweltbedingungen adaptiert. Führt die Strukturänderung zu einer Zustandsänderung des genetischen Speichers mit dem Ergebnis eines neuen Verhaltens des Systems, dann sind in diesem Speicherzustand qualitativ neue Funktionen codiert. Die Qualität der Zustandsänderung des Speichers widerspiegelt im wesentlichen die initiierenden partiellen Umwelteinflüsse. Das System hat einen von der äußeren Umwelt abhängigen Differenzierungsschritt realisiert. Da die Zustandsänderung des genetischen Speichers gleichermaßen vom vorherigen Zustand abhängig ist, werden alle jene Systeme eine negative Bewertung durch die Umwelt erfahren, deren Speicherzustand einen Übergang in den umweltabhängig besseren Zustand nicht ermöglicht; die zur Realisierung des in dieser Umwelt notwendigen Verhaltens erforderlichen individuellen physiologischen Leistungen sind nicht erzeugbar. Eine negative Bewertung des Individuums ist gleichbedeutend einer negativen Bewertung seines genetischen Netzes, welches in dieser Weise die Kompetenz einiger Zellen des Individuums für bestimmte Umwelteinflüsse nicht beinhaltet. Damit "kontrolliert" das System gewissermaßen seine Differenzierung in bestimmten Abschnitten über sein Verhalten zur Umwelt.
Die Richtung, Geschwindigkeit und das Ausmaß der ontogenetischen Differenzierung werden jedoch durch die inneren Widersprüche des Systems bestimmt. Diese Widersprüche sind durch das zentrale Dogma der Molekularbiologie vorgegeben. Sie liegen in der innerzellulären Widerspiegelung der Struktur des genetischen Netzes in der Struktur des zellulären Proteinmusters. Sie werden durch Fixierung von Teilmengen des genetischen Netzes während der Differenzierung mittels Zustandsänderungen des Speichers relativ gelöst. Der zelluläre Differenzierungsprozeß ist, unter zytologischer Betrachtung - welche gleichsam als Phänomenologie der molekularen Veränderungen anzusehen ist - kein kontinuierlicher Prozeß. Er ist vielmehr eine Folge von mehreren, zytologisch mehr oder weniger klar unterscheidbaren Schritten von gekoppelten Veränderungen der

Strukturen der subzellulären Teilsysteme. Das heißt, daß in Abhängigkeit bestimmter "Schlüsselgrößen" quantitative Folgen von Veränderungen der zellulären Molekülkonzentrationen in quantitative Änderungen der zellulären Teilsysteme umschlagen. Die "Schlüsselgrößen" sind im primären Transkribierbarkeitsmuster der genetischen Speichereinheiten zu sehen. Die Zelle muß in der Lage sein, innerhalb der artspezifischen nativen Bereiche und in Abhängigkeit ihrer spezifischen Umweltbedingungen zwecks Variation der metabolischen Aktivität das Proteinsynthesenetz auf verschiedene Cutputniveaus einzustellen - und das unabhängig von ihrem Differenzierungsgrad. Da das Transkribierbarkeitsmuster durch den Zustand des Speichers definiert wird, sind Überführungen des Speicherzustandes als Ursachen für die Realisierung qualitativer Differenzierungsschritte anzusehen.

Die Struktur des zellulären Proteinsynthesenetzes widerspiegelt als proteinische Realisierung des Speicherzustandes eindeutig umkehrbar die Struktur des Transkribierbarkeitsmusters der Speichereinheiten. Die proteinische Realisierung des Speicherzustandes erfolgt durch die Umsetzung des genetisch codierten Inhalts der Speichereinheiten in die native Struktur des Proteins.

Die Proteinsyntheseprozesse werden üblicherweise als genetische Informationsverarbeitung bezeichnet. Bezüglich des einzelnen Proteins ist das richtig. Die qualitative Bestimmtheit des gesamten Proteinsynthesenetzes beinhaltet jedoch auch Beginn und Ende seines eigenen Zustandes, da es ständig Eiweiße produziert, die entweder direkt oder indirekt über den Zellstoffwechsel eine Zustandsänderung des genetischen Speichers mit Hilfe von Repressionen oder Derepressionen bewirken - falls die entsprechenden Konzentrationsverhältnisse erreicht sind.

Die Struktur des zellulären Proteinmusters, die somit als Teilmenge aus der Menge aller relevanten Konzentrationsverhältnisse der genetisch codierten Proteine definiert ist, widerspiegelt auf diesem Wege die Struktur der transkribierbaren Speichereinheiten als eine Teilstruktur des genetischen Netzes.

Die genetische Informationsverarbeitung in ihrer Gesamtheit in der Zelle ist gleichzeitig ein Informationsbildungsprozeß. Mit Hilfe der Struktur des zellulären Proteinmusters wird über die Fixierung des Speicherzustandes eine zelluläre Teilmenge aus der Menge der individuellen genetischen Information ausgewählt: Strukturänderungen des zellulären Proteinmusters sind mit Informationsaggregaten bezüglich der Gesamtheit des Inhalts des individuellen genetischen Speichers verbunden. Diese Information dient der Steuerung der - auf individuel-

ler Ebene koordinierten - Zelldifferenzierung während der Ontogenese - geht jedoch mit dem Untergang des Organismus der Folgegeneration verloren. Die Koordination erfolgt durch die Abhängigkeit gewebsspezifischer Differenzierungsschritte von Einflüssen aus der systeminhärenten Umwelt. Diese Abhängigkeit besteht in der Beeinflussung der Struktur des zellulären Proteinmusters durch Faktoren, welche als individuell interne Signale in anderen Zellen produziert werden. Auch in diesem Falle muß - wie bereits bei extraindividueller Beeinflussung von Differenzierungsschritten - die Zelle für die spezifischen Einflüsse kompetent sein, d.h. die Struktur des zellulären Proteinmusters muß eine bestimmte Qualität besitzen, um die in dieser Umweltsituation erforderliche Zustandsänderung des genetischen Speichers und damit den nächsten Differenzierungsschritt ausführen zu können. Die Kompetenz ist nur der biologisch äquivalente Ausdruck für spezifische, strukturell-funktionelle Widerspiegelungsfähigkeit.
Wenn Merkmale der Umwelt im zellulären Proteinmuster strukturell-funktionell widergespiegelt werden, erhält die Zelle Information über den Zustand ihrer "systeminneren" Umwelt und initiiert damit den in dieser Situation umweltrelevanten nächsten Differenzierungsschritt.
Die beschriebene wechselseitig voneinander abhängige Entwicklung des Speicherzustandes und des Proteinmusters einer Zelle unter dem Einfluß der Umwelt bestimmt die Art der Selbstorganisation des im genetischen Speicher inhaltlich codierten und in einem historischen Wechselwirkungsprozeß mit der Umwelt erworbenen Differenzierungsalgorithmus des Individuums. Die zelluläre Differenzierung zeigt damit im speziellen die untrennbare Einheit von Entwicklungs-, Widerspiegelungs- und Informationsprozessen.

## LITERATUR


1 RUSJEW, P.: Die LENINsche Widerspiegelungstheorie und die moderne Wissenschaft. Sofia, 1, (1973), 156 ff.

2 DIELS, V.H.: Die Fragmente der Vorsokratiker. Berlin, 1906, Bd. 2 oder: Griechische Atomisten. Leipzig, 1973, Reclam

3 PLECHANOW, G.W.: Beiträge zur Geschichte des Materialismus. Berlin, (1946), 13

4 PLECHANOW, G.W.: a.a.O., S. 13

5 LENIN, W.I.: Materialismus und Empiriokritizismus. LENIN, Werke, Bd. 14, 40

6 EISELT, K.: Einige Probleme der Widerspiegelung als allgemeine Eigenschaft der Materie. Berlin, 1971, Dissertation, Humboldt-Universität

7 SEMON, R.: Die Mneme, Leipzig (1908), 379/75

8 SEMON, R.: ebenda, S. 379

9 BLEULER, E.: Die Psychoide als Prinzip der organischen Entwicklung. Berlin, (1925) 25

10 KOSING, A.: Die Grundfrage der Philosophie. Dietz-Verlag, Berlin, 1974

11 LENIN, W.I.: a.a.O.

12 LENIN, W.I.: ebenda, S. 85

13 MAKAROV, A.D.: Der dialektische Materialismus. Moskau, (1960), 103

14 LADYGINA-KOTS, N.N.: Die Entwicklung der Widerspiegelungsformen im Evolutionsprozeß der Organismen. Vopr. filos., (1956), Nr. 4, 94

15 AFANASJEW, W.G.: Grundlagen der marxistischen Philosophie. Moskau, (1960), 70

16 ORLOW, A.W.: Der dialektische Determinismus und das psycho-physiologische Problem. Perm, (1960), 112

17 RUTKEWITSCH, M.N.: Der dialektische Materialismus. Moskau, (1959), 151

18 CORNFORTH, M.: Der dialektische Materialismus. Moskau, (1959), 151

19 PAWLOW, W.A.: Die Reizbarkeit und ihre Erscheinungsformen. Moskau, (1954), 9-10

20 PAWLOW, T.: z.B. in Information, Widerspiegelung, Schöpfertum. Berlin, (1970), 34

21 RUBINSTEIN, S.L.: Sein und Bewußtsein. Moskau, (1957), 226

22 GEISSLER, E. u.a.: DNS-Schlüssel des Lebens. Akademie-Verlag, Berlin, (1970), 32-43

23 SHANNON, C.F.: The mathematical theory of communication. Bell Syst. Techn. J. 27, (1948), 3-4, 379-423, 623-656

24 CHINTSCHIN, A.G.: Der Begriff der Entropie in der Wahrscheinlichkeitsberechnung. Arbeiten zur Informationstheorie I, Berlin 1967

25 DOMOTOR: Qualitaitve Information and Entropy Structurs. In: Information and Inference. Hrsg. J. HINTIKA und F. SUPPES, Dordrecht, 1970

26 BAR-HILLEL, Y. and R. CARNAP: Semantic Information. Brit. J. Phil. Sci. 4, (1953), 147-157

27 HINTIKA, J.: On Semantic Information. In: Information and Inference, a.a.O.

28 KRONTHALER, E.: Syntaktische, semantische und pragmatische Information. Gr. Kyb. Geisteswiss., 10/4, (1969), 99-109

29 BECKMANN, A.: Versuch einer semantischen Informationstheorie mit Anwendung auf gesprochene Sprachen. Wiss. Z. HS Elektrotechnik, Ilmenau, 4, (1958), 3, 275 ff.

30 WOISCHWILLO, E.K.: Versuch einer semantischen Interpretation der statistischen Begriffe Information und Entropie. In: Kybernetik im Dienste des Kommunismus. Moskau-Leningrad, Bd. 3, (1966), 277

31 KEMEMY, J.G.: A New Approach to Semantics part. 1 - J. Symbolic Logic, 21, N 1, (1956), 1-27; part 2 - J. Symbolic Logic, 21, N 2, (1956), 149-161

32 CARNAP, R. and Y. BAR-HILLEL: An Outline of Theory of Semantic Information. Techn. Rep. M.I.T. (1952), N 247

33 BORNGARD, M.M.: Über den Begriff der "nützlichen Information". In: Probleme der Kybernetik. Berlin, Bd. 6 (1966)

34 WEISS, P.: Subjektive Unsicherheit und subjektive Information. "Kybernetik" 5, (1968), 77-82

35 BELIS, M. and S. GUIASU: A Quantitative-Qualitative Measure of Information in Cybernetic Systems. IEEE-Trans. Inf. Theory, IT-14, (1967), 593-594

36 BORNGARD, M.M.: Probleme der Erkenntnis. In: Probleme der Kybernetik, Moskau, 1967

37 ROSENKRANTZ, R.: Experimentation as Communication with Nature. In: Information and Inference, a.a.O.

38 SNEED, J.D.: Entropy, Information and Decision. In: Synthese, 17, (1967), 392-407

39 GÄNG, P.: Pragmatische Information. In: Gr. Kyb. Geisteswiss. 8/3, (1967), 67-90

40 ADLERS, R.L., A.G. KONHEIM and M.H. McANDREW: Topological Entropy. In: Trans. Amer. Math. Soc., 114. (1965), 309-319

41 CUBE, F. und R. GUNZENHÄUSER: Über die Entropie von Gruppen. Quickborn b. Hamburg, 1967

42 HOFMANN, K.D.: Die Entropie als Parameter sozialer Gruppen. In: Gr. Kyb. Geisteswiss. 10/2, (1969), 31-41

43 MOWSHOWITZ, A.: Entropy and the Complexity of Graphs. Wiss. Univ. Michigan 1967

44 RASHEWSKY, N.: Life, Information Theory and Topology. Bull. Math. Biophys. 17, (1955), 229-235

45 ROCHLIN, W.A.: Über die Entropie metrischer Morphismen. DAN CCCP Math. 124, (1959), Nr. 5, 980-983

46 SINAI, J.: Über den Begriff der Entropie dynamischer Systeme. DAN CCCP Math. 124, (1959), Nr. 4, 768-771

47 KOLMOGOROFF, A.N.: Drei Methoden zur Bestimmung des Begriffs der "Informationsmenge". In: Probleme der Informationsübertragung, Bd. 1, (1965), Teil 1; Logical Basis for Information Theory and Probability Theory; IEEE Trans. Information Theorie. II-14, (1967), 662-664

48 SHREIJDER, Yu.A.: On the Semantic Characteristics of Information. Inf. Stor. Retr., 2, (1965), 221-233

49 THIELE, H.: Bericht der Jahreshauptagung d. Akad. d. Naturforscher der "Leopoldina" 1971. In: Informatik, Ambrosius-Barth-Verlag Leipzig, (1973), 474-502

50 STEINBUCH, K.: Automat und Mensch, 4. Aufl. Springer-Verlag, Berlin, Heidelberg, New York, 1971

51 FRANZ, P.: System und Information. Diss. Humboldt-Univ., Berlin, 1970

52 ASHBY, W.R.: An Introduction to Cybernetics. London, 1958

53 URSUL, A.D.: Information. Berlin, (1970), 214

54 CHUSHKOW, W.M.: Über die Kybernetik als Wissenschaft. In: Kybernetik, Denken, Leben. Moskau, (1964), 53-54

55 WIENER, N.: Kybernetik - Regelung und Nachrichtenübertragung in Lebewesen und in der Maschine. 2. Aufl., Düsseldorf-Wien, 1963

56 WIENER, N.: ebenda, s. 38

57 KLIX, F.: Information und Verhalten. Berlin, 1971

58 BÖHNISCH, S.: Informationstheoretische-kybernetische Aspekte des Erkenntnisprozesses. Dt. Z. Philos., Sonderheft 1968

59 KLAUS, G.: Kybernetik in philosophischer Sicht. Berlin, 1963

60 KLAUS, G.: Die Macht des Wortes. Berlin, 1962

61 KLAUS, G.: Kybernetik und Erkenntnistheorie. Berlin, 1967

62 METZLER, H.: Information in philosophischer und kybernetischer Sicht. Dt. Z. Philos. 5, (1962), 621 ff.

63 STOLJAROW, V.I. und K.H. KANNEGIESSER: Zu einigen philosophischen Fragen der Kybernetik. Dt. Z. Philos. 5, (1962), 602 ff.

64 VOGEL, H.: Materie und Information. Dt. Z. Philos. 3, (1963), 314 ff.

65 VÖLZ, H.: Einige Gedanken zum Begriff Information. Dt. Z. Philos. 3, (1968)

66 FUCHS-KITTOWSKI, K.: Probleme des Determinismus und der Kybernetik in der molekularen Biologie. Jena, 1969

67 FRANZ, P.: System und Information, a.a.O. 204, 221

68 EIGEN, M.: Selforganization of Matter and the Evolution of biological makromolekules. In: Naturwissenschaft 52, (1971), 1I, 521 ff.

69 EIGEN, M.: Molekulare Selbstorganisation und Evolution. In: Berichte der Jahreshaupttagung d. Akad. d. Naturforscher "Leopoldina" 1971, Informatik, Leipzig, 1973

70 EIGEN, M.: ebenda, S. 218

71 ENGELS, F.: Ludwig Feuerbach und der Ausgang der klassischen deutschen Philosophie, Marx/Engels, Werke, Bd. 21, 293

72 ENGELS, F.: "Anti-Dühring", Marx/Engels, Werke, Bd. 20, 21

73 ENGELS, F.: Dialektik der Natur, Marx/Engels, Werke, Bd. 20, 348

74 EIGEN, M.: Informatik. a.a.O., 173-175

75 EIGEN, M.: ebenda, S. 175

76 EIGEN, M.: ebenda, S. 175

77 PONNAMPERUMA, C.: Primordial organic chemis try and the origin of life. Q. Rev. Biophys. 4, (1971), 77-106

78 BARTSCH, G. und G. KLIMASCHEWSKY: Materialistische Dialektik - ihre Grundgesetze und Kategorien. Dietz-Verlag, Berlin, (1973), 145

79 EIGEN, M.: a.a.O., S. 173

80 EIGEN, M.: ebenda, S. 215
81 EIGEN, M.: ebenda, S. 174
82 EIGEN, M.: ebenda, S. 174
83 EIGEN, M.: ebenda, S. 175, 218
84 EIGEN, M.: ebenda, S. 173-175

## DISKUSSION

## ENTWICKLUNG ALS FOLGE QUALITATIVER VERÄNDERUNGEN DURCH DIE DIALEKTIK VON STABILITÄT UND INSTABILITÄT

W. EBELING[1] u. W. BORDEL

In den Thesen von P. FRANZ sind wichtige Aussagen über den Ablauf und die Determiniertheit von Entwicklungsprozessen innerhalb von Strukturen, besonders im Hinblick auf die Aspekte der Widerspiegelung und Information enthalten. Die Ergebnisse neuerer physikalischer Forschung auf dem Gebiet der nichtlinearen Theorie irreversibler Prozesse (bes. GLANSDORFF - PRIGOGINE (1) u. EIGEN (2)) ermöglichen eine gewisse Präzisierung der diesbezüglichen Aussagen für den Entwicklungsprozeß auf der Basis einer Analyse der Dialektik, von Stabilität und Instabilität. Wenn im folgenden häufig die Rede von Evolutionsprozessen ist, so verstehen wir darunter die Art von Entwicklungsprozessen, die zu einer Höherentwicklung in Richtung komplexerer Strukturen bei speziellen Bedingungen führen können. Wir gehen von der These aus, daß unter den Widersprüchen, die die Triebkräfte der Evolution darstellen wie z.B. von Homogenität und Inhomogenität (vgl. HEERKLOSS), die Widersprüche zwischen Stabilität und Instabilität die bestimmende Rolle spielen. Eine Analyse der Widersprüche zwischen Stabilität und Instabilität liefert u.E. einen Schlüssel für das qualitative Verständnis der Sprünge in Entwicklungsprozessen. Diese Thesen basieren auf Resultaten der modernen nichtlinearen Thermodynamik irreversibler Prozesse, die wesentliche Beiträge zur Aufklärung der Dialektik von Naturprozessen liefert. Wir gehen da-

1 Zur Diskussion aufgefordert

von aus, daß Entwicklungsprozesse ebenso wie viele andere Prozesse in offenen Systemen ein nichtlineares Verhalten zeigen, wobei die Nichtlinearität ein wesentliches und notwendiges Merkmal von Entwicklungsprozessen darstellt (1) (2) (3).
Nichtlineare Systeme besitzen zumeist eine ganze Schar von stationären (zeitunabhängigen) Zuständen, die abgesehen von Übergangsphasen, vom System bevorzugt eingenommen werden. Die stationären Zustände unterteilen sich in stabile und instabile Zustände.
Nichtlineare Systeme besitzen zumeist eine ganze Schar von stationären (zeitunabhängigen) Zuständen, die abgesehen von Übergangsphasen, vom System bevorzugt eingenommen werden. Die stationären Zustände unterteilen sich in stabile und instabile Zustände.
Ein stationärer Zustand heißt stabil, wenn das System gegenüber beliebigen Störungen rücktreibende Kräfte entwickelt und spontan in die Ausgangslage zurückkehrt. Instabile stationäre Zustände werden schon bei kleinen zufälligen Störungen oder Schwankungen vom System spontan in Richtung auf einen stabilen stationären Zustand verlassen; als Triebkräfte können die inneren Widersprüche zwischen Zustand und Stabilitätscharakter aufgefaßt werden (vgl. 1. Grundgesetz der Dialektik). Für einen stabilen stationären Zustand prägte BERTALANFFY den Begriff Fließgleichgewicht.
In der Natur ist der Übergang zwischen stabilen stationären Zuständen (Fließgleichgewichten) eine der wichtigsten Erscheinungsformen von dialektischen Sprüngen. Diese Übergänge können als Sprünge aufgefaßt werden, da der Umschlag ähnlich wie bei Phasenübergängen bei einem bestimmten kritischen Wert der physikalischen Parameter sprunghaft erfolgt, d.h. schon bei einem infinitesimalen Überschreiten der kritischen Werte. Im Rahmen des mathematischen Modells erscheinen die Sprünge als Verzweigungspunkte der Lösungen der determinierenden Gleichungen. Als Verzweigungspunkte werden solche Parameterwerte bezeichnet, an denen sich der Charakter der Lösung qualitativ ändert.
Nun kann sich aber der Stabilitätscharakter eines stationären Zustandes verändern, d.h. bei Änderung der Bedingungen (Widerspiegelung äußerer Faktoren) können stabile in instabile Zustände übergehen. Der Stabilitätscharakter ist damit eine Funktion quantitativer Parameter des Prozesses. Werden die Werte dieser Parameter durch äußere oder innere Faktoren verändert, so können dabei kritische Werte dieser Parameter überschritten werden; an den kritischen Werten können sich stabile Zustände in instabile Zustände verwandeln, d.h. der Stabilitätscharakter wechselt. Die Änderung des Stabilitätscharakters ist ein qualita-

tiver Sprung, der momentan erfolgt, d.h. keine Zeit erfordert; er löst einen zeitlich rasch ablaufenden Prozeß der Annäherung an einen der neuen stabilen Zustände des Systems aus. (vgl. 2. Grundgesetz der Dialektik)

Die Bewegung komplexer natürlicher Systeme entspricht häufig einer Serie von Übergängen zwischen Fließgleichgewichten. Unter speziellen Bedingungen können während der Folge von Sprüngen immer komplexere Strukturen entstehen. Insbesondere trifft dieser Aspekt auf Selektionsprozesse zu, bei denen infolge eines ständigen Auftretens neuer Instabilitäten (Folge der Mutationen) das System immer neue zeitweilige stabile Zustände (Dominanz einer bestimmten Sorte) anstrebt. Bei diesen komplizierten Prozessen, die nur unter speziellen Bedingungen ablaufen, läuft die Bewegung in Form einer Spirale ab, in der frühere Stadien überwunden, aber gleichzeitig ihre vorteilhaften Seiten erhalten bleiben (vgl. 3. Grundgesetz der Dialektik). Dieser Spiralprozeß setzt eine spezielle Form der Widerspiegelung voraus, die im Code der Biopolymere realisiert ist. Für die Richtung der Bewegung gilt das PRIGOGINE-GLANSDORFF Evolutionskriterium. Dieses Evolutionskriterium muß man als ein ebenso fundamentales Naturgesetz betrachten, wie den 2. Hauptsatz der Wärmelehre. Die Höherentwicklung in Richtung auf komplexere Strukturen ergibt sich bei bestimmten Bedingungen (z.B. Umweltbedingungen) zwangsläufig gesetzmäßig.

Infolge der Determination von Evolutionsprozessen durch allgemeine Prinzipien wird Spekulationen über die Evolution der Boden entzogen. Es sei betont, daß die hier diskutierte Determination der Entwicklung nicht im Sinne einer mechanischen bzw. dynamischen Determination verstanden werden darf (4). Der Zufall spielt in Evolutionsprozessen eine entscheidende Rolle, worauf z.B. EIGEN hingewiesen hat (1) (5). Ansatzpunkte des Zufalls sind die Phasen der Instabilität, in denen eine beliebige kleine Schwankung einen gerichteten Prozeß auslöst. Obwohl der individuelle Weg zufälligen Charakter trägt, ist der Prozeß seinem Wesen nach gesetzmäßig.

Im Rahmen des beschriebenen thermodynamisch-kybernetischen Modells wird die biologische Evolution schematisch als Selektionsspirale aufgefaßt. Jede Mutation in einer Population wird einem Test auf Stabilität bzw. Instabilität unterworfen. Stabilität bedeutet, daß neue Mutanten unterdrückt werden, während Instabilität bedeutet, daß sich eine neue Mutante auf Kosten weniger vorteilhafter Varianten vermehrt.

Auch räumliche Differenzierung in frühem Stadium der Evolution kann als Ergebnis des Widerspruches Stabilität-Instabilität verstanden werden. Es sind speziel-

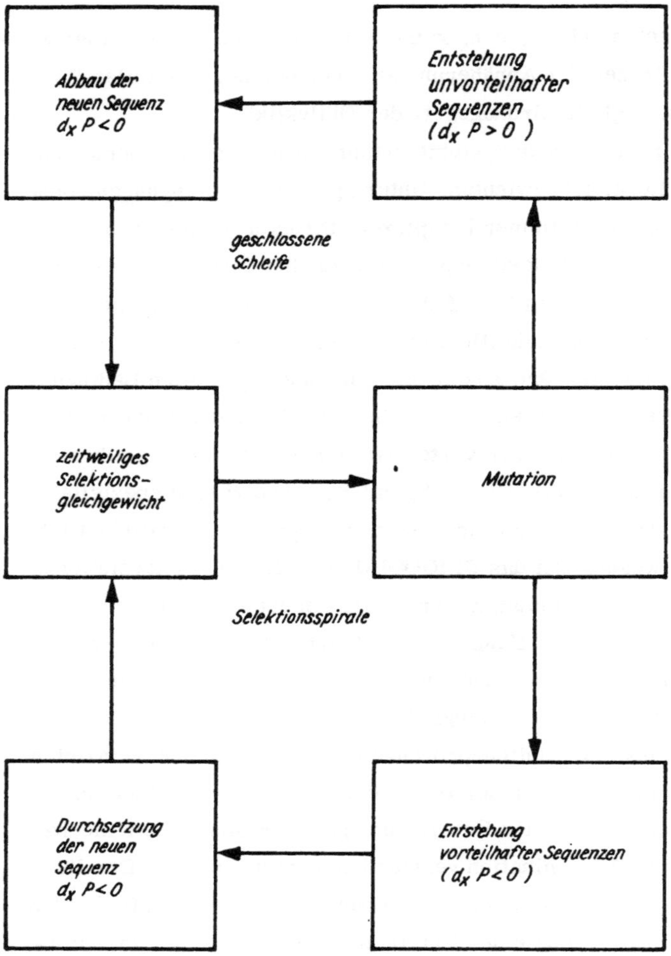


le nichtlineare Reaktionssysteme bekannt, die gegenüber Fluktuationen, die die Homogenität verletzen, instabil sind; daraus resultiert eine spontane Ausbildung inhomogener Strukturen d. h. Zusammenballungen bestimmter Stoffe im Urozean. Das wichtigste Ergebnis einer Stabilitätsanalyse von Entwicklungsprozessen ist die zwanglose Deutung des sprunghaften Charakters der Entwicklung. Mit den Hilfsmitteln der traditionellen linearen Physik ist die Deutung einer ständigen Ablösung von quantitativen und qualitativen Prozessen außerordentlich schwierig. Durch Heranziehung neuer Prinzipien der nichtlinearen Physik kommen wir zu einem besseren Verständnis von Sprüngen. Für nichtlineare Systeme sind Sprünge zwischen stationären Zuständen nicht ungewöhnlich, sondern unter bestimmten Bedingungen zwangsläufig. Ein System verharrt nur so lange in einem stationären Zustand wie Stabilität gegenüber beliebigen kleinen Störungen vorliegt. Verändern sich die äußeren oder inneren Bedingungen, so kann in einem bestimmten Punkt die Stabilität in Instabilität übergehen; dieser Übergang ist diskret. In stationären Zuständen, die instabil gegenüber kleinen Störungen sind, kann ein System nur kurze Zeit verharren. Bereits kleine zufällige Störungen lösen einen sprunghaften Übergang in einen anderen stationären Zustand aus, der wieder die Eigenschaft der Stabilität besitzt. Dieser Vorgang kann sich im Prinzip ständig wiederholen. Die nichtlineare Physik ist somit in der Lage, wichtige Beiträge zum Verständnis der Determiniertheit von Entwicklungsprozessen zu liefern. Diese Aussage darf jedoch nicht dahingehend verstanden werden, daß die Dialektik der Entwicklung allein physikalisch determiniert ist; das wäre Physikalismus. Zweifellos darf man jedoch auch die richtige Aussage, daß die Sprunghaftigkeit der Entwicklung im Einklang mit physikalischen Prinzipien ist, als ein wichtiges Resultat betrachten. Die nichtlineare Physik kann somit ebenso wie die nichtlineare Kybernetik die biologische und philosophische Erforschung von Entwicklungsprozessen um einige wichtige Aspekte bereichern.

Literatur


1 GLANSDORFF, P. and I. PRIGOGINE: Thermodynamic Theory of Strukcutre, Stability and Fluctuations. London 1972

2 EIGEN, M.: Information und Evolution biologischer Makromoleküle. In: Informatite (Hrsg. J.H. Scharf). Leipzig 1972

3 EBELING, W.: Strukturbildung bei irreversiblen Prozessen. (erscheint im Teubnerverlag) Leipzig 1975

4 LEY, H.: Über Schwierigkeiten des Einzelwissenschaftlers. Berlin 1973

5 FUCHS-KITTOWSKI, K., GÜNTHER, K.: Probabilistische Gesetzmäßigkeit, Selbstorganisation und Evolution


HEERKLOSS: Bei der Herstellung eines Zusammenhanges zwischen Widerspiegelung und Entwicklung erhebt sich die Frage, ob die von Ihnen vorgenommene Unterscheidung zwischen historisch-genetischem und strukturell-funktionellem Aspekt der Widerspiegelung für beliebige Objekte zutrifft. Ich meine, daß die Fähigkeit zu strukturell-funktioneller Widerspiegelung in Abhängigkeit von der Größe des widerspiegelnden Objektes ein bestimmtes Entwicklungsniveau voraussetzt.

Geht man davon aus, daß durch strukturell-funktionelle Widerspiegelung (im Gegensatz zur historisch-genetischen) die Systemqualität nicht verändert wird, so sind nur reversibel veränderliche Systeme zu strukturell-funktioneller Widerspiegelung fähig, z. B. Atome, Moleküle, Makromoleküle, Zellen, mehrzellige Organismen, Sozialstrukturen bei Tieren und Sozialstrukturen des Menschen. Ein lebloser makroskopischer Körper, z. B. ein Stein, reagiert auf Einwirkungen von außen entweder nicht oder mit irreversibler Veränderung seiner Struktur. Ihm wäre nur die Fähigkeit zu historisch-genetischer Widerspiegelung zuzuschreiben. Das gleiche gilt für Ökosysteme. Obwohl in Ökosystemen Regulationsmechanismen wirksam sind, reagieren sie auf Einwirkungen von außen nicht in einer solchen Weise, daß eine die Qualität des Systems bestimmende Grundstruktur unverändert bleibt.

Die Entwicklung führte vom Atom über die Zelle und den Mehrzeller zur menschlichen Gesellschaft. Es entstehen also immer größere Objekte, die zu strukturell-funktioneller Widerspiegelung in der Lage sind und die Größe dieser Objekte kann als Maß der Entwicklungshöhe angesehen werden.

S. ROSENTHAL: Ich hätte eine Frage als Einzelwissenschaftler. Es wurde einerseits von den relativ statischen genetischen Aspekten, andererseits von den sehr dynamischen reversiblen Prozessen gesprochen. Ich meine, daß wir bei der Betrachtung von Widerspiegelungsprozessen vor einem Problem stehen. Wenn Sie jeden der sie aufbauenden Teilschritte betrachten, dann haben Sie es - als Notwendigkeit für die Widerspiegelung - mit reversiblen Schritten zu tun. Für die in verschiedenen Stufen erfolgende Entwicklung von Gedächtnis ist jedoch eine Einschränkung der Reversibilität auf bestimmte Richtungen notwendig.

Wie kann man nun theoretisch erklären, daß und wann die Reversibilität von Einzelschritten in die Herausbildung von Bahnen übergeht, d. h. von bestimmten, bevorzugten Richtungen, die letztendlich in der ganzen Art ihrer Ausbildung im biologischen System irreversibel oder jedenfalls scheinbar irreversibel sind?

VÖLZ: Aus der Mechanik ist ein Beispiel bekannt, das vielleicht als Modell zum Übergang Reversibilität nach Irreversibilität dienen kann. Eine Schneide auf einer Fläche hat im kleinen nur einen Freiheitsgrad der geradlinierigen Bewegung. Im großen besitzt sie jedoch zwei Freiheitsgrade. Mittels auch nur sehr geringer Abweichungen von der geradlinigen Bewegung ist durch Hin-Herbewegungen jeder Punkt zu erreichen.

FRANZ: In dem Beitrag von N. EBELING und W. BORDEL werden Aussagen vom Gesichtspunkt der nichtlinearen Thermodynamik irreversibler Prozesse zur Determiniertheit von Evolutionsprozessen gemacht. Damit werden wichtige Voraussetzungen und Gesetzmäßigkeiten insbesondere der biochemischen Evolution umrissen, die erklären, unter welchen Bedingungen und wie kompliziertere Strukturen in dieser Phase entstehen können. Der strukturellen Prozeßbeschreibung der Evolution als Selektionsspirale stimme ich zu. Dennoch scheint mir, daß mit dieser Methodik nur die Bedingtheit, die Kausalität präbiotischer und biochemischer Evolutionsprozesse erfaßt werden kann - die qualitative Bestimmtheit, die inhaltliche Charakterisierung dieser Prozesse bleibt dabei im Hintergrund. Das aber könnte durch eine noch entsprechend zu konkretisierende Widerspiegelungs- und Informationskonzeption geleistet werden - erste Gedanken dazu habe ich in meinem Beitrag darzustellen versucht.
Würde dies aber unterlassen bleiben, dann würde bzgl. eines Kriteriums für Höherentwicklung biochemischer und biologischer Systeme nur ein abstraktes strukturelles Merkmal, wie eben die Kompliziertheit, oder - wie von HEERKLOSS vorgeschlagen, die "Größe" (?) solcher Objekte übrigbleiben. Dies aber reicht nicht aus und trifft in bestimmten Fällen auch nicht zu.
Schwierig zu lösen ist ebenfalls das Problem, das S. ROSENTHAL aufgeworfen hat. Ich glaube, daß mit dieser Frage besonders die Einheit von ontogenetischen und phylogenetischen Aspekten der Zellentwicklung und der Zelldifferenzierung angesprochen wurde, über welche wir noch wenig wissen. Wie im makromolekularen Bereich irreversible Prozesse zu komplizierteren Strukturen führen können, zeigt die nichtlineare Thermodynamik irreversibler Prozesse und auch die darauf aufbauende EIGENsche Theorie der molekularen Selbstorganisation. Dort wird erklärt, unter welchen Bedingungen sich das Verhältnis von reversiblen und irreversiblen Prozessen verändert. Bei innerzellulären und Zelldifferenzierungsprozessen scheint mir dieses Verhältnis weit mehr zur Seite der Irreversiblität verschoben, als es auf der makromolekularen Ebene der Fall ist. Die Entwicklung in dieser Richtung ist dann selbstverständlich mit einer gerichteten Einschränkung der Reversibilität verbunden. Der statistische Charakter der jeweiligen, sich entwickelnden Systeme nimmt im Verlaufe der Höherentwicklung ab; die qualitative Bestimmtheit der inneren Prozesse nimmt zu, und die qualitative Vielfalt der jeweils realisierten Widerspiegelungsformen vergrößert sich. Dem vorliegenden Beitrag liegt nun zur Erklärung dieser Tatsache die These zugrunde, daß die Zunahme der qualitativen Bestimmtheit der Systeme in Prozessen der Höherentwick-

lung die Eigenschaft der Widerspiegelungsfähigkeit zur Voraussetzung hat und aus dem dialektischen Verhältnis von historisch-genetischen und strukturell-funktionellen Widerspiegelungsprozessen erklärt werden muß. Bei der einzelwissenschaftlichen Erforschung der konkreten Entwicklungsprozesse reicht dieses Prinzip allein zur Gesetzeserkenntnis nicht aus. Fußend auf den experimentellen Ergebnissen ist zugleich die kausale Struktur, die materielle Bedingtheit und Bestimmtheit der Entwicklungsprozesse - und damit auch des Verhältnisses von Reversibilität und Irreversibilität in diesen Prozessen - ist nur durch die Erforschung der objektiven Kausal- und Widerspiegelungsprozesse in ihrer untrennbaren Einheit als Gesetzmäßigkeit zu erkennen. Begrenzt auf die Widerspiegelung, liegt hierzu in diesem Beitrag eine allgemeine Konzeption zur Diskussion vor.

RÜDIGER: Die Frage der Meßbarkeit von Qualitäten kann nicht eindeutig verneint werden. Es gibt einzelwissenschaftliche, experimentelle Befunde bzw. Verfahren der Gewinnung und Bewertung von physiologischen Daten, die - wenn nicht Meßbarkeit im Sinne des Einsatzes internationaler Maßsysteme möglich ist - doch eine Klassifizierung in "semignatitativer Art" zulassen. Dies betrifft den afferenten Teil, d. h. den Eingang und die ersten Verarbeitungsstufen sensonischer Systeme. Wenn man einen chemischen Reiz, z. B. Glukoselösung, auf Rezeptoren der Zunge (im Tierexperiment) wirken läßt, so kommt es, nach der primären Transformation am Rezeptor zur sekundären Transformation, was in Form von Serien festgeleiteter Potentiale oder "Nervenimpulse" geschieht. Sie sind mit mathematisch-statistischen Methoden annähernd charakterisierbar, z. B. in sog. Impulshistogrammen. Diese kann man bestimmten Konzentrationen von verschiedenen Geschmacksstoffen zuordnen, mit beim Menschen - anläßlich notwendiger chirurgischer Eingriffe - gewonnenen elektrophysiologischen Daten und subjektiven Aussagen über die Empfindung vergleichen. So ist zumindest ein Teil der qualitativen Seite der Widerspiegelung naturwissenschaftlich erfaßbar.

# ÜBER BESONDERHEITEN DER INFORMATIONSVERARBEITUNG IM GEHIRN, IHRE BEZIEHUNGEN ZU EMOTIONELLEN FAKTOREN UND DER SUBJEKTIVITÄTSEIGENSCHAFT

WOLFGANG RÜDIGER

Bereich Medizin der Humboldt-Universität, Physiologisches Institut, Berlin

Es unterliegt wohl keinem Zweifel, daß die heute zu beobachtende Entwicklung der Biowissenschaften das Ideenklima, den Denkstil, die Überlegungen zur Prognose, stark beeinflußt. Für die Biowissenschaften können philosophische Diskussionen nutzbringend sein. Umgekehrt werden unsere, an der weiteren inneren Strukturierung, dem inneren Ausbau der marxistisch-leninistischen Philosophie interessierten Philosophen eine Reihe von Einzelerkenntnissen und theoretischen Modellen von Einzelwissenschaften aufnehmen. Es scheint mir, daß für die Neurowissenschaften, die sehr viele Befunde über die Hirntätigkeit erheben und Teilaussagen versuchen, eine Vertiefung und Weiterentwicklung philosophischer Verallgemeinerungen über diese Teilaussagen nötig ist.

In gleicher Richtung bewegen sich Vorstellungen, wie z.B. die des Mathematikers SIMPSON. Nach seinen Worten wäre eine allgemeine Wissenschaftstheorie dann zu erreichen, wenn man Prozesse studiere, auf welche alle Gesetzmäßigkeiten und Erscheinungen naturwissenschaftlicher Relevanz zuträfen. In diesen Prozeßräumen sind Prozesse beliebiger Art und Komplexität aufgehoben im Sinne der HEGELschen Dialektik. Solche multivektoriellen, in Richtung und Phase bestimmbaren Prozeßräume, sind aber gegeben bei der Aufnahme, der Wandlung, Übertragung, Speicherung, Revokation oder Auslesung und Abgabe von Information durch das Lebewesen. Im Gehirn der höher entwickelten lebenden Organismen, zusammen mit den Eingangs- und Ausgangskanälen elektrophysikalischer und strömungsphysikalischer Natur, sind die einzelnen Formen der Widerspiegelung vereinigt. Dabei besitzen sie unterschiedliche Zeitkonstanten.

Um Irrtümer zu vermeiden, sei betont, daß mit der oben erwähnten allgemeinen Wissenschaftstheorie nur die Bereiche unterhalb der gesellschaftlichen Bewegungsform oder Widerspiegelungsform der Materie erfaßt werden können. Denn aus noch so weitreichenden Fortschritten der Neurowissenschaften kann keine neuartige Gesellschaftstheorie abgeleitet werden. Dieses Biologismusstreben, das z.B. bei FREUD einen besonderen medizinisch-biologischen Ausdruck fand, könnte bei Erreichen von Erkenntnissprüngen in den Biowissenschaften immer wieder auftreten. Ein entgegengesetzter Irrtum wäre es, wenn das Bewußtsein als Produkt der gesellschaftlichen Daseinsweise per se, sensu strictiori, angesehen würde, d.h. als eine Qualität, die vom Gehirn eines einzelnen gar nicht eingebracht würde; mit anderen Worten, die als etwas materiell Unfaßbares in der Gesellschaft steckt. Das wäre meines Erachtens eine wenig originelle Form von philosophischem Idealismus. In den Prozessen der Informationshandhabung im Gehirn des Einzelnen sind sowohl die genetisch fixierten Erfahrungen der biologischen Evolution aufgehoben, wie auch die Erfahrungswerte der Gesellschaft, die sich jedem einzelnen Gehirn in heutzutage durchaus recht unterschiedlichem Umfange aufprägen. Der unterschiedliche Umfang ergibt sich bei etwa gleichen äußeren Voraussetzungen des Informationsangebotes aus der "Güte" des einzelnen Gehirns. Unter anderem wird diese Güte bestimmt durch die Art des Zusammenhangs von emotionellen und cognitiven Hirnfunktionen.

Im Gehirn des biologischen Wesens Mensch besteht die höchstvollkommene Form von Einheit zwischen energierelevanten und informationsrelevanten Erscheinungen. Der Stoffwechsel des Gehirns von etwa 350 kcal/24 Stunden oder 149 450 mkp oder 1/40 Ps entspricht quantitativ dem Stoffwechsel der Leber. Die Qualität des Hirnstoffwechsels ist offenkundig so beschaffen, daß eine enorme Vielfalt von zwischenzelligen Kommunikationen, von intrazellulären Protein- und Transmittersynthese-Prozessen realisiert wird. Dazu gehören die ständigen Schwankungen in den Gleichgewichten von geladenen Teilchen, wodurch elektromotorische Kräfte an den Zellmembranen sich ändern. Diese Änderungen beeinflussen einander so, daß Gerichtetheit entsteht; Gerichtetheit nicht nur im Sinne einer Sequenz, sondern zugleich der räumlichen Direktion, also in dem, was wir unter Entstehung und Ausbreitung von Aktionspotentialen verstehen, die über Transmitterfreisetzung zu vorübergehenden Änderungen der Polarität des Membranpotentials anderer Zellen führen. Die Energie wird sowohl zur Produktion von Strukturen, wie in jedem anderen Organ und Gewebe, und zur Produktion von variablen Zuständen benötigt. Letztere stellen die Grundvorgänge der besonderen Handhabung von Information dar, wie wir sie eben im Zentralnervensystem antreffen.

Lassen Sie mich zur Verdeutlichung einige, vom Thema anscheinend abschweifende Sätze, äußern, die etwas mit Energie im physikalischen Sinne zu tun haben. Jährlich bringt die Sonnenstrahlung zur Erde eine Energiemenge, die seit Jahrmillionen konstant etwa $1,6 \cdot 10^{15}$ MWh beträgt. Da die Erde sich im strahlungsphysikalischen Sinne annähernd wie ein schwarzer Körper verhält, übernimmt sie einen großen Teil der elektromagnetischen Energie für ihren Energiehaushalt. Nun ist aber der Temperaturunterschied zwischen Sonne und Erde sehr groß und daraus folgt eine beträchtliche Abnahme der Entropie der zur Erde gelangenden Energie. Der jährliche Negentropiebetrag zugunsten der Erde kann mit $3,2 \cdot 10^{22}$ Joule/$^{o}$Kelvin angegeben werden.
Ausgehend von der Beseitigung der Unwahrscheinlichkeit eines Ja-Nein-Zustandes auf molekularer Ebene bekämen wir, entsprechend der BOLTZMANNschen Konstante für 1 bit je Meßvorgang an dem fraglichen Molekül eine kleinstmögliche Energiestufe von $10^{-23}$ Joule/$^{o}$Kelvin. Das Negentropieäquivalent beträgt bei Zimmertemperatur $3 \cdot 10^{-21}$ Ws. Beziehen wir diese Größe auf den oben genannten Negentropiebetrag zugunsten der Erde und rechnen auf das Informationsmaß um, so erhalten wir je Sekunde $10^{38}$ bit. Diese $10^{38}$ bit/s transformierten und transformieren sich in Strukturen der irdisch verfügbaren Energie. Ganz gleich, ob es sich um Kohle und Erdöl, um grüne Pflanzen, um die rezenten Tiere oder auch um Wolken, Bergseen usw. handelt. Noch heutzutage benutzt der Mensch einen kleinen Teil davon zur technologischen Gestaltung seiner Ökosphäre. Betrachten wir jetzt die Verstärkungsfaktoren für die Energie und für die Information. Die mechanische Gesamtleistung des Skelettmuskeleiweißes beläuft sich gegenwärtig auf grob geschätzt $3 \cdot 10^{9}$ MW/Jahr. Technologisch kontrolliert die Menschheit $7 \cdot 10^{10}$ MW/Jahr. Der Verstärkungsfaktor von Muskeleiweiß zur Maschine beträgt im Durchschnitt 1 : 25. Die Verstärkung von humanen Informationsprozessen zu den maschinellen Prozessen ist um 5 Zehnerpotenzen höher, liegt also bei mindestens $10^{6}$ und könnte durch superschnelle Informationsmaschinen der n-ten Generation theoretisch auf $10^{12}$ wachsen. Selbstverständlich gilt das nur für bestimmte Sätze von Problemlösungen, die nach heutigen Vorstellungen ein Komputer aus Leistungen des menschlichen Gehirns übernehmen könnte. Hätte jedes Individuum der Gesellschaft einen solchen Komputer, dann stiege der Verstärkungsfaktor auf $10^{24}$. Das ist weit mehr, als man durch Kernfusion bei der Energieverstärkung gewinnen könnte. Die Besonderheit der Handhabung von Information durch das neurobiologische Substrat im Hinblick auf die Ankoppelung an Informationsmaschinen besteht eben in der Möglichkeit, den Widerspiegelungs-

prozeß weit stärker zu potenzieren, als den Energietransformationsprozeß. Nicht der ungeheure Muskel oder die ungeheure Leber strukturiert die Welt weiter und weiter, sondern das ungeheure Gehirn, d.h. die Gesamtheit an biologischer und technischer Informationsmaschinerie.

Kehren wir zum Gehirn zurück. Vor nicht langem ging die Zeit zu Ende, in der die Hirntätigkeit von der Neurobiologie her nur mit solchen Methoden untersucht wurde, wie sie sich beim Studium von Organen und Organsystemen allgemein bewährt hatten, z.B. über den Sauerstoffverbrauch, den Glukoseumsatz aber auch bestimmte elektrische Erscheinungen von energetischen Prozessen in Zellen und Zellverbänden. Das berührt die Entäußerung der Hirntätigkeit in Form von Muskelkontraktionen, Sekretionsprodukten aus Drüsen usw. Das Energiekonzept der Nachrichtenübermittlung geht auf Johannes MÜLLER, d.h. in die Mitte des 19. Jahrhunderts zurück. Obgleich in den zwanziger Jahren unseres Jahrhunderts Ansätze einer Informationstheorie entstanden waren, heißt es, z.B. bei dem Neurophysiologen Ch.Sc. SHERRINGTON, daß man in den geistigen Vorgängen kein Energieattribut fände, was uns prinzipiell daran hindere, die Brücke zwischen hirnphysiologischen und geistigen Vorgängen zu finden.

Es wurden also bis in die neuere Zeit Energiekorrelate der Hirnfunktionen gesucht und beschrieben, was ein vergebliches Bemühen bleiben mußte. Daher wurde die SHANNONsche Informationstheorie in ihrer Form von 1948 ("A mathematical Theory of Communication") im Zusammenhang mit der Entwicklung der Kybernetik für viele Neurophysiologen sehr anziehend. Man wandte sich von der bloßen Energiekoppelung zur Informationskoppelung, z.T. in übertriebener Weise, so daß die dialektische Einheit von Energiekoppelung und Informationskoppelung aus dem Gesichtskreis schwand und das Gehirn zu einer lediglich noch unbewältigten mathematischen Riesenformel gemacht und zu einer Mehrzweck-Analog-Digital-Maschine verabstrahiert wurde. Die Informationstheorie gab jedoch Anregungen für die Formulierung von Modellen zur Bearbeitung des Signalrauschproblems, sie lenkte schließlich auf die Schaffung von probabilistischen Modellen der widerspiegelnden Gehirntätigkeit hin.

Das Problem lautet jetzt: was ist die "Sprache" des Gehirns? Oder in welchen "Sprachen" gibt das Zentralnervensystem seine Aktivität kund? Dies geschieht natürlich in der Motorik, hin bis zur Gestik, dem Sprechen, dem Schreiben, dem manuellen Schreiben und dem vergesellschafteten maschinellen Schreiben in den Druckereien. Das Studium dieser peripheren Sprache, wie es von Psychologen, von Linguisten, Semiotikern betrieben wird, vermag Einsichten in die

Hirnfunktionen zu geben. Bei den Neurophysiologen ist die Sprache des Gehirns zunächst die elektrische Aktivität in Zell- oder Neuronenverbänden und in der Einzelzelle. Die Sprachstruktur ist freilich eine ganz andere. Es handelt sich um Änderungen elektrischer Membranpotentiale, die entweder zur Generierung eines fortleitungsfähigen Impulses, oder deren mehrerer führen, oder die die Generierung solcher Impulse erschweren. Die zeitlichen Impulsabstände und damit die Momentanfrequenzen dieser Entladungen sind verschieden; Regelmäßigkeit ist selten bzw. die Regelmäßigkeit hat Wahrscheinlichkeitscharakter. Sie reicht also von nichtvorhanden, d.h. zufällige zeitliche Verteilung der Impulse, auch Spontanaktivität genannt, bis zu verschiedenen Graden des Vorhandenseins von Regelmäßigkeit neben Unregelmäßigkeit. Damit ist jedoch nicht nur ein verschieden großer Signalrauschabstand zu verstehen, sondern auch die Gegebenheit, daß unterschiedlich große Impulshäufigkeit, ob regelmäßige Impulsabstände oder nicht, eine verschieden große Intensität bedeuten kann, oder daß ein unterschiedlicher Anteil an Unregelmäßigkeit eine die Syntax bestimmende Rolle spielt. Es muß hier betont werden, daß nicht allein die zeitliche Abfolge solcher zellulärer Ereignisse diese Syntax ergibt, sondern auch die räumliche Parallelität dieser Ereignisse. Die Zeitstruktur braucht nicht dieselbe zu sein, und sie ist es in den meisten Fällen tatsächlich nicht.

Einfache Modelle, wie die anfangs von McCULLOCH und PITTS (1947) vorgeschlagenen, konnten nur vorübergehend eine Vereinfachung des Problems nützlich erscheinen lassen. Sie schlugen z.B. Netzwerke vor, welche die Invarianten-Wahrnehmung von visuellen und auditiven Formen gewährleisten. In der Tat könnten genügend komplexe Neuronennetze mit hinreichend regelmäßiger raumzeitlicher Struktur Signale klassifizieren. Sie würden Eigenschaften darstellen. In solchen Netzwerken ist das Neuron ein logischer Schalter. Das Neuron als Schaltelement kann heute besser charakterisiert werden als 1947. Dies konnte dank der Entwicklung der Mikroelektrophysiologie und der Rechentechnik auf der einen Seite und dank der Fortschritte der molekularen Biochemie, Biophysik und Morphologie auf der anderen Seite geschehen. Den Schaltungsvorgängen liegen Transmittersynthesen, Transmittertransport und Transmitterwirkungen an Kontaktflächen zwischen Nervenzellen und Nervenfasern zugrunde. Enzyminduktionen an Membranen sind wichtig usw. Es ist nicht Aufgabe des Vortrages, dieses näher zu erläutern. Nur eines muß ausgesprochen werden:

Die noch so genaue Kenntnis der molekularen Vorgänge an Synapsen in Nervenzellen, in Gliazellen usw. schlägt nicht einfach in eine andere Erkenntnisqualität um, etwa in die Erkenntnis von der Entstehung von Semantik aus der Syntax der zeitlich-räumlichen Schaltereignisse an diesem oder jenem Neuron. Dies muß keineswegs die Vorstellung ausschließen, daß in einer Nervenzelle strukturell die Eigenschaftsänderungen anderer Nervenzellen, ja sämtlicher übrigen Nervenzellen, vorhanden sind, wenn auch in einer sich dem heutigen Vorstellungsvermögen entziehenden Unterschiedlichkeit je nach Direktheitsgrad der Wechselwirkungen von Nervenzellen untereinander.

Zweifelsohne sind die Nervenzellen selbst integrative Einheiten. Sie sind keine passiven Schalter oder von den Eingangsgrößen allein abhängige logische Schalter. Sie v e r h a l t e n sich, wenn der Ausdruck gestattet sei. Populationen solcher Nervenzellen, gleichgültig, ob vereinigt in einem topologisch abgrenzbaren Konglomerat in Gehirnzentren, oder verstreut über größere Regionen und verschachtelt mit anderen Populationen, bilden Struktureinheiten höherer Ordnung. Ihre Summe ist die neuronale Gesamtmasse des Gehirns. Der Impulszufluß von den Rezeptoren besitzt strukturerhaltende und auch strukturschaffende Bedeutung. Wenn man z. B. für eine Zeitspanne und von Geburt an die Wirkung von Licht auf die Augen vollkommen ausschaltet, wie das unter anderem bei der Aufzucht von Versuchstieren in völliger Dunkelheit möglich ist, so gibt es Veränderungen der genetisch festgelegten Strukturen in den zugehörigen Hirnanteilen. Es ändern sich Enzymkonzentrationen der Nervenzellen und die Sehfunktion verliert sich teilweise, was bei Rückführung der Tiere in die normale strukturierte Umgebungshelligkeit dann feststellbar ist.

Unter diesem Gesichtspunkt ist es vielleicht nicht ohne Interesse, wieviel bit im SHANNONschen quantitativen Sinne das Gehirn an Information erhält. Das könnten $10^{10}$, $10^{15}$ oder auch mehr bit/s sein. Durch die Aktivitäten der Rezeptoren und der ihnen unmittelbar nachgeschalteten Nervenzellnetze, sowie durch die modulierende Beeinflussung dieser Hirngebiete durch andere, bilden sich eine Art Syntax und Pragmatik heraus, d. h. eine "informationsbeladene" Impulszeit- und Impulsraumstruktur, etwa bei der optischen Wahrnehmung von Gegenständen, bei der Wahrnehmung von Tönen usw. Die Einheiten dieser Impulszeit- und Impulsraumstrukturen könnte man "neurostrukturelle Informationsquanten" nennen. Um ein Gehirn über alle seine Eingänge von den internen und externen Rezeptoren mit neurostruktureller informationeller Syntax auszulasten, wären vielleicht $10^6$ bis $10^7$ neurostrukturelle Informationsquanten erforderlich. In dieser Form sind sie nicht bewußtseinsfähig. Sie werden aber im Gehirn dank dem Gedächtnis, der vorherrschenden Basismotivation und der Emotion zu Einheiten höherer Ordnung mit semantischem Charakter zusammengefaßt. Diese können als elementare Bewußtseinstatsachen auftreten. Bei serialer Darbietung über ein afferentes System, z. B. das Auge bzw. das visuelle System, reihen sie sich im Bewußtsein deutlich getrennt nacheinander an. Nehmen wir ein Beispiel: Es werden tachistoskopisch nacheinander Folgen von Zeichen verschiedener Redundanz angeboten, z. B. Buchstabenreihen. Der Prozentsatz von richtig wahrgenommenen Buchstaben oder Zeichen je Expositionszeit von z. B. 1/16 s, kann schwanken, je nach Redundanz der Buchstabenfolge. Den jeweiligen Prozentsatz der richtig wahrgenommenen Zeichen kann man in Form der aufgenommenen Informationsmenge abtragen. Es zeigt sich, daß durchschnittlich 1 bit/Exposition vergegenwärtigt wird. Das subjektive Zeitquant wäre also 1/16 s oder 1 "bit". Teilen wir das Bewußtsein, das eigentlich ein Kontinuum ist, in solche psycho-physischen Momente oder in subjektive Zeitquanten ein, so gibt die Unterscheidung von jeweils zwei von ihnen zeitlich nacheinander oder räumlich nebeneinander 1 "bit" an Information, wohlgemerkt im psycho-physischen Sinne. VÖLZ nennt dieses Nicht-SHANNONsche "bit" auch beu, als Maßeinheit der von ihm so genannten kontentischen Information.

Es hat sich ergeben, daß der Mensch zwischen 10 - 40 der oben genannten "bit" in jeder Sekunde aufnehmen kann. Die Schwankungen beruhen auf der Art der rezeptiven Oberfläche wie die Netzhaut des Auges, Geschmackrezeptoren auf der Zunge usw. Sie sind aber auch vom Wachheitsgrad abhängig und von der Basismotivation bzw. der durch den Vollzug der motivierten Handlung ausgelösten Emotion.

Zwischen dem bit der Nachrichtentechnik und dem beu wäre das vorhin erwähnte neurostrukturelle Informationsquant einzuordnen, ein rein syntaktisches Element, das durch gerichtete Signale, vektorielle Ereignisse oder Zustände in den Rezeptorengruppen erzeugt wird. Solche Informationsquanten lassen sich z. B. in einzelnen Fasern des Sehnerven mit Hilfe von Mikroelektroden ableiten. Unter vielen anderen sind diese mit bloßem Auge, d. h. durch Betrachten der Potentialabfolge auf dem Schirm des Kathodenstrahloszilloskops erfaßbar oder mit nachrichtentechnischen Methoden heraushebbar. So entstehen charakteristische Impulsgruppen, innerlich nach der Zeit strukturiert, wenn über eine bestimmte Rezeptorengruppe, mit unserem Beispiel der Netzhaut, eine Hell-Dunkel-Kontur hinweggleitet. In den höheren Verarbeitungsstationen des Gehirns wirken die Pulsgruppen in Nervenzellgruppen aufeinander und es resultieren Impulsgruppen mit anderen Zeitstrukturen. Auch die räumliche Verteilung ändert sich. Schließlich werden von den Nervenzellen der Großhirnrinde, hier des sog. Sehfeldes, nur dann aus dem Rausch der sog. Spontanaktivität sich heraushebende Impulsantworten entstehen, wenn der Hell-Dunkel- oder der Farbkontrast mit einer bestimmten Geschwindigkeit, einer bestimmten Neigung oder Abknickung der Konturen, einer bestimmten Richtung über den entsprechenden Bezirk der Netzhaut des Auges fährt oder in ihn hinein oder heraus gleitet, z. B. in Tierexperimenten von HUBEL und WIESEL. Dieser Bezirk ist das rezeptive Feld der Großhirnrindennervenzelle, und die charakteristische Antwort dieser Zelle auf den optischen Reiz charakterisiert die Eigenschaften des rezeptiven Feldes für eben diese Zelle. Eine andere Zelle, die von demselben umschriebenen Netzhautbezirk beeinflußt wird, kann ganz andere Antworteigenschaften aufweisen. Diese Eigenschaften legen die Widerspiegelungsfunktion der Nervenzelle auf diesem Niveau der Hirnorganisation fest. Die Potenz zur Festlegung überhaupt ist genetisch determiniert. Das, was die Zelle mit dieser Fähigkeit als Folge der Ontogenese der Widerspiegelungsfunktion macht, ist umweltdeterminiert. Dabei spielt aber auch die Emotion eine wichtige Rolle.

Der Begriff Emotion wird in der psychophysiologischen Literatur durchaus nicht einheitlich, z. T. sogar widersprüchlich gefaßt, von der Motivation nicht eindeutig abgegrenzt. Das erschwert den Umgang mit einem solchen, von vornhinein unklar erscheinenden Begriff. So kann die Emotion als ein körperlicher Zustand - Zustand des Gehirns und dadurch hervorgerufener Änderungen im übrigen Organismus - aufgefaßt werden, der eine psychische Komponente hat bzw. der dem Subjekt bewußt wird, und der eine Verhaltensantwort erzwingt, die in einer Abwehr oder Zuwendung besteht, oder der ein ablaufendes Verhalten sistiert. Beispielsweise ist ein solcher Zustand die Angst, interpoliert zwischen ein den Zustand auslösendes Signal, z. B. unmittelbar bevorstehende Schmerzreizung ankündigend, und der Verhaltensantwort zur Vermeidung dieses Reizes. Die Emotion kann aber auch als direkt mit einem bestimmten Verhaltensmuster zusammenhängender Prozeß, als Eigenschaft oder Phase des Verhaltensmusters betrachtet werden. Im menschlichen Subjekt tritt sie als begleitende Empfindung, einhergehendes Gefühl oder, bei hoher Intensität, als einhergehender Affekt in Erscheinung.

Ein emotioneller Zustand tritt bei der Realisierung eines Motivationsverhaltens, z. B. bei erfolgreicher (oder erfolgloser) Suche nach Nahrung, auf. Beim Menschen trifft dies bei Realisierungsversuchen "höherer Motivationen" zu, beim Streben nach sozialer Geltung usf. Allgemeiner formuliert kommt es zu Emotionen als körperliche Zustände oder Phasen mit psychischer Relevanz (was beim Menschen in einer Bewußtseinstatsache resultiert), wenn zwischen dem Zielmodell des Verhaltensaktes und dem tatsächlich durch das Verhalten erreichten Annäherungsgrad an das Ziel verglichen wird. So kann es bei größerer Nicht-Übereinstimmung infolge eines Fehlverhaltens zur negativen Emotion kommen, die von Unbehagen bis zu Zorn oder Verzweiflung reichen kann.

Faßt man die Emotion nicht nur als Folge oder Begleitumstand, sondern auch als eine Form der Widerspiegelung oder Handhabung von Information durch das Gehirn auf, so könnte man, im Gegensatz zur cognitiven Seite, sie folgendermaßen zu bestimmen versuchen: Die Emotion ist als eine in der Phylogenese entstandene, und wahrscheinlich vor der cognitiven Seite der Widerspiegelung entstandene, Widerspiegelungsform aufzufassen, die genetisch frühzeitig fixiert wurde und die dem Individuum als Eigentümlichkeit seiner integrativen Hirnfunktion innewohnt. Dieser Informationsinhalt wird ursprünglich und unabdingbar nicht erst durch die verbale Kommunikation in der menschlichen Gesellschaft produziert. Er ist im Gehirn von vornhinein vorhandene Widerspiegelung. Die cognitive Information erhält das Individuum durch Kommunikation in ihrer höchsten Form innerhalb der menschlichen Gesellschaft. Freilich muß der die Emotion organisierende Aktivitätszustand des Gehirns beim Menschen nicht mit der Bewußtheit "Emotion" einhergehen. Das geschieht nur durch Wechselwirkung mit der cognitiven Informationshandhabung. Emotion wird bewußt in einem Kontex, andererseits ergibt sich die Semantik der cognitiven Information nicht bloß aus Wechselwirkungen von Elementen der cognitiven Informationshandhabung. Die "cognitive Information" für sich betrachtet, ist so etwas wie angefüllte Leere, sie motiviert das Individuum im allgemeinsten Sinne dieses Wortes nicht. Die cognitiven Prozesse führen nur insofern zu Anpassungen, als sie die Struktur, in der sie vor sich geht, optimieren und damit auch deren Reagibilität erhöhen. Mit anderen Worten: die cognitive Seite der Widerspiegelung kann ein Komputer teilweise oder ganz übernehmen. Hier scheint es keine echte Grenze zu geben; höchstens eine, durch die Technologie z. Z. oder später gegebene Grenze. Daher kann ein Komputer lesen lernen. Er kann sich selbst reparieren. Er kann seine Funktionen in gewisser Hinsicht reproduzieren, wohlgemerkt aber nicht dadurch, daß er einen attraktiven Partner sucht und Hochzeitstänze aufführt. Damit eine nicht lebende Maschine jene Eigenschaften der Widerspiegelung annähme, die den höheren Organismen eigen ist, und damit "psychische Eigenschaften" oder gar ein hoch entwickeltes Bewußtsein bekäme, müßten in ihr jene Prozesse vorhanden sein, die beim Gehirn die Emotionen auslösen. Gerade diese Prozesse sind aber im Ergebnis einer Jahrmillionen währenden Entwicklung der lebenden Materie entstanden, d.h. bei der Entwicklung der Grundform der Widerspiegelung, nämlich der Anpassung als Entwicklungsgarantie der Lebewesen aus dem Urozean bis zur Werdung der existierenden Lebewesen einschließlich des präsozialen Anthropiteken. Das nicht lebende oder nicht mehr lebende organische Material der Informationsmaschine macht auch bei noch so hoher Vervollkommnung nicht den Sprung in eine biologische Qualität durch. Sie bleibt unemotionell. Selbst wenn sie an ihren Ausgängen Mechanismen quasi angehängt bekäme, die bei einem bestimmten Zustand der Elemente der Informationsmaschine in Funktion treten, z.B. ein Reservoir von Flüssigkeit entleerte oder in einem bestimmten semantischen Zustand beim akustischen Widergeben von vorgelegten Worten, diese durch Anheben oder Absenken der künstlichen Stimme modulierte. Mit anderen Worten: die Subjektivität als Funktion der Widerspiegelungseigenschaften lebender Materie ist an die emotionellen Grundprozesse geknüpft. Der Mensch vermag es, cognitive Informationsprozesse im Sinne einer kontentischen Information oder einer direktivischen Information außerhalb seines Gehirns zu erzeugen und mit ihnen die Kapazität seines Gehirns stark zu erweitern oder zu verstärken. Er kann aber nicht Emotionen außerhalb seines Gehirns maschinell anhäufen und verstärken und damit schließlich von der Bühne des kosmischen Geschehens mit einem lachenden und einem weinenden Auge abtreten.

Als Bestandteil und historische Grundvoraussetzung der Subjektivität wird die Emotion umsomehr zu einem Gefühl und damit zu einer Bewußtseinstatsache, je höher die rezente Widerspiegelung, je höher der cognitive Prozeß entwickelt ist, also beim Menschen und hier wiederum in unterschiedlicher Ausgeprägtheit. Das ständige Vorhandensein emotioneller Grundprozesse, die neurobiologisch immer nachweisbar sind, bedeutet nicht ein beständiges vordergründiges Vorhandensein in Gestalt von Gefühlen und entsprechenden sichtbaren Reaktionen der Skelettmuskulatur, des Kreislaufes, der Schweißdrüsen, der Tränendrüsen usw. Durch cognitive Prozesse der Informationsverarbeitung sind emotionelle Empfindungen oder Gefühle anregbar, wenn auch von Mensch zu Mensch recht verschieden, was z.B. im Konzertsaal, bei einer politischen Kundgebung und dgl. sich beobachten läßt. Die Hervorrufbarkeit solcher Emotionen kann in unterschiedlichem Grade trainiert werden, was mitunter als "Erziehung der Gefühle" bezeichnet wird oder besser als Erziehung zur Hervorbringung von Gefühlen in entsprechenden Situationen. Das Augenblicksbewußtsein kann sehr eng sein. Je enger und in gewisser

Hinsicht einförmiger es ist, desto stärker kann die Emotion sein und damit die Qualität der Subjektivität bestimmen. Unter diesem Aspekt, aber nur unter diesem Aspekt kann die Subjektivität fast nur aus Emotion bestehen. Beim Menschen ist das der Fall bei extremer, mit Aggression verbundener Wut oder im Orgasmus. Wie dies letztere zum Affekt gesteigerte Gefühl im Sinne einer sehr viel weiter zu entwickelnden Informationstheorie zu beschreiben wäre, ist nach dem vorhin Gesagten nicht absehbar oder erscheint unlösbar.
Emotionen können die rezente Informationsspeicherung im Gehirn beeinflussen. Hierüber gibt es zahlreiche neurobiologische Befunde, die verständlicherweise überwiegend im Tierexperiment erhoben worden sind. Durch elektrische Reizung bestimmter Hirnstrukturen, die die Aktivitätszustände des Gehirns regulieren, und die vorwiegend im Hirnstamm und im Zwischenhirn sich befinden, können die Lernzeiten in Versuchen mit bedingten Reflexen erheblich verändert werden. So gewiß die Emotionen ein Ausdruck der Tätigkeit des Gesamtgehirns sind, so eindeutig sind andererseits einige Hirngebiete, wie die oben genannten, für die Auslösung von emotionellen Zuständen verantwortlich. Sie werden daher etwas mechanistisch als Emotionszentren bezeichnet. Es ist unwahrscheinlich, daß dort die rezente Information gespeichert wird, die durch interindividuelle Kommunikation oder den Informationswechsel in der unbelebten Umwelt, der natürlich besonders beim Menschen auch eine Form von interindividueller Kommunikation über geschriebenen Text, über den Film usw. sein kann, entsteht. Von den sog. Emotionszentren geht sicher ein lenkender Einfluß auf die einfließenden Informationen aus. Das betrifft z. B. die Bedeutungszuordnung und damit einen wesentlichen Teil der Semantik. Es ist aber unwahrscheinlich, daß die Information in dieses oder jenes Gebiet der Hirnrinde eingefächert wird, wie die Briefpost in einem Postamt gesondert nach Adresse, Glückwunschkarten oder Briefpäckchen. Gleiches gilt für die Abberufung von Informationen während bestimmter Aktivitätszustände oder Grundmotivationen, wie Hunger, Durst usw.
Die Information ist repräsentiert in Zuständen und aus ihnen irgendwie abrufbar. Diese Zustände sind aber nicht, wie häufig angenommen, bestimmte Proteine, bestimmte Transmitterreservoire oder molekulare Schaltzustände an oder unter Membranen dieser oder jener Zelle, je nach Semantik. Die Nervenzelle als Ding an und für sich enthält nicht den Träger für ein bestimmtes Bewußtseinselement oder Gedächtniselement, das zum Bewußtsein gelangen kann, wie etwa der Zahnschmerz von voriger Woche oder die Fliege an der Wand von gestern oder gar der überraschend harte Anschlag des Pianisten beim Spiel der "Wut um den ver-

lorenen Groschen" und die dabei empfundene Emotion. Es ist sinnlos hierzu ein molekularbiologisches Pendant finden zu wollen, trotz aller Verfütterungsversuche von Gedächtnisproteinen, und von Emotionsproteinen oder anderen ähnlichen Stoffen ist ohnedies nicht die Rede.

Was synthetisiert wird und durch axonalen Transport aus dem Nervenzellkörper an die Endigung des Nervenzellfortsatzes gebracht wird, und dort die Wahrscheinlichkeit von Übertragung von Aktionspotentialen oder Impulsen bestimmt, sind nicht den Bewußtseinstatsachen oder Einzelheiten von Widerspiegelungsvorgängen isomorphe Strukturen, sondern Strukturen, die die Funktionsweise der Nervenzelle in einem Verband, einem Netzwerk dominieren. Allerdings bestimmen sie dadurch die Ultrastabilität des Netzwerkes und diese wiederum charakterisiert die Tätigkeit des Netzwerkes zusammen mit allen anderen, vorwiegend wohl mit denen der Großhirnrinde. Aus dieser einheitlichen Tätigkeit resultiert die höchste Form der Widerspiegelung. Gedächtnisinhalte werden nicht dieser oder jener Zelle entnommen, sondern dem gesamten Gehirn. Ein und dieselbe Zelle kann in viele Populationen sukzessive einbezogen sein. Die Zellpopulationen oder neuronale Netzwerke sind als dynamische Strukturen zu betrachten. Die Durchlässigkeit der molekularen Schalter an den einander angrenzenden Membranen und Zellfortsätzen und Zellkörpern anderer Neurone ist außerordentlich variabel und für die Speicherung und Abrufung oder Auslesung von bestimmter Syntax ist eine Nervenzelle oder ist ein Enzym-Substrat-Komplex innerhalb einer Nervenzelle angesprochen, im Verband mit bestimmten anderen usf. Man hat aus diesen und anderen Gründen die Speicherung und Ablesung der Information mit der Holographie verglichen.

Es ist nicht die Zeit, hierauf einzugehen. Bei weitem nicht die gesamte im Gehirn enthaltene Information, ausgedrückt in "neuro-strukturellen Informationseinheiten", wird jemals bewußt, z. B. trifft das auf den Hirnstoffwechsel steuernde Informationen in Gestalt humoral transportierter Stoffe zu, obwohl dies durchaus gerichtete Signale sind, wenn wir an bestimmte Neurohormone und von der Peripherie her auf das Gehirn wirkende Hormone denken. Diejenige Information, deren Handhabung Bestandteil der Widerspiegelungsfunktion oder Inhalt der Subjektivität ist, könnte man multidispositionelle und mobile Information nennen, d. h. eine solche, die von verschiedenen Mechanismen benutzt werden kann. Ein Teil der nichtmobilen Information kann mobilisiert werden, z. B. aus dem Langzeitgedächtnis. Ihr kann eine emotionelle Tönung verliehen werden, die jedoch

schwächer zu sein pflegt (in der Subjektivität), wie die aktuell durch äußere Einwirkung hervorgerufene.
Da nun weder auf molekularbiologischer Ebene, noch auf den komplexeren Funktionsebenen des Gehirns und sicher auch des Systems Organismus-Umwelt genügend Kenntnisse vorhanden sind, entziehen sich z. B. diese Prozesse einer neurobiologischen allgemeingültigen Theorie. Das gilt umso mehr für die Subjektivität als Eigenschaft lebender Materie auf dem Organisationsniveau des menschlichen Gehirns und ansatzweise auch des Gehirns höherer Säugetiere.
Dennoch möchte ich den anwesenden Philosophen zustimmen, wenn sie den großen Nutzen betonen, der aus einer stärkeren Zuwendung auf neurobiologische Erkenntnisse von seiten unserer Philosophen entstehen könnte. Zweifellos weisen die Neurowissenschaften ein hohes quantitatives Wachstum auf, was über eine gewisse Stagnation nicht hinwegtäuschen darf. Eine neue Qualität wird dann erreicht, wenn das interdisziplinäre Wesen der Neurobiologie und der Psychophysiologie mehr zum Tragen kommt, wobei die generelle Wissenschaftsdisziplin, die marxistisch-leninistische Philosophie, nicht fehlen wird.

## DISKUSSION

VÖLZ:[1] Im allgemeinen werden heute Emotionen aus viererlei Sicht betrachtet: psychologisch, physiologisch, gesellschaftlich und künstlerisch. Die meisten wissenschaftlichen Untersuchungen erfolgten wohl seit Jahrzehnten in der Psychologie. Heute gibt es hierzu bereits mehrere spezielle Bücher, z. B. (1) und (2). Wie unbefriedigend hier die Ergebnisse sind, weist u. a. BOTTENBERG (2) auf Seite 18 aus: "Der sehr unvollkommene Status der Gefühlsforschung wird weiter dadurch aufgedeckt, daß über die letzten Jahrzehnte ein Erkenntnisfortschritt kaum sichtbar wird." Auch die Klassifikation der Gefühle bereitet vielfältige Schwierigkeiten. Lediglich die Lust - Unlust - Beziehung wird allgemein anerkannt.
Die physiologische Seite der Emotionen ist lange Zeit bekannt. Sie steht im engen Zusammenhang mit den extrapyramidalen Bahnen des Nervensystems und dem vegetativen Nervensystem, z. B. in (3). Als eine zentrale Umschaltstelle hierfür

---

1 Zur Diskussion aufgefordert

gilt das Zwischenhirn. Auswirkungen von Emotionen können u.a. mittels Pupillenreflex, Hautwiderstand, Herzschlagfrequenz, Blutdruck und EKG objektiv beobachtet werden.
Die gesellschaftliche Bewertung der Emotionen ist von vielfältigen Fakten abhängig und zeigt u.a. ein wechselndes Auf und Ab in der Geschichte. Unsere Bewertung ist u.a. in (4) und (5) dargestellt. Es sind förderliche und schädliche Emotionen zu unterscheiden. Eine reiche und fein differenzierte Vielfalt von Emotionen ist für jede Persönlichkeit nur vorteilhaft. Die Kunst spielt für ihre Ausbildung eine entscheidende Rolle (6). Damit ist auch geklärt, worin die Untersuchungen der Emotionen ihren Grund haben.
In diesem Beitrag seien nun die Emotionen von einer anderen Seite betrachtet. Es wird ein heuristisches Modell vorgeschlagen, auf welche Weise Emotionen durch Informationen aufgelöst werden können. Hierzu ist von Abbildung 21 meines Beitrages (7) auszugehen. Es wird auf die relevanten Begriffe der Psychologie übertragen, dann ergibt sich zunächst stark vereinfacht Abbildung 1. Es enthält drei Ebenen, die sich durch unterschiedlich genaue Analysemöglichkeiten für einen äußeren Beobachter unterscheiden. Die Ebene I enthält nur die Umwelt des Menschen und ist im Prinzip für den Beobachter voll zugänglich. Die Ebene II ist für den Beobachter im Sinne der äußeren Erscheinungen einsichtig, enthält jedoch nicht deren Ursachen, sondern verweist nur auf sie. In ihr sind einmal die manifest gewordenen Handlungen und die äußeren Erscheinungen der Emotionen erkennbar. Die Rückschlüsse auf die Emotionen erfolgen u.a. durch Analyse der Ausdrucksbewegungen und ähnlichem bzw. objektiver durch Messungen des Hautwiderstandes, der Herz- und Atmungsfrequenz, des EKG, der Pupillenreflexe usw.
Die Ebene III ist nur indirekt dem Beobachter entweder durch komplizierte Analysen beziehungsweise durch Selbstbeobachtungen erschließbar. In ihr sind u.a. die inneren Triebkräfte des Menschen wie seine Bedürfnisse, Motive, Strebungen, Tendenzen usw. enthalten. Sie erzeugen ein, genauer eine Vielzahl von sich zum Teil widersprechenden Zielen (Intents). Durch die Handlungen müssen das oder die Intents zu realisieren versucht werden. Zum Handeln ist weiter der Wille notwendig. Zum anderen wird die Handlung aber auch durch Emotionen erheblich beeinflußt (vgl. z.B. (8)).
Mit der Darstellung von Abbildung 1 sind nur einige wenige, wesentliche Zusammenhänge erfaßt. Für die Emotionen wird dabei angenommen, daß sie als Abstandsmaß zwischen einem Ziel und dem Zustand der Wirklichkeit gebildet wer-

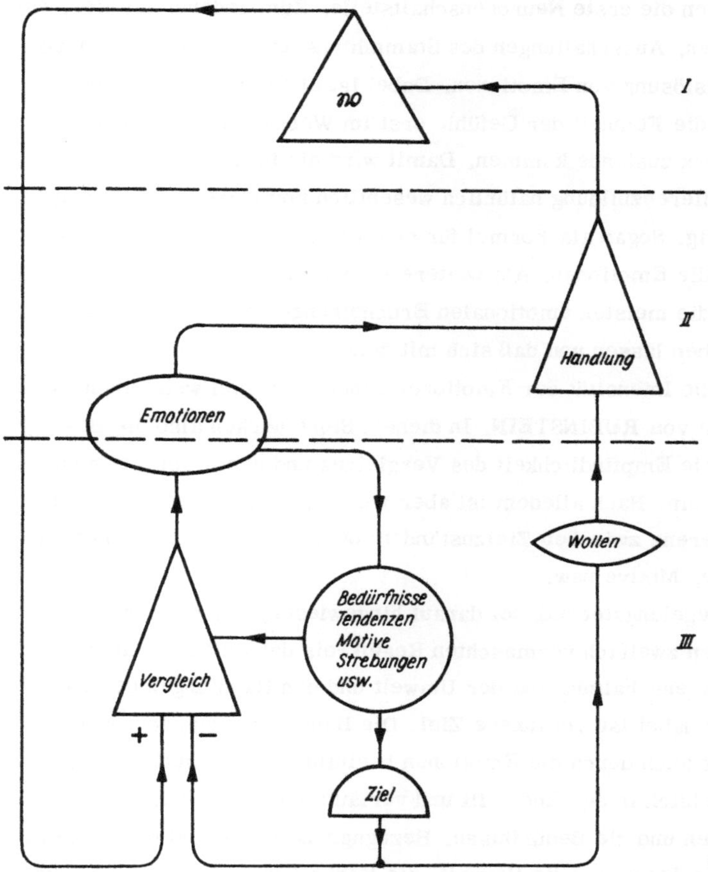

Abb. 1

**den. Für diese Annahme sprechen viele Aussagen der Psychologie. Es sei hier beispielhaft ein Zitat von RUBINSTEIN (4) angeführt. Nachdem er ausführlich den engen Zusammenhang zwischen Tätigkeit und Emotionen erklärt hat, schreibt er auf S. 583: "Es gibt in der Handlung auch objektive neutrale Abschnitte, nämlich wenn bestimmte Operationen ausgeführt werden, die keine selbständige Bedeutung haben. Die Persönlichkeit bleibt dabei indifferent. Da der Mensch zu seinen Bedürfnissen in Beziehung steht und sich auf Grund seiner Gerichtetheit bestimmte Aufgaben stellt, kann man auch sagen, daß die positive oder negative Qualität der Emotion durch die Korrelation zwischen Ziel und Ergebnis der Handlung bestimmt ist." Neuroanatomisch dürfte die Differenzbildung im Stammhirn erfolgen (1), (2) u.a. Denn einmal ist hier für die Mehrzahl der Nervenleitungen**

von den Sinnesorganen die erste Neuronenschaltstelle. Zum anderen ist hier, wie elektrische Reizungen, Ausschaltungen des Stammhirns usw. zeigen, das Hauptzentrum für eine Auslösung von Emotionen. Dabei ist allerdings zu beachten, daß die Vielfalt und die Feinheit der Gefühle erst im Wechselspiel zwischen Stammhirn und Kortex zustande kommen. Damit wird die in Abbildung 1 so einfach dargestellte Differenzbildung natürlich wesentlich komplexer. Im Prinzip bleibt sie aber richtig. Sogar als Formel für eine entsprechende Differenzbildung beschreibt (9) die Emotionen. Als weitere Begründung hierfür sei angeführt, daß sich zumindest die meisten emotionalen Erscheinungen nach diesem Prinzip relativ gut beschreiben lassen und daß sich mit zunehmender Komplexität des Zielabstandes sich die Intensität der Emotionen erhöht. Hierauf weist auch das zuvor gegebene Zitat von RUBINSTEIN. In diesem Sinne wirken also die Bedürfnisse usw. auf die Empfindlichkeit des Vergleichs und damit auf die Intensität der Emotionen ein. Nach alledem ist aber jede Emotion zunächst ein integrales Maß für Differenz zwischen Zielzuständen: dem Ist der Umwelt und dem Soll der Bedürfnisse, Motive usw.

Von der Seite der Regelungstechnik sei darauf hingewiesen, daß die Schaltung von Abbildung 1 einen zweifach vermaschten Regelkreis darstellt. Ein Regelkreis ist die Zusammenschaltung aus der Umwelt und den Handlungen des Menschen. Bezugsgröße dabei ist das innere Ziel. Die Handlung wird dabei sowohl durch den Willen als auch durch die Emotionen beeinflußt. Der zweite Regelkreis liegt ausschließlich in der Ebene III und verläuft über das Ziel, den Vergleich, die Emotionen und die Bedürfnisse. Bezugsgröße für ihn ist die Umwelt. Weiter ist nun zu beachten, daß die Umwelt, die Bedürfnisse usw. zeitabhängig sind. Das Modell von Abbildung 1 ist also auch dynamisch aufzufassen. Ferner kann die Zieldifferenz sowohl durch eine Handlung als auch durch Ändern des inneren Zieles beeinflußt werden. Daher können sowohl geistige Arbeit, die das Ziel verändert, als auch praktische Tätigkeit, die in die Umwelt eingreift, Lust oder Unlust bewirken und zwar je nachdem, ob sich der Abstand zwischen den Zielen verkleinert oder vergrößert. Die Intensität wird auch von der Änderungsgeschwindigkeit und -größe abhängen. So ist das Lusterlebnis verständlich, das sich mit dem plötzlichen Auftauchen von Ideen oder Lösungen im Sinne des Aha-Erlebnisses verbindet. Es vermindert schlagartig den notwendigen Aufwand zur Erreichung des Zielabstandes oder macht zuweilen die Erreichung des Zieles überhaupt erst möglich.

Stellen wir uns auf das Erleben unserer Emotionen ein, so wirken sie stärker passiv, also handlungshemmend. Dies ist unter anderem für den Kunstgenuß bedeutsam. Andererseits werden die Emotionen meist um so handlungsrelevanter, je weniger sie uns bewußt werden. Dies gilt wohl auch für den Affekt. Er kann aber andererseits auch so stark werden, daß er die Kapazität unseres Gegenwartsgedächtnisses voll belegt. Daher können uns extreme Emotionen so überschwemmen, daß rationalles Handeln kaum mehr möglich ist. Es gibt also optimale, ausgewogene, teilbewußte Emotionen, die dann ausschließlich stimulierend auf die Richtung unseres Denkens und Handelns wirken.
Auch die Ursachen der Emotionen können uns mehr oder weniger bewußt sein. Dieser Unterschied führt zu den ungerichteten und gerichteten Emotionen. Bei den ungerichteten Emotionen ist uns die Ursache nicht bekannt, bei gewissen Stimmungen gelingt es uns nicht einmal, sie festzustellen. Die gerichteten Emotionen werden meist in intellektuelle, moralische (ethische) und ästhetische eingeteilt und zwar je nachdem, welcher Art die Abweichungen bzw. Änderungen bezüglich des Ist - Soll - Abstandes sind.
Die Einteilung in adäquate und inadäquate Emotionen stammt meist vom äußeren Beobachter, der also nur die Ebenen I und II aus Abbildung 1 übersehen kann. Er kann höchstens aus Erfahrungen über die Person auf die Ebene III schließen. Was wirklich in ihr vorgeht, weiß er nicht, und so meint er zuweilen dann auch, daß die Emotionen inadäquat seien. Im Prinzip kann er damit auch recht haben. Trotzdem waren zunächst für den Träger der Emotionen diese subjektiv adäquat, selbst dann, wenn er später dazu eine andere Meinung annimmt. Er hatte eher falsche Ziele oder unzulängliches Wissen über die sinnvollen Reaktionen. Andererseits geben so die als inadäquat bezeichneten Emotionen geradezu Hinweise auf bislang unbekannte Bedürfnisse, Ziele usw.
Wie schon weiter vorn angedeutet, sei noch darauf verwiesen, daß meist viele Ziele gleichzeitig vorhanden sind und sich ihre Realisierungsmöglichkeiten durch Handlungen in einer solchen Vielfalt widersprechen, daß jede prinzipielle Lösung auch vielfältige Vor- und Nachteile bezüglich des Abstandes erbringt. Aus der Konfliktsituation entstehen dann teils positive und teils negative Emotionen. Auch diese Vielfalt hat verständlicherweise einen komplizierten Einfluß auf den Verlauf der Emotionen. Durch stärkere Bewertung einer Teileigenschaft kann daher auch ein plötzliches Umschlagen von Lust in Unlust oder umgekehrt erfolgen.
Der Vergleich von Abbildung 1 mit der Abbildung 21 aus (7) der direktivischen Informationsqualität läßt in der Abbildung 1 den internen Speicher, das Abbild w

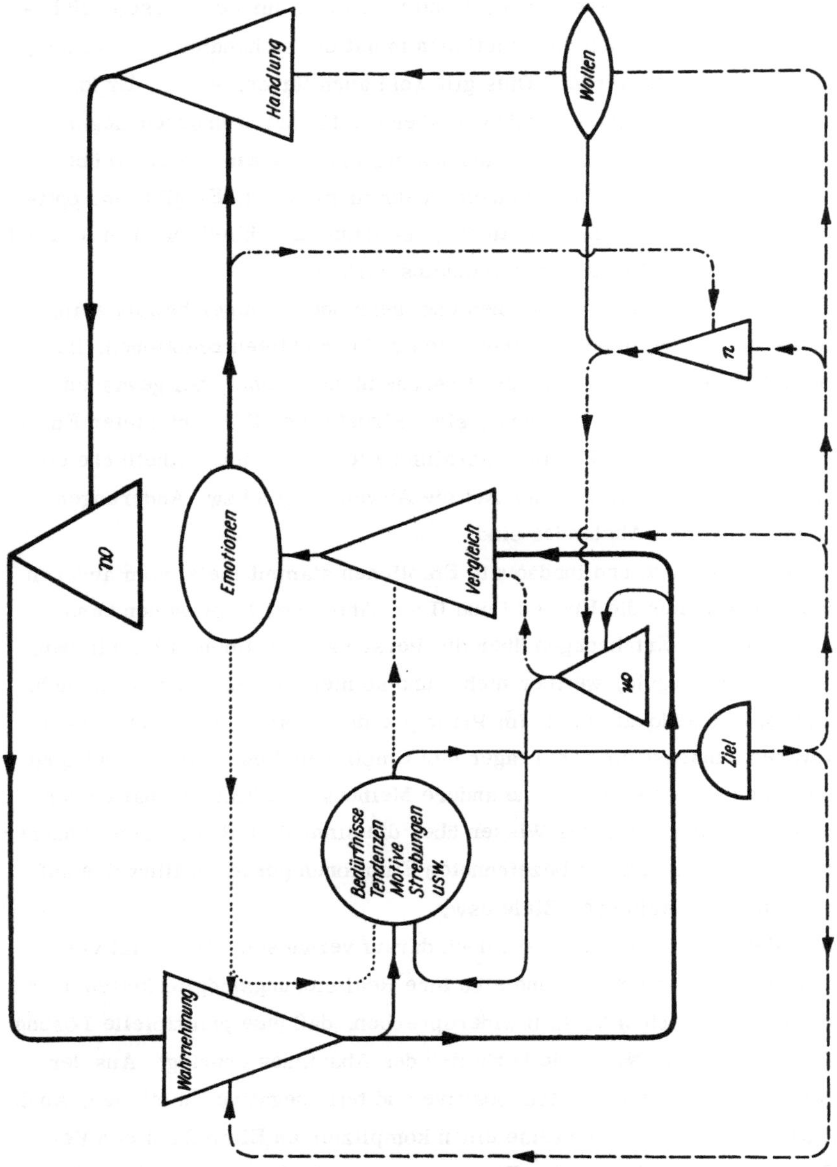
Handlung
Wollen
n
Emotionen
Vergleich
Bedürfnisse
Tendenzen
Motive
Strebungen
usw.
Ziel
Wahrnehmung

Abb. 2

der Umwelt vermissen. Ebenso fehlen die internen Effekte $\mathfrak{n}$ , die jetzt besser Ersatzhandlungen oder Operationen mit und in dem Modell der Umwelt genannt werden. Ebenso fehlt in der Abbildung 1 die contentische Informationsbildung $\breve{\mathfrak{n}}$ . Sie wird beim Menschen durch die Wahrnehmung realisiert. Werden diese Elemente in der Abbildung 1 ergänzt, so entsteht Abbildung 2. Die Anschlüsse seitlich am Dreieck Wahrnehmung sollen die Beeinflussung und Ausrichtung der Wahrnehmung im Sinne von Aufmerksamkeit für bestimmte Ereignisse symbolisieren. Der Weg von der Ersatzhandlung zum Wollen soll andeuten, daß eine gut durchdachte, intern erprobte Handlung besonders das Wollen zur realen Ausführung fordert. In Abbildung 1 sind damit wenigstens vier ineinander vermaschte Regelkreise vorhanden:

- Der Handlungskreis für die Umwelt ist stark ausgezogen. Als Bezugsgröße für ihn dient das Ziel, dessen Verbindungen gestrichelt ausgeführt sind.
- Der gedankliche Handlungskreis. Er ist strichpunktiert gezeichnet. Auch hier ist das Ziel Bezugsgröße.
- Der Kreis zur Ausbildung von Bedürfnissen, Tendenzen, Motiven, Strebungen usw., aus denen das oder die Ziele abgeleitet werden. Die entsprechenden Verbindungen sind punktiert gezeichnet. Als Bezugsgrößen dienen hier Erkenntnisse aus der Wirklichkeit $\mathfrak{W}$ bzw. ihrem Modell, ihrer Abbildung $\mathfrak{w}$ . Beide wirken dabei sowohl auf den Vergleich, auf die Bedürfnisse, Tendenzen usw. selbst ein.
- Der Erkenntniskreis. Er ist nicht gesondert gekennzeichnet, beginnt mit Wahrnehmung, geht über das Umweltabbild zum Vergleich und schließt sich über die Emotionen als Steuerung der Aufmerksamkeit bei der Wahrnehmung. Bezugsgröße ist natürlich die Wirklichkeit. Deshalb wirken bei seiner Ausbildung auch reale und gedankliche Handlungen sowie Bedürfnisse, Tendenzen usw. sowie das Ziel mit. Damit können jetzt die wichtigsten Möglichkeiten für das Entstehen von Emotionen beschrieben werden. Sie sind weitaus vielfältiger als bisher angenommen:

1. Differenz zwischen Umwelt-Ist und -Ziel, dieser Fall wurde bereits besprochen.
2. Differenz zwischen Forderungen aus der Umwelt bzw. Gesellschaft und unseren Zielvorstellungen. Bis auf den Unterschied Sein und Forderung entspricht dieser Fall etwa dem ersten. Er ist aber weiter ein Beispiel dafür, daß uns oft die Emotionen schneller bewußt werden als ihre Ursachen.
3. Differenz zwischen Umwelt- und Abbildverhalten. Hierbei wird das Statische der bisher genannten Fälle ins Dynamische übertragen. Neben vielen anderen

Erscheinungen gehört hierzu auch der Sonderfall des Gefühls von Humor oder Tragischem. Als Beispiel sei wieder RUBINSTEIN (4) S. 612 und zwar bezüglich des Komischen zitiert: "Es entsteht durch eine sich plötzlich auftuende Inkonsequenz zwischen der scheinbaren Bedeutsamkeit einer handelnden Person und der Nichtigkeit, der Ungeschicklichkeit, überhaupt der Ungereimtheit ihres Verhaltens." RUBINSTEIN gibt dann weitere brauchbare Interpretationen für Humor, Tragik, Ironie (siehe hierzu auch (10)). Bezüglich des Witzes gibt auch FREUD, wenn von mehreren Unzulänglichkeiten abgesehen wird, eine gute und ausführliche Erklärung (11).

4. Zieldifferenz beim gedanklichen Handeln. In diesem Fall wird die Umwelt intern durch ihr Abbild ersetzt. Die Emotionen treten dabei als Folge einer Differenz zwischen Abbildzustand und Ziel auf. Gelingt es, im Denken Wege zu finden, die sich in der Praxis besonders gut vollziehen lassen müßten, so treten positive Emotionen auf, andernfalls negative. Aus der Verkürzung der praktischen Handlung zur geistigen Handlung ist auch zu erklären, warum die Emotionen immer besonders ausgeprägt beim Planen, also bei Beginn der Arbeit sein sollen (BÜHLER zitiert bei RUBINSTEIN (4) S. 585).
5. Bei der subjektiven Identifizierung mit einer handelnden Person bestehen zwei Möglichkeiten:
   - Durch die Identifizierung werden uns die Emotionen des anderen verständlich. Infolge des Vergleichs mit unserem Umweltabbild entsteht das Mitempfinden, Mitfühlen. Es hat u.a. im Umgang mit Menschen und in der Kunst große Bedeutung.
   - Durch Vergleich des Verhaltens und Handelns der Person mit unserem wirklichen oder angestrebten Verhalten in einer entsprechenden Situation entsteht eine Wertung der Person.
6. Direkte Übertragung von Emotionen. Verschiedene Autoren nehmen zu dieser Möglichkeit unterschiedlich Stellung. Zumindest besteht aber im gewissen Sinne, allein als Konsequenz von 5, hierzu die Möglichkeit. Nur in diesen Fällen ist es berechtigt, von Emotioneller Information zu sprechen. Jedoch erfolgt diese Übertragung meist sehr mittelbar. Selbst die typischen Fälle der Hypnose und des autogenen Trainings zeigen dies. Denn auch bei ihnen werden die Emotionen sehr gezielt und bewußt über ihre Miterscheinungen ausgelöst. Da hierbei aber nie die Tendenzen und Strebungen der Persönlichkeit durchbrochen werden, bleiben für die möglichen Handlungen die eigentlichen Motive voll wirksam.

Bei dem komplizierten Schaltplan von Abbildung 1 ergeben sich natürlich berechtigte, kritische Fragen. Denn es dürfte so gut wie sicher sein, daß eine derartige Verschaltung im Gehirn nicht existiert. Allein eine Lokalisation der einzelnen Kästchen dürfte unmöglich sein. Auch eine Simulation der hier beschriebenen Abläufe, z.B. auf einem Analog- oder Digitalrechner ist zumindest bei dem jetzigen Stand der Arbeiten wenig erfolgversprechend. Ob eine solche Möglichkeit später effektiv ist und was sie bringt, bleibt abzuwarten. Bis jetzt dient dieses Modell also nur zur hypothetischen Beschreibung der möglichen Wirkungsabläufe. Ferner ist es ein Beispiel für die Kompliziertheit bei der direktivischen Information und ihre Verflechtung mit den anderen Informationsqualitäten aufzufassen. Schließlich zeigt es, daß es wohl nicht notwendig ist, besondere motivale oder emotionale Information einzuführen. Die motivale Information dürfte im wesentlichen der direktivischen Qualität entsprechen, während die Emotionen mehr subjektive Bewertungen von Informationen jeder Qualität darstellen.

Literatur

1 BOTTENBERG, E.H.: Emotionspsychologie. Goldmann-Verlag München 1972

2 STRONGMAN, K.T.: The psychology of Emotion. John Wiley a. Sons London, New York, Sidney, Toronto 1973

3 FISCHEL, W.: Grundzüge des Zentralnervensystems des Menschen. 3. Auflage. VEB G. Fischer, Jena 1972

4 RUBINSTEIN, S.L.: Grundlagen der allgemeinen Psychologie. VEB Volk und Wissen, Berlin 1971

5 N.N.: Einführung in den dialektischen und historischen Materialismus. Dietz-Verlag Berlin 1971

6 KAGAN, M.: Vorlesungen zur marxistischen Ästhetik. Dietz-Verlag Berlin 1971

7 VÖLZ, H.: Quantität und Qualität der Information.

8 GROSSART, F.: Gefühl und Strebung. E.Reinhardt Verlag München, Basel 1951

9 PETROW, W. und FREUDIN, J.: Ein gedankliches Modell für psychologische Prozesse. Ideen d. exakt. Wissens (1970) H. 11, 701-705

10 BOROW, J.: Über das Komische. Aufbau-Verlag Berlin 1960

11 FREUD, S.: Der Witz und seine Beziehungen zum Unbewußten. Fischer-Bücherei

FORTH:[1] Gestatten Sie, daß ich den vorangegangenen Vortrag zum Anlaß nehme, einige grundsätzliche Bemerkungen zum Hauptgegenstand unserer Tagung zu machen. Verstehen Sie deshalb meinen Beitrag bitte nicht als kritische Stellungnahme zu dem, was von Prof. RÜDIGER soeben vorgetragen wurde.
Der Informationsbegriff hat so viele, z. T. sogar widersprüchliche Inhalte angenommen, daß man sich fragen muß, ob er überhaupt noch verwendbar ist.
Was geschieht hier?
Es existiert ein Begriff, der mehr oder weniger sorgfältig mit den verschiedensten Inhalten befrachtet wird, die sich zu allem Überfluß in manchen Bereichen auch noch überlagern. Die wissenschaftliche Spezialisierung hat dazu beigetragen, daß die Kenntnisse der Bedeutung des Begriffes in der jeweils anderen Disziplin im allgemeinen sehr dürftig ist.

Ergebnis:
Ohne daß sich alle Beteiligten dessen wohl bewußt sind, haben sie ein neues wissenschaftliches Problem produziert

Was ist Information?
Manche Diskussion könnte unterbleiben, wenn man eine andere Frage stellte:

Was ist Information für wen?
Jeder weiß oder ahnt was er meint, wenn er von Information spricht. Es wäre deshalb sicher gut, wenn jeder zunächst so genau wie er kann, sagen würde, was er meint und dann den Begriff wählt und nicht umgekehrt.
Auf diese Weise käme sicher eine ganze Anzahl von Begriffen heraus, bei denen man sich vielleicht nicht einmal darüber wundern würde, daß sie nichts oder nur wenig miteinander zu tun haben.
Oder sollte man sogar den Verdacht haben, daß der Begriff Information eine Hintergrundbedeutung hat?
Nämlich die, mit ihm Dinge oder Sachverhalte zu bezeichnen, von denen man mehr ahnt als weiß?
SHANNON ist der Urheber nicht aber der Schuldige an diesem Sündenfall und es ist ein klassischer Sündenfall, wenn es sich so verhält wie ich vermute.
Durch SHANNON ist der im allgemeinen Sprachgebrauch völlig unbefangen verwendete Begriff in das Bewußtsein der Wissenschaftler getreten als etwas Fundamentales, das er wohl auch ist, von SHANNON aber nicht so gemeint war.

---

1 Zur Diskussion aufgefordert

Beim ersten Versuch, dem Begriff andere fundamentale Inhalte zu übertragen, wobei SHANNON mehr oder weniger verstanden im Hintergrund geisterte, wurde der erste Schritt zum heutigen Dilemma getan.
SHANNON muß zur Ehre angerechnet werden, daß er der erste war, der vor solchen Versuchen gewarnt und auf die eingeschränkte Gültigkeit seiner Theorie hingewiesen hat.
Was hat SHANNON gemacht?
Er hat versucht, die Frage zu beantworten, wie man etwas möglichst billig und ausreichend genau mitteilen kann. Wo man rechnen will, braucht man ein Maß und dieses Maß hat SHANNON definiert. Das war das Kernproblem: auf einige andere Aspekte hat VÖLZ in seinem Vortrag ausführlich hingewiesen.
Das wurde nicht immer richtig verstanden. Was mit der landläufigen und von SHANNON gemeinten Bedeutung des Begriffs ausgedrückt wird, wurde mit Größe und Maß identifiziert. Weiterhin ist "Information" und "Träger" auch von Fachleuten nicht sorgfältig auseinander gehalten worden. Wir kennen ebenso die Verwicklungen mit dem Begriff der Widerspiegelung und anderen Begriffen.
Schauen wir dem Volks aufs Maul:
Information bedeutet im landläufigen Sprachgebrauch etwas Mitgeteiltes oder eine Nuance genauer etwas Mitteilbares. Das ist grundsätzlich zu verstehen wie der Satz von der Erkennbarkeit der Materie, eingedenk der Tatsache, daß die Welt voller Sachverhalte ist, für die wir noch über keine Darstellungsmittel verfügen.
Das Mitteilbare ist das, was die Wirklichkeit darstellt und wird offensichtlich am menschlichen Bewußtsein oder vielleicht besser der menschlichen Denk- und Erlebnisfähigkeit in zwei Bereiche mitgeteilt.

1. Das, was über die objektive Realität mitgeteilt werden kann.
   Das betrifft ein Naturgesetz ebenso wie den Inhalt einer Sportreportage. Prinzipiell ist hier kein Unterschied, ob die Materie wenig oder hochorganisiert ist; es geht um die Darstellung ihres wirklichen Zustandes.
2. Der zweite Bereich betrifft die durch den Menschen (seine Kreativität) hervorgebrachten Gefühls- oder Gedankeninhalte. Z. B. Konstruktionen, Kunstwerke und andere primäre Produkte von Gedankenarbeit und Phantasie.

Die beiden Bereiche unterscheiden sich wohl in Hinsicht auf den Ursprung des Mitteilbaren - und das hat seine tiefere Bedeutung -; bezüglich der Einordnung in einen wirklich allgemeinen Informationsbegriff sind sie identisch.

Verstehen wir den Begriff so, dann wird es für eine Quantisierung immer möglich sein, eine unseren Möglichkeiten angemessene Größe und die dazu passende Einheit zu finden. Wie finden wir das Mitteilbare oder das Mitzuteilende vor?

1. In der Form, wie es von der Wirklichkeit dargestellt wird.
2. Im bewußten Zustand, der mit dem ersten Zustand inhaltlich nicht voll identisch sein muß, auch meistens nicht identisch sein kann.
3. Im formalisierten Zustand. Dieser kann dynamischen oder statistischen Charakter haben (Speicherung oder Verarbeitung), eine analoge oder digitale Codierung aufweisen. Die Wechselbeziehungen zwischen diesen Zuständen liegen auf der Hand.

Betrachtet man die Rolle von Information im wirklichen Geschehen, so stellt sie sich als ein oder das wesentliche Element der Kommunikation heraus und hier sind die Meinungen gar nicht so unterschiedlich. Hier wird Information immer als etwas Mittelbares verstanden.

Deshalb scheint es wichtig zu sein, wichtiger vielleicht als es auf den ersten Blick erscheint, nach der Kommunikation zu fragen. Dieser Begriff ist vordergründig auf dem Boden des Austausches von menschlichen Bewußtseinsinhalten erwachsen. Es gibt sogar eine technische Disziplin, die dafür die Ausrüstungen liefert.

Er ist aber auch widerspruchsfrei zu verallgemeinern und wird häufig auch in der verallgemeinerten Form verwendet. Nämlich: Im Sinne eines wechselseitigen Aufeinandereinwirkens.

So gesehen findet man Kommunikation in der elementaren Struktur des Atoms ebenso wie in der Gesellschaft und zwischen der lebenden und unbelebten Materie. Die Art und Weise, wie diese Kommunikation stattfindet, ist je nach Organisationsstufe der Materie spezifisch und läßt sich von den Elementarteilchen bis zur Gesellschaft in charakteristischen Ebenen verfolgen.

Dabei impliziert die Fähigkeit der Kommunikation auf einem bestimmten Niveau immer die Verwendung der Mittel der darunter liegenden Terme. Es existieren offensichtlich bedeutungsvolle Schnittlinien an der Grenze von lebender und unbelebter Materie und an der Grenze zum Bewußtsein.

Ist Information nun das wesentliche Element der Kommunikation, dann läßt sich auf allen Kommunikationsebenen ein für sie spezifischer Informationsbegriff definieren, der mit der allgemeinen Bedeutung des Begriffes Information, - als das Mitteilbare -, nicht kollidiert.

Ein Versuch, der etwa in dieser Richtung geht, ist von VÖLZ gemacht worden. Man kann aber genausogut den Informationsbegriff auf Bewußtseinsinhalte beschränken und für die Kommunikationsmittel der anderen Ebenen physikalische oder chemische Begriffe verwenden.
Was zweckmäßiger ist, hängt sicher von der Entscheidung darüber ab, in welchem Maße sich die Kommunikation mit Bewußtseinsinhalten vor allen anderen auszeichnet.

HOLZMÜLLER: 1. Die Erde ist kein schwarzer Körper. Sie strahlt 39 % der einfallenden Sonnenstrahlung unmittelbar zurück. (Albedo 0, 39) Es besteht ein Strahlungsgleichgewicht zwischen der absorbierten Strahlung einschließlich der inneren Wärmequellen und der emittierten Strahlung.
2. Die Entropie der Sonne nimmt nicht ab. Man darf Entropie nicht mit Energievorrat verwechseln.
3. Die Energie darf nicht in Bit gemessen werden sondern in Joule.

LÖTHER: In der These 4 der Thesen zum Vortrag findet sich die Formulierung "Physisches und Psychisches (Materie und Bewußtsein)". Das ist für mich der Anlaß für den Hinweis, daß es drei miteinander verbundene, aber nicht identifizierbare Begriffspaare gibt, die für die Problematik des Vortrages wichtig sind: Materie-Bewußtsein, Subjekt-Objekt, Psychisches-Physisches bzw. Physiologisches. Dabei betrifft das Verhältnis von Psychischem und Physischem nur einen Aspekt des Platzes des Bewußtseins in der materiellen Welt. Daß man die Begriffe des Psychischen und des Bewußtseins nicht gleichsetzen kann, ergibt sich aus der Existenz des Unbewußten, d. h. unbewußter psychischer Vorgänge. Übrigens hat dieses Unbewußte sehr viel mit den hier besprochenen Emotionen zu tun, mit Sympathien und Antipathien usw. Zum anderen kann man Psychisches und Bewußtsein nicht gleichsetzen, weil Bewußtsein eine spezfisch menschliche, durch das begriffliche Denken bestimmte Angelegenheit ist, während Psychisches auch in der Tierwelt gegeben ist, was in These 3 von Herrn RÜDIGER als Subjektivität bezeichnet wird. Diese Randbemerkung bezweckt, zum differenzierten und bedachten Gebrauch allgemeiner Kategorien bei der gedanklichen Analyse der komplizierten Problematik anzuregen. Mit der Bestimmung des Verhältnisses von Physischem und Psychischem in den Thesen und im Vortrag bin ich sehr einverstanden.

RÜDIGER: Die Ausführungen von VÖLZ möchte ich als eine sehr passende Ergänzung zu meinen Ausführungen ansehen. Zweifelsohne kann das Auftreten von Emotionen an die Wahrscheinlichkeit gebunden sein, mit der ein Ziel zur Befriedigung eines Bedürfnisses zu erreichen ist oder, anders ausgedrückt, an die Beseitigung bzw. auch Zunahme von Unbestimmtheit über die Möglichkeiten der Erreichung des Bedürfniszieles (P. SIMONOW). Hier besteht auch ein Zusammenhang zwischen Emotionen und dem Grad der Widerspiegelung von Umweltwirkungen. Die Schemata von VÖLZ eignen sich für die Durchdringung des Problems über den Zusammenhang von Emotion und Widerspiegelungsfunktion vermittels kognitiver Leistungen.
Bei anatomisch-physiologischen Zuordnungen sollte man jedoch vorsichtig sein. So ist das Stammhirn im Hinblick auf die zuletzt erwähnten Zusammenhänge nicht der primäre oder gar alleinige Ort der Differenzbildung zwischen Zielzuständen, d.h. dem Ist der Umwelt und dem Soll von Bedürfnissen. Auch sollte strenger zwischen Basisbedürfnissen (Basismotivationen) wie Hunger, Durst, und den durch die kognitiven Widerspiegelungsleistungen geschaffenen psychosozialen oder sekundären Bedürfnissen, die beim Menschen oft zu den Primärmotivationen werden können, unterschieden werden.
FORTH würde ich insofern Recht geben, als die Verwendung des Informationsbegriffes mit Zurückhaltung erfolgen sollte. Es steht außer Zweifel, daß ein Begriff umso unschärfer wird, je undifferenzierter man ihn anwendet. Eigentlich geht der Informationsbegriff schon auf den MAXWELLschen Dämon zurück, und G. N. LEWIS schrieb 1930: "Zunahme von Entropie ist Verlust an Information, nichts anderes." Erst mit SHANNON konnte die Diskussion unter quantitativem Aspekt für ausgewählte Sachverhalte mit Hilfe seiner Maßzahl geführt werden. Sollen physikalisch konkrete Situationen beschrieben werden, so wäre die Verwendbarkeit des SHANNONschen Maßes von Fall zu Fall zu bestimmen. Bei biologischen Objekten höherer Organisationsstufe, wo Signalbedeutungen von "Informationen" aus der Umwelt entscheidend sind, muß seine Verwendung vollends problematisch sein oder gar in Spielerei ausarten. Andererseits kann nicht übersehen werden, daß die zunächst umgangssprachliche Verwendung des Informationsbegriffes zu Überlegungen der Neurophysiologen und Neurokybernetiker geführt hat, die darzulegen hier interessant wäre, sich jedoch aus Zeitgründen verbietet.
Dem Kommentar von LÖTHER braucht hier nichts hinzugefügt zu werden. Es ist für alle Fälle eine den Physiologen beruhigende Feststellung, daß die Grundauf-

fassungen vom Verhältnis zwischen Physischem und Psychischem, von Materie und Bewußtsein, Unbewußt-psychischem und Bewußt-psychischem im Vortrag richtig gefaßt worden sein könnten.

Schließlich seien die Ausführungen von HOLZMÜLLER mit Dank aufgenommen. Vielleicht liegt aber bei ihm ein Mißverständnis aufgrund einer undeutlichen Formulierung in meinem Vortrag vor. Meines Erachtens bringen die $1,6 \cdot 10^{15}$ MWh Strahlungsenergiefluß von der Sonne zur Erde einen Negentropiefluß mit sich, der $10^{38}$ bit/s beträgt. Die Erde wirft selbstverständlich einen Teil der elektromagnetischen Sonnenstrahlung als Schwarzkörperstrahlung zurück. Aber die Erdoberfläche gewinnt zugleich einen großen Anteil der Energie für ihren Energiehaushalt. Die "strukturierte" Speicherung der Energie oder Speicherung an Negentropie geschieht bzw. geschah durch Wolkenbildung, Höhenunterschiede von Wasserspiegeln, grünen Pflanzen, tierischen Organismen, Fossilienöl in der Erdrinde usw. Die Energie ist strukturiert und steht daher dem Menschen zur Nutzung bereit, indem er für die innere Umwandlung von Energieflüssen im Interesse der Leistung von Arbeit, auch der seiner eigenen Muskeln, sorgt. Ich glaube, daß Energie und Information - über die im Vortrag selbst doch nur Andeutungen gemacht worden sind - in einem Zusammenhang stehen, der ausdrückbar ist und nichts zu tun hat mit der Konfusion physikalisch und mathematisch eindeutiger Begriffe.

# PERIODISCHE FUNKTIONSABLÄUFE ALS BESTANDTEIL DER RAUM-ZEIT-ORGANISATION DER NERVALEN PROZESSE IN DER ORGANISMUS-UMWELT-KOMMUNIKATIONSDYNAMIK

KARL HECHT, MANFRED PESCHEL, MARIANNE POPPEI, KLAUS TREPTOW, THOMAS SCHLEGEL und SUSANNE CHOINOWSKI

Zentralinstitut für Herz- und Kreislauf-Regulationsforschung
der Akademie der Wissenschaften der DDR, Berlin-Buch
Bereich für zerebro-viszerale Kreislaufforschung

Raum und Zeit sind Existenzformen der sich bewegenden Materie, deren dialektische Natur in ihrer Widersprüchlichkeit ausgedrückt wird. Das widersprüchliche Wesen von Raum und Zeit zeigt sich in der Einheit des Absoluten und Relativen, des Endlichen und Unendlichen sowie des Stetigen und Diskreten.
Diese allgemeinen Gesetzmäßigkeiten haben auch für den speziellen Bereich der Biologie volle Gültigkeit.
Der Organismus, insbesondere der der hochentwickelten Säuger, einschließlich des Menschen, bewegt sich als Ganzes nicht nur in den vierdimensionalen raumzeitlichen Umweltverhältnissen, sondern ist selbst ein raum-zeitlich gegliedertes Objekt, das durch die Verarbeitungsmechanismen des Gehirns die Fähigkeit besitzt, die objektiv existierenden Raum-Zeit-Dimensionen widerzuspiegeln. Als höchstentwickelte Materie verfügt das Gehirn der hochentwickelten Lebewesen mit seinem funktionellen Nervensystem über eine spezifische Raum-Zeit-Struktur und sichert auf diese Weise die Wechselbeziehungen zwischen Organismus und Umwelt. Jeder Informationsfluß aus dem äußeren und inneren Milieu des Organismus erfolgt über die Rezeptoren und afferenten Leitungsbahnen zum Zentralnervensystem in raum-zeitlicher Anordnung. Der Transformationsprozeß am Rezeptor ist durch die Kodierung einer Information bei nur einem Freiheitsgrad, d.h. durch die zeitliche Dichte der aufeinanderfolgenden Nervenimpulse (zeitliche Impulsintervalle) gekennzeichnet. Der hochorganisierte lebende Organismus wird im Verlaufe seines Lebens nicht nur mit einem zufälligen Informationszufluß konfrontiert, sondern auch von determinierten Reizmustern. Diese

---

Vortrag nachträglich eingereicht

spiegeln sich in raum-zeitlichen Anordnungen in den dynamisch-stereotypen zentralnervalen Funktionsabläufen wider und werden im Gehirn auf der Grundlage des "funktionellen Neuronennetzes" (1) modelliert. Der dynamisch-stereotype Algorithmus des ZNS ist ohne die Wechselbeziehung zwischen den Prinzipien der Einheit von Struktur und Funktion und dem der Einheit von Raum und Zeit nicht denkbar. Das Wesen dieses zentralnervalen Algorithmus brachte I. P. PAWLOW (2) in dem Begriff "funktionelles Hirnrindenmosaik" zum Ausdruck, wozu er folgende Erläuterung gab: "Wenn man einerseits die Großhirnrinde als ein Mosaik betrachten kann, das aus einer Unmasse einzelner Punkte mit einer für jeden gegebenen Augenblick bestimmten physiologischen Rolle besteht, so können wir andererseits in ihr ein beispiellos kompliziertes dynamisches System sehen, das ständig nach Vereinigung (Integration) und nach der Ausbildung eines Stereotyps der vereinigten Tätigkeit strebt."

Die von ANOCHIN (3) entwickelte Konzeption des "funktionellen Systems in Form einer sich selbst regulierenden Organisation mit rückläufiger Afferenz", das er als ein elektives integratives Gebilde des ganzheitlichen Organismus charakterisierte, präzisiert nicht nur die PAWLOWsche Vorstellung vom "funktionellen Hirnrindenmosaik" und des "dynamischen Stereotyps", sondern schuf damit die Voraussetzung, den Übergang von Partialmechanismen aus einer Einzelform in eine integrative Form mit dem Ziel herbeizuführen, die raum-zeitliche Dynamik spezifischer Prozesse der Organismus-Umwelt-Beziehung genauer und umfassender (bis in die zelluläre und molekulare Regulationsebene) zu erkennen. Das tiefere Eindringen in die kompensierten raum-zeitlichen Abläufe im Gehirn ermöglichen eine realere Widerspiegelung der Raum-Zeit-Beziehung der Umwelt und somit ein besseres Beherrschen der Adaptation des Organismus an die raumzeitlich organisierte Umwelt; denn die richtige Widerspiegelung der Gegenstände und Erscheinungen ist unabdingbar mit einer adäquaten Widerspiegelung ihrer raumzeitlichen Parameter verbunden. Diese Feststellung möchten wir ganz besonders hervorheben, weil die als eine Einheit objektiv existierenden raum-zeitlichen Beziehungen in der theoretischen und experimentellen Forschung sowie in der Praxis in solchen Wissenschaftszweigen, die das Nervensystem als Gegenstand ihrer Betrachtungsweise haben, wie z. B. die Neurophysiologie, Psychologie, Neuropathologie, Neurochemie, Neurologie und Psychiatrie, nicht immer die ihnen gebührende Aufmerksamkeit erhalten. Durch elektrophysiologische, chirurgische und chemische Methoden wurde in der neurophysiologischen Forschung das räumliche Zuordnungsprinzip gewöhnlich stark betont und die zeitliche Komponente weitgehendst vernachlässigt. So verweist RUBINSTEIN (4) darauf, daß das Zeitproblem in der Psychologie bedauerlicherweise noch nicht genügend erforscht ist. In kritischen Bemerkungen von D. DENNY-BROWN (5) und W. RÜDIGER (6) wird festgestellt, daß der weitverbreitetste Grundsatz der Hirnphysiologie, Funktionen erst einmal in den einzelnen Hirngebieten unterzubringen, vom Studium der Funktion selbst ablenkt. Neuronenmodelle mit vernachlässigten zeitlichen Eigenschaften, z. B. das von McCULLOCH und PITTS (7), sind in ihrer Arbeitsweise begrenzt und hochanfällig. Dagegen lassen sich durch Neuronenmodelle mit zeitlichen Eigenschaften (8) so komplizierte Gehirnprozesse, wie die parabiotischen Reaktionen, Erregungsirradiation und -konzentration modellieren. Die Vernachlässigung der Zeitkomponente beim Studium zentralnervaler Prozesse wird nicht selten mit dem Hinweis auf die Einheit von Struktur und Funktion sowie mit der Auffassung, daß die Gehirnfunktion nicht ohne ein materielles Substrat ablaufen kann, begründet. Das materielle Substrat wird in solchen Fällen einseitig mit Gehirnlokalisation (Struktur), d. h. mit dem dreidimensionalen Neuronennetz identifiziert. Es wird dabei nicht beachtet, daß das funktionelle Neuronennetz vierdimensional und von der Zeit abhängig ist. Sollte es noch unbedingt eines Beweises für den materiellen Charakter der Zeit bedürfen, so erbrachte ihn I. P. PAWLOW (9) mit der Entdeckung des "bedingten Reflexes auf Zeit." Denn wenn man bei einem Versuchstier oder einer Versuchsperson einen bedingten Reflex auf Zeit ebenso ausarbeiten kann, wie einen bedingten Reflex auf optische und akustische Signale, dann muß die Zeit wie diese als objektive Wirklichkeit auf das ZNS einwirken. I. P. PAWLOW führte die Möglichkeit zur Ausarbeitung des bedingten Reflexes auf die Zeit auf die "zahlreichen Schwankungen der Umwelt und der Innenwelt des Organismus" zurück, "von denen sich jede in ganz bestimmten Zuständen der Nervenzellen der Großhirnrinde widerspiegelt."

In der Tat, wir leben in einem engen Kontakt mit den Rhythmen unserer Umgebung, die zahlreicher sind, als wir uns das vorstellen. In unserem täglichen Leben gehen wir viele Synchronisationen mit Umweltrhythmen ein. So ist allgemein die Zeitgeberfunktion als Tag-Nacht-Rhythmus bekannt, wobei dem Licht eine außerordentliche Rolle zugesprochen wird. Des weiteren können uns jahreszeitliche Schwankungen beeinflussen, wie es auch die Luftionisation und der Erdmagnetismus vermögen (10). Das System der Erdoberfläche-Ionosphäre besitzt Wellenleiter-Eigenwerte im VLF-Gebiet (very low frequencies) von 1-100 KHz (11), die durch elektrische Entladungen in der Troposphäre (Gewitter und Mikrogewitter) angeregt werden. Die Angriffsflächen für die Atmospherics (Wetter, Klimawechselerscheinungen zwischen Bereichen verschiedener Bodenleitfähigkeit und Orographie) sollen von der Synapsenspalte im Rezeptorkomplex gegeben sein, da der Relaxionsbereich der K-Na-Pumpe an den Synapsenspalten im VLF-Gebiet liegen (12). Mit dem Vordringen des Menschen in kosmische, d.h. außerirdische Bedingungen, ergeben sich hinsichtlich der Widerspiegelung der Raum-Zeit-Relation durch das menschliche Gehirn neue Probleme. Zunächst muß dabei beachtet werden, daß sich alle Lebewesen der Erde unter dem ständigen Einfluß zahlreicher spezifisch irdischer Faktoren entwickelt haben. Dazu gehören die Atmosphäre der Erde, die Gezeiten, Tages-Lunar- und Jahresperiodik sowie die der Erde eigenen Magnet- und Gravitationsfelder. Diese Faktoren haben Strukturen und Funktionen der Lebewesen bestimmt und somit auch die physiologischen Mechanismen des Gehirns, die die Widerspiegelung der Umwelt einschließlich der raum-zeitlichen Beziehungen ermöglichen. Wir müssen also feststellen, daß alle Mechanismen zur Raum-Zeitwahrnehmung im Verlaufe der Evolution unter spezifisch-irdischen Verhältnissen entstanden sind und sich diesen angepaßt haben.

LENIN bezog zu dieser Problematik folgenden Standpunkt: "Wenn die Zeit- und Raumempfindungen dem Menschen eine biologisch-zweckmäßige Orientierung geben können, so ausschließlich unter der Bedingung, daß diese Empfindungen die objektive Reaktivität außerhalb des Menschen widerspiegeln: Der Mensch würde sich nicht biologisch einer Umgebung anpassen können, wenn seine Empfindungen ihm nicht eine objektiv richtige Vorstellung von dieser Umgebung gäben" (13). Es ist daher nicht ausgeschlossen, daß infolge völlig anderer Evolutionsbedingungen die physiologischen Mechanismen der Organe, die die Widerspiegelung der objektiven Realität gewährleisten, sich völlig von denen irdischer Lebewesen unterscheiden. Nach Angaben von A. J. MAGARAM (14) hat W. I. LENIN in einem Gespräch den Gedanken formuliert, daß man durchaus die Annahme offenlassen müsse, daß auf Planeten des Sonnensystems sowie an anderen Stellen des Weltalls Leben existiert und vernunftbegabte Lebewesen wohnen können. Infolge der unterschiedlichen Schwerkraft und anderen auf diesen Planeten herrschenden Bedingungen würden diese vernunftbegabten Lebewesen jedoch die Welt mit anderen Sinnesorganen wahrnehmen (15).

Das Raum-Zeitproblem hat für den Menschen neben dem biologischen auch den wichtigen gesellschaftlichen Aspekt, denn die menschliche Wahrnehmung als bewußter Akt ist historisch bedingt. "Die sinnliche Wahrnehmung des Menschen ist nicht nur ein sensorischer Akt, der durch die physiologische Natur der Rezeptoren bedingt ist; sie ist nur ein relativ unmittelbarer Akt des Erkennens der Welt durch den historischen Menschen" (16).

In der historischen Entwicklung des Menschen wurden durch die gesellschaftliche Tätigkeit neue Formen des gegenständlichen Seins und somit des gegenständlichen Bewußtseins erzeugt. "Die Sinne des gesellschaftlichen Menschen sind andere als beim nichtgesellschaftlichen; erst dank dem (gegenständlich) objektiv entfalteten Reichtum des menschlichen Wesens wird der Reichtum der subjektiven menschlichen Empfindungsfähigkeit erzielt; es entwickelt sich die Menschlichkeit der Sinnesorgane; es entstehen erst dank dem Sein seine Gegenstände, dank der vermenschlichten Natur" (17).

Somit erhielt auch das Raum-Zeit-Verhältnis gesellschaftlichen Charakter. Der Mensch ist daher nicht nur ein räumlich-zeitlich gegliedertes Lebewesen, welches die raum-zeitliche Umwelt widerzuspiegeln vermag, sondern er kann auch auf die raum-zeitliche Umwelt bewußt Einfluß nehmen. D.h., dem Menschen ist es möglich, viele der in seiner Umwelt befindlichen rhythmischen Prozesse, die auch aus dem sozialen, dem gesellschaftlichen Bereich kommen können, bewußt zu beeinflussen und zu beherrschen. Der Mensch kann Taktgeber der Umwelt bewußt und zielstrebig einsetzen, z.B. in Form eines regelmäßigen, also rhythmischen Arbeits-Lebensstils.

In der Widerspiegelung raum-zeitlicher Umweltprozesse sowie in entsprechenden adäquaten Adaptationsvorgängen spielen zyklische Abläufe von Funktionen eine außerordentliche Rolle. Die normale Lebenstätigkeit des Organismus von Mensch und Tier ist durch einen periodischen Wechsel von Aktivität und Ruhe, von Nahrungsaufnahme und Hunger, von Schlaf und Wachsein geprägt. Der zyklische Verlauf von Körperfunktionen gehört als ein Ausdruck der raum-zeitlichen Organisierung eines Organismus zu den Grundeigenschaften des Lebens und in der Evolution sind offensichtlich nur jene Lebewesen selektiert worden, deren Funktionen zyklisch verliefen. Das "alles fließt" des HERAKLEITOS gilt auch vor allem auf dem Gebiet der normalen Lebensvorgänge, die sämtlich rhythmisch verlaufen. Ich glaube, es dürfte schwer oder unmöglich sein, einen normalen Lebensvorgang zu finden, der nicht in rhythmischen Schwankungen abliefe (18).

Im Zusammenhang mit der Erklärung des zentralnervalen Funktionsprinzips der gegenseitigen Indukation, die in einem ständigen Wechsel von zentralnervalen Erregungs- und Hemmungsprozessen zum Ausdruck kommt, kam I. P. PAWLOW (19) zu der Auffassung, daß eine rhythmische Tätigkeit für die Funktionen des

Gehirns "leicht und vorteilhaft" ist. Diese These kann im täglichen praktischen Leben zu jeder Zeit bestätigt werden. Bei einer vollendeten rhythmischen Tätigkeit beim Individuum oder bei einem Kollektiv sind Höchstleistungen zu vollbringen. Als Beispiel möchten wir den Sport anführen, z. B. das Rudern. Diese These hat offensichtlich für jedes System Gültigkeit. So ist in einer Arbeit von IVACNENKO (20) zu entnehmen, daß ein Computer-Gehirnmodell, d. h. die Modellierung von selbstorganisierenden Neuronennetzen auf Digitalrechnern nach Erreichen eines gewissen Stadiums der Selbstorganisierung eine rhythmische Arbeitsweise zeigte. Mit dem Auftreten der rhythmischen Arbeitsweise wurde eine sprunghafte Aktivitätserhöhung des gesamten Systems erreicht. In diesem Prozeß des Überganges von der arhythmischen Funktion eines Systems zur rhythmischen zeigt sich auch die dialektische Natur des widersprüchlichen Wesens der Einheit des stetigen und diskreten, d. h. von Kontinuität und Diskontinuität. Dieses Prinzip scheint bei der Adaptation eines Organismus an räumlich-zeitliche Umweltbedingungen eine bedeutsame Rolle zu spielen. Das wird besonders deutlich, wenn man Bezug auf die zyklischen Funktionen des Organismus nimmt.
Das dynamische Gleichgewicht zwischen Organismus und Umwelt wird bekanntlich durch einen Reiz-Reaktionsaustausch gewährleistet, der einen komplizierten und vielschichtigen Prozeß darstellt und an dem Lern- und Gedächtnisprozesse beteiligt sind.
Bei der Sicherung der optimalen Reiz-Reaktions-Beziehungen eines Organismus bei relativ konstanten und dem Individuum bekannten Umweltbedingungen können möglicherweise, wie in jedem funktionstüchtigen System, das Prinzip der Autonomie und Steuerung wesentlich sein (21).
Der dialektische Widerspruch von Autonomie und Steuerung findet in jedem System seine Lösung, indem es sowohl durch exogene steuernde Eingriffe als auch durch autonomes Verhalten seine Funktionsabläufe optimal und mit hohem ökonomischen Nutzeffekt gestalten kann. Die Autonomieerscheinungen sind im wesentlichen durch die Änderungen der Zustandsgrößen bei vernachlässigten Eingriffen bestimmbar. Die Steuerung eines Systems wird durch die Abhängigkeit einer Zustandsgröße von äußeren Einwirkungen beschrieben. Alle technischen Beispiele partiell isolierter autonomer Systeme (nicht lineare autonome Systeme der Mechanik, sequentielle, autonome Systeme vom Charakter endlicher Automaten, Abtastrelaisregelkreis) weisen darauf hin, daß das System nach einem Übergangsprozeß eine Arbeitsweise annimmt, die durch periodische Wiederholung einer festen Zustandsfolge charakterisiert wird (s. auch Modell von IVACNENKO). Die

Widerspiegelung der periodischen Zustandstransformation ist offensichtlich ein Ausdruck einer abgeschlossenen Adaptation aller an den dynamischen Reiz-Reaktionsbeziehungen beteiligten Körpergrößen. Diese These konnten wir mit tierexperimentellen Untersuchungen (bedingt-reflektorische lokomotorische Abwehrreaktion) bestätigen. Während bei diesen Untersuchungen der gefestigte bedingtreflektorische Prozeß Periodizitäten mit relativ konstanten niederen Frequenzen (im Minutenbereich liegende Wellenlängen) aufwies, waren in seinem Frühstadium und nach exogenen störenden Einflüssen Schwingungen mit höheren Frequenzen unter Einhaltung des Prinzips des ganzzahligen vielfachen Verhältnisses zu beobachten. Nach Beseitigung der Störeinflüsse zeigten sich wieder Periodizitäten mit relativ konstanten Frequenzen. Wir nehmen aufgrund dieser Ergebnisse an, daß sich im Konsolidierungsprozeß des lokomotorischen bedingten Abwehrreflexes auf der Grundlage von Lern- und Gedächtnismechanismen eine Autonomie des vorliegenden Organismus-Umwelt-Systems herausgebildet hat.
Der gleitende oder sprunghafte Übergang unter Einhaltung des Prinzips des ganzzahligen vielfachen Verhältnisses von höheren zu niederen Frequenzen im Frühstadium des bedingten Reflexes und von niedrigen zu höheren Frequenzen nach Störung der gefestigten bedingt-reflektorischen Prozesse äußerte Erscheinungen von steuernden Einflüssen, die in der Lage sind, bei veränderten Verhältnissen das dynamische Gleichgewicht des Organismus zur Umwelt kurzfristig wiederherzustellen. Diese rationelle Form der Adaptation des Organismus, welche in einer ständigen Wechselbeziehung zwischen Kontinuität und Diskontinuität der Körperfunktionen abläuft, ist offensichtlich das Ergebnis von Evolutionsprozessen der Organismen, das sich in der Jahrmillionen währenden Auseinandersetzung mit der Umwelt herausgebildet hat.

Der Sinn und Zweck zyklischer Abläufe von Lebensprozessen (in der Literatur auch als Biorhythmen oder Periodizitäten biologischer Vorgänge bezeichnet und mit einem Frequenzspektrum von $10^{-4}$ bis $10^{8}$ Sekunden ausgewiesen) besteht also in der Gewährleistung der Adaptation an die sich ständig stochastisch und rhythmisch verändernden Umweltbedingungen.

Die Periodizitäten biologischer Funktionen zeichnen sich vor allem durch (eine Einheit darstellende) folgende Grundeigenschaften aus:

## 1. Ökonomie des Energieaustausches des Organismus

Der dauernd periodisch erfolgende Austausch kleiner Energiemengen bzw. das rhythmische Schwingenlassen von Massen, ist gewöhnlich ökonomischer als die stoßweise arhythmische Entladung von Energiespeichern bzw. die Beschleunigung der Massen aus ihrer Ruhelage heraus (22).
Die nachfolgenden Beispiele können das verdeutlichen. Die Glykolyse der Hefe geht z. B. mit Rhythmen von Periodenlängen im Minutenbereich einher, die sich in Konzentrationsänderungen der beteiligten Metabolite äußern. So ist nach dem Übergang von aeroben zu anaeroben Bedingungen eine Rhythmik des Gehaltes an reduziertem Nicotinsäureamid-Adenin-Dinucleotid ($NADH+H^+$) mit einer Periodenlänge von 1-2 Minuten zu beobachten (23).
Schwingungen des $O_2$-Verbrauchs sind nachzuweisen, wenn eine kontinuierliche Einleitung von $O_2$ in eine Lösung von $NADH+H^+$ und Peroxydase erfolgt (24).
Rhythmische Prozesse wurden auch bei der Regulation der RNA- und Proteinsynthese bei Bakterien beobachtet. Wird z. B. die RNA-Synthese des Tryptophanoperons von E. coli durch Zugabe von 3-Indolylpropionsäure zu einer Kultur induziert, so ist zu beobachten, daß die betreffende mRNA synchron mit einer Geschwindigkeit von etwa 1000 Nucleotiden pro Minute gebildet wird. Die Dauer der Synthese des gesamten mRNA-Stranges aus mehreren Einzelgenen (Cistrons) beträgt 6-7 Minuten. Wird eine derartige synchronisierte Synthese des Tryptophanoperons über eine längere Zeit unterhalten, dann ist nach jeweils 3, 5 Minuten der Beginn eines neuen mRNA-Stranges zu sehen. Dabei folgt das zeitliche Nacheinander der Synthese der drei verschiedenen Enzyme an dem mRNA-Strang der räumlichen Anordnung der drei Cistrons (25).
Schließlich sei noch erwähnt, daß die Erneuerung der verschiedenen Struktur- und Funktionseinheiten lebender Systeme regelmäßigen Zyklen unterliegt. Das betrifft im Grunde genommen alle Regulationsebenen eines Organismus von der molekularen bis zur Ganzheitsregulation, z. B. die Synthese und den Abbau von Makromolekülen wie RNA und Proteine, die Entstehung von Zellorganellen, das Wachstum und die Teilung von Zellen sowie die Entwicklung, Fortpflanzung und das Altern von Vielzellern einschließlich der hochentwickelten Säuger (26).

2. Die Fähigkeit zur Synchronisation

Diese ist sowohl von zyklischen Teilprozessen des Organismus untereinander als auch von zyklischen Teil- und Ganzheitsprozessen des Organismus mit zyklischen Umweltprozessen (Taktgeber) als Grundlage von Adaptationsprozessen ausgewiesen. So wurde z. B. bei Mitochondrien aus verschiedenen Geweben eine Kopplung von rhythmischen Abläufen in Enzymsystemen und Membraneigenschaften festgestellt. Dieser Prozeß spielt sich wie folgt ab: Fließen Kombinationen in das Mitochondrium ein, dann werden Wasserstoffionen nach außen abgegeben und umgekehrt. Gemeinsam mit den rhythmischen Ionenbewegungen und Volumenänderungen geht eine rhythmische Veränderung des Redoxzustandes der Atmungskettenenzyme und der $O_2$-Aufnahme einher und zwar im NAD-System in gleicher Weise wie auch bei den Flavoproteiden und Catochromen. Die Periodenlänge dieser gekoppelten zyklischen Verläufe beträgt etwa 1 Minute (27).
Eine außerordentliche Rolle spielen Kopplungsvorgänge durch Synchronisation periodischer Prozesse in den Funktionen des ZNS. Das beginnt auf zellulärer Regulationsebene im Zusammenspiel der Neuronen, die sich einzeln oder einseitig beeinflussen können. So entstehen die im EEG meßbaren Rhythmen durch Überlagerung von etwa synchron ablaufenden Potentialen im Zellsoma einer Population von Neuronen. Werden die Funktionen der Neuronen durch Pharmaka ausgeschaltet, dann sind im EEG die Rhythmen aufgehoben. Eine Desynchronisation der elektrobiologischen Funktion einer Neuronengruppe des Gehirns kann durch exogene Reize, z. B. durch Lichtblitze herbeigeführt werden. Die auf Synchronisation beruhenden Kopplungsvorgänge in den Gehirnfunktionen scheinen sich in gleicher Weise auch bei höheren zentralnervösen Leistungen, z. B. beim Lernen grundlegender Mechanismen, darzustellen. Bei der Ausbildung von bedingten Nahrungsreflexen an Katzen zeigte sich, daß die zur Ausarbeitung des Lernvorganges applizierten Reize (Ton und Fütterung) zunächst eine Desynchronisation der bioelektrischen Aktivität bewirken. Im Falle der völligen Ausbildung des bedingten Nahrungsreflexes, d. h. nach Abschluß des Lernvorganges, zeigen die bioelektrischen Verläufe von bestimmten, an dem Lernen beteiligten Regionen des Gehirns eine größere Regelmäßigkeit (28).
Anhand der zerebralen und motorischen Reaktionszeiten des bedingten lokomotorischen Abwehrreflexes an Albinoratten konnten streng zeitabhängige periodische Abläufe mit Periodenlängen im Minutenbereich nachgewiesen werden (29).

Die zerebralen Reaktionszeiten als zeitlicher Ausdruck der zentralnervalen, informationsverarbeitenden Prozesse und die motorischen Reaktionszeiten, die den zeitlichen Ablauf des Efferenzintegrals ausweisen, zeigten beim ausgebildeten und gefestigten bedingten Reflex einen statisch gesicherten parallelen Verlauf. Dieser besteht im Frühstadium des bedingt-reflektorischen Lernprozesses in einem Kopplungsvorgang, wobei die zerebralen Reaktionszeiten nach dem Prinzip des Mitzieheffektes der motorischen Reaktionszeitperiodik ihre Frequenz auferlegen (30).
Wurde der bedingte Reflex durch exogene oder endogene Faktoren gestört bzw. zum Erlöschen gebracht, dann würde die Synchronisation und die Rhythmik dieser Verläufe aufgehoben.
Rhythmische Vorgänge der Umwelt, sogenannte Taktgeber, können sowohl mit Verhaltensweisen des Gesamtorganismus als auch mit Funktionen einzelner Systeme Synchronisationen eingehen. Bekannt sind die circardianen Rhythmen in den verschiedensten Körperfunktionen, die von einem Licht-Dunkel-Wechsel bestimmt werden können. Musikrhythmen können das motorische System (Tanz, Marsch) zum Mitschwingen (Synchronisation) veranlassen. Die rhythmisch-psychomotorische Musiktherapie wird als eine gezielte Behandlung entwicklungsgeschädigter Kinder und Jugendlicher angewendet (31). Mit Hilfe eines Metronomtickens ist es möglich, die Herzfrequenz zu verlangsamen oder zu beschleunigen (32). In anderen Untersuchungen konnte ein synchroner Ablauf von Spontanschwankungen der zentralnervalen kortikalen elektrischen Aktivität und des Blutdrucks nachgewiesen werden (33).

## 3. Biologische Grundlage der Zeitregulation

Die zyklischen Funktionsabläufe geben dem Lebewesen auch die Möglichkeit, verschiedene Zeitintervalle zu messen. Biologische Systeme weisen eine solche zeitliche Gliederung aus, in der Zeiteinheiten in Form von zyklischen Körperfunktionen vorliegen.
GOODY, W. und M. REINHOLD (34) vertreten die Ansicht, daß die Funktionen des zerebralen Kortex darin bestehen, "Rhythmen der Muster neuronaler Tätigkeit auszusondern, zu differenzieren, zu kondensieren und zu abstrahieren."
GOODY (35) unterstreicht dieses mit der Feststellung, daß das Wahrnehmungsvermögen der Raum-Zeit-Einteilung von der Nerventätigkeit abhängt und RÜDI-

GER (6) wies darauf hin, daß die Raum-Zeit-Dimension, die wir bei der Widerspiegelung der Umwelt ständig erfahren, ein Pendant in der räumlich-zeitlichen Strukturierung des Zentralnervensystems besitzt. " Die unmittelbare physiologische Grundlage der Zeitrechnung eines Organismus wird im stetigen Wechsel von Erregung und Hemmung des Nervensystems gesehen. PAWLOW zog in seine Betrachtungen die elementarsten Prozesse einschließlich der Stoffwechselprozesse der Zelle mit ein, was er durch folgendes Postulat zum Ausdruck brachte: ... jede Intensität des erregten Zustandes der Zelle ist in jedem einzelnen Moment ein besonderes Element, das sowohl von allen vorangehenden als auch von allen folgenden Intensitätsabstufungen unterschieden wird. Mit diesen Elementen als Einheiten konnte die Zeit gemessen werden, konnte im Nervensystem jeder ihrer Momente signalisiert werden (36). Es kann hirnmorphologischen Untersuchungen entsprechend angenommen werden, daß der Mensch und alle Säugetiere über keine spezifischen Zeitanalysatoren verfügen. An der Widerspiegelung der Zeit soll ein ganzer Komplex von Analysatoren beteiligt sein. Eine wichtige Rolle soll dabei dem kinästhetischen Analysator zukommen, wobei als motorisches Zeitmaß die Dauer von Bewegungen fungiert, die durch rhythmische Abgemessenheit gekennzeichnet sind, wie etwa die Dauer eines Schrittes. Zu den motorischen Reaktionen, die in der Zeitwahrnehmung eine Rolle spielen, zählte SETSCHENOW vor allem das Gehen. Er nahm an, daß das Gehen Elemente enthält, "die nicht nur für die Bildung der Zahlen in ihrer Bestimmtheit, sondern auch für die Messung von Längen und kleinen Zeitabständen von Bedeutung sind." So zeigt sich bei Spitzensportlern eine feste Verbindung zwischen Geschwindigkeit motorischer Reaktionen und der Schätzung sehr kleiner Zeitabschnitte in hundertstel Sekunden. Geher vermögen auf diese Weise sehr exakt ihr Tempo einzuschätzen und zu kontrollieren. Die rhythmische Abgemessenheit, wie sie von vielen motorischen Reaktionen bekannt ist, ist offensichtlich sehr wichtig für die Zeitorientierung eines Lebewesens. Dabei scheint die rhythmische Abstimmung zwischen zentralnervalen Funktionen und der Motorik über den Regelkreis: Taktgeber → Afferenz → ZNS → Efferenz → Propriorezeptoren → Reafferenz zu erfolgen.

Emotionen können die Zeitregulierung und -orientierung beeinflussen. Es kann immer wieder festgestellt werden, daß Emotionen den Menschen die Zeit kürzer oder länger erscheinen lassen. So ergaben experimentelle Untersuchungen, daß ein Mensch, der positiven Emotionen unterliegt, Zeitintervalle unterschätzt, der subjektive Zeitablauf ist bei ihm beschleunigt. Bei negativen emotionellen

Erlebnissen werden infolge einer subjektiven Verlangsamung des Zeitverlaufs Zeitintervalle überschätzt. Aus dem Grunde können unter Angstsituationen Fehlentscheidungen getroffen werden, weil der Betreffende glaubt, daß eine viel längere Zeit verstrichen ist, als das in Wirklichkeit der Fall ist. Im Zusammenhang mit Flugzeugunfällen sind solche Erscheinungen öfters beobachtet worden.
Die Zeitwahrnehmung ist von dem Entwicklungsgrad des Gehirns abhängig. Wenn I. P. PAWLOW zeigen konnte, daß sich Tiere mit einer Genauigkeit bis zu einer Sekunde orientieren können, so läßt sich die Leistung keinesfalls mit der Zeitorientierung des Menschen vergleichen. Die zeitliche Orientierung der Tiere, die sich mit den Periodizitäten vieler biologischer Adaptationsprozesse verbindet, wird sich jedoch immer im Bereich reiner biologischer Lebensvorgänge bewegen. Einen komplizierteren Charakter nehmen die Prozesse der Zeitregulation beim Menschen an, der Denk- und Bewußtseinsprozesse in die Zeitbestimmung einbeziehen kann. "Die Dauer fühlen wir, indem wir bei den kurzdauernden Erscheinungen den Anfang, die Mitte und das Ende unterscheiden. Es gibt aber keinen Menschen, der unmittelbar vom Gefühl her die Dauer von Erscheinungen unterhalb einer Sekunde unterscheiden könnte"; wir denken aber sowohl in Millisekunden, Sekunden und Minuten als auch in Jahren und Jahrzehnten (37). Über die Rolle des Denkens bei der Beurteilung zeitlicher Abläufe äußerte LENIN folgende Auffassung: "Der Kern liegt darin, daß das Denken die gesamte 'Vorstellung' in ihrer Bewegung erfassen soll und zu diesem Zweck muß Denken dialektisch sein. Ist die Vorstellung der Realität näher als das Denken? Sowohl ja als nein. Die Vorstellung kann die Bewegung nicht in ihrer Ganzheit erfassen, zum Beispiel erfaßt sie die Bewegung mit einer Schnelligkeit von 300 000 km in der Sekunde nicht, aber das Denken erfaßt sie und soll sie erfassen. Das der Vorstellung entnommene Denken widerspiegelt ebenfalls die Realität; die Zeit ist eine Form des Seins der objektiven Realität" (38).
So, wie sich das Denken im Prozeß der Arbeit innerhalb der gesellschaftlichen Produktion herausbildet, so entwickelte sich in gleicher Weise die Zeitwahrnehmung. "Wenn wir die Entwicklung der zeitlichen Orientierung beim Menschen im Verlaufe des gesellschaftlich-historischen Prozesses verfolgen, dann fällt auf, daß sie sich in unmittelbarem Zusammenhang mit der Arbeit ausbildet. Seinem Wesen nach stellt der ganze historische Entwicklungsgang der zeitlichen Orientierung beim Menschen nichts anderes dar, als den langen Weg der Entwicklung der produktiven Tätigkeit des Menschen, seiner Praxis". (39) Auf Grund des niedrigen Entwicklungsniveaus lebte der Urmensch "in der Gegenwart". Sein

primitiver Produktionsprozeß erforderte keine Voraussicht und es war nicht erforderlich, das in der Vergangenheit Begonnene fortzusetzen.
Die Entwicklung der Produktionskräfte machte es erforderlich, größere Zeitabschnitte zu bestimmen. Er muß Ereignisse der Vergangenheit untersuchen, um die Gegenwart zu sichern und er mußte Zukünftiges vorhersehen, um günstige Zeitpunkte für bestimmte Tätigkeiten festzuleben. Im Laufe der historischen Entwicklung wurden Zeitmaße festgelegt. Schon ARISTOTELES beschrieb, daß "die Messung der Zeit durch eine Messung von Bewegungen erfolgt und daß die Bewegung durch die Zeit bestimmt wird."
Der Mensch der Gegenwart mißt mit hochempfindlichen Instrumenten die Zeit in Millionstel Sekunden. Gleichzeitig hat er es gelernt, in Jahrhunderten und Jahrtausenden zu denken und Gesetze zu erkennen, die in diesen Zeitperioden wirksam werden. Der gegenwärtig lebende Mensch überschaut nicht nur vergangene Zeiten, sondern auch prognostisch und perspektivische Zeiträume in sehr exakter Weise. Er zieht aus der Vergangenheit entsprechende Schlußfolgerungen und vermag dank seiner sozialen und produktiven Eigenschaften, die in der sozialistischen Gesellschaft neue Qualitäten erlangt haben, seine sichere Zukunft zu bestimmen.
Abschließend kann festgestellt werden, auch in der Biologie und Medizin gilt die Erkenntnis: Raum und Zeit sind grundlegende Existenzformen der Materie. In der Welt existiert nichts als die sich bewegende Materie, und die sich bewegende Materie kann sich nicht anders bewegen als im Raum und in der Zeit. Die menschlichen Vorstellungen von Raum und Zeit sind relativ, doch setzt sich aus diesen relativen Vorstellungen die absolute Wahrheit zusammen. Diese relativen Vorstellungen bewegen sich in ihrer Entwicklung in Richtung der absoluten Wahrheit, nähern sich dieser. Die Veränderlichkeit der menschlichen Vorstellungen von Raum und Zeit widerlegt die objektive Realität dieser beiden ebensowenig, wie die Veränderlichkeit der wissenschaftlichen Kenntnisse von der Struktur und den Formen der Bewegung der Materie die objektive Realität der Außenwelt widerlegt. (40)

## LITERATUR

1 RÜDIGER, W.: Probleme der Physiologie des Gehirns, Berlin 1967
2 PAWLOW, I. P.: Werke, Bd. 4, 186, Berlin 1953

3 ANOCHIN, P.K. (Hrsg.): Das Problem des Zentrums und der Peripherie in der Physiologie der höheren Nerventätigkeit. Gorki (1935), 7-21

4 RUBINSTEIN: Grundlagen der allgemeinen Psychologie, Berlin (1962), 335

5 DENNY-BROWN, D.: North Carolina Med. J. 17, (1956), 295

6 RÜDIGER, W.: Probleme der Physiologie des Gehirns, Berlin 1965

7 McCULLOCH u. PITTS: Bull. Math. Biophys. 5, (1943), 115

8 RADSCHENKO, A.N.: Trudy LIAP 48, (1966)

9 PAWLOW, I.P.: Werke, Bd. 4, (1953), 33

10 Symp. on rhythmic functions in the living system. Proc. New York sci. 1962, Symp. on High magnetic fields, section on Biological effects of magnetism. Massachusetts Institut of Technology Nov. 1961

11 TEPLEY, I.F.: Geophys. Res. 66, (1961), 11

12 ECCLES, J.C.: The physiologie of Synapses, Springer Berlin 1964

13 LENIN, W.I.: Werke Bd. 14, (1973), 175

14 MAGARAM, A.J.: in: Nauka i shisn, Nr. 4, (1960), 59

15 LEONOW, A.A. und LEBEDEW, W.I.: Der Mensch im Weltall. Leipzig-Jena-Berlin, 1969

16 RUBINSTEIN, S.L.: Grundlagen der allgemeinen Psychologie, Berlin 1962, 321

17 MARX, K.: Aus den Vorarbeiten "Die heilige Familie"

18 BIER, A.: Virchows Arch. path. Anat. 291, (1933), 757

19 PAWLOW, I.P.: Werke Bd. 4, 180

20 IVAKNENKO: Kybernetische Systeme mit kombinierter Steuerung, Verlag d. Technik, Moskau 1966, russisch

21 HECHT, K., M. PESCHEL, K. TREPTOW: Acta biol. med. germ. 27, (1971), 289

22 ASCHOFF, J.: Nova Acta Leopoldina 21, (1959), 147-177

23 RENSING, L.: Biologische Rhythmen und Regulation, Jena 1973, 55

24 YAMAZAKI, I. u. K.N. YOKOTA: Bioch. Biophys. Acta 132, (1967), 310

25 MORSE, D.E., R.D. MOSTELLER u. C. YANOFSKY: Cold Spring Harb. Symp. Rant. Biol. 34, (1969), 725

26 RENSING, L.: Biologische Rhythmen und Regulation, Jena 1973

27 HESS, B. a. A. BAITEUX: Ann. Rev. Biochem. 40, (1971), 237

28 ADEY, W.R. in: The Neurosciences, I. QUARTON, T. MELNECHUK u. F.O. SCHMITT (Hrsg.), Rockefeller University Press, New York 1967

29 HECHT, K. u. M. PESCHEL: Acta biol. med. germ. 13, (1969), 504

30 HECHT, K., K. TREPTOW, S. CHOINOWSKI, M. PESCHEL: Die raumzeitliche Organisation der Reiz-Reaktions-Beziehungen bedingt-reflektorischer Prozesse, Jena 1972

31 GÖLLNITZ, G. und G. SCHULZ-WULF: Rhythmisch-psychomotorische Musiktherapie, Jena 1975

32 BATESON, P.T. und B.G. CELLER: Nature 238, (1972), 279

33 BONVALET, M., P. DELL u. G. HIEBEL: Electroenceph. clin. Neurophysiol. 6, (1958), 261

34 BRAIN: 77, (1954), 416

35 GOODY, W.: Lancet 7031, (1958), 1139

36 PAWLOW, I.P.: Werke Bd. 4, Berlin 1953

37 SETSCHENOW, I.M.: Ausgewählte Werke Bd. 1, Moskau 1952, 403

38 Aus dem philosophischen Nachlaß, Berlin 1969, 152

39 ELKIN, D.G.: Die Zeitwahrnehmung, Moskau 1962, 212

40 LENIN, W.I.: Bd. 14, 171/172, Berlin 1973

# INFORMATION, WIDERSPIEGELUNG UND EBENEN DER BIOLOGISCHEN ORGANISATION

H. MATTHIES[1]

THESE

Das Gehirn - das menschliche Gehirn - ist die höchste Entwicklungsform biologischer Organisation: Prozeß und Ergebnis der Widerspiegelung der Umwelt im Gehirn ist entwickeltste Form biologischer Widerspiegelungsvorgänge, das systemeigene Modell der Umwelt erreicht größte Strukturiertheit. Die Widerspiegelung unterscheidet sich qualitativ von derjenigen älterer (untergeordneter) Organisationsebenen der belebten Materie, schließt sie aber ein.

THESE

Grundlage für die Charakterisierung der Information und Informationsspeicherung (und damit der Wiederspiegelung) in biologischen Systemen ist die Berücksichtigung der Systemadäquatheit der Signale, so daß dem hierarchischen Aufbau der Organisationsebenen der Materie auch eine adäquate Komplexität der Signale, sowie der Speicherstrukturen entspricht.

THESE

Die systemadäquate Information der molekular-subzellulären Ebene ist von der Dimension chemischer und physikalischer Größen. Der Prozeß der Widerspiegelung vollzieht sich in der Wechselwirkung mit den Systemelementen dieser Ebene, die vor allem durch Makromoleküle gebildet werden. Das Ergebnis der Widerspiegelung, das systemeigene Modell der Umwelt, beruht vor allem auf der räumlichen und zeitlichen Ordnung der Makromoleküle und ihrer Zustände, sowie deren reversiblen und irreversiblen Änderungen.

---

1 Thesen zum Vortrag. Vortrag wurde nicht gehalten.

THESE

Die systemadäquate Information der zellulären Ebene wird durch Merkmale der Komplexität erweitert, deren gleichartige Merkmale der inneren Struktur des biologischen Systems entsprechen.

THESE

Der Zusammenschluß von Zellen zum vielzelligen Organismus führt zu einer neuen Qualität der Umweltbeziehung, der interzellulären Relation. Sie realisiert sich im wesentlichen mit den Informationsprinzipien der molekular-zellulären Ebene, schließt deshalb auch ihre Prinzipien der Widerspiegelung ein. Zugleich entsteht aber auch die Voraussetzung für eine neue Qualität der systemadäquaten Information der organismischen Ebene.

THESE

Die systemadäquate Information der organismischen Ebene erreicht den Charakter eines Signalkomplexes mit topologischen Merkmalen (räumlich-zeitliche Muster von Signalen) und beruht auf der Wechselwirkung einer komplex strukturierten Umwelt mit den Systemelementen des Organismus, den Zellen (unter Einschluß der Prinzipien der molekular-zellulären Ebene). Prozeß und Ergebnis der Widerspiegelung beschränkt sich nicht nur auf Veränderungen der Elemente der molekularzellulären Ebene und ihrer Relationen, sondern erstreckt sich über die Wechselwirkung der Zellen untereinander vor allem auf die räumlich-zeitliche Ordnung von Zellen und ihrer Zustände, sowie deren reversible und irreversible Änderungen.

THESE

Die Spezifität der systemadäquaten Information der organismischen Ebene, die auf dem räumlich zeitlichen Muster der interzellulären Relation beruht, bedarf deshalb nicht einer spezifischen Widerspiegelung in der molekular-zellulären Ebene, wenn auch in älteren Strukturen der vielzelligen Organisation eine durchgreifende Spezifität als Übergangserscheinung erkennbar werden kann.

THESE

Wesentliches Element der höchsten Widerspiegelungsform biologischer Systeme ist schließlich die Fähigkeit zur Änderung der räumlich-zeitlichen Beziehungen von zellulären Elementen des Nervensystems. Sie entwickelt sich zunächst vorwiegend im Prozeß der Evolution mit dem genetisch determinierten Programm des Nervensystems. Als Ergebnis des evolutionären Prozesses resultiert aber unter Weiterentwicklung allgemeiner zellulärer Regulationsmechanismen mit der weiteren Differenzierung der Nervenzellen die ausgeprägte Fähigkeit ihrer höchstentwickelten Formen, in Abhängigkeit von der individuellen Wechselwirkung mit der Umwelt und der damit verbundenen individuellen funktionellen Tätigkeit ihre räumlich-zeitlichen Beziehungen reversibel oder irreversibel zu ändern. Damit ergibt sich die Möglichkeit zum Aufbau höchst strukturierter, individueller, genetisch nicht determinierter systemeigener Modelle der Umwelt.

# ZYKLISCHE ABLÄUFE AUF EINZELNEN SYSTEMEBENEN DES ORGANISMUS

JOACHIM STEBEL

Carl-Ludwig-Institut für Physiologie der Karl-Marx-Universität Leipzig

Es ist anzunehmen, daß fast alle Lebensprozesse Rhythmen unterworfen sind. Diese können einmal so offensichtlich zu Tage treten wie in Herz-, Atem- oder Darmtätigkeit, oder sie können diesen oder auch anderen - zunächst nicht unbedingt periodischen - Körperfunktionen als Modulationsrhythmen aufgeprägt sein. Wahrscheinlich besitzt jede Zelle eine Zeitorientierung, wie durch Nachweis von z.B. circadianen Periodizitäten mehrfach aufgezeigt worden ist (abgeschnittene Blumen oder gar Blütenteile können noch dem Tag-Nacht-Rhythmus unterliegen). Der circadiane - trotz des bekanntesten äußeren Korrelates - endogene Rhythmus ist nur einer von vielen, die im Stoffwechsel, in Organ- und Nervenfunktionen vielfach beschrieben werden konnten. Die Rhythmen manifestieren sich auf allen Organisationsebenen: in der Zelle, dem Zellverband bzw. Organ und schließlich im gesamten Organismus. Ebenso wie eine innere Uhr nur sinnvoll ist, wenn sie mit der Umwelt korreliert, der endogene circadiane Rhythmus im Mitnahmebereich des äußeren (24-Stunden-) Zeitgebers liegt, müssen - im viele Zehnerpotenzen umfassenden Spektrum - "Vorzugsfrequenzen" vorhanden sein, auf die ein Organ die Rhythmen seiner Zellen, der Organismus die seiner Organe bzw. einzelnen Körperfunktionen abstimmen. Dabei ist noch nicht entschieden, ob im Gesamtorganismus eine Steuerzentrale auf relativ hoher Ebene des ZNS vorhanden ist, oder in nicht hierarchischer Weise eine gegenseitige Informationsübermittlung, sehr wahrscheinlich über das vegetative Nervensystem, stattfindet. Beobachtbar sind vorerst nur mehr oder weniger starke Kopplungen der Modulationsrhythmen in den einzelnen Frequenzbändern des Spektrums.
Die Rhythmusforschung beschränkte sich bisher fast stets auf die Untersuchung einer Funktion. So fand man im Bereich von Sekunden bis Minuten puls- und

atemsynchrone Schwankungen (ca. 1 bzw. 5 s) besonders im Blutdruck (als sogen. Wellen I. und II. Ordnung), 10 s-Perioden des Blutdrucks (als Wellen III. Ordnung oder TRAUBE-HERING-MAYER-Wellen bezeichnet), bei 20 s peristaltische Wellen im Intestinaltrakt, bei 30 s Haut- und bei 60 s Muskeldurchblutungsschwankungen und schließlich 2-Minuten-Perioden bei Bewegungen glatter Muskulatur (wie isolierte Dünn- und Dickdarmstücke), in Kurzspeicher-Leistungen und Reaktionszeiten des Menschen, wie eigene Untersuchungen ergaben.
Bei gleichzeitiger Ermittlung der zentralnervösen Funktionen zeigte sich häufig eine Frequenz-, selten eine Phasensynchronisation, was einen Schluß auf eine alternierende Energiefreisetzung (im weitesten Sinne) der corticalen Zentren oder zumindest eine abwechselnde maximale Informationsverarbeitung für z.B. optische und akustische Signale zulassen könnte. Diese Phasenverschiebungen waren durch Kreuzkorrelationsanalysen von Reaktionszeit-Untersuchungen nachweisbar.
Eine gute Übereinstimmung zeigen die Spektren der Modulationsfrequenzen von Herz- und Atemaktionen sowie der sakkadischen (horizontalen) Augenbewegungen des Menschen (im Bereich von 3 Sekunden bis etwa 7 Minuten Periodendauer untersucht). Alle drei Spektren weisen deutliche Häufigkeitsgipfel auf bei 5, 10, 20, 30, 40 und 60 s, also gewissermaßen zusammenfassend an den Stellen, wo früher getrennt voneinander Periodizitäten gefunden wurden (s. o.). Oberhalb 3 min sind kaum noch periodische Schwankungen zu erkennen. In Versuchen mit offenen Augen ergibt sich zusätzlich ein markanter Gipfel bei 2 min. Hier konnte eine enge Beziehung der vegetativen und oben genannten psychischen (also ZNS-)Funktionen ermittelt werden. Ergebnisse von Versuchen mit liegendem Probanden im entspannten Zustand (geschlossene Augen und in der Endphase des autogenen Trainings) verdeutlichen die Trennung der einzelnen, im allgemeinen nicht durch Harmonische oder Subharmonische verknüpften Frequenzbänder. "Streuende" Perioden verschwinden zugunsten der Häufungen besonders bei 5, 10, 30, 60 und 90 s, die Synchronisation dieser Modulationsrhythmen der drei genannten Variablen nimmt zu. Das gleiche gilt nach Verabreichung eines Tranquillizers. Dagegen gibt es bei der orthostatischen Belastungsprobe als Folge des aktiven Überganges vom Liegen zum Stehen keine Unterschiede sowohl im Spektrum als auch in der gegenseitigen Kopplung. Mit zunehmender Versuchsdauer nimmt die Kopplung ab, was wir als Ermüdungseffekt werten wollen. Zur Prüfung des Grades der Koordination verwendeten wir Verhältnisse zwischen den einzelnen Variablen von 1:1, 1:2 usw. bis 4:5.

Liegen im entspannten oder ermüdeten Zustand bedeutet also Kopplung bzw. Entkopplung der Modulationsrhythmen. Emotionelle Erregungen, wie z.B. Erschrekken durch unverhofft zuschlagende Tür - mit plötzlich stark ansteigender Herztätigkeit (Ausdruck des höheren Sympathicus-Tonus) -, beeinflussen in der Regel weder Spektrum noch Koordination. Wir glauben daraus schließen zu können, daß das vegetative Nervensystem nicht Quelle der Modulationen sondern höchstens Mittler im Sinne eines Nachrichtenkanals sein kann. Corticale Prozesse scheinen ebenfalls eine untergeordnete Rolle zu spielen. Z.B. ist bei der orthostatischen Belastungsprobe die allein schon durch das aktive (möglichst rasche und vorher geübte) Aufstehen bedingte Großhirntätigkeit - also der Wille zum Aufstehen, Prüfung des richtigen Sitzes der Elektroden usw. - ohne Einfluß auf Spektrum und Koordination.

Eine Triggerung durch rhythmische psychophysische Belastungen ist an einigen bestimmten Stellen des Spektrums möglich.

Vielleicht lassen sich einmal Beziehungen zum EEG finden. Erinnert sei an die Delta-Wellen im orthodoxen Schlaf mit ihren - im Vergleich zu anderen Wellen - großen Amplituden, die auf eine gleichzeitige Depolarisation bestimmter Neuronenbezirke zurückzuführen sind. Eine trophotrope Einstellung des Organismus bewirkt also eine bessere Kopplung, die Körperfunktionen werden besser aufeinander abgestimmt oder informieren sich besser gegenseitig: bei vegetativen Erkrankungen möglicherweise der anzustrebende Zustand.

## DISKUSSION

VÖLZ: In Zusammenarbeit mit der Musikhochschule Hanns Eisler, Berlin, erfolgten spezielle Untersuchungen an 40 Werken der musikalischen Weltliteratur aller Epochen bis zur Gegenwart. Hierbei wurden drei verschiedene musikalische Zeiteinheiten auf die Häufigkeit ihres Auftretens hin untersucht und zwar

die Motive

die Thematische Gliederung

die Emotionalen Flächen.

In der Auswertung zeigt sich eine enge Beziehung zu Biorhythmen. Die mühevollen Arbeiten wurden von M. NITSCHKE durchgeführt (1). Eine ausführliche Analyse erfolgte in (2). Hieraus stammt auch das zusammenfassende Bild.

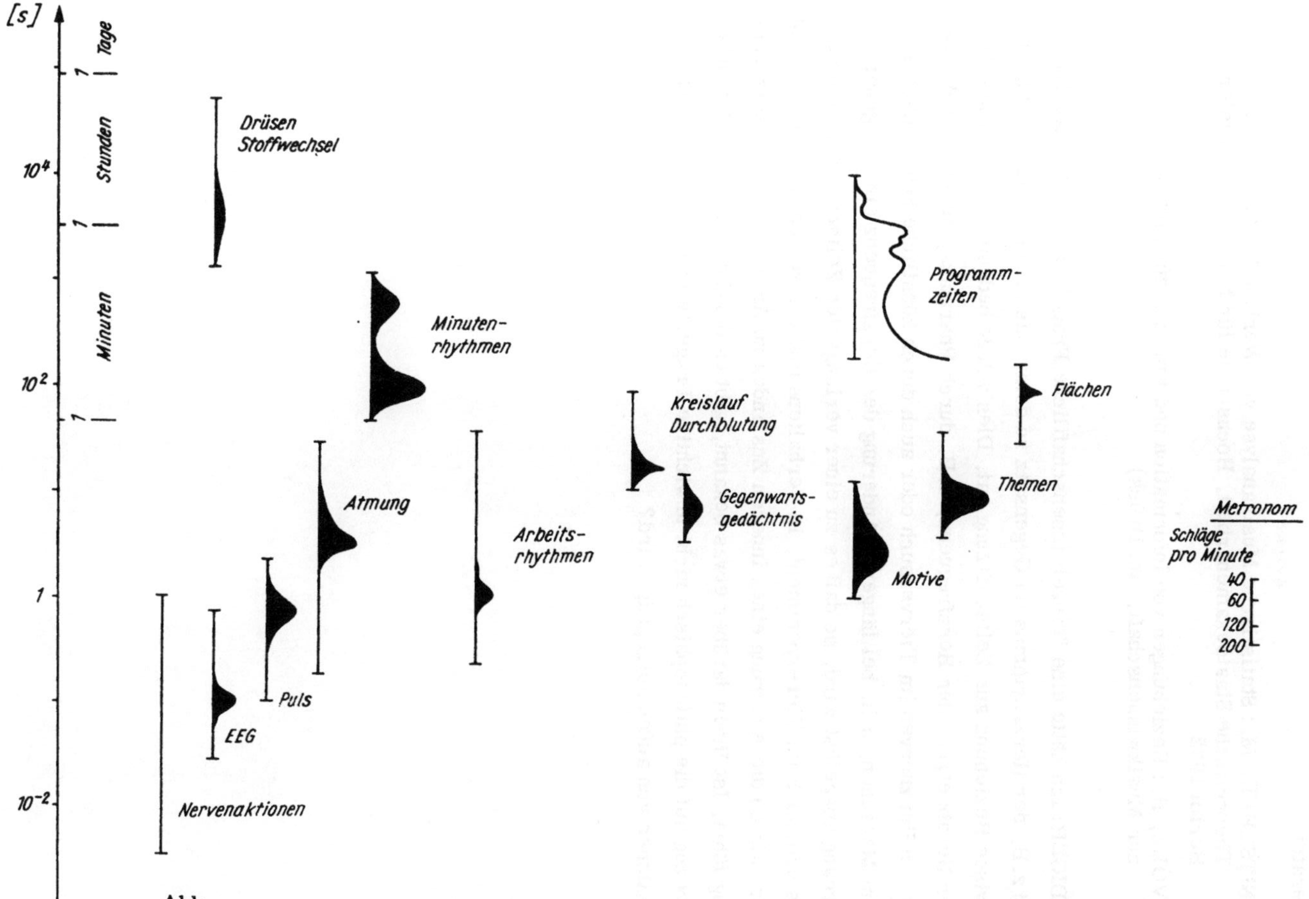
[s]
$10^4$
$10^2$
1
$10^{-2}$
1 Tage
1 Stunden
1 Minuten
Drüsen Stoffwechsel
Minutenrhythmen
Atmung
Puls
EEG
Nervenaktionen
Arbeitsrhythmen
Kreislauf Durchblutung
Gegenwartsgedächtnis
Programmzeiten
Motive
Themen
Flächen
Metronom
Schläge pro Minute
40
60
120
200

Abb.

Literatur

1 NITSCHKE, M.: Statistische Musikanalyse von Werken der Musikliteratur. Theoretische Staatsexamenarbeit. Hochschule für Musik Hanns Eisler, Berlin 1972

2 VÖLZ, H.: Beziehungen von Information und Emotion zur Musik. Beiträge zur Musikwissenschaft. (im Druck)

RÜDIGER: Ich hätte eine "einzelwissenschaftliche Frage". Es wird behauptet, daß z.B. der Herzrhythmus im Gegensatz zu dem, was Sie eben ausführten, eine gewisse Beziehung zur Zeitschätzung hat. Dies würde bedeuten, daß bei künstlicher Herabsetzung der Herzfrequenz, z.B. durch Pharmaka, durch Zerschneiden von Herznerven im Tierversuch oder auch durch künstliche Schrittmacher beim Menschen, d.h. bei längerer Änderung der Herzfrequenz ein endogener Vorgang ausgelöst wird, so daß es zu einer verlängerten Zeitschätzung kommt, was man auch im Tierexperiment, in Verhaltensstudien, zeigen kann. Es scheint hier, als ob die Änderung eines inneren Zustandes zu Änderungen der Zeitschätzung führt. Ist Ihnen darüber etwas bekannt, gibt es darüber einen Anhaltspunkt in bezug auf die philosophisch nicht unwichtige Fragestellung, was bei solchen Rhythmen von außen aufgeprägt wird?

# DIE STRUKTUR DES BIOLOGISCHEN STIMULUS UND DAS PHENOMEN DER INFORMATIONSSPEICHERUNG IM LEBENDEN SYSTEM

ALEXANDER PRZYBYLSKI

Zentrum für experimentale und klinische Medizin,
Polnische Akademie der Wissenschaften, Warschau, VR Polen

Ein lebendes System ist Teil seiner Umwelt, welche auf dieses durch Vermittlung von Stimuli einwirkt. Die Beantwortung der Frage, was ein biologischer Stimulus tatsächlich ist und worin sein Zusammenhang mit der Informationsstruktur eines lebenden Systems besteht, ist von grundsätzlicher Bedeutung für die Erklärung der Zunahme (Speicherung) von Informationen im Prozeß der biologischen Evolution. Im Referat wird ein Versuch dargestellt, das Wesen des biologischen Stimulus und seines Zusammenhanges mit der Informationszunahme in der Phylogenese zu verstehen.

Es ist Tatsache, daß in der Onto- und Phylogenese der Informations- und Energiedurchfluß durch ein lebendes System anwächst (18). Bereits in der ersten Hälfte des 19. Jahrhunderts schrieb SCHELLING (30): "..., daß die Elemente eines Organismus so miteinander verbunden sind, daß ihr Verstehen gleichzeitig Ursache und Wirkung seiner selbst ist." Beachtung verdient vor allem seine letztgenannte Idee von der Kausalität.

Der Organisationsaspekt eines lebenden Systems wird auch von gegenwärtigen theoretischen Biologen als prinzipiell betrachtet. So schrieb BERTALANFFY (3): "Das Problem des Lebens ist ein Problem der Organisation." In ähnlicher Weise behauptet QUASTLER (26), daß das Maß für das Organisationsniveau eines lebenden Systems die in ihm enthaltene Informationsmenge sei. MILLER untersucht die Information (die interne) als Maß für die Komplexität des Systems (17) und sieht gleichfalls das Spezifische der Biologie in deren Organisation (16).

Ausgangspunkt für unsere Erörterungen über die Struktur des biologischen Stimulus und seine Veränderungen im Zusammenhang mit dem Phänomen der Informationsspeicherung eines lebenden Systems in der Phylogenese mögen Tatsachen sein, die bereits Ausgang des Jahrhunderts durch HOORWEG (11) erzielt wurden und später unter anderem durch CYBULSKI und ZANIETOWSKI (7) wie auch HENRI (9) sowie SCHÄFER (29) bestätigt wurden, und die von der extremen Charakteristik der Energiekurve des einwirkenden Faktors zeugen (des elektrischen Stromes, des Lichtes) gegenüber der physischen Kraft. Es ist nicht verwunderlich, daß die seinerzeit gefundene Abhängigkeit, überaus interessant und wesentlich für das Verständnis des Wesens des biologischen Stimulus, in jener Zeit nicht richtig eingeschätzt werden konnte. Man kannte in jener Zeit noch nicht den Begriff der Information.

Der besondere Komplizierungsgrad eines lebenden Systems, nicht allein der höheren Organismen sondern auch der einfachsten biologischen Formen, impliziert die wesentliche Rolle der Information, die sie darin spielt sowohl im Zusammenhang mit der Zahl seiner Elemente als auch ihrer funktionalen Relation.

Die verhältnismäßig großen Hoffnungen, die man mit der Informationstheorie und Kybernetik verband, brachten nicht die gewünschten Ergebnisse. Und schon sehr früh, bereits im Jahre 1956 (27), begann man sich dessen bewußt zu werden.

An dieser Stelle wäre hervorzuheben, daß ähnlich die Angelegenheit im Hinblick auf die energetische Konzeption aussieht, die vornehmlich durch OSTWALD (21) ausgearbeitet wurde. Ein unbestreitbares Verdienst dieser einzelnen methodologischen Wege war die Festlegung gewisser, heute allgemein bekannter genereller Schlußfolgerungen über ein lebendes System - solcher, wie zum Beispiel die allgemeine Veränderung der Materie und der Energie, die Homöostase u.a. Die Geschichte der Methodologie der Forschungen im Bereich der biologischen Wissenschaften zeigt die Begrenztheit eines einseitigen Herangehens wie auch die theoretische Unhaltbarkeit der konsequent reduktionistischen Auffassung (12, 13, 14).

Im Referat ist der Versuch unternommen worden, an das Problem des Wesens des biologischen Stimulus und seines Zusammenhangs mit der Informationsspeicherung im Prozeß der biologischen Evolution synthetisch heranzugehen unter Beachtung sowohl des Informations- als auch des energetischen Aspekts, die, gesondert betrachtet, außerstande sind, zum weiteren Verständnis des Wesens des biologischen Stimulus und zur Aufdeckung des ursächlichen Zusammenhangs zwischen ihm und der Zunahme der Information im Evolutionsprozeß beizutragen. Möge uns dabei der MAXWELLsche Dämon (15, 31) behilflich sein. Bereits SZILARD (35) bemerkte den Zusammenhang, der zwischen Information und Negentropie besteht. Auf die wesentliche Bedeutung der Negentropie für das Funktionieren eines lebenden Systems machte bereits SCHRÖDINGER (33) aufmerksam; BRILLOUIN (5) wiederum begründete theoretisch den Begriff des negentropischen Prinzips der Information, indem er den grundlegenden Zusammenhang zwischen der gebundenen Information I, der thermodynamischen Entropie S auf Kosten der energetischen Entropie E dieser Information (in der Temperatur T) feststellte.

$$\Delta E = \Delta ST \gg \Delta IT.$$

Wir legen die grundsätzlichen Voraussetzungen des Begriffs des biologischen Stimulus fest.

Vorher allerdings wollen wir bemerken, daß unterschieden wird:

a) die freie Information - sofern man die abstrakten Möglichkeiten betrachtet, ohne ihnen eine physische Bedeutung beizumessen, sowie

b) die gebundene Information - sofern man von der Möglichkeit ihrer Interpretation als Mikrozustand eines physischen Systems spricht.

Beachten wir ferner die hauptsächlichen informativen Glieder und Begriffe in einem technischen System und in einem lebenden System.

a) Einfaches technisches System:

Elemente: Sender - Kanal - Empfänger,
Informations-(Signal)-Träger: Materie, Energie - gebundene Information.
Begriffe: Informationsmenge, Informationsumfang des Kanals, Rauschen.

b) Kompliziertes technisches System:

Elemente: wie oben plus Rückkopplungsglied und Gedächtnis, Informations-(Signal)-Träger: seine physischen Elemente - wie oben.
Begriffe: wie oben plus Begriff der Informationswirksamkeit (-wertigkeit).

c) Einfaches lebendes System:

Elemente: wie oben plus das Glied der dynamischen selektiven Präferenz mit seinem funktionalen und strukturalen Aspekt.
Informations-(Signal)-Träger: wie oben plus Veränderlichkeit der Struktur des Stimulus (der Informationsrelation des Signals zu seinen energetischen Kosten).
Begriffe: Wie oben plus Informationszunahme (Phänomen des Informationsgewinns) und deren genetischer Autoreplikation.

Weitere Prämissen für den eingeführten Begriff der Struktur des biologischen Stimulus sind folgende:

1. Der Inhalt des Stimulus wird nicht ausschließlich reduziert.

   auf

   a) die Information, die er aus dem Milieu eines lebenden Systems erbringt, und auch nicht auf die

   b) Energie (ihrer Veränderung) der Umwelt, die auf ein lebendes System einwirkt.

2. Das Fehlen eines Stimulus (Signal) kann auf einem höheren Organisationsniveau eines lebenden Systems zu einem biologischen Stimulus werden.

3. Das Spezifische s des Stimulus wird nicht nur auf die Information des Signals I, d.h. $s \neq I$, reduziert, und sein nichtspezifischer Charakter n ist nicht nur durch die Signalenergie E, d.h. $n \neq E$ determiniert.

Betrachten wir nunmehr die grundlegenden Strukturprinzipien eines biologischen Stimulus:

1. Ein biologischer Stimulus s enthält den spezifischen Bestandteil $S_s$ und den nichtspezifischen Bestandteil $S_n$, wobei $s = S_s + S_n$, die

2. eine Relation der ihnen entsprechenden Informations- und energetischen Komponenten sind - für

$$S_s = I/E \text{ und } S_n = E/I.$$

3. Die Größe des Stimulus wird als Veränderung der o.g. Relationen der Komponenten des Stimulus hinsichtlich des energetischen und informativen Gehalts bestimmter (adäquater) Empfangskanäle des Stimulus durch ein lebendes System verstanden:

$$\frac{I - I_o}{E - E_o} = \frac{\Delta I}{\Delta E} = S_s \quad \text{und} \quad \frac{E - E_o}{I - I_o} = \frac{\Delta E}{\Delta I} = S_n .$$

4. Der Ausweis der energetischen Perzeptionskosten des Stimulus durch ein lebendes System - unter Berücksichtigung der Temperaturbeständigkeit eines lebenden Systems - durch einen entsprechenden Wert der thermodynamischen Entropie führt zu der Schlußfolgerung, daß die (physiologische) spezifische Kraft des biologischen Stimulus eine Relation der Information zur Entropie ist, wohingegen seine nichtspezifische Kraft eine umgekehrte Relation darstellt. Die spezifische Komponente des Stimulus ist somit die Menge der spezifischen Information im Hinblick auf deren energetische Kosten, wogegen die nichtspezifische Komponente den Entropiezuwachs im Hinblick auf die durch das System erworbene Menge der nichtspezifischen Information zum Ausdruck

bringt. Sofern die spezifische Komponente vor allem die erhaltene Informationsmenge charakterisiert, so bestimmt die nichtspezifische Komponente des biologischen Stimulus vor allem die Entropiemenge, welche das lebende System für die erhaltene Information zu zahlen genötigt ist.

5. Die Untersuchung der Relation zwischen der spezifischen Kraft (s) des adäquaten Stimulus (a) und seiner ihm entsprechenden nichtspezifischen Kraft (i)

$$\frac{\Delta I_{as} T}{\Delta S_{as} T} > \frac{\Delta S_{an} T}{\Delta I_{an} T}$$

führt zu der Schlußfolgerung, daß der Informationszuwachs in einem lebenden System auf Kosten einer Energieverminderung - einer Verminderung des spezifischen Stimulus erfolgt

$$\Delta I_{as} T \geqslant \Delta E_{as} - \Delta S_{as} T$$

(Phänomen der Informationsgewinnung in der Phylogenese).

6. Die Veränderung der Relation der informativen Komponente im Hinblick auf die ihr entsprechende energetische Komponente bestimmt die globale Stärke des Stimulus $\varphi$

$$\varphi = \frac{I_s T}{S_s T} \cdot \frac{S_n T}{I_n T} \geqslant 1,$$

7. sowie der Globalinformation $I_g = \log_2 \varphi$, wie auch über
8. das Anwachsen der phylogenetischen Information

$$I_\phi = n \log_2 \varphi, \quad n > 0.$$

9. Informations-energetischer Dualismus des Stimulus:

| | | |
|---|---|---|
| | - Information | - Negentropie |
| Stimulus | | - Entropie |
| | - Energie | - Negentropie, sowie |

10. das Vorhandensein eines Minimus des energetischen Analogons des biologischen Stimulus im Hinblick auf seine physische Kraft (22) führt zu der Schlußfolgerung, daß
11. im mittleren Bereich der physischen Kraft des biologischen Stimulus eine extreme informations-energetische Relation existiert.
12. Auf diese extreme Relation stützt sich die Informationsstruktur eines lebenden Systems:

$\vec{E}$

↓

$I_b$ /gebundene)

$I_s$ /strukturelle/ /räumliche/ ⇄ $I_t$ /zeitliche)

$I_f$ /funktionelle/ Struktur

↓

$I_g$ /genetisches/ System

↓

$I_o$ /operatives/ System

↓

$\overline{R}$ /Reaktion der Systeme bzw. deren Mängel/ (25).

Der Energievektor $\vec{E}$, der sich zu einer strukturell funktionalen Information im Zeit-Raum-Verhältnis des lebenden Systems verwandelt, vermindert den energetischen Wert des Stimulus für die Ingangsetzung (bzw. Hemmung) der Reaktion $\overline{R}$ durch Vermittlung der operativen Information.

Betrachten wir nachfolgend nur einige prinzipielle Implikationen des dargestellten Strukturmodells des Stimulus unter dem Gesichtspunkt seiner Rolle in der biologischen Regulation und seines heuristischen Aspekts beim Verständnis der Rolle der Information im lebenden System.

1. Die Rückkopplung vom Effektor (und zentralen Nervensystem) zum Rezeptor (und Zentralende des Analysators), die der physiologischen Reaferendation zugrundeliegt (2, 10), wird über die informative und energetische Komponente verwirklicht. Das Gewicht der einen wie der anderen Komponente ist von der physischen Kraft des angewandten Stimulus bzw. von seiner optimalen Kraft abhängig (24).
2. Obige Abhängigkeit ist die Grundlage der physikalisch-chemischen Reaktionsfrequenzen und der physiologischen Reflexe (23).
3. Die extreme Receptionscharakteristik eines Stimulus am Eingang eines lebenden Systems und seiner Reaktionen am Ausgang (16, 19, 23) mit den entsprechenden Funktionsfaktoren der Perception $\varepsilon_p = \Delta I / \Delta N$ sowie der Reaktion $\varepsilon_r = \Delta N / \Delta I$ (5, 24) ist eine theoretische Prämisse, die dafür spricht, daß die Information eines lebenden Systems die Summe der energetischen Aufwendungen, mit der Realisierung einer gegeben physiologischen Reaktion zusammenhängen, auf ein Minimum reduziert (24, 32).
4. Eine Größenkalkulation der Entropieveränderungen, die mit dem Ablauf physiologischer Prozesse verbunden sind (z.B. die Entstehung eines Wirkungspoten-

tials) auf der Grundlage der freigelegten Energie (1) bzw. der Veränderung der Ionenkonzentrationen im Neuron (4) gestattet es, die Quantitätsgrenze der Informationen auf der Ebene physischer Mikroerscheinungen zu bestimmen (25).

5. Aus Berechnungen folgt, daß das Vorkommen eines Auslesezustandes bei höheren Formen (z. B. das Entstehen von spike 'a) mit niedrigeren Kosten und mit einer minderen Entropieveränderung sowie mit einem niedrigeren Gewicht der gebundenen Information $I_b$ zusammenhängt. Das ist durch einen höheren Grad der Kohärenz des auf das lebende System einwirkenden Faktors bedingt und verweist zugleich auf die hierarchische Rolle der Information in lebenden Systemen. In dem Maße, wie die Information der hierarchischen Einordnung unterliegt, wächst ihr Gewicht (34), so daß in biologischen Systemen das Gewicht der hierarchischen Information $I_h^w$ das Gewicht der gebundenen Information $I_b^w$ um ein Vielfaches übertrifft.

$$I_h^w \gg I_b^w .$$

6. Das Spezifische der Perception und Reaktion eines lebenden Systems ist die Funktion des Komplikations- und Spezialisierungsgrades seiner Struktur. Das bedeutet, daß die Perceptionsspezifik der Umweltstimuli durch die vielelementige Struktur bestimmt wird - Zunahme der strukturellen Information - sowie dadurch, daß die Detektion der elementaren Einwirkungsform einer gegebenen energetischen Modalität des Stimulus durch die Spezifik des Rezeptors determiniert ist. Die Überschreitung eines bestimmten Energieumfangs für einen gegebenen Stimulus hebt das Spezifische seiner Perception auf, (20, 28) ähnlich wie auch die destruktiven strukturellen Veränderungen eines lebenden Systems (des Perceptionskanals - seines Rezeptors).

7. Der in der Phylogenese wirkende Stimulus verändert die Struktur des lebenden Systems, doch im Prozeß der Widerspiegelung des Umweltsignals im lebenden System verändert sich auch die Struktur des einwirkenden Faktors vermittels der Erweiterung der Informations-energetischen Struktur des Stimulus. Aus diesem Grunde ist der biologische Stimulus gleichzeitig sowohl Ursache als auch Wirkung des evolutionären Prozesses.

8. In Verallgemeinerung obiger Erörterungen wäre eigentlich anzunehmen, daß im Funktionieren natürlicher nichtlebender Systeme eine lineare Abhängigkeit zwischen dem Wert der einwirkenden Energie und der Negentropie der Arbeit sowie der Negentropie der Information besteht. Wohingegen in lebenden Sy-

stemen - in einem gewissen Umfang der einwirkenden Energie - eine extremale Abhängigkeit besteht: der Verminderung des energetischen Stimulus (seine Arbeitsnegentropie entspricht eine Zunahme der Information - der Informationsnegentropie).

Es scheint, daß oben gezeigte Abhängigkeit - also eine Minimalisierung der Perceptionsentropie sowie der Regulation in Verbindung mit einer Maximalisierung der Negentropie - eine der Grundlagen für das Funktionieren und für die Entwicklung eines lebenden Systems sind (25).

## Zusammenfassung

1. Die gegenwärtige Betrachtung des biologischen Stimulus als entweder
   a) ein Energiefaktor der Welt, oder
   b) eine abstrakte Information
   
   ist unbefriedigend, weil eine Reihe experimenteller Daten so nicht erklärt werden.
2. Eine Erklärung des biologischen Stimulus muß sowohl die energetische als auch die informationelle Komponente enthalten, wenn die Energieaufnahme und die Reaktion des lebenden Systems mit den informationellen und energetischen Komponenten betrachtet wird.
3. Die Menge der Umgebungsenergie mit ihrem Vektor - in gebundener Form - wird in die innere Information übertragen, und zwar in einheitlicher Form, strukturell, funktionell und operationell.
   
   Die Antwort des lebenden Systems auf den erhaltenen Stimulus besteht in einer aktiven Reaktion oder einer Hemmung.
4. Der Informationsgehalt des biologischen Systems befindet sich in einer kohärenten funktionellen Struktur des lebenden Systems, wenn man den Stimulus und die Vorgeschichte des Systems berücksichtigt.
5. Im Verlaufe der Evolution erfolgt eine Veränderung der Struktur des biologischen Stimulus. Es nimmt seine Energiekomponente ab, während seine Informationskomponente zunimmt. Die Ursache ist eine Übertragung der Stimulus-Energie in die interne Raum-Zeit-Organisation des lebenden Systems.
6. Dies führt zu einer gegenseitigen extremen Wechselbeziehung beider Komponenten, was uns

7. zu der Schlußfolgerung führt, daß der biologische Stimulus sowohl ein Faktor ist auch das Resultat eines Entwicklungsprozesses der Information in dem lebenden System während der biologischen Evolution.

LITERATUR


1 ABBOTT, B.C., A.V. HILL and J.V. HOWARTH: Proc.Roy.Soc. Lond., B, 148, (1958), 149

2 ANOCHIN, P.K.: in Principy sistemnoj organisatsji funkzij, Red. P.K. ANOCHIN, Nauka, Moskva (1973)

3 BERTALANFFY, L. von: Problems of Life, Wiley, New York (1952)

4 BRANSON, H.R.: in Information Theory in Biology, Red. H. Quastler, Pergamon Press, London (1958)

5 BRILLOUIN, L.: Science und Information Theory, Acad. Press, New York (1962)

6 CHRISTIE, R.V.: Proc. Roy. Soc. Med., 46, (1953), 5

7 CYBULSKI, N., J. ZANIETOWSKI: Pflüg. Arch., 56, (1894), 45

8 GABOR, D.: MIT Lectures (1951)

9 HENRI, V.: Arch. Fiz. Nauk, 1, (1918), 137

10 HOLST, E.: Pflüg. Arch., 237, (1936), 93

11 HOORWEG, J.L.: Pflüg. Arch., 52, (1892), 87

12 KARPINSKAJA, R.S.: Filosofskije problemy molekularnoj biologii, Mysl, Moskva (1971)

13 KUNICKI-GOLDFINGER, W.: Dziedzictwo i przyszłość, PWN, Warszawa (1974)

14 KUZNICKI, L., A. URBANEK: Zasady nauki o ewolucji, II, PWN, Warszawa (1970)

15 MAXWELL, J.C.: cit. (3)

16 MILLER, J.G.: Behav. Sc. 10, (1965), 193

17 MILLER, J.G.: Behav. Sc., 10, (1965), 193

18 MOROWITZ, H.J.: Energy Flow in Biology, Aca. Press, New York (1968)

19 MILSUM, J.: Biological Control Systems Analysis, McGraw-Hill Book Co, New York (1966)

20 MÜLLER, J.G.: cit. D.L. RUBINSTEIN, Obstschaja fisiologija, Medgiz, Moskva (1947)

21 OSTWALD, W.: cit. W. TATARKIEWICZ: Historia Filosofii, III, PWN, Warszawa (1958)

22 PRZYBYLSKI, A.: Proc. III Internat. Samp. Biocab., Leipzig, 3-7 August 1971

23 PRZYBYLSKI. A.: Rev. Bio-Mathem., 45, (1974), 23

24 PRZYBYLSKI, A.: Ewolucja Biologiczna/Red. C. Nowiński, Ossolineum Wrocław (1974)

25 PRZYBYLSKI, A.: Rev. Bio-Mathem., 46, (1974), 55

26 QUASTLER, H.: in Information Theory in Biology Red. QUASTLER, H.: Univ. Illinois Press, Urbana (1953)

27 QUASTLER, H.: In Information Theory in Biology Red. QUASTLER, H.: Pergamon Press, London 1958

28 REIN, H., cit. W. BEIER: Biofizyka, PWN, Warszawa (1968)

29 SCHAEFER, H.: Pflüg. Arch., 237, (1936), 737

30 SCHELLING, F. W.: cit. T. SCIBOR-RYLSKA: Porzadek i organizacja w przyrodzie, Pax, Warszawa (1974)

31 SMOLUCHOWSKI, M.: Physik, 13, (1912), 1069

32 SPANNER, D. C.: Nature, 172, 4389, (1953), 1094

33 SCHRÖDINGER, E.: What is Life? Univ. Press, Cambridge (1945)

34 STRASZAK, A.: Neural Networks, Rd. H. R. CAIANIELLO, Springer Verlag Berlin (1969)

35 SZILARD, L.: Z. Physik, 53, (1929), 840

## ZUR DIFFERENZIERUNG DER INFORMATION AUF VERSCHIEDENEN EBENEN DER ORGANISATION LEBENDER SYSTEME

(Differenzierung der Information und der Gesichtspunkt ihrer Systemadäquatheit im Zusammenhang mit der Diskussion um die Grundlagen der Informationsspeicherung im Gehirn)

KLAUS FUCHS-KITTOWSKI und BODO WENZLAFF

Sektion Wissenschaftstheorie und -organisation und Organisations- und Rechenzentrum der Humboldt-Universität zu Berlin

### 1. Zum Verständnis der Information und Differenzierung der Kopplungen zwischen Prozeßabläufen

Das Verständnis der Organisation lebender Systeme ist untrennbar mit dem Verständnis der Struktur und Funktion der Erzeugung, Verarbeitung und Steuerung der Information verbunden. Die kybernetische Modellierung von Lebensprozessen unterstellt hierbei die Existenz informationeller Lenkungsprozesse, während die Molekularbiologie die entwicklungsgeschichtliche Herausbildung von Strukturen untersucht, die den Informationsprozessen zugrunde liegen. Hierbei werden gegenwärtig eine Reihe von Hypothesen vertreten, die zwar einzelne Aspekte der Informationserzeugung, -verarbeitung und -speicherung erklären, jedoch kein zusammenhängendes Bild ergeben, das allseitig befriedigen könnte.
Die Information als eine noch in der Entwicklung begriffene neue Wissenschaft der theoretischen, organisatorischen und technischen Bedingungen für die Automatisierung von Informationsverarbeitungsprozessen und damit der Untersuchung der Besonderheiten von semantischen und syntaktischen Informationsverarbeitungsprozessen liefert selbst eine Reihe von Gesichtspunkten für die strukturelle Klassifizierung der informationellen Kopplung von Prozeßabläufen, die u.E. auch für die molekularbiologische Interpretation des Phänomens der Information in der Organisation lebender Systeme von Bedeutung zu sein scheinen. Da ist zunächst der Informationsbegriff selbst. Allen Definitionen liegt der eigentliche Kern der Infor-

---

Wir danken Frau Prof. S. ROSENTHAL für intensive Diskussionen über die hier behandelte Problematik mation zugrunde, nämlich eine Bedeutung zu besitzen. Bedeutung unterstellt aber bereits eine relativ komplizierte Relation zwischen ursächlichen Einwirkungen und dem Verhalten eines Systems, das zur Informationserzeugung bzw. -aufnahme befähigt ist. Ein weiterer Nachteil dieser unmittelbar auf die Bedeutung gerichteten Interpretation der Information ist die Unklarheit des Verhältnisses zwischen Physik und Organisation.

Für die Belange der Molekularbiologie erscheint eine physikalisch-chemisch und auf die Genesis der Bedeutung orientierte Informationsdefinition deshalb sinnvoller zu sein, weil der Zusammenhang zwischen physikalisch-chemischen Prozeßabläufen und ihrer Koordinierung und Lenkung durch Information der eigentliche Untersuchungsgegenstand ist. Gleichzeitig ermöglicht diese Vorgehensweise, durch entsprechende Verallgemeinerungen Ansatzpunkte für die theoretische Fundierung der Information zu finden.

Im folgenden wird Information als singularisierte Direktwirkung von komplexen Strukturen aufgefaßt. Die sich daraus ergebenden Konsequenzen führen zu spezifischen Auffassungen über Systeme, Hierarchien und Organisationen und zu einer Klassifizierung der Kopplungen zwischen Strukturhierarchien und ihren Prozeßabläufen.

Die singularisierte Direktwirkung von Strukturen (= Information) ist die dialektische Ergänzung zur Erklärung eines Systems aus seinen Elementen und den zwischen diesen Elementen bestehenden Relationen. Unseres Wissens hat bisher nur die Gestaltpsychologie versucht, den Gedanken einer Ganzheitswirkung wissenschaftlich fruchtbar zu machen. Durch die Überwindung der diesem Konzept noch beigemengten metaphysischen Vorstellungen entstehen gegenwärtig recht interessante und leistungsfähige Darstellungen der Entwicklung und Herausbildung psychischer Prozesse in ihrer Wechselwirkung. (Da hier nur der allgemeine strukturelle Zusammenhang der Informationserzeugung herausgearbeitet werden soll, können spezifische Bezüge zu diesen Theorien nicht hergestellt werden.)

Die singularisierte Direktwirkung von Strukturen besitzt zwei Aspekte: Einmal ist sie selbst eine Art verallgemeinerte oder Globalrelation, die durch die für das System bedeutsamen und daher mit einer Bedeutung belegten Menge der Elementrelationen ("Gestalt") konstituiert wird und rückwirkend die Einstellung dieser Elementrelationen und die ihnen entsprechenden physikalisch-chemischen Prozeßabläufe lenkt. Zum anderen wird die Singularisierung durch eine Abbildung auf Elementrelationen des übergeordneten Systems fixiert und ist somit reproduzierbar.

Die Leistungsfähigkeit einer solchen Abbildung von Systemzuständen auf Elementrelationen eines übergeordneten Systems besteht darin, daß nunmehr die zeitlich hintereinander liegenden Systemzustände auf ein gleichzeitig existentes System von Elementzuständen übertragen und damit beherrschbar werden, unabhängig vom jeweils aktuellen Fluß der Umwelteinwirkungen. Die Informationen sind gewissermaßen über diesen Abbildungsmechanismus das "ruhige" Abbild der wirkenden Umweltfaktoren und ermöglichen ein Verhalten des reagierenden Systems, das sowohl das System der Umweltfaktoren als auch ihre prinzipielle Wirkungsweise in Rechnung stellt. Das Verhalten des Systems erscheint daher nicht mehr als spontane Antwort auf eine zufällige Kombination von Wirkungen, sondern als durch Informationen gelenkte Auswahl einer solchen Reaktion, die der allgemeinen Situation und damit den wesentlichen Umweltbedingungen entspricht.
Es liegt im Wesen dieser Informationsdefinition, daß sie rekursiv ist, d.h. daß sich in der Organisation lebender Systeme Hierarchien von Informationen und damit Informationsebenen herausbilden. Sobald die Strukturen der vorgenannten übergeordneten Systeme, auf deren Elementrelationen die untergeordneten Systemzustände abgebildet werden, selbst wieder eine singularisierte Direktwirkung auszuüben vermögen, erfolgt der Übergang zu einer höheren Form der Information.
Wir unterscheiden 5 Ebenen der Informationserzeugung im Empfänger, die gleichzeitig Klassifizierungsgesichtspunkte für die Differenzierung von Systemen und die zwischen ihnen bestehenden Kopplungen darstellen:

a) Der Reaktionsmechanismus ist eine Koordinierung von physikalisch-chemischen Prozeßabläufen auf der Grundlage einer von den Umwelteinwirkungen herrührenden Signalaufnahme, die eine Steuerung der Antwortreaktion ermöglicht. Die Signalsteuerung der Reaktion widerspiegelt die Klassen von Antwortreaktionen, auf die die Umweltwirkungen abgebildet werden, und symbolisiert damit die einfachsten Formen der Erkennung von Wirkungen.
b) Der Systemmechanismus ist eine Koordinierung von Reaktionsmechanismen. Voraussetzung dafür sind Reaktionsmechanismen für die Signalverarbeitung und damit die Steuerung der Signale. Die Reaktionsmechanismen sind folglich vermittels der informationellen Steuerung der Signalerzeugung und -verarbeitung Gegenstand der Lenkung durch den Systemmechanismus. Darin zeigt sich, daß die Erkennung von Wirkungen selbst wieder als Prozeß Signale erzeugt, die vom Systemmechanismus aufgenommen werden. Die Antwortreaktion des Systemmechanismus nimmt auf diese Weise zunächst die

Form der Signalsteuerung an. Die Signale der Wirkungen erhalten dadurch Bedeutungen, die als Bedeutungspotenz den Operationsraum für die Signalverarbeitung abstecken.
Die Bedeutungen von Signalstrukturen sollen Zeichen genannt werden.

c) Der reaktive Verhaltensmechanismus ist eine Koordinierung von Systemmechanismen. Hierbei wird unterstellt, daß eine Organisation lebender Systeme mehrere verschiedene Systemmechanismen enthält, die in Wechselwirkung miteinander stehen. Zur Steuerung von Systemmechanismen gehört auf der Ebene der Informationen die Steuerung der Zeichenverarbeitung. Das setzt voraus, daß Zeichenstrukturen Bedeutungen zugeordnet werden (Singularisierung der Direktwirkung von Strukturen auf der Ebene der Bildung von Zeichen). Die Bedeutungen von Zeichenstrukturen sollen "Sprachelemente"[2] genannt werden. Die Informationsverarbeitung ist ein Reaktionsmechanismus für Zeichenstrukturen und daher syntaktische Informationsverarbeitung.

d) Reaktives Verhalten ist eine Koordinierung von Reaktionsverhaltensmechanismen. Höhere Formen der biologischen Organisation sind durch eine Vielzahl von Reaktionsverhaltensmechanismen gekennzeichnet. Die informationelle Lenkung erfordert die Bildung höherer Formen der Information, die bereits ein Nervensystem voraussetzen. Die Abbildung singularisierter Direktwirkungen von Strukturen aus "Sprachelementen" erfolgt auf ein mit der Entwicklung immer komplizierter werdendes Netz von Relationen (Verbindungen) der Nervenzellen, die den Operationsraum für die Verarbeitung von Sprachelementen bilden. Wir bezeichnen diese Form der Informationsverarbeitung als semantisch dirigierte syntaktische Informationsverarbeitung, weil nicht mehr einfache Reaktionsmechanismen den Zusammenhang zwischen den Bedeutungen von Sprachelementen und ihrer gelenkten Verarbeitung von Entscheidungsprozessen die Koordinierung der Reaktionsverhaltensmechanismen in jedem Falle sicherstellen. (Die Beherrschung einer so hohen Potenz an Möglichkeiten ist für einen Reaktionsmechanismus und daher eine Steuerung im klassischen Sinne nicht mehr möglich). Die Dirigierung ist somit eine qualitativ neue Form der Lenkung von Prozeßabläufen.

---

2 Im engeren Sinne des Wortes ist ein Sprachelement ein Element unserer natürlichen Sprache, hier im weiteren Sinne verstanden beliebige physikalisch-chemische Zeichenstrukturen

| Ereignisse (Grund) \ Ereignisse (Folge) | Ursache-Wirkungs-Komplex | Reaktions-mechanismus | System-mechanismus | reaktiver Verhaltens-mechanismus | reaktives Verhalten | aktives Verhalten |
|---|---|---|---|---|---|---|
| Ursache-Wirkungs-Komplex | Wirkungs-kettung | Identifizierung eines Ursache-Wirkungs-Komplexes | Interpretation eines Ursache-Wirkungs-Komplexes | Deutung eines Ursache Wirkungs-Komplexes | Verstehen eines Ursache-Wirkungs-Komplexes | geistiges Erfassen eines Ursache-Wirkungs-Komplexes |
| Reaktions-mechanismus | | Identifizierung eines Reaktions-mechanismus | Interpretation eines Reaktions-mechanismus | Deutung eines Reaktions-mechanismus | Verstehen eines Reaktions-mechanismus | geistiges Erfassen eines Reaktions-mechanismus |
| System mechanismus | | | Interpretation eines System-mechanismus | Deutung eines System-mechanismus | Verstehen eines System-mechanismus | geistiges Erfassen eines System-mechanismus |
| reaktiver Verhaltens-mechanismus | | | | Deutung eines reaktiven Verhaltens-mechanismus | Verstehen eines reaktiven Verhaltens-mechanismus | geistiges Erfassen eines reaktiven Verhaltens-mechanismus |
| reaktives System-Verhalten | | | | | Verstehen eines reaktiven Verhaltens | geistiges Erfassen eines reaktiven Verhaltens |
| aktives System-verhalten | | | | | | geistiges Erfassen eines aktiven Verhaltens |
| | Wirkungs-kettung | Reaktions-steuerung | System-steuerung | Verhaltens-steuerung | Verhaltens-dirigierung | Verhaltens-stimulierung |

Lenkung (Reaktionssteuerung bis Verhaltensstimulierung)

Abb. 1 Differenzierung der Kopplung von Ereignissen (Kausalrelation)

e) **Aktives Verhalten ist die Koordinierung von reaktiven Verhaltensweisen.** Die informationelle Lenkung der Verarbeitung der Bedeutungen von Sprachelementen und ganzer Strukturen von Sprachelementen (semantische Informationsverarbeitung) setzt voraus, daß Bedeutungsstrukturen selbst Bedeutungen zugeordnet werden können. Erst auf dieser Ebene kann man von kognitiv stimulierten und dirigierten semantischen Informationsverarbeitungsprozessen sprechen, durch die die menschliche Informationsverarbeitung gekennzeichnet wird.

Die weitere Differenzierung der Gehirntätigkeit, die Herausbildung einer Sprache, die unabhängig von der ins Gesichtsfeld tretenden Umweltsituation das materielle Substrat der Sprachelemente als Operationsraum fixiert und die Vergegenständlichung der Denkoperationen in den äußeren Dingen und Erscheinungen, die dadurch neben ihrer Eigenschaft, Quelle der Einwirkungen zu sein, zugleich die Ideen, als was sie erkannt wurden, an sich selbst tragen und somit als ideelle Objekte direkt wieder den Denkprozeß anregen, sind die hervorstechendsten Merkmale dieser neuen Stufe der Informationsverarbeitung, die durch den gesellschaftlichen Entwicklungsprozeß des Menschen konstituiert wurde und ihn gleichzeitig ermöglicht. Durch die Vergegenständlichung geistiger Tätigkeit durchbricht der Mensch die Grenze zwischen organisiertem System und Umwelt, zwischen "Innen" und "Außen", wodurch aus der Anpassung eine zweckgerichtete Veränderung der Umwelt selbst wird, die als integrierter aber doch immer wieder neu zu erobernder Bestandteil des Systems Mensch in Erscheinung tritt.

Information muß dem System adäquat sein, in dem und für das sie verarbeitet wird. Das erfordert, die Struktur der Information selbst und ihre Organisation für eine rationelle Verarbeitung zu untersuchen. Es gilt jedoch vor allem auch das informationsverarbeitende System selbst zu untersuchen. Dann zeigt sich deutlich, daß Information nicht undifferenziert betrachtet werden kann und verschiedene Klassen der Widerspiegelung zu unterscheiden sind.

Die Notwendigkeit zeigt sich im biologischen Bereich u.a. darin, daß man im Verständnis der konkreten Informationsprozesse des lebenden Organismus nur weiter kommt, wenn man ihre Spezifik auf jeder Ebene der Organisation lebender Systeme berücksichtigt.

Als Ausgangspunkt für diesen Teil des Vortrages möchten wir ein Schema von W. MATTHIES nehmen, das die hier zur Diskussion stehende Problematik verdeutlichen hilft.

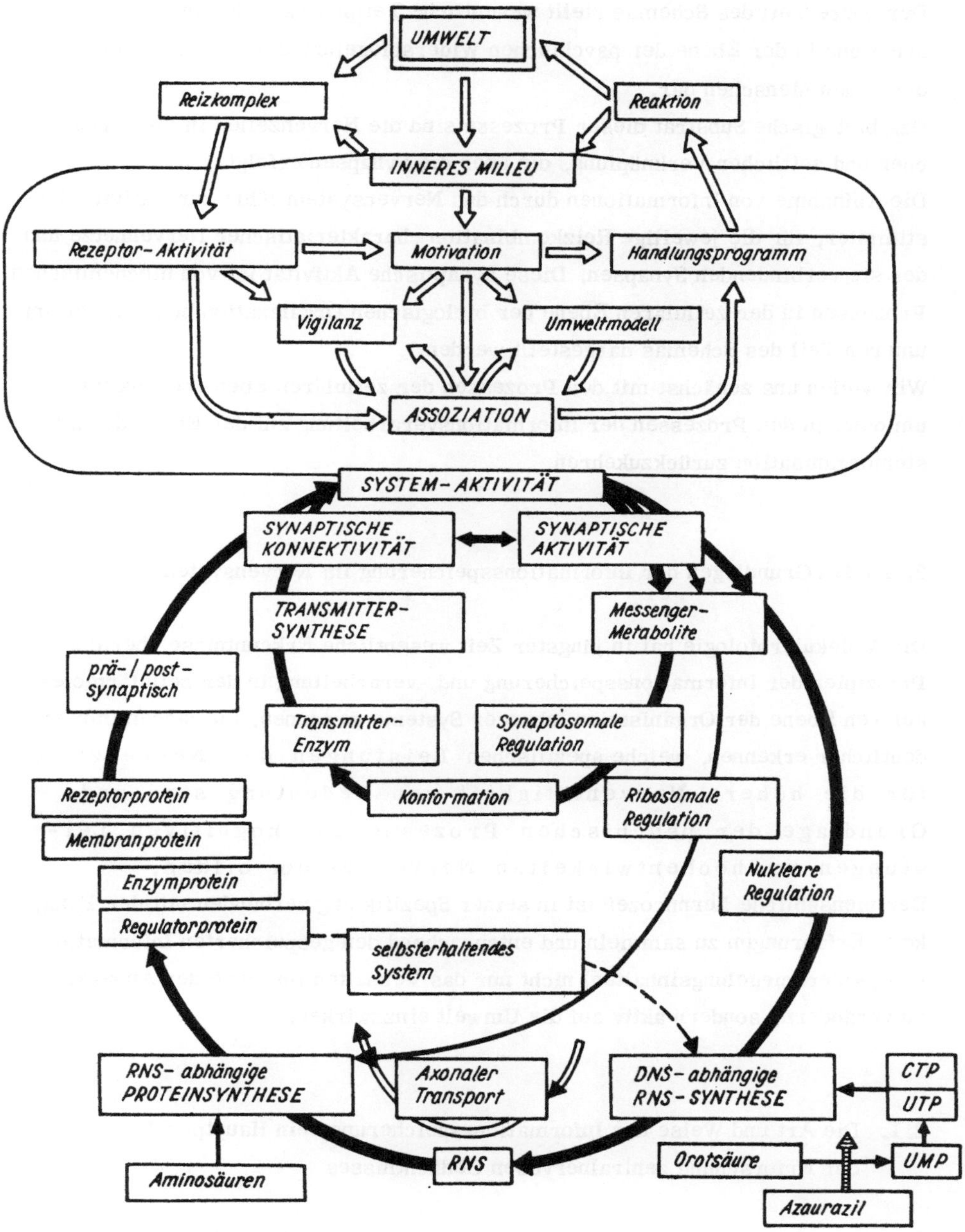


**Abb. 2 Die intrazelluläre Regulation der synaptischen Verknüpfung von Nervenzellen - die Grundlage der Informationsspeicherung im Nervensystem**

Der obere Teil des Schemas stellt wesentliche Teilprozesse der Informationsverarbeitung in der Ebene der psychischen Widerspiegelung der objektiven Realität durch den Menschen dar.
Das biologische Substrat dieser Prozesse sind die Nervenzellen in ihrer räumlichen und zeitlichen Verknüpfung, die über die Synapsen erfolgt.
Die Aufnahme von Informationen durch das Nervensystem führt zur Aktivität bestimmter, für die jeweilige Reizkombination charakteristischer Nervennetze und der sie verbindenden Synapsen. Diese synaptische Aktivität ist von biochemischen Prozessen in der zellulären Ebene der biologischen Organisation bedingt, die im unteren Teil des Schemas dargestellt werden.
Wir wollen uns zunächst mit den Prozessen der zellulären Ebene beschäftigen, um dann zu den Prozessen der Informationsverarbeitung auf der Ebene der Systemorganisation zurückzukehren.

## 2. Zu den Grundlagen der Informationsspeicherung im Nervensystem

Die Molekularbiologie hat in jüngster Zeit wesentliche Erkenntnisse über die Prinzipien der Informationsspeicherung und -verarbeitung in der zellulärmolekularen Ebene der Organisation lebender Systeme gewonnen. Sie lassen immer deutlicher erkennen, welche spezifischen L e i s t u n g e n d e r N e r v e n z e l l e f ü r d i e h ö h e r e N e r v e n t ä t i g k e i t v o n B e d e u t u n g s i n d u n d G r u n d l a g e d e r p s y c h i s c h e n P r o z e s s e u n d k o g n i t i v e n L e i s t u n g e n i m h o c h e n t w i c k e l t e n N e r v e n s y s t e m b i l d e n.
Der menschliche Lernprozeß ist in seiner Spezifik eng verbunden mit der Fähigkeit, Erfahrungen zu sammeln und entsprechend den gespeicherten Informationen (Widerspiegelungsinhalten) nicht nur das Verhalten im Sinne der Anpassung zu verändern, sondern aktiv auf die Umwelt einzuwirken.

### 2.1. Die Art und Weise der Informationsspeicherung, ein Hauptproblem der Erforschung zentralnervösen Gedächtnisses

Die möglichen biochemisch molekularbiologischen Grundlagen des Langzeit-Gedächtnisses werden gegenwärtig intensiv diskutiert.

a) Welche Veränderungen treten auf, wenn Erfahrungen zu der Auseinandersetzung mit der Umwelt gespeichert werden?

b) Worin bestehen die funktionellen Grundlagen für den Prozeß der Erhaltung der Information über längere Zeit?

Eine heute vertretene fruchtbare Arbeitshypothese, von H. MATTHIES geht davon aus, daß durch eine bestimmte Kombination von äußeren Reizen und inneren Milieubedingungen im Nervensystem über bereits bestehende Verbindungen von Nervenzellen räumlich-zeitliche Erregungsmuster entstehen. Diese Systemaktivität und die damit verbundene Aktivität der Verbindungsstellen, die synaptische Aktivität, ist durch biochemische Prozesse gekennzeichnet, d. h. eine chemische Erregungsübertragung zwischen den Nervenzellen, in deren Verlauf Konzentrationsänderungen und Dislokationen von Überträgerstoffen und deren Stoffwechselprodukten auftreten.

Diese als "Messenger-Metaboliten" bezeichneten Stoffe können

Erstens: unmittelbar zur Änderung der funktionellen Eigenschaften der Verbindungsstellen oder Synapsen führen, sei es

a) durch Konformationsänderungen von Membranproteinen, sei es

b) durch Aktivitätsänderungen von Enzymen, welche am Stoffwechsel der Überträgerstoffe beteiligt sind.

Diese Regulation bezeichnen wir als "Synaptosomale Regulation", weil sie sich unmittelbar im Bereich der Synapsen vollzieht. Sie wird relativ schnell wirksam, ist aber wahrscheinlich nur von kurzer Dauer. Die Messenger-Metabolite können aber

Zweitens: auch auf die Gen-Expression im Zellkern einwirken und zu einer quantitativen oder qualitativen Änderung der Transkription führen. Diese Form der Regelung, als "nukleare Regelung" bezeichnet, läuft über die Stufe der RNS- und Proteinsynthese und wird deshalb langsamer wirksam, als die Synaptosomale Regelung. Im Ergebnis führt sie aber zu dauerhafteren Veränderungen der Synapsenfunktion, sei es durch Umbau von synaptischen Membranen oder durch vermehrte Bildung von Rezeptor-Proteinen."[1]

Wir können also festhalten: In diesem Prozeß spielen zunächst Konzentrations- und Ortsveränderungen von Stoffen, während der synaptischen Aktivität, eine Rolle, die hier als "Messenger-Metabolite" bezeichnet werden. Diese spezifischen Stoffwechselprodukte können unter bestimmten Voraussetzungen zwei Arten von Regelprozessen auslösen:

1. Die "synaptosomale Regulation", charakterisiert durch Konformationsänderungen von Membran- oder Enzymproteinen, welche relativ schnell einsetzen und zu zeitlich begrenzten Änderungen der funktionellen Eigenschaften der aktivierten Synapsen führen. Diese Änderungen bewirken Erregungsbahnen in den durch die primären Reizkombinationen aktivierten Nervennetzen und bilden auf diese Weise die funktionelle Basis für ein "Kurzzeitgedächtnis".
2. Die "nukleare Regulation" ist durch die Wirkung der "Messenger-Metabolite" auf die Transkription der genetischen Information charakterisiert. Sie führt zu quantitativen und/oder qualitativen Änderungen der RNS-Synthese und der davon abhängigen Proteinsynthese. Die Änderungen in der Bildung von Enzym-, Membran-, Regulator- oder Rezeptor-Protein führen nach einer durch die Zeitkonstanten der Makromolekülsynthese bedingten Verzögerung zur anhaltenden Veränderung der funktionellen Eigenschaften der primär aktivierten Neurone und ihrer Synapsen. Die damit verbundene dauerhafte Bahnung von Erregungen könnte die biologische Grundlage des "Langzeit-Gedächtnisses" bilden, insbesondere wenn irreversible Änderungen der Transkription ausgelöst werden.

Die gespeicherte Information ist also nicht durch die Spezifität der ablaufenden elementaren biochemischen Prozesse selbst oder der gebildeten Makromoleküle bestimmt, sondern durch die Spezifität der räumlichen und zeitlichen Muster der Erregung von Nervennetzen auf der Grundlage der im Lernvorgang gebildeten bevorzugten Verknüpfungen von Nervenzellen.

Es wird hier deutlich, wie die neuen Erkenntnisse der Molekularbiologie über die Informationsspeicherung und -übertragung sowie über die Regulation des Zellstoffwechsels für die Weiterentwicklung der Neurophysiologie und Hirnforschung, für die Erweiterung unserer Kenntnisse über das Nervensystem fruchtbar gemacht werden, neue Ausgangspunkte für die Lösung einer Reihe von Problemen gewonnen werden.

Es kann versucht werden, eine Antwort zu finden auf die Frage, welcher Art die Prozesse sind, durch welche eine Erinnerung dauerhaft, die Information invariant wird. Ob dem Kurzzeit-Gedächtnis derselbe Mechanismus zu Grunde liegt wie dem Langzeit-Gedächtnis, oder ob hier zwei Arten der Informationsspeicherung vorliegen, die auf verschiedenen physiologischen Prozessen beruhen. Eine Antwort auf diese Fragen wird uns dem Verständnis des neuralen Gedächtnisses wesentlich näher bringen.

Für die Hypothese einer Informationsspeicherung in zwei Stufen sprechen Ergebnisse: aus den Untersuchungen von Patienten mit Gedächtnisstörungen, Ergebnisse aus Gedächtnis-Unterbrechungen durch Elektroschock, Ergebnisse der Förderung von Gedächtnisleistungen durch Pharmaka.
Es kann auch angenommen werden, daß die bei den hier postulierten Formen der intrazellulären Regelung der interneuralen Verbindungen annähernd den aus der Gedächtnisforschung bekannten Unterscheidung zwischen Kurzzeit- und Langzeitgedächtnis entsprechen könnte. Bei der Speicherung der Information muß nach den Ergebnissen der Gedächtnisforschung angenommen werden, daß eine irgendwie geartete, mehr oder weniger dauerhafte "Spur"[3] entsteht, die nicht wie bei einem Magnetband einfach eingeschrieben wird, sondern erst von einem Kurzzeitspeicher vorübergehend aufgenommen werden und dann erst in einem zweiten Schritt in einem Langzeitgedächtnis gefestigt werden.
Es gibt eine Reihe von Befunden, die die Hypothese stützen. So konnte man beobachten, daß durch Hemmstoffe der Proteinsynthese das Kurzzeitgedächtnis nicht beeinflußt wird, jedoch die Ausbildung des Langzeitgedächtnisses, während das ausgebildete Langzeitgedächtnis wiederum relativ unempfindlich gegenüber einer Hemmung der Proteinsynthese ist.
Damit wurde auch schon eines der Hauptprobleme der heute so aktuellen und brennend interessanten Gehirnforschung, die Frage nach der Art und Weise der Speicherung der Informationen im neuralen Gedächtnis angesprochen. Wendet man sich philosophisch-methodologischen und wissenschaftstheoretischen Problemen der Hirnforschung zu, kann man an dieser Frage nicht vorbeigehen, insbesondere da heute deutlich wird, daß vorschnelle Analogien zum genetischen bzw. Artgedächtnis und zum immunbiologischen Lernen nicht die zum Teil erwarteten Konsequenzen für das Verständnis der Art und Weise der Speicherung im neuralen Gedächtnis gebracht hat.
Solche Erwartungen beruhten auf falschen methodologischen Voraussetzungen, die durch phylogenetische und kybernetische Überlegungen und, wie wir meinen, insbesondere durch eine Differenzierung der Information entsprechend den verschiedenen Ebenen der Organisation lebender Systeme überwunden werden kön-

---

3 Es handelt sich um die "Spur" chemischer Bausteine, die in ihrer spezifischen Strukturierung (im Sinne einer reproduzierbaren singularisierten Direktwirkung) in der Zellmembran, im Chromatin etc. die molekulare Grundlage für Bahnungen bevorzugter Reaktionsabläufe liefern.

nen. Durch eine Differenzierung der Information kann nachgewiesen werden, warum die Erkenntnisse über das Artgedächtnis und über das immunologische Lernen keine Unterstützung für die Erklärung dieses Hauptproblems der Gehirnforschung in Art und Weise der Speicherung der Informationen und ihrer Beziehungen im neuralen Gedächtnis bringen kann.

## 2.2. Zur Unmöglichkeit einer direkten Codierung von Gedächtnisinformation in Makromolekülen und sich daraus ergebenden philosophischen sowie methodologischen Konsequenzen

In einer Reihe von Hypothesen und Spekulationen über das Wesen der Informationsspeicherung im Gehirn wird eine direkte Codierung von Umweltinformationen in den Makromolekülen der Nervenzellen angenommen. Der methodologische Fehler besteht darin, daß nicht die Spezifik der hierarchischen Organisationen und die Spezifik der Informationsprozesse auf den verschiedenen Ebenen berücksichtigt wird.

Die Hypothese von der Möglichkeit einer direkten Codierung von Gedächtnisinformationen in Makromolekülen spielte nicht nur unter Spezialisten in der Vergangenheit, sondern auch in neueren Überlegungen, speziell auch in der philosophischen Literatur, eine besondere Rolle.

Besonders augenfällig ist der hohe Gehalt der Nervenzellen an RNS. Schon 1958 hat HYDEN sich die Frage vorgelegt, was die Funktion dieser offensichtlichen RNS-Produktion in den Neuronen sein könnte, die für sie ebenso charakteristisch zu sein scheint, wie die Fähigkeit zur Erzeugung bioelektrischer Potentiale. Welche Funktion hat diese RNS-Produktion angesichts der Tatsache, daß diese Zellen nicht der Notwendigkeit der Teilung unterliegen, ja sich wahrscheinlich gar nicht teilen dürfen. Er stellte die Hypothese auf, daß die RNS als Substrat eines Lern- und Wiedererinnerungsmechanismus dienen könnte. Die Beobachtungen von HYDEN über eine RNS-Erhöhung in aktivierten Neuronen scheint einen gewissen Hinweis auf die Möglichkeit einer solchen makro-molekularen Codierung einer Gedächtnisspur zu geben. Dies würde weiterhin eine identische Wiederherstellung des Gedächtnisbildes ermöglichen.

Da, wie wir im vorangegangenen sahen, die Synthese von Proteinmolekülen in Beziehung zu der Information steht, die in der RNS gespeichert ist, wurde angenommen, daß die Gedächtnisinformation in der zellulären RNS gespeichert ist,

von der eine bestimmte molekulare Nachricht ausgeht, wenn sie entsprechend stimuliert wird. Die Untersuchungen zeigten, daß der RNS-Gehalt der Neuronen während der Stimulation steigt, es erhöhen sich ebenfalls der Gehalt an Proteinen und die Atmungsfermentaktivität, letztere wahrscheinlich als Ausdruck einer stärkeren Energiebereitstellung.
Um die Frage weiterhin zu überprüfen, ob diese Produktion von RNS und Proteinen einem neurologischen Prozeß dient, wurde das Vestibularorgan von Kaninchen jeden Tag 25 Minuten lang belastet, indem man die Tiere auf ein Karussel setzte. Schon nach dieser noch relativ milden Stimulierung konnten quantitative Unterschiede festgestellt werden.
Die mikrophoretische Analyse zeigte eine veränderte Basenzusammensetzung bei der gebildeten RNS. Die Versuche von HYDEN ergeben, daß der Lernvorgang bei den Versuchstieren mit einer charakteristischen Veränderung des Basenverhältnisses der neuronalen Zellkern-RNS verbunden ist. Um zu diesen Ergebnissen zu gelangen, mußte eine experimentelle Technik entwickelt werden, die es gestattet, wenige millionstel Gramm der Substanz zu analysieren. Sie scheint ein vielversprechender Weg zur Lösung dieses noch umstrittenen, aber nichtdestoweniger fundamentalen Problems zu sein. Solche Überlegungen zur direkten Codierung von Umweltinformationen in Makromolekülen führen dann zu Begriffen, wie "Gedächtnismolekül" oder "lernspezifische Substanz".
Als Argument dafür, daß die komplexe Umweltinformation direkt in der Form struktureller Modifikationen organischer Makromoleküle gespeichert werden, berichtet z.B. De NO über Versuche von MAURO und ROSNER, die zeigen, daß das Gedächtnis trotz langanhaltender vollständiger Unterbrechung der kortikalen Aktivität bestehen bleibt, Wenn, wie die Versuche zeigen, das Gedächtnis nach schweren Schocks und tiefen Anästhesien, d.h. nachdem die Zirkulation der Impulse in einer großen Zahl von kortikalen Neuronenketten gestoppt worden war, noch bestehen bleibt, so zeigt dies, daß eine permanente Impulszirkulation nicht die Grundlage des Gedächtnisses sein kann.
Die Erkenntnisse von HYDEN über die Veränderung der Ribonukleinsäure und ihrer Zusammensetzung (das Muster ihrer Bausteine) in den Gehirnzellen von Ratten legte die Hypothese nahe, daß hier die "Boten-RNS" durch Training stimuliert wird. J.W. ZEMP, J.E. WILSON u.a. konnten zeigen, daß Training die RNS-Syhthese bei Mäusen und Goldfischen steigert. Man fand, daß bei trainierten Tieren viel mehr markiertes Uridin in die RNS eingebaut wurde, als bei untrainierten. Diese Unterschiede verschwanden nach einer gewissen Zeit. Dies

legte die Annahme nahe, daß während der frühen Stadien der Konsolidierung der Informationsspeicherung eine gesteigerte RNS-Synthese stattgefunden hat. Untersuchungen über die Hemmung der RNS-Synthese durch Actinomycin D haben gezeigt, daß Lernen und Gedächtnis trotz einer nahezu vollständigen Hemmung der RNS-Syhthese nicht beeinträchtigt werden. Wichtig ist auch die Untersuchung derjenigen Pharmaka, die in die Proteinsynthese eingreifen. AGRANOFF konnte zeigen, daß bei Goldfischen Paromycin und Acetoxycyclohoximidin, wenn sie vor dem Training gegeben werden, die Informationsspeicherung nicht beeinflussen, soweit sie auf Prozessen beruht, die dem Kurzzeit-Gedächtnis zugrundeliegen würden, daß sie aber die Konsolidierung betreffe. Dies ist jedoch abhängig von der Dosis und von der Zeit. Untersuchungen an Mäusen (von BARONDES, FLEXNER u.a.) zeigen, daß Stoffe, die die Proteinsynthese vermindern, auch das Gedächtnis schwächen.
Man versuchte festzustellen, ob das Langzeit-Gedächtnis eine chemische Basis hat, indem man untrainierten Tieren Hirnextrakte von trainierten Tieren injiziert. Die Hoffnungen, auf diese Weise "Gedächtnis-Moleküle" zu finden, führten gerade in jüngster Zeit zu einer Vielzahl von Experimenten. Zum Nachweis eines solchen sogenannten "Gedächtnistransfer" nutzt man Verhaltensteste und chemische Untersuchungen. Diese Arbeiten sind verschiedentlich, insbesondere jedoch von FLEXNER, J.B. und E.R. JOHN u.a. mit Recht einer scharfen Kritik unterworfen worden. In der molekularbiologischen Forschung wird dieser Typ von Versuchsanordnung jedoch bewußt modifizierter angewendet - mRNS-Fraktionen werden injiziert in 00-Zyten des Krallenfrosches, um eine phänotypische Transformation hervorzurufen. Mit anderen Worten, die Zelle bildet auf Grund einer RNS-Information Eiweiße, die sie normalerweise in diesem Stadium der Entwicklung nicht bildet. Der Molekularbiologe spricht hier nicht von einem "Gedächtnisstoff", sondern von einem nützlichen Test, auf zellulärer Ebene eine heterologe Translation (nicht zellspezifischer mRNS) durchzuführen.
Man kann nicht annehmen, daß die Gedächtnisinformation in einzelnen "Gedächtnismolekülen" gespeichert ist, so daß ein Extrakt aus dem Gehirn einer Ratte, die gelernt hat, schneller durch ein Labyrinth hindurchzukommen, die damit injizierte Ratte befähigt, schneller als normale Ratten das Labyrinth zu durchqueren. Auch wenn das, was wir als Gedächtnisleistung bezeichnen, noch so sehr auf bestimmte Trainingsprogramme reduziert wird, so ist es niemals so elementar, daß es durch Informationen, die ein Molekül vermittelt, behalten werden kann. Es wäre absurd anzunehmen, daß ein Teil der komplexen Informa-

tion in dem einen Molekül, der andere in einem zweiten Molekül und die Relationen noch in einem dritten Molekül stecken.
So schreibt S. LURIA zu Recht: "Es ist absurd zu glauben, alle möglichen Lernerfolge wie etwa die, ein Labyrinth zu durchqueren, eine quadratische Gleichung zu lösen, aus einem Stirnrunzeln das Mißfallen des Lehrers oder aus einem Lächeln die Zuneigung des Geliebten zu erraten, könnten auf einem Nukleinsäure-Molekül verzeichnet sein. Vernünftiger ist die Annahme, daß das Gedächtnis in der Fähigkeit besteht, sich an bestimmten Punkten wieder in ein Netzwerk von Verbindungen einzuschalten, die durch frühere Erfahrungen im Gehirn entstanden bzw. bekräftigt worden sind, und den entsprechenden Weg der Nervenimpulse mehr oder weniger getreu zurückverfolgen. Welche Eigenschaften dieses Netz aufweist, wie es unter dem Einfluß des Erbgutes und der Erfahrung entsteht und wie es der Erinnerung zugänglich ist, das alles bleiben faszinierende Probleme." (S. 147).
In der Tat hat keines der genannten Experimente, so aufregend sie auch sein mögen, zu der Erkenntnis geführt, wie es zu einer Informationsspeicherung auf molekularem Niveau, die Grundlage für das Langzeit-Gedächtnis sein könnte, kommt.
Wie heute immer deutlicher wird, liegt hier wahrscheinlich eine einseitige Betrachtungsweise und eine vorschnelle Identifizierung der Erzeugung und Speicherung der Informationen auf den verschiedenen Ebenen der biologischen Organisation vor.
H. MATTHIES betont zu Recht: "Es wird übersehen dabei, daß die komplexen Systeme in den höheren Ebenen der biologischen Organisation ihre eigenen Funktionsprinzipien, Gesetzmäßigkeiten und Strukturen besitzen und sich der untergeordneten Systeme und ihrer Mechanismen nur mittelbar bedienen" (1).
Wie deutlich werden soll, hilft die Beachtung phylogenetischer Aspekte und von Gesichtspunkten der Informatik wie dialektisches Denken, auf die Berücksichtigung der spezifischen Gesetzmäßigkeiten der jeweiligen Organisationsstufe der Materie zu orientieren und solche einseitigen Betrachtungsweisen zu überwinden. Eine wesentliche Hilfe zur Klärung dieser Angelegenheit könnte die Molekularbiologie leisten, wenn es ihr gelingt, im Experiment zeitlich stabile (aber nicht genetisch vererbbare) Genexpressionen zu erzeugen (zu stimulieren und abzuschalten). Hierbei handelt es sich um eine ungeklärte Schlüsselfrage der modernen Differenzierungsforschung, die - wie wir noch einmal an anderer Stelle betonen werden - auch für das Verständnis der Funktion der Nervenzelle

wichtig werden kann. Die einseitigen Interpretationen, die bis zur Annahme von Gedächtnismolekülen führten, wurden auch deshalb stark diskutiert, weil die Annahme einer direkten Codierung von Umweltinformationen in den Makromolekülen sofort eine Vielzahl weiterer Probleme aufwirft. Die Frage ist sofort, genügt die strukturelle Modifikation der Eiweiße oder muß auch das Nukleinsäuresystem, insbesondere die RNS, mit einbezogen werden. Da das Protein nicht die Fähigkeit der Invarianz besitzt, die sich identisch reproduzieren kann, wird es früher oder später zerstört werden, man müßte dann also eine "Rückinformation" vom Protein auf die Nukleinsäure annehmen. Damit ist die Frage nach der Richtigkeit des zentralen Dogmas der Molekularbiologie aufgeworfen.
Die Unwahrscheinlichkeit eines solchen Prozesses der Rückinformation wurde schon auf dem vergangenen Kühlungsborner Kolloquium bei der Diskussion um die Probleme Immunologie herausgearbeitet (2, 3) und dafür die Möglichkeit des selektiven Lernens diskutiert. (4) Die molekularbiologischen Analysen dieser Prozesse zeigen immer deutlicher, daß es sich hierbei um einen Modellfall der Zelldifferenzierungsprozesse handelt. Nachdem in letzter Zeit begonnen wird, einzelne informationstragende RNS-Moleküle in ihrer Struktur (Sequenz) aufzuklären (z. B. m-RNS für leichte Ketten des Immunglobulins), wird man in absehbarer Zeit die Variabilität molekularer Mechanismen der Variabilität (der Anpassung) der Immunkörper geklärt haben. Die Instruktionshypothese kann aus den verschiedensten Gründen nicht aufrecht erhalten werden. Die Lösung des Problems liegt darin, zu zeigen, daß man gar keine Instruktion braucht, sondern daß es sich um einen selektiven Lernprozeß handelt. Bei der Informationsspeicherung im Gehirn handelt es sich natürlich um eine Speicherung von Umweltinformationen, sie erfolgt nach unseren Überlegungen daher folgerichtig, jedoch eben nicht auf molekularem Niveau.
Selbstverständlich realisiert sich auch die neue Qualität der Informationsverarbeitung im vielzelligen Organismus auf der Grundlage von Wechselwirkungen von Zellen und ihren Beziehungen zur Umwelt. Deshalb verlieren die Funktionsprinzipien der molekularen und zellulären Ebene auch in diesem Zusammenhang nicht an Bedeutung, sondern sind in diese neue Qualität mit eingeschlossen und entwickeln sich in diesem Rahmen weiter. Dies ist eine besondere Erkenntnis, die es bei der Untersuchung der verschiedenen Qualitätsstufen der Widerspiegelung bzw. der Sender-Empfänger-Verhältnisse, worauf wir in dem folgenden zu sprechen kommen, zu beachten gilt.

## 2.3. Der Gesichtspunkt der Systemadäquatheit der Information im Zusammenhang mit den Fragen der Informationsspeicherung im Gehirn

Unter dem Gesichtspunkt der Systemadäquatheit sollten die Beziehungen zwischen Sender und Empfänger speziell hinsichtlich der Frage untersucht werden, welche Eigenschaften die Information besitzen muß, damit sie von einem bestimmten Empfängersystem aufgenommen und verarbeitet werden kann oder umgekehrt, welche Eigenschaften das Empfängersystem besitzen muß, um eine bestimmte Information aufnehmen und verarbeiten zu können. Welche Bedeutung der Gesichtspunkt der Systemadäquatheit für das Verständnis der Information hat, welchen Charakter bzw. Struktur die Information hat und welche Konsequenzen sich daraus für ihre Aufnahme, Speicherung und Verarbeitung ergeben, soll im Zusammenhang mit den Problemen der Informationsspeicherung im Gehirn verdeutlicht werden.
Bei den einfachen entwicklungsgeschichtlich frühen biologischen Systemen sind entsprechend ihrem Bau und ihrer Funktion, Stoffkonzentrationen, Strahlungsintensität usw. systemadäquate Informationen. Für den höheren differenzierten Organismus erlangen jedoch zusätzlich dann räumlich-zeitliche Muster solcher primären biologischen Information zunehmend an Bedeutung für die Anpassung. Um solche komplizierten Signalmuster aufnehmen und verarbeiten zu können, bedarf es der Herausbildung von speziellen Organen und des Zentralnervensystems. So erkennen wir in dem qualitativen Sprung vom Einzeller zum Vielzeller und differenzierten Organismus auch die Voraussetzung für eine neue Qualität der Information und ihrer Verarbeitung und Speicherung. Im Rahmen der Arbeitsteilung des vielzelligen Organismus und der damit verbundenen Herausbildung der Sinnesorgane und des Nervensystems entsteht die Voraussetzung für die Widerspiegelung solcher komplexen Beziehungen, da Information nur in Bezug auf einen Empfänger verstanden werden kann. Ein entsprechend differenziertes Verarbeitungssystem ist also erst die Voraussetzung dafür, daß solche Arten von Informationen auftreten.
Die Widerspiegelung der Umwelt im systemeigenen inneren Modell erfolgt nicht mehr allein in der räumlichen und zeitlichen Ordnung von Molekülen und ihren verschiedenen Zustandsformen in einer Zelle, sondern, diese eingeschlossen, in zunehmendem Maße auch in der räumlichen und zeitlichen Ordnung von Zellen und ihren funktionellen Zuständen.

Diese neuen Prinzipien der Informationsverarbeitung und -speicherung erweitern die Speicherkapazität für die Informationen aus der Umwelt, ermöglichen, daß solche Signale überhaupt zu Informationen für den Organismus werden können und erweitern damit seine Anpassungsfähigkeit. Die Erweiterung der Kapazität ist so groß, daß jetzt auch, und das ist insbesondere für die Entwicklung des gesellschaftlichen Wesens Mensch von Bedeutung, die gesellschaftlichen und individuellen Erfahrungen aus der Auseinandersetzung mit der Umwelt aufgenommen und mit zweckmäßigen Handlungsprogrammen verbunden werden können.
Wir sehen also, daß, wenn wir den Informationsbegriff in der Biologie nicht nur unter rein strukturellem Aspekt, sondern auch unter dem Aspekt der funktionellen Bedeutung von Informationen betrachten, das informationsverarbeitende System selbst mit seinen Eigenschaften und Fähigkeiten als eine bestimmende Komponente in Erscheinung tritt. Wenn auch die Anwendung des Kanalmodells in der Biologie, die Anwendung der Struktur und Informationsmaße zu bestimmten Ergebnissen führten, so scheint uns jedoch eine Differenzierung der Information nach ihrer Systemadäquatheit ein außerordentlich fruchtbarer und weiterführender Ansatz. Dies gilt auch für das Verständnis menschlicher Formen der Widerspiegelung, Informationsaufnahme und Verarbeitung.
Was hier am biologischen Beispiel demonstriert wurde, gilt nun in gleicher Weise für unser Herangehen an die gesellschaftliche Information.
Die äußere, wie die innere Tätigkeit des Subjekts, wird durch die psychische Widerspiegelung uns umgebender Wirklichkeit vermittelt und reguliert.
Das was für das Subjekt zum Motiv, Ziel und Tätigkeitsbedingung aus der Umwelt wird, muß von ihm wahrgenommen, vorgestellt, begrifflich erfaßt, im Gedächtnis bewahrt und reproduziert werden. Die Analyse der Tätigkeit der Menschen führt uns also zu den Hauptgebieten der Psychologie.
Die sich uns unmittelbar zeigende psychische Realität ist die subjektive Welt des Bewußtseins. Es dauerte Jahrhunderte bis die Identifizierung von Psychischem und Bewußtsein überwunden wurde. Ein entscheidender Schritt dazu war der Gedanke von den verschiedenen Stufen der psychischen Widerspiegelung.
Dies bedeutete die Anerkennung der Existenz unbewußter psychischer Prozesse bei den Tieren sowie eine qualitative neue Form der Psyche bei den Menschen - das Bewußtsein.
Daraus ergaben sich weitere Fragen, wie z. B. nach der objektiven Gesetzmäßigkeit, durch die das Bewußtsein hervorgerufen wird, nach dem Ursprung des Bewußtseins, nach seiner inneren Struktur.

Die Notwendigkeit dafür, daß das Subjekt das psychische Abbild vor sich haben muß, entsteht mit dem Übergang von der Anpassungsfähigkeit der Tiere zur, die Realität verändernden, Arbeit des Menschen. Da das Arbeitsprodukt zunächst aktuell noch nicht gegeben ist, kann es die Tätigkeit nur regulieren, wenn ein psychisches Abbild des Produktes so vorliegt, daß an diesem Handlungen vollzogen werden können, das sind bewußte Abbilder.
Die Notwendigkeit der Entstehung von Bewußtseinserscheinungen sagt jedoch noch nichts über deren Entstehungsprozeß. Stellt aber die Aufgabe, diesen Prozeß zu untersuchen. In der traditionellen Psychologie wurde diese Frage nicht gestellt, da im traditionellem Schema "Objekt ----- Subjekt" einfach angenommen wird, daß das Subjekt Bewußtsein besitzt.
Mit der Fähigkeit zur semantischen Informationsverarbeitung, mit der Entwicklung der menschlichen Sprache als Instrument symbolischen Wissens über die objektive Realität wurde unser Wissen übertragbar und es entwickelte sich die Möglichkeit der sozialen Überlieferung. Neben der biologischen Evolution auf der Grundlage der biologischen Vererbung begann die gesellschaftliche Evolution auf der Grundlage der Überlieferung gesellschaftlicher Erfahrung, so daß nicht mehr alles selbst erlebt werden muß, um einen bestimmten Sachverhalt zu kennen. Die biologische Evolution beruht auf der Auslese genetischer Strukturen durch unterschiedlichen Fortpflanzungserfolg. Die Evolution des Menschen beruht auf gesellschaftlicher Überlieferung von Wissen, das an Werkzeugen oder an der Differenzierung der Arbeitsorganisation wirksam wird.
Die Möglichkeit zur Veräußerung bzw. Vergegenständlichung der Information führt zu dieser vergleichsweise außerordentlich schnellen gesellschaftlichen Entwicklung. Auch wenn der Mensch sich der Wirkung der biologischen Evolution nicht entziehen kann, so wird sie als bestimmende Gesetzmäßigkeit immer mehr zurückgedrängt. Die Tauglichkeit des Menschen für seine Umwelt wird also nicht durch Veränderung der genetischen Ausstattung der Menschheit erreicht, sondern indem die Umwelt verändert und entsprechend menschlichen Zwecken umgestaltet wird. "Mit dem Menschen", hebt Friedrich ENGELS hervor, "treten wir ein in die Geschichte. Auch die Tiere haben eine Geschichte, die ihrer Abstammung und allmählichen Entwicklung bis zum heutigen Stand. Aber diese Geschichte wird für sie gemacht und sowie sie selbst daran teilnehmen, geschieht es ohne ihr Wissen und Wollen. Die Menschen dagegen, je mehr sie sich vom Tier im engeren Sinne entfernen, desto geringer wird der Einfluß unvorhergesehener Wirkungen, unkontrollierter Kräfte auf die Geschichte,

desto genauer entspricht der geschichtliche Erfolg dem vorher festgestellten Zweck." (5)
Der qualitative Sprung wird durch einen neuen Freiheitsgrad erreicht. An die Stelle der Reflexhandlungen und der automatischen Verhaltensweisen anderer Tiere tritt beim Menschen die bewußte Entscheidung und die bewußte Selbstbeherrschung. Wie in den Lebensprozessen gegenüber den rein physikalisch-chemischen Prozessen tritt auch mit der Entstehung des gesellschaftlichen Wesens ein zusätzlich determinierender Faktor auf. Die bewußte Entscheidung und bewußte Selbstbeherrschung ist um so effektiver, je umfassender die Kenntnisse des Menschen von den Gesetzmäßigkeiten der Natur und Gesellschaft und je tiefer das Verständnis seiner Mitmenschen und seiner selbst als gesellschaftliches Wesen ist. (6) (vgl. 2)

## 3. Information in ihrem Verhältnis zum informationsverarbeitenden System - Notwendigkeit ihrer Differenzierung

### 3.1. Zu den Hauptqualitätsstufen der Informationsbeziehungen

Bei der Diskussion um den Informationsbegriff ist u.E. die Differenzierung der Informationsrelationen, die zwischen Sender und Empfänger hergestellt werden, besonders wichtig. Die Informationen können unter verschiedenen Gesichtspunkten und Aspekten differenziert werden, was zu unterschiedlichen theoretischen Konzeptionen führte.
Der hier verfolgte Ansatz stellt den Gesichtspunkt der Systemadäquatheit der Information und damit die Frage nach ihrer Strukturierung und im Zusammenhang mit der automatisierten Informationsverarbeitung die Bedingungen ihrer Formalisierung in den Vordergrund.
Wenn es nur eine Form der Sender-Empfänger-Beziehung gibt und nur eine einzige Art der Information, wie in der Literatur meist unterstellt und im Kanalmodell (vergl. Abbildung 1) dargestellt wird, reduziert sich diese Relation auf die gezielte Aufgabe einer Information durch den Sender und eine entsprechende Aufnahme dieser Information durch den Empfänger, wobei die Codierungs- und Decodierungsprozesse (eines gemeinsamen Grundalphabets) für die Übertragung

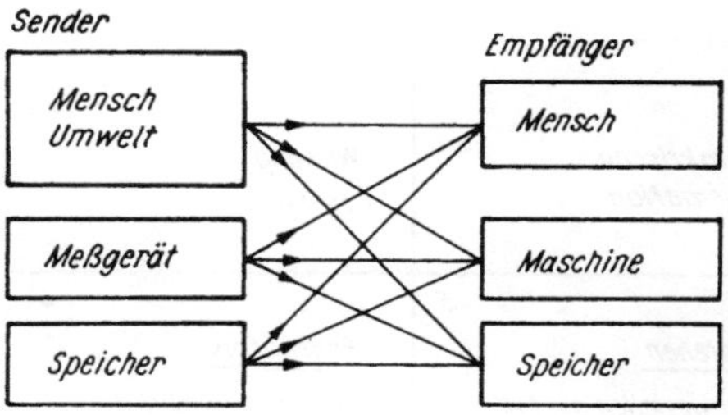


Abb. 3 Die verschiedenen Nachrichtenkanäle (nach KUPFMÜLLER) - Kommunikationsbeziehungen -

der Information abgegeben, unterstellt und für das Verständnis der Informationsrelation zwischen Sender und Empfänger als unwesentlich angesehen werden. Es zeigt sich aber, daß der Informationsbegriff nicht auf eine so undifferenzierte Sender-Empfänger-Beziehung reduziert werden darf.

Die Abbildung von KÜPFMÜLLER (7) zeigt, Kommunikationsbeziehungen von Mensch zu Mensch, zwischen Mensch und Maschine, zwischen Meßgerät und Maschine (z. B. in der Prozeßrechentechnik), zwischen Speicher und Speicher (z. B. Umspeicherung von Daten). Hierbei wird davon ausgegangen, daß sich diese Informationsrelationen bzw. Sender-Empfängerbeziehungen unter einem einheitlichen Gesichtspunkt eben aus der Sicht des Kanalmodells verstehen lassen. Wir wollen dagegen deutlich machen, daß man ebenfalls die Spezifik der jeweiligen Beziehungen zu berücksichtigen hat, insbesondere den Unterschied in der Kommunikation zwischen Menschen, zwischen Tieren und zwischen Maschinen.

Es gibt einen deutlichen Unterschied zwischen einem Sender (A), der zur Bildung semantischer Informationen befähigt ist, d. h. der mit Begriffen operiert, denen Bedeutungen zugeordnet sind und einem Sender (B), der lediglich entsprechend den für ihn auftretenden Situationen über ein begrenztes Potential zur Bildung syntaktischer Informationen verfügt, und einem Sender (C), der ungerichtete Signale abgibt. Dem Empfänger stehen bei der Decodierung der eintreffenden Signale gleichermaßen nur diese drei Möglichkeiten der Informationsgewinnung zur Verfügung, nimmt man die Möglichkeit der Aufnahme und Verarbeitung von ungerichteten Signalen hinzu. Daraus leiten sich verschiedene Qualitätsstufen der Informationsbeziehungen ab.

1. Die untere Zeile der Abbildung verdeutlicht das als Wechselwirkung bezeichnete Verhältnis zwischen Sender und Empfänger, das sich als reines Objekt-Objekt-Verhältnis realisiert. Die unterhalb der Diagonale des Bildes verbleibenden Sender-Empfänger-Relationen sind deshalb nicht möglich, weil der Empfän-

| Sender / Empfänger | Semantische Information | Syntaktische Information | Wirkung |
|---|---|---|---|
| Semantische Information | 6 <br> Verständnis <br> einer gegebenen Information des Senders | 5 <br> Verstehen <br> einer gezielten syntaktischen Information (= Absicht) des Senders | 4 <br> Erkenntnis <br> über eine objektive Eigenschaft des Senders |
| Syntaktische Information | | 3 <br> Interpretation <br> einer syntaktischen Information des Senders | 2 <br> Erkennung <br> einer objektiven Eigenschaft des Senders |
| Wirkung | | | 1 <br> Wechselwirkung <br> zwischen Objekten |

Abb. 4 Formen und Qualitätsstufen der Informationsbeziehungen

ger in keinem Falle auf einer niedrigeren Entwicklungsstufe der Informationsbeziehungen stehen kann als der Sender.

*Ein einzig und allein zur Strukturverarbeitung befähigtes System*, z. B. ein Automat, vermag natürlich nicht, semantische Informationen zu verstehen und zu verarbeiten. Man könnte sagen, daß eine *Informationsblindheit* gegenüber solchen vom Sender ausgestrahlten Informationen besteht, die die Entwicklungsstufe des Empfängers übersteigen.

Ein auf einer bestimmten Entwicklungsstufe stehendes System ist stets in der Lage, die auf gleichem und auf niedrigerem Niveau liegenden Informationen eines Senders aufzunehmen, zu interpretieren und zu verarbeiten.

2. In der mittleren Zeile der Abbildung wird unter informationellem Aspekt das Verhältnis zwischen organisierten Systemen gekennzeichnet, für die bereits immer komplexer werdende Formen der syntaktischen Informationsverarbeitung charakteristisch sind

a) Erkennung ungerichteter Signale und

b) Interpretationen von syntaktischen Informationen

(z. B. Erbinformationen) zur Steuerung der Reproduktion organisierter Systeme.

Zur Interpretation sind auch technische Systeme fähig (z. B. EDVA). Hier sind wir auf der Ebene des Kanalmodells.

3. Die obere Zeile verdeutlicht die spezifischen Fähigkeiten zur Informationsverarbeitung des gesellschaftlichen Wesens Mensch

a) zur Erkenntnis ungerichteter Signale (die Natur sendet uns nicht Signale mit einer bestimmten Absicht) und damit einer objektiven Eigenschaft des Senders,

b) zum Verstehen einer gezielten syntaktischen Information (der Absicht des Senders) (z. B. Automatenausdruck) und

c) zum einfühlenden, schöpferischen Verständnis der semantischen Information im zwischenmenschlichen Kommunikationsprozeß.

Diese Zeile widerspiegelt die Vielfalt der Formen der Informationsbeziehungen in gesellschaftlichen Organisationen. Sie ist eine wesentliche Grundlage für die Differenzierung und Entwicklung der gesellschaftlichen Organisation.

Die naturwissenschaftliche Forschung (d. h. vor allem die moderne Biologie) muß zu zeigen versuchen, wie durch die weitere Differenzierung der Befähigung organisierter Systeme zu syntaktischer Informationsverarbeitung Ansatzpunkte für die Entwicklung höher organisierter Systeme entstehen, die darüber hinaus auch zu semantischer Informationsverarbeitung befähigt sind. Diese Untersuchungen werden gegenwärtig vor allem im Rahmen der Neurophysiologie betrieben, um die natürlichen Mechanismen der höheren Nerventätigkeit aufzudecken. Damit wollen wir uns im folgenden eingehender beschäftigen.

Umgekehrt gibt es jedoch ebenfalls Untersuchungen, die von der Fähigkeit zu semantischer Informationsverarbeitung ausgehen und zu ergründen versuchen, unter welchen Bedingungen und in welchen Grenzen semantische Informationsverarbeitungsprozesse auf syntaktische abbildbar sind. Mit dieser Aufgabe beschäftigen sich gegenwärtig die moderne Sprachtheorie und spezielle Disziplinen der modernen Psychologie. Es ist für uns aus der Sicht der Informatik von großem Interesse.

Die moderne Sprachtheorie versucht heute auch einen Beitrag zu leisten zu dem zuvor genannten Problemkreis, der Aufdeckung der Entstehung der semantischen Informationsverarbeitung.

## 3.2. Zu wesentlichen Entwicklungsstufen der Wechselwirkung und Grundklassen der Widerspiegelung bzw. der Sender-Empfänger-Verhältnisse

Ausgehend von den im 1. Abschnitt getroffenen Unterscheidungen lassen sich für biologische Systeme und darauf aufbauend für den zur bewußten begrifflichen Erkenntnis, zur geistigen Tätigkeit befähigten gesellschaftlichen Menschen verschiedene Entwicklungsstufen der Wechselwirkung und Qualitätsstufen bzw. Grundklassen der Widerspiegelung unterscheiden, wenn man versucht, die Sender-Empfänger-Verhältnisse zu differenzieren.

Im vorangegangenen Vortrag (ROSENTHAL, RAPOPORT, FUCHS-KITTOWSKI) wurden von einer solchen Differenzierung ausgehend, die für die lebende Zelle wesentlichen Entwicklungsstufen der Wechselwirkung und Grundklassen der Widerspiegelung im einzelnen besprochen. Hier soll nur das Prinzip dieser Differenzierung dargestellt und versucht werden, durch weitere Qualitätsstufen der Widerspiegelung, wie sie sich aus der Einbeziehung des zur semantischen Informationsverarbeitung befähigten Menschen ergeben, anzudeuten.

Es ist dann zu unterscheiden:

Erstens die reine Wechselwirkung als allgemeine Grundlage und Grenzfall sowie zweitens die Wechselwirkung mit Verwandlung der Partner als molekulare Grundlage der Widerspiegelung.

Als entscheidende Qualitätsstufen der Widerspiegelung sollen aus dem im Schema (1) genannten hier folgende wesentliche Stufen näher dargestellt werden:

1. Die Erkennung: Aufnahme und Verarbeitung reiner (ungerichteter) Signale (Umwelt - Makromoleküle bis Organismus)
2. Die Interpretation: Aufnahme und Verarbeitung syntaktischer Informationen (Umwelt - Makromoleküle bis Organismus, Automat) durch Empfänger, die zur syntaktischen Informationsverarbeitung befähigt sind;
3. Erkenntnis: Aufnahme und Verarbeitung reiner (ungerichteter) Signale (Natur - Mensch);
4. Verstehen: Aufnahme und Verarbeitung syntaktischer Informationen (Maschine - Mensch);
5. Schöpferisches, einfühlendes Verständnis: Aufnahme und Verarbeitung semantischer Informationen (Mensch - Mensch) durch einen zu semantischer Informationsverarbeitung, zum Operieren mit Begriffen, denen Bedeutungen zugeordnet sind, befähigten Empfänger (vgl. Abb. 5).

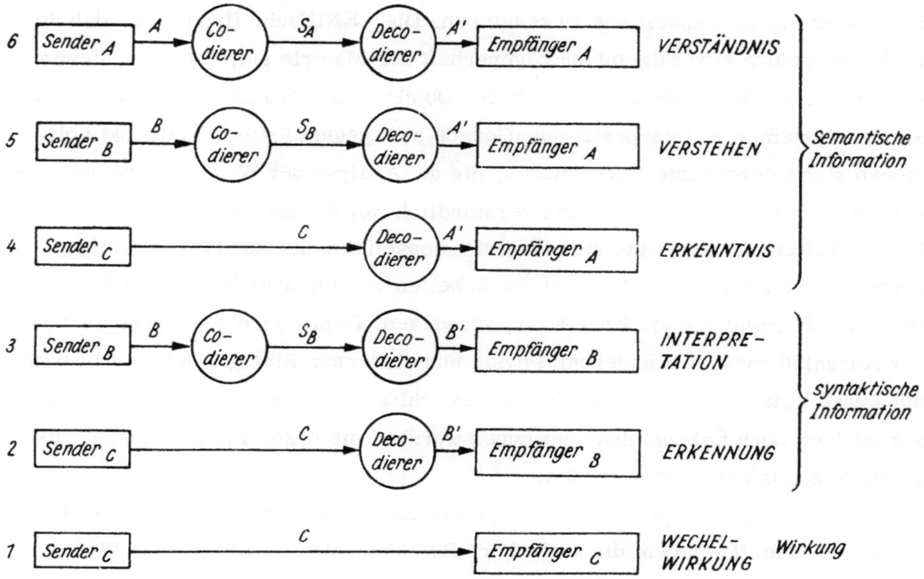


Abb. 5 Typen der Sender - Empfänger - Relation

Mit dieser These wurden verschiedene Typen von Sender-Empfänger-Relationen bzw. Grundklassen der Widerspiegelung, der Informationsbeziehungen zwischen Sender und Empfänger herausgestellt. Wir sehen deutlich, daß die Informationsbeziehungen zu differenzieren sind.

zu 1: Wechselwirkung, Widerspiegelung und Information

Wie im vorangegangenen Vortrag schon deutlich gemacht wurde (8), gehen wir davon aus, daß die Widerspiegelung sich aus spezifischen Formen der Wechselwirkung entwickelt. Am Anfang der Evolution gab es nur Wechselwirkung, die erste Keime der Widerspiegelung enthält, d. h. jede elementare Wechselwirkung, - Aktion - Reaktion, enthält den Aspekt der Widerspiegelung. Die klassische Physik hatte es zunächst nur mit der Aufdeckung der Gesetzmäßigkeiten, des wie HEGEL und MARX sagten, blinden Wirkens der Naturkräfte zu tun. Sie betrachtete nicht die Phänomene, die verbunden sind mit Widerspiegelung, Information, Ganzheit und Organisation. Sprechen wir von Widerspiegelung, so wird damit die Fähigkeit von Systemen charakterisiert, äußere Einwirkungen durch innere Strukturveränderungen zu "reproduzieren" und auf sie entsprechend den inneren

Systembedingungen spezifisch zu reagieren. Die LENINsche Hypothese, daß die Widerspiegelung eine allgemeine Eigenschaft der Materie sei, ist unter diesem Gesichtspunkt als Befähigung materieller Objekte zur Herausbildung von organisierten Systemen zu interpretieren. Gerade zum gegenwärtigen Zeitpunkt vollziehen sich interessante Forschungen, die die Analyse der Wechselwirkungsproblematik soweit vorantreiben, daß verständlich werden könnte, aufgrund welcher Eigenschaften und Prozesse sich Organisationseffekte überhaupt herausbilden können. Hier sei insbesondere auf die Arbeiten von PRIGOGINE und GLANSDORFF (9) sowie von M. EIGEN (10) verwiesen. Damit wird gewissermaßen der Anschluß zwischen moderner Physik und moderner Biologie hergestellt bzw. die Lücke zwischen Physik und Biologie geschlossen. Es ist anzunehmen, daß gerade hier noch Erkenntnisse gewonnen werden, die unser Naturbild noch wesentlich präzisieren und vertiefen.
Es gilt, solche philosophisch und naturwissenschaftlich äußerst wichtige Frage zu klären, wie: Wann geht die einfachere Beziehung Aktion-Reaktion in Widerspiegelung über und wann Widerspiegelung in Information.
Wir stimmen mit einer ganzen Reihe anderer Autoren überein, daß Widerspiegelung nicht einfach zu den Daseins- oder Existenzformen der Materie gerechnet werden kann (11, 12). Widerspiegelung ist zu verstehen als eine allgemeine Eigenschaft der Materie, die sich aus Keimen, die in elementaren Wechselwirkungsprozessen enthalten sein können, zu einer bestimmten Klasse von Wechselwirkungsprozessen entwickelt hat. Dagegen geht u.a. URSUL praktisch davon aus, daß Widerspiegelung eine Existenzfrage der Materie sei und identifiziert insbesondere dann noch Widerspiegelung mit Information. Nur so kann er schreiben: Information sei eine Eigenschaft aller materiellen Objekte, sie sei niemals entstanden und existiere überall dort, wo es materielle Objekte gibt. Sie sei Ausdruck eines qualitativen und quantitativen Merkmals der Organisiertheit der Widerspiegelung eines Objektes auf ein anderes Objekt oder kurz gesagt, sie sei eine allgemeine Eigenschaft der Materie, der Inhalt der Verbindung zwischen materiellen Objekten, der in einer Veränderung des Zustandes zum Ausdruck kommt. Jedes Objekt der unbelebten Natur sei am Informationsprozeß beteiligt (13).
Diese Auffassung scheint uns unter mehreren Gesichtspunkten nicht zutreffend zu sein.
Hier sei verwiesen auf den Vortrag von ROSENTHAL, RAPOPORT und FUCHS-KITTOWSKI, in dem davon ausgegangen wird, daß nicht allen Wechselwirkungen

die Eigenschaft der Widerspiegelung zukommt, sondern nur einer bestimmten Klasse. Wir folgen der LENINschen Vermutung der Existenz einer Fähigkeit, die der Empfindung ähnlich ist. Es geht also um die Aufdeckung der Entwicklungsbeziehungen einer Eigenschaft der Materie, die aus bestimmten Formen der Wechselwirkung zum Erscheinen der Reizbarkeit, der Empfindsamkeit bis zu den höchsten Formen der begrifflichen Widerspiegelung geführt hat. Weiterhin wurde im Vortrag von ROSENTHAL, RAPOPORT und FUCHS-KITTOWSKI schon deutlich gemacht, und dies sollte als ein wesentliches Ergebnis unserer Tagung zum Thema "Widerspiegelung und Information" festgehalten werden, nämlich daß Widerspiegelung und Information nicht miteinander zu identifizieren sind.
Mit dem Begriff Information kann erst gearbeitet werden im Zusammenhang mit einem operationellen System. Daher können wir, wie schon früher wiederholt herausgearbeitet wurde (14), in Übereinstimmung mit den Auffassungen KANNEGIESSER und ROCHHAUSEN (12), die sich wiederum auf den Standpunkt einer Reihe von sowjetischen Autoren berufen (15, 16, 17, 18), feststellen, daß erst auf der Ebene lebender Systeme Steuerungsprozesse realisiert werden. Damit (1) werden die Resultate von Widerspiegelungsprozessen verarbeitet, d. h. Informationen aus der Umwelt im Sinne einer Widerspiegelung der objektiven Realität für ihre Selbstbewegung und Selbstentwicklung genutzt. Der Begriff Information hebt also in der Tat nur eine bestimmte Seite einer bestimmten Klasse von Widerspiegelungsprozessen hervor (1) und ist daher nicht mit ihr zu identifizieren. "Widerspiegelung geht in Information über, wenn der Strukturveränderung eine Bedeutung zugeordnet werden kann, so daß ein teleonomisches Verhalten des Systems realisiert werden kann."
Information ist, wie schon deutlich gemacht wurde, aus der Dialektik von Struktur und Funktion zu verstehen, als ein Verhältnis der Strukturäquivalenzen zwischen den wechselwirkenden Systemen und entsteht erst in dieser Wechselwirkung. Information ist dann zu sehen als eine Brücke zwischen physikalisch beschreibbaren Kausalverhalten und systemspezifischen teleonomischen Verhalten, d. h. sie funktioniert die physikalische Objektwirkung zu einem gelenkten Systemverhalten. Information besteht also schon in der Physik als Potenz, jedoch bestehen hier noch keine Systeme, die die Strukturveränderungen in Lenkung, in eine teleonomische Verhaltensweise umsetzen können. Das setzt eine relativ hohe Differenziertheit des Systems voraus. Information ist also selbst physikalische (oder chemische, oder biologische) Struktur und zugleich Beherrscher physikalischer Strukturen und in diesem Sinne nichts außerphysikalisches.

Das physikalische Verständnis von Prozeßabläufen beruht auf der Beschreibung der wirkenden Elemente, um daraus die Gesamtwirkung zu synthetisieren. Die Erklärung des Ganzen aus den Teilen hat überall dort eine Grenze, wo das Ganze selbst direkt und unmittelbar auf die Entwicklung der Teile wirkt, wie beim Zusammenspiel hierarchischer Strukturebenen im lebenden Organismus. Hier kann nicht in jedem Falle unterstellt werden, daß Einzelprozesse der einen Ebene Einzelprozesse der anderen Ebene bedingen oder beeinflussen, weil diese Betrachtungsweise gerade den qualitativen Zusammenhang verschiedener Hierarchieebenen aufheben würde. Es bildet sich eine komplexe Gesamtstruktur heraus, die als Ganzes, die auf der darunterliegenden Hierarchieebene ablaufenden Prozesse beeinflußt. Diese ganzheitliche Wirkung kann aber nur mit Hilfe von Information wieder in einzelne strukturelle Veränderungen umgesetzt werden. Es gibt auch keine andere Möglichkeit die direkt und unmittelbar wirkende Komplexität anders zu erkennen und zu beschreiben, als durch Abbildung solcher komplexen Ganzheitsstrukturen durch Begriffe der informationellen Lenkung von Prozeßabläufen. Untersucht man lebende Systeme, so zeigt sich ein dialektisches Zusammenspiel energetischer, stofflicher und informationeller Beziehungen. Geht man von diesem dialektischen Zusammenspiel aus, dann wird deutlich, daß die alleinige Untersuchung entweder nur des stofflichen, des energetischen oder informationellen Aspekts nicht ausreicht, um biologische Prozesse voll zu erklären (vgl. PEIL (19)). Die Entwicklung der Molekularbiologie zeigt deutlich, daß es zur Erklärung der Lebensprozesse "keiner neuen Physik" und auch nicht der Annahme einer "besonderen Lebenskraft" bedarf, daß jedoch die im Umgang mit der nicht lebenden Natur entwickelte physikalisch-chemische Betrachtungsweise modifiziert werden muß, sollen die Lebensprozesse in ihrer Spezifik voll erfaßt werden. Hinzukommen muß, entsprechend unserem heutigen Naturverständnis, insbesondere ein neues Moment - die Information.
Im lebenden System treten damit zusätzlich determinierende Faktoren auf, die nicht die Gültigkeit der quantenphysikalischen Grundgesetze, aber die Vielzahl der nach diesen Gesetzmäßigkeiten möglichen Entwicklungen einschränken.
Zum Verständnis des lebenden Organismus geht es insbesondere auch um die Berücksichtigung der Wirkung komplexer Strukturen. Die explizite Modellierung solcher Zusammenhänge mit Hilfe anschaulicher Modelle der Kybernetik kann immer nur zu Näherungslösungen führen. Aus diesem Grunde ist die Beschreibung der Wirkung komplexer Strukturen als informationelle Lenkung von Prozeßabläufen präziser als der Versuch einer physikalisch expliziten Darstellung des

Zusammenhangs zwischen Strukturpotenzen geben zu wollen. Die Wirkung des Ganzen auf die Teilprozesse ist ein Phänomen, das zu einer Erweiterung unserer Auffassungen vom Wesen kybernetischer Systeme zwingt. Dort wo kybernetische Systeme modelliert werden, ist wie in der Physik immer die Erklärung des Ganzen aus den Elementen und ihren Relationen der vorrangige Ausgangspunkt. Die Beschreibung der Beeinflussung der Elemente durch die komplexe Gesamtstruktur ist explizit mit anschaulichen Modellen jedoch nicht möglich. Das Verständnis der hierarchischen Lenkung von Prozeßabläufen ist in ganz wesentlicher Weise an die Wirkung komplexer Gesamtstrukturen gebunden.

zu 2. Elementare Erkennung

Die Makromoleküle sind in der Lage, auf Grund bestimmter struktureller Merkmale zwischen verschiedenen Molekülen zu unterscheiden. Solche Moleküle realisieren also eine elementare Erkennungsleistung. Dieses elementare Erkennen bzw. Unterscheiden ist eine hochspezialisierte Wechselwirkung, die zur Klasseneinteilung genutzt werden kann. Ihre einfachste Form ist bekanntlich die ja-nein-Entscheidung. Im chemischen Bereich kann eine solche Entscheidung z.B. durch Wasserstoffbrücken realisiert werden, wie bei der Paarung der komplementären Basen der Desoxyribonukleinsäure oder bei der Bildung des Enzym-Substrat-Komplex sowie bei der Antigen- Antikörperreaktion.
Trifft ein ungerichtetes Signal auf ein lediglich zur Signalverarbeitung befähigtes System, so erfolgt eine systembezogene Bewertung des Signals in Form einer Zuordnung zu einer spezifischen Klasse von Umwelteinwirkungen, für die systemeigene Reaktionsweise vorgebildet sind. Insofern erfolgt eine Erkennung einer objektiven Eigenschaft des Senders, der eine systemspezifische Reaktion nachfolgt.
G. TEMBROCK hebt in seinem Vortrag hervor, daß er von der Hypothese ausgehe, daß die Grundlage der Evolution verhaltensmäßiger organismischer Systeme durch den essentiellen konnektiven (stofflich-energetischen) Zusammenhang mit der Umgebung gegeben ist, wobei von dem Zeitpunkt an von einer Umgebung gesprochen werden kann, von dem an durch einen Informationswechsel die "Bewertung" stofflich-energetischer Umweltzustände durch den Organismus von der Stoffaufnahme vollzogen werden kann. Im elementaren Fall erlaubt diese "äußere (externe) Bewertung" eine Ja-Nein-Entscheidung.
Entsprechend unserem theoretischen Schema können wir also sagen, daß hier einer Erkennung einer objektiven Eigenschaft des Senders eine systemspezifi-

sche Reaktion nachfolgt. Die durch die Zustände der Wirkungsstruktur erzeugten Signale repräsentieren die Bedeutung dieser physikalischen Strukturen. Durch die Erzeugung von Signalen sind es nicht mehr die physikalischen Strukturen selbst, die direkt und unmittelbar die Reaktion hervorrufen, sondern ihre Bedeutungen die unmittelbar wirksam werden. Im Reaktionsmechanismus erfolgt eine Reaktion auf eine Umwelteinwirkung eine durch Signale gesteuerte Verkettung von Wirkungen. Die Voraussetzung dafür ist, daß das betreffende System über eine Organisation verfügt, die die Fähigkeit besitzt, die Wirkungen der Umwelt für die Reproduktion und möglicherweise sogar erweiterten Reproduktion des Systems zu nutzen. Die Erkennung, Aufnahme und Verwertung von Umweltzuständen als ungerichtete (reine) Signale ist für die Stoff- und Informationswechsel der Lebewesen wesentlich, die so als Grundlage für die Befähigung zur Selbstorganisation angesehen werden muß.

zu 3. Interpretation

Wenn ein System in der Lage ist, die Bedeutungen von Signalen und Signalstrukturen wiederum auf einer neuen Struktur abzubilden und die Strukturveränderungen zu steuern, erfolgt der Übergang zur Bildung syntaktischer Informationen als Bedeutungen von Zeichen und Zeichenkombinationen. Die Interpretation als Aufnahme und Verarbeitung von Zeichen bzw. syntaktischen Informationen tritt uns deutlich im Zusammenhang mit der Regulation der genetischen Potenzen entgegen. Alle Zellen des lebenden Organismus, Leberzellen, Gehirnzellen oder Muskelzellen u. a. besitzen in ihren Kernen die gleichen Gene. Die Differenzierung zwischen den verschiedenen Zellen muß also in der Kombination exprimierter Gene begründet sein. Die Differenzierung - die Entfaltung der genetischen Potenz, des Programms das im genetischen Material niedergelegt ist, muß sich als eine geordnete Folge von Ereignissen vollziehen. Die Aktivität der verschiedenen Gene muß also selbst wieder reguliert werden. Bakterien können in Reaktion auf Veränderungen im Nährmedium ihre genetische Aktivität in zweifacher Weise regulieren: einmal durch Repressoren und Aktivatoren, die bestimmte Stellen auf dem DNS-Molekül blockieren oder freigeben und zum anderen durch Beeinflussung der RNS-Polymerase, so daß bestimmte Klassen von Genen sich nicht beteiligen. Man vermutet, auch wenn darüber heute noch wenig bekannt ist, daß in den Zellen der Tiere und Pflanzen ähnliche Mechanismen wirksam sind (s. Abb. 6).

Die Spezifizierung der Zellen hat also zur Voraussetzung das jeweils bestimmte Gene aktiviert oder inaktiviert werden.

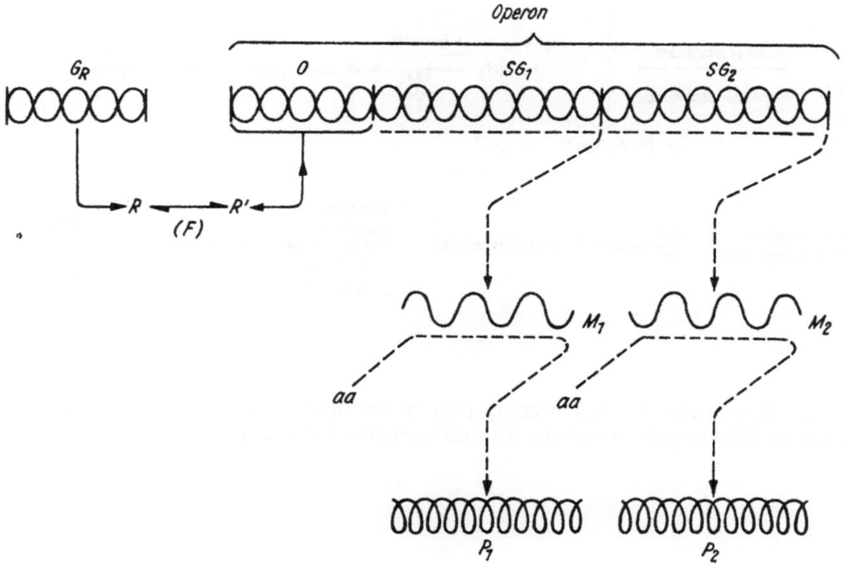


Abb. 6 Allgemeines Modell der Regulation der Enzymsynthese von JACOB und MONOD

Durch Aktivierung oder Hemmung bestimmter DNS-Abschnitte werden verschiedene Zustände des DNS-Makromoleküls realisiert. Die Gesamtheit der im biologischen System verwirklichten Strukturzustände der DNS-Makromoleküle bilden eine spezifische, komplexe syntaktische Information. Sie repräsentiert gewissermaßen die Aussagen über das Zusammenspiel der Signalstrukturen, die den jeweiligen Strukturzuständen der DNS-Makromoleküle entsprechen. Mit Hilfe dieser syntaktischen Information steuert das biologische System die Ausprägung genau der Strukturzustände der DNS, die dieser syntaktischen Information entsprechen, wobei jede Zelle die volle Potenz für die Entscheidung für den einen oder anderen Strukturzustand besitzt. Außer der Regulation der genetischen Potenzen ist die einzelne Zelle in der Lage, ihren Stoffwechsel den gegebenen funktionellen Bedürfnissen in Reaktion auf Veränderungen der Umwelt anzupassen, so z.B. durch Erhöhung der Produktbildung durch verbesserte Erkennung des Substrats. Es wird hier also nicht nur eine Struktur erkannt, Information aufgenommen und gespeichert, sondern hier wird die Funktion der Erkennung und Wiedererkennung verbessert. Dies wird insbesondere bei den Regulationsmechanismen des Zellstoffwechsels vom Typ der sogenannten feedback-inhibition deutlich.

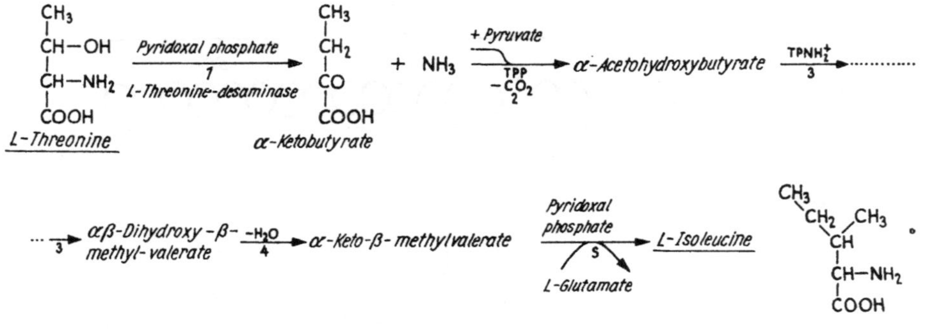


Abb. 7 Biosyntheseweg des Isoleuzins, in dem erstmals von UMBURGER die Existenz eines Rückkopplungsmechanismus nachgewiesen werden konnte.

Die hier wirksam werdenden allosterischen Enzyme ermöglichen, daß Informationen von außen, von anderen Stoffwechselwegen die Reaktionsfähigkeit der Enzyme beeinflussen. Es ergibt sich damit die Möglichkeit, die elementare Erkennung der physikalischen Wirkungsstruktur von Umweltbedingungen zu beeinflussen. Die Erkennung der Signalstruktur bedeutet, daß Signalen und Signalstrukturen wiederum Bedeutungen zugeordnet werden (Zeichen, mit deren Hilfe Signalverarbeitungsprozesse gesteuert werden). Durch die durch Erkennung und Interpretation von Zeichen erfolgende Steuerung der Signalverarbeitung wird eine nicht mehr direkte und unmittelbare Abhängigkeit von aktuellen Strukturzuständen der Umwelt erreicht.

zu 4. Erkenntnis

Die Natur sendet dem erkennenden Menschen keine Signale mit einer bestimmten Absicht. Bei der Erkenntnis der Natur geht es um die Aufnahme eines ungerichteten Signals als Information über das entsprechende Untersuchungsobjekt durch den Menschen, einem zur semantischen Informationsverarbeitung befähigten Empfänger. Alle Naturbeherrschung setzt die Erkenntnis der natürlichen Prozesse und Erscheinungen voraus, wie diese umgekehrt erst aus der praktischen Umgestaltung der objektiven Realität hervorgeht, im Stoffwechsel des Menschen

mit der Natur, wie MARX (20)[4] sagt, verankert ist. Die gesellschaftliche Beherrschung der Naturkräfte, d. h. die Entwicklung der Produktivkräfte beruht auf der Aufklärung der objektiven Gesetzmäßigkeiten der Natur, der Erschließung des Wesens der Naturobjekte, wobei die Beherrschung der Prozesse in der gesellschaftlichen Praxis das Kriterium der Wahrheit ist.
Wir können davon ausgehen, daß im Empfänger, dem menschlichen Gehirn, die eintreffenden Signale aus der Umwelt Informationen über die Objekte erzeugen, von denen diese Signale ausgehen. Obwohl es in diesem Falle keinen eigentlichen Sender im vorher benutzten Sinne gibt, macht der Empfänger das signalabstrahlende Objekt zu einem quasi Sender.
Da die von den Objekten ausgestrahlten Signale sich nicht an einen bestimmten Empfänger richten, kein von vornherein vereinbartes Grundalphabet vorliegt, kann man hier auch von ungerichteten Signalen sprechen, dennoch kündet die dem Signal ausgeprägte Struktur von einer Eigenschaft des betreffenden Objektes. Sie trägt quasi eine Information für einen solchen Empfänger, der in der Lage ist, aus der Struktur des Signals Rückschlüsse auf das Objekt zu ziehen. Daß die vom Objekt ausgehenden Signale zu Informationen über das Objekt werden können, hängt in diesem Falle einzig und allein von der Fähigkeit des Empfängers ab. Insbesondere von seiner Fähigkeit zur begrifflichen Erkenntnis.
Die ideelle Widerspiegelung ermöglicht eine einzigartige Flexibilität und Relativität. Sie stellt eine abstrakte Repräsentation von Dingen und Beziehungen dar, durch die ein neuer Freiheitsgrad gegenüber der Umwelt erreicht wird. Das Tier kann noch keine semantische Informationsverarbeitung durchführen. Die höheren Tiere sind, im Unterschied zu technischen Automaten, offensichtlich noch zur Bildung semantischer Informationen befähigt, sie können die Bedeutung erfassen und damit ihre syntaktischen Informationsverarbeitungsprozesse dirigieren. Diese Bedeutungen werden aber nicht selbst wieder zum Gegenstand (21). Mit dem Lernen der Tiere ist also noch keine Abhebung von der unmittelbaren Umweltsituation verbunden. Auch wenn Lernen und Gedächtnis, auch Ab-

---

4 Der Arbeitsprozeß ... ist die zweckmäßigste Tätigkeit zur Herstellung von Gebrauchswerten, Aneignung des Natürlichen für menschliche Bedürfnisse, allgemeine Bedingung des Stoffwechsels zwischen Mensch und Natur, ewige Naturbedingung des menschlichen Lebens und daher unabhängig von jeder Form dieses Lebens, vielmehr allen seinen Gesellschaftsformen gemeinsam." K. MARX. Das Kapital Band I, Berlin 1974, S. 192

straktion, im tierischen Verhalten eine wesentliche Rolle spielt, besteht wie S.E. LURIA m.E. zurecht hervorhebt:
"Die qualitativ verschiedene Leistung des menschlichen Geistes besteht jedoch darin, daß er nach Belieben vergangene Erfahrungen in Erinnerung rufen und deren Spuren zu neuen Denkmustern zusammensetzen kann, sei es, daß er Voraussagen über die Zukunft macht, sei es, daß er auf der Suche nach abstrakten Verallgemeinerungen entwickelt. Der menschliche Geist bringt Erklärungen, Bedeutungen und Werte hervor." (21)[5]

zu 5. Verstehen

Ein Sender, der syntaktische Informationen ausstrahlt, kann sich an einen Empfänger richten, der bei der Aufnahme dieser syntaktischen Information systemintern eine semantische Information erzeugt. Dies ist z.B. bei der Tier-Mensch oder Maschine-Mensch-Beziehung der Fall. In diesem Falle sprechen wir vom Verstehen dieser gezielten syntaktischen Information des Senders.
Der Austausch von syntaktischen Informationen zwischen Systemen ist charakteristisch für Maschine-Maschine- bzw. Mensch-Maschine-Kommunikation und biologische Steuerungs- und Regelungsprozesse. Die Mensch-Maschine-Kommunikation wird unserer Meinung nach fälschlich als Informationsaustausch zwischen Mensch und Maschine in der gleichen Weise verstanden, wie der Informationsaustausch zwischen Menschen, weil die Differenzierung von semantischen und syntaktischen Bedeutungen übersehen wird. Die Mensch-Maschine-Kommunikation unterscheidet sich nur insofern von der Maschine-Maschine-Kommunikation, weil der Mensch beabsichtigt, maschinelle Leistungen in den Gesamtprozeß seiner semantischen Informationsverarbeitung als Rationalisierungsmittel einzubeziehen. Er überantwortet der Maschine formalisierbare semantische Informationen, vollzieht also eine Abbildung semantischer auf syntaktische Infor-

---

5 wie E. LURIA hervorhebt: "Die Vögel können keine neue Tonfolge erzeugen, um neue oder komplexere Informationen zu vermitteln. Selbst die höchstentwickelten Affen, deren Gehirn dem des Menschen in vieler Hinsicht ähnelt, können den Gebrauch von Wörtern nur in einer äußerst beschränkten Weise erlernen. Die Sprachleistung eines Schimpansen liegt nach jahrelangem Training unter der eines einjährigen Kindes. Allerdings sollen Schimpansen die Zeichensprache etwas leichter lernen und ein Verständigungssystem erwerben können, das dem eines zwei- bis vierjährigen Kindes entspricht". S.F. LURIA, Leben das unvollendete Experiment. München 1974, S. 186

mationsstrukturen und schafft somit die Voraussetzung für die Realisierung maschinell realisierbarer Strukturverarbeitungsprozesse (syntaktische Informationsverarbeitung).
Ein so undifferenziertes Herangehen ist speziell gefördert worden durch ein direktes oder indirektes Akzeptieren der Identifizierung von Automat und Mensch. Es muß uns heute um eine genaue Einschätzung der Möglichkeiten und Grenzen des Einsatzes der automatisierten Informationsverarbeitungsanlagen gehen; dies gilt speziell für den Einsatz im Problemlösungsprozeß. Die Unterscheidung zwischen semantischer und syntaktischer Informationsverarbeitung bietet hierfür eine wesentliche Grundlage. Darauf sind wir an anderer Stelle ausführlicher eingegangen (22, 23, 24) und soll daher hier nicht näher behandelt werden.
Für die jetzige Diskussion ist jedoch wichtig festzuhalten, daß es hier um das Verstehen eines reaktiven Verhaltens geht und dies schon die Bildung höherer Formen der Information, die bereits ein Nervensystem voraussetzen, verlangt.
In menschlichen Problemlösungs- und -bearbeitungsprozessen treten Informationen in unterschiedlichen Arten auf, denn die Problembearbeitung wird durch den Menschen als Einheit seiner semantischen und syntaktischen Informationsverarbeitung gelenkt und geleistet.
Die Dialektik von semantischer und syntaktischer Informationsverarbeitung, die Möglichkeiten und Grenzen der Formalisierbarkeit der Information, zeigen uns zugleich die Möglichkeiten und die Notwendigkeiten der Funktionsteilung zwischen Mensch und Automat.

zu 6. Verständnis

Das geistige Erfassen von Situationen und Sachzusammenhängen hat die komplexen Bedeutungsstrukturen semantischer Informationen zum Gegenstand. Semantische Informationsverarbeitung ist daher als Kopplung von Informationsbedeutungen zu neuen Bedeutungen (unmittelbare Verarbeitung semantischer Aussageinhalte) zu verstehen. Der Austausch von semantischen Informationen und ihre Verarbeitung ist nur zwischen Menschen möglich, da hier ein Empfänger vorausgesetzt wird, der die Fähigkeit des einführenden schöpferischen Verständnisses besitzt.
Bei einem Empfänger der zu semantischer Informationsverarbeitung befähigt ist, erfolgt die Informationsaufnahme wesentlich differenzierter, als bei einem lediglich zu niederen Formen der Informationsverarbeitung bzw. zur Strukturverarbeitung befähigten System. In diesem Fall muß die vom Sender übermittel-

te semantische Information zunächst verstanden werden, d.h. vom Empfänger wird eine semantische Information erzeugt, die der vom Sender beabsichtigten nahe kommen soll. Die im Empfänger erzeugte semantische Information bewirkt nun ihrerseits über eine ganze Hierarchie von Umsetzungs- und Abbildungsstufen eine Reaktion des Empfängers. Die unmittelbare Verarbeitung semantischer Aussageinhalte erfolgt durch Operationen, die die Semantik der Informationen zum unmittelbaren Gegenstand haben. Das Ziel der Modellierung solcher Informationsverarbeitungsprozesse ist ihre Abbildung auf Operationen, die die syntaktische Darstellung solcher Informationen zum unmittelbaren Gegenstand haben und somit die unmittelbare Verarbeitung von Bedeutungen auf die vermittelte Verarbeitung von Bedeutungen reduziert.

Unter semantischer Informationsverarbeitung soll verstanden werden die Lenkung der Verarbeitung von Bedeutungen der Sprachelemente. Eingangs wurde herausgestellt, daß dies zur Voraussetzung hat, daß den Bedeutungsstrukturen selbst Bedeutungen zugeordnet werden können. Erst auf dieser Ebene wird ein nicht nur anpassendes, sondern aktiv die Realität verändertes Verhalten möglich. Die Zuordnung von Bedeutungen zu Bedeutungsstrukturen, als Voraussetzung einer kognitiv stimulierten und dirigierten semantischen Informationsverarbeitung erfolgt in Lernprozessen. Worin besteht aber das Lernen, wenn wir es unter dem Gesichtspunkt der bisherigen Fortschritte in der Erforschung der Gehirnleistungen betrachten?

Was kommt hinzu, zu dem angeborenen Netzwerk der sprachlichen oder logischen Fähigkeiten, wenn man eine Sprache oder Rechnen lernt? Auch die großen Fortschritte in der Gehirnforschung konnten bisher die entscheidende Frage, ob das Lernen darin besteht, daß zwischen Nervenfasern und Zellen, die zuvor nicht miteinander in Kontakt standen, neue Synapsen aufgebaut werden, oder in einer Erleichterung des Übergangs von Impulsen auf bereits existierende Synapsen, oder auf der Blockierung von hemmenden Verknüpfungen beruht, noch nicht endgültig klären.

Wenn wir davon ausgehen, daß ein wesentliches Element des Lernens das Gedächtnis ist, so ist naheliegend zu vermuten, daß die Informationserzeugung, -verarbeitung und -speicherung im Gehirn sowohl statische Aspekte besitzt, die ihre Stabilität und Reproduzierbarkeit gewährleisten, als auch dynamische Aspekte, die den Wechselwirkungsprozeß mit der Umwelt und die daraus resultierende Erzeugung von Bedeutungen ermöglichen.

Wenn heute auch als gesichert angesehen werden kann, daß erworbene Eigenschaften nicht vererbbar sind, so bleibt doch noch die bisher ungeklärte Problematik der stabilen Aneignung von Wissen und konkreten Fähigkeiten, die ihrerseits das Problem des Gedächtnisses aufwerfen. Wie wir deutlich machten, haben sich die Behauptungen hinsichtlich der "Gedächtnismoleküle" wegen ihrer zu großen Vereinfachung als unhaltbar erwiesen. Lernen beruht auf den integrativen Leistungen vieler Milliarden von Gehirnzellen und das Gedächtnis auf der Fähigkeit, die im Lernprozeß hergestellten Assoziationen wieder zu aktivieren, wenn im Denken oder im Traum die gleiche Situation wieder eintritt.
Die Unmöglichkeit der Speicherung komplexer Informationen und ihrer Relationen auf der molekularen Ebene des Zentralnervensystems und die Schwierigkeiten, sie durch die Ausbildung von Erregungsmustern zu erklären, legt die Vermutung nahe, daß weder das eine noch das andere für die Speicherung verantwortlich gemacht werden kann, obwohl andererseits die damit verbundenen Prozesse die entscheidende Grundlage für die geistige Tätigkeit bilden.
Während die Adaptivität eines Organismus oder einer Zelle in Reaktion auf einen bestimmten Umweltfaktor durch Ab- oder Abschalten einer spezifischen Proteinsynthese im Rahmen des zentralen Dogmas in Ansätzen erklärt werden kann, haben sich die biologischen Grundvorgänge des zentralnervösen Gedächtnisses nicht auf eine so einfache Weise klären lassen. Beim zentralnervösen Gedächtnis fehlen bis heute molekularbiologische Erklärungen weitgehend. Selbst wenn man jedoch mit Recht davon ausgeht, daß das Gedächtnis nicht einfach einem molekularen Mechanismus gehorcht, so schließt es doch die molekularen Mechanismen mit ein, so daß es in der Tat wesentlich ist, auch die molekularen Mechanismen genauer zu kennen, aus denen sich der komplexe Prozeß Gedächtnis konstruiert.
Bei der von uns als Interpretation bezeichneten Ebene machten wir schon deutlich, daß bei der Realisierung der Erbinformation zur Differenzierung der Zellen Eiweiß-Nukleinsäure-Wechselwirkungen, das Zusammenspiel der DNS-Moleküle bzw. das An- oder Abschalten spezifischer Proteinsynthesen und wie zunehmend in ihrer Bedeutung für die Differenzierung herausgestellt wird, auch Regulationsprozesse, die in den Posttranskriptionsprozeß eingreifen, eine entscheidende Rolle spielen.
Wie wir sagten, gewinnt die genetische Regulation der Vorgänge der Enzym-Induktion und Regression spezielles Interesse auch auf dem Gebiet des Wachstums und der Entwicklung. Es lassen sich Modelle des vielfältigen Zusammenwirkens von

verschiedenen Induktionen und Repressionen sowie feedbackinhibitionen aufstellen, aus denen sich der Differenzierungsvorgang verdeutlichen läßt.
Die Kenntnis über Regulatorgene gewann man aus Experimenten bei Bakterien. Es kann daher angenommen werden, daß hier die Regulationssysteme wesentlich komplizierter sind, so daß die Regulatoren möglicherweise in Kaskadenform angeordnet sind und die Aktivität des Regulators 1 die Aktivität des Regulators 2 und dieser wiederum die Aktivität des Regulators 3 kontrolliert, und daß sich erst am Ende einer derartigen Kaskade ein Strukturgen befindet. Es geht hier schon nicht mehr um die Aufrechterhaltung eines bestimmten Stoffwechselnetzes, sondern um die Entwicklung der Zellen höherer Organismen, was nicht mehr nur in Begriffen des Ein- und Ausschaltens von Genen verstanden werden kann. Es handelt sich hier nicht mehr um einzelne Enzyme, sondern um die Differenzierung der Zellen des sich entwickelnden Embryos, d. h. um die Ausbildung verschiedener Typen von Zellen, wobei jeder Typ von speziell definierter Eigenart ist: Nervenzellen, Muskelzellen, Leberzellen usw.
In Anlehnung an die von JACOB und MONOD entwickelten Vorstellungen über die Regulatorgene wird angenommen, daß diese mit einem Effektor in Wechselwirkung treten, der von außen kommt oder sich schon vorher in anderen Gebieten des Eies befunden hatte. Jetzt wird jedoch wahrscheinlich nicht nur ein Gen, sondern eine ganze Batterie von Genen eingeschaltet, die z. B. für die Nervenzellenentwicklung verantwortlich ist. Eine solche Batterie von Genen nennt WADDINGTON "Creode".
Der weiteren Forschung wird es vorbehalten sein, die Natur der "Creode", die Regulatorgen-Substanzen sowie die verschiedenen Effektoren aufzudecken.
Mit der Ausprägung der genetischen Potenz durch die Differenzierung der Zelle enthält die genetische Information ihre konkrete Bedeutung . Für die Ausbildung der Nervenzellen gilt der gleiche Mechanismus wie für alle anderen Zellen.
Kann man aber vielleicht annehmen, daß dieser gleiche biophysikalische Mechanismus, der für die Ausbildung der Neuronenzellen verantwortlich ist und jede Zelle mit der für sie notwendigen Gruppierung von Proteinen ausstattet, auch noch eine neue Funktion erhält (weshalb Gehirnzellen während der Existenz des Individuums vielleicht auch nicht mehr erneuert werden).
Die genetische Potenz braucht nicht mehr reguliert zu werden zur weiteren Teilung und Differenzierung. Dafür könnten aber, wie auch in der Hypothese von MATTHIES deutlich gemacht wurde, diese Mechanismen eingesetzt werden, daß

die Neuronen im Rahmen der zwischen ihnen bestehenden Wechselwirkungen in beliebiger Weise untereinander Beziehungen eingehen.
Die neuen Beziehungen lösen wieder weitere Induktionen und Repressionen aus. Das System dieser Induktion und Repression verkörpert als Potenz eine Vielzahl möglicher Bedeutungen, die darüber hinaus verschiedene Hierarchieebenen der Informationserzeugung kontrollieren. Es handelt sich hier jedoch gewissermaßen um leere Bedeutungen, d.h. um "reine" Strukturen, denen noch Bedeutungen zugeordnet werden können.
Durch die Abbildung von Umweltsituationen erhalten diese Strukturen eine konkrete Bedeutungsbelegung und es bildet sich ein konkretes System von Blockungen, An- und Abschaltungen der Induktion und Repression von Transkriptionsprozessen mit Hilfe von Effektoren aus.
Wenn aus der Umwelt nichts Neues abgebildet wird, dann erfolgt die Erzeugung von Erregungsmustern durch die Umwelteinwirkungen in einem festgelegten System von Induktionen und Repressionen. Es entsteht jedoch ein Widerspruch, wenn die durch das System von Induktionen und Repressionen der Transkriptionsprozesse abgerufenen Informationen (erzeugte Eiweißprofil und die dadurch bedingte Konnektivität der Neuronenzellen) mit der aus der Umwelt abgebildeten Informationen nicht in Übereinstimmung stehen.
In diesem Fall gibt es keinen Gleichgewichtszustand zwischen dem bereits als System von Bedeutungen manifestierten Wissen und den neuartigen Phänomenen. Geistige Tätigkeit ist unter diesem Aspekt die Beseitigung der Störungen des Gleichgewichts, indem einmal an dem schon erlangten Wissen festgehalten wird und zum anderen Teile des Systems der Erregungen und Hemmungen bis hin zu dem ihnen zugrundeliegenden System von Blockungen (Induktionen und Repressionen), die im Widerspruch zur Umweltstabilität stehen, umgebaut werden. Je komplexer und festgelegter das System der Blockungen und Entblockungen ist, um so weniger leicht werden neue Erscheinungen assimiliert. Es besteht dann vielmehr die Gefahr einer Uminterpretation der Realität zugunsten des leicht zu einem Vorurteil werdenden schon erworbenen Wissens. Andererseits ist der Mensch auch kein erkenntnistheoretischer Robinson. Er braucht ein bestimmtes Vorwissen, um von hieraus tiefer in die Zusammenhänge einzudringen.
Die Informationen und ihre Relationen sind nach den hier vorgetragenen hypothetischen Vorstellungen weder in den einzelnen Makromolekülen noch durch die Häufigkeit und die Ausbreitung der Impulse in der Nervenfaser sowie durch die

Zahl und die Identität der betroffenen Fasern dargestellt, sondern befinden sich gewissermaßen "zwischen diesen Fronten" des wissenschaftlichen Meinungsstreits. Nach den hier diskutierten Vorstellungen sind sie im Zusammemspiel der DNS-Moleküle, der Eiweiß-Nukleinsäure-Wechselwirkungen, des miteinander in Kontakt treten der Nervenzellen, die Neuronennetze mit ihren verschiedenen Erregungsmustern fixiert. Das System der Blockungen und Entblockungen repräsentiert hierbei den statischen und reproduzierbaren Teil unseres komplexen Wissens, während die Erregungsmuster der Neuronenbahnen auf Grund ihrer Kopplung mit den Reizen aus den Sinnesorganen den dynamischen Teil der Bedeutungsverarbeitung und den gegebenenfalls das System der Blockungen und Entblockungen verändernden Teil darstellen.

Die geistige Tätigkeit ist die Vermittlung zwischen diesem statischen und dynamischen Teil der Informationserzeugung, -verarbeitung und -speicherung. Sie steht damit sowohl diesseits als auch jenseits dieser unmittelbaren Prozeßabläufe im Gehirn. Da auf diese Weise eine Singularisierung der komplexen Struktur von Blockungen und Entblockungen im Gehirn selbst nicht möglich ist, erfolgt diese Singularisierung durch die Vergegenständlichung von Informationen und ihrer Relationen sowohl in den Dingen und Erscheinungen unserer Anschauung (wobei unser Wissen um die Dinge in diese selbst hineingesehen wird) bzw. in den Begriffen unserer Sprache, die den Charakter abstrakter Dinge annehmen und dadurch unsere geistige Tätigkeit von zufälligen Bedingungen unserer Anschauung befreien. Diese mit der Entwicklung des Menschen entstandene neue Kraft - der menschliche Geist - ermöglicht es uns, die Welt zu erkennen und zu menschlichen Zwecken umzugestalten. Der menschliche Geist hat, wie S. E. LURIA deutlich werden läßt, noch Wunderbareres geschaffen: "Die Fähigkeit, die Empfindungen eines einzelnen in allgemein verständlicher Weise auszudrükken, also die Kunst".

Die durch die Technik vermittelte Naturbeherrschung und die durch die Kunst vermittelte Ausdrucksfähigkeit beruhen auf Bewußtsein und Vorstellungskraft des Menschen - auf der Fähigkeit, seine Erlebnisse zu beobachten und begrifflich zu kategorisieren, vergangene Erlebnisse in Erinnerung zu rufen und neue Erfahrungen zu antizipieren, ohne ihnen unbedingt in konkreten Situationen ausgesetzt zu sein."

Zusammenfassend kann gesagt werden:

Die Differenzierung der Information und der Gesichtspunkt ihrer Systemadäquatheit führen im Zusammenhang mit der Diskussion um die Grundlagen der Infor-

mationsspeicherung von Umweltinformationen im Gehirn zur Klärung einer Reihe methodologischer Fragen von besonderer philosophischer Relevanz. Unter evolutionären Gesichtspunkten, philosophischen Überlegungen und aufgrund der aus der Sicht der Informatik erforderlichen Differenzierung verschiedener Qualitätsstufen der Informationsbeziehungen erscheint eine Speicherung von Umweltinformationen im Gehirn auf molekularem Niveau nicht direkt möglich. Man kann diesen Disput jedoch nicht endgültig klären, da keine Adäquatheit besteht zwischen dem Test der eine komplexe Information enthält und der Fragestellung nach molekularer Codierung. Es besteht eine Inadäquatheit in bezug auf die betrachteten Ebenen, d.h. will man etwas über die molekulare Ebene wissen, kann man nicht mit Testen arbeiten, die komplexe psychologische Prozesse beinhalten. Die dargestellte Problematik ist von besonderem philosophischem, wissenschaftstheoretischem und methodologischem Interesse, da hier in der Tat die Methodologie zwischen experimenteller Frage und experimenteller Antwort und insbesondere die Einordnung in die hierarchischen Abläufe nicht gelöst ist. Es muß eine Speicherung von Umweltinformationen im Gehirn geben. Die Mechanismen dieser Speicherung sind jedoch aus den dargestellten Gründen trotz aller großen Fortschritte auf dem Gebiet der Hirnforschung heute noch nicht klar.
Nach der vorgetragenen Konzeption ist die Abbildung durch die Umwelt und von innen bedingt. Die Frage, wo eine Information im Gehirn direkt gespeichert ist, erscheint aus vorgetragener Sicht insofern abwegig, da sie wahrscheinlich weder direkt in den Molekülen noch nur in den Assoziationen der Milliarden Gehirnzellen gespeichert ist, sondern wahrscheinlich einem System von Blockungen und Entblockungen entspricht.
Eingangs wird eine sich aus theoretischen Überlegungen als sinnvoll erweisende, sich aus dem Verständnis der Information singularisierte, Komplexwirkung ergebende, Klassifizierung und Differenzierung von Systemen vorgestellt und im Verlaufe der Darlegungen eine konkrete Belegung der Hauptklassen auf der Grundlage bisher bekannter molekularbiologischer Mechanismen versucht, was jedoch nicht durchgängig angestrebt wurde und auch noch nicht immer möglich ist.

## LITERATUR


1 MATTHIES, H.: "Die intrazelluläre Regulation der interneuronalen Konnektivität - eine Grundlage von Lern- und Gedächtnisprozessen" in: Biocybernetics Volume IV Jena 1972

2 PASTERNAK, G.: Determiniertheit immunologischer Prozesse in: Philosophische und ethische Probleme der Molekularbiologie, III Kühlungsborner Kolloquium Berlin 1974

3 FUCHS-KITTOWSKI, K. und K. GÜNTHER: Probabilistische Gesetzmäßigkeit, Selbstorganisation und Evolution in: Philosophische und ethische Probleme der Molekularbiologie, Berlin 1974, III Kühlungsborner Kolloquium

4 FUCHS-KITTOWSKI, K.: Information, ihre Speicherung und Verarbeitung in biomolekularen Systemen. In: Philosophische und ethische Probleme der modernen Genetik, Berlin 1972, II Kühlungsborner Kolloquium

5 ENGELS, F.: Dialektik der Natur, in: K. MARX, F. ENGELS, Werke, Bd. 20, 1962, 323

6 FUCHS-KITTOWSKI, K.: Über die Kategorie der Möglichkeit und die Entwicklungsstufen der Materie, Dt. Zt. Phil. Heft 4, (1972), 417

7 KÜPFMÜLLER, K.: Nachrichtenübertragung und Nachrichtenverarbeitung, Naturwiss. 7, (1961)

8 ROSENTHAL, S., S.M. RAPOPORT und K. FUCHS-KITTOWSKI: in diesem Buch

9 GLANSDORFF, P. and I. PRIGOGINE: Thermodynamic theory of Structure, Stability and Fluctuation, London 1971

10 EIGEN, M.: Selforganization of Matter and the Evolution of Biological Macromolecules. In: Naturwissenschaften Heft 10, (1971)

11 POLIKAROW, A.: Ist Widerspiegelung eine allgemeine Eigenschaft der Materie? In: Naturwissenschaft und Philosophie Berlin 1960

12 KANNEGIESSER, K. und R. ROCHHAUSEN: Widerspiegelung und Erkenntnis. Dt. Z. Phil. Heft 4, (1972)

13 URSUL, A.D.: Information (Eine philosophische Studie), Berlin 1970, 163 ff.

14 FUCHS-KITTOWSKI, K.: Probleme des Determinismus und der Kybernetik in der Molekularen Biologie Jena 1969

15 SCHUKOW: Information Moskau/Leningrad 1965

16 PLJUSTISCH, L.N.: Der Begriff Information Moskau 1966

17 KORSCHUMOW, A.M. und W.W. MANTATOW: Eine gnoseologische Analyse des Begriffes Information, Moskau 1964

18 TRAPESNIKOW: Kybernetik und automatische Steuerung, Moskau 1963

19 PEIL, J.: Einige Bemerkungen zu Problemen der Anwendung des Informationsbegriffes in der Biologie, in: Biom. Z. H. 2, (1973), 117-128

20 MARX, K.: Das Kapitel Band I, Berlin 1974, 192

21 LURIA, S. F.: Leben das unvollendete Experiment, München 1974, 186

22 FUCHS-KITTOWSKI, K. und E. MÜHLENBERG: Die Unterscheidung von semantischer und syntaktischer Informationsverarb. als Grundlage für die Gestaltung von EDV-Anwendungssystemen. II. Wiss. Kolloquium zur "Organisation der Informationsverarbeitung - Datenbanken für Problembearbeitung" (Tagungsmaterial als Manuskript vervielfältigt) Berlin 1975

23 FUCHS-KITTOWSKI, K., H. KAISER, R. TSCHIRSCHWITZ und B. WENZLAFF: Theoretische und praktische Fragen der allgemeinen Informatik in: Tagungsmaterial zum II wissenschaftlichen Kolloquium zur "Organisation der Informationsverarbeitung - Datenbanken für Problembearbeitung - Als Manuskript vervielfältigt Berlin 1975

24 FUCHS-KITTOWSKI, K., H. KAISER, R. TSCHIRSCHWITZ und B. WENZLAFF: Automatisierung und Informatik (erscheint 1975) Akademie-Verlag Berlin

## DISKUSSION

**TEMBROCK:** Vielleicht ist es auch für diesen Fragenkomplex wichtig, an die Unterscheidung von FANO zu erinnern, die er zwischen Quellenkodierung und Kanalkodierung vorgenommen hat, und der sich entsprechend auf der Seite des Empfängers Kanal- und Quellenkodierung anschließen müssen. Das bedeutet, daß bei diesen beiden Kodierungsformen im Organismus unterschiedliche Prinzipien wirksam werden, und die Quellendekodierung (und -kodierung) biochemisch-molekular ganz andere Grundlagen hat, als die Kanalkodierung und -dekodierung, bei der elektrophysiologische Vorgänge den Vorrang haben. Mit der Holographie wurde das Problem bereits angesprochen, die Dominanz raum-zeitlicher Dimensionen, während im akustischen Kanal die temporale Ordnung den Vorrang hat. Damit verbindet sich generell die Frage nach der Anwendung bestimmter Begriffe, speziell aus der Semiotik, wie es ja die Biokommunikation tut. Wir sprechen aber nicht von syntaktischer Information, sondern von einem syntaktischen Aspekt eines Gesamtprozesses, denn Information ist etwas über etwas für jemand: Erst wenn alle Bedingungen erfüllt sind, ist ein organismischer Informationsprozeß vollzogen. Die Anwendung des Informationsbegriffes für den syntaktischen Aspekt wäre vielleicht nur gerechtfertigt, wenn man als Beobachter der Syntax eines Kommunikationssystems auftritt.

### Zur Frage von TEMBROCK

Sie fragen mit vollem Recht, ob es sinnvoll ist, von semantischer in Gegenüberstellung zu syntaktischer Informationsverarbeitung zu sprechen, wenn wir doch üblicher Weise auch vom syntaktischen, semantischen und pragmatischen Aspekt der Information reden. Ich bin mir dieser Schwierigkeiten durchaus bewußt und kann jedoch nur erläutern, was uns dazu bewogen hat, die Begriffe syntaktisch und semantisch zur Kennzeichnung bestimmter Arten der Informationsverarbeitung zu benutzen.

Bei unseren Überlegungen zur Information gehen wir zunächst aus von der untrennbaren Einheit von Struktur und Bedeutung. Wir haben mehrfach hervorgehoben, daß man von Information eigentlich erst sprechen kann, wenn alle Aspekte Berücksichtigung finden. Was aber oftmals übersehen wird, ist die Relativität von syntaktischer Struktur und Bedeutung der Informationen. Die Bedeutungen können selbst wieder als Strukturelemente verwendet werden. So ist die Bildung verschiedener Ebenen der Struktur und Bedeutung von Informationen möglich (vergl. FUCHS-KITTOWSKI, KAISER, TSCHIRSCHWITZ, WENZLAFF, Informatik und Automatisierung Bd. 1 1976). Die Struktur einer Information verkörpert jeweils die syntaktische Darstellung der jeweiligen Information. Durch die Relativität von Struktur und Bedeutung wird eine Bedeutung auf einer höheren Stufe zu einem Strukturelement, zur syntaktischen Darstellung von Bedeutungen der nächst höheren Ebene. Auf der Ebene der Signalerkennung trägt die physikalische Strukturierung des Signals die Bedeutung. Sie ist die syntaktische Darstellung von Zeichen. Die Struktur von Zeichen trägt dann selbst wieder eine Bedeutung, da ihr Sprachelemente zugeordnet werden können. Die Strukturierungsmöglichkeiten von Sprachelementen bildet eine dritte Ebene der Bedeutungszuordnung, die wir als Semantik bezeichnen. Die oftmals stattfindende Identifizierung von Bedeutung, als Aspekt der auf jeder Ebene auftritt, mit Semantik, ist wohl ein entscheidender Grund für die Verwirrung. Wir wollen den Terminus Semantik nur für solche Informationen verwenden, deren syntaktische Darstellung durch eine bestimmte Struktur von Sprachelementen erfolgt.

Die ersten beiden Ebenen des Verhältnisses von Struktur und Bedeutung von Informationen bezeichnen wir als die Ebenen der syntaktischen Informationsverarbeitung, da die Struktur von Signalen und die Struktur von Zeichenketten in ihrem Aufbau so überschaubar sind, daß sie durchweg formalisierbar und automatisierbar sind. Sie sind der Gegenstand maschineller Informationsverarbeitung, während sich die semantische Informationsverarbeitung als die typisch menschliche Form der Verarbeitung erweist. Höhere Tiere, wie wir versuchten deutlich zu machen, können wahrscheinlich semantische Informationen aufnehmen, aber kaum zum Gegenstand der Verarbeitung machen, sondern syntaktische Verarbeitungsprozesse auslösen.

Um es nochmals zu sagen. Nach unserer Vorstellung treten also die Aspekte der Information auf jeder ihrer möglichen Ebenen auf. Für das Verständnis der Information und verschiedener Informationskonzeptionen ist die Unterscheidung verschiedener Aspekte der Information wichtig. So ist es auch im Bereich der Biolo-

gie möglich, bei den hier auftretenden Informationsprozessen die verschiedenen Aspekte zu unterscheiden. Zur Vermeidung von Mißverständnissen bemühen wir uns, die deutschen Begriffe: Struktur, Bedeutung, Funktion (Zweck bzw. Nützlichkeit) zu verwenden. K. LORENZ spricht von anpassender Information.
Wir behaupten nicht, daß die getroffene Wahl der Begriffe endgültig sein muß. Vielleicht führen die von VÖLZ vorgetragenen neuen Begriffsbildungen weiter. Jedoch scheint uns unser jetziges Herangehen schon einen besonderen Gewinn zu bringen, indem deutlich die Relativität von Struktur und Bedeutung hervortritt und sich daraus eine notwendige Differenzierung der Sender-Empfänger-Beziehung ableiten ließ. Es zeigt sich, daß unser Begriffssystem noch zu undifferenziert ist, um die Mannigfaltigkeit der Phänomene voll zu erfassen. Ein wesentlicher Teil der weiteren Arbeit wird daher gerade in ihrer Differenzierung und Präzisierung bestehen.

RÜDIGER: Es ist von großer Bedeutung für die philosophischen Aussagen über die Informationsverarbeitung im Nervennetz, daß zeitlich und räumlich organisierte Prozesse zur Charakterisierung notwendig sind. Die zeitlichen Impulsmuster an den Synapsen könnten über die entsprechende diskrete (zeitlich-räumlich) Transmitterfreisetzung auch Syntheseprozesse subsynaptisch in differenzierter Sequenz steuern, z. B. durch Enzyminduktion. Dadurch können Impulsabhängige Syntheseprodukte im Neuron unterschiedlich sein. Die Frage lautet also, wie zeitlich gestaffelte Wirkungen zu strukturellen Änderungen führen, die dem Gedächtnis zugrunde liegen.

TEILNEHMER

BELLMANN, KLAUS, Dr. rer.nat. habil., Zentralinstitut für Kybernetik und Informationsprozesse der AdW der DDR, Berlin

DOBRINDT, HANNELORE, Dipl. Päd., Sektion Marx.-Len. Philosophie der Humboldt-Universität, Berlin

EBELING, WERNER, Prof. Dr. rer.nat. habil., Sektion Physik der Universität Rostock

FRANZ, PETER, Dr. phil., Zentralinstitut für Philosophie der AdW der DDR, Berlin

FORTH, EBERHARD, Prof. Dr. sc.techn., TH Ilmenau, Fachbereich Biomed. Technik und Bionik, Ilmenau

FUCHS-KITTOWSKI, KLAUS, Prof. Dr. phil habil., Sektion Wissenschaftstheorie und -organisation der Humboldt-Universität, Berlin

GROSS, BERND, Dipl.-Phil., Humboldt-Universität, WTO, Berlin

GRUNOW, REINER, Dr. rer.nat., Forschungsinstitut für Gärungsindustrie, Enzymologie und technische Mikrobiologie, Berlin

HEERKLOSS, REINHARD, Dr. rer.nat., Universität Rostock, Sektion Biologie, Rostock

HECHT, KARL, Prof. Dr. sc.med., Zentralinstitut für Herz- u. Kreislauf-Regulationsforschung, AdW der DDR, Berlin-Buch

HOLZMÜLLER, WERNER, Prof. Dr.sc., Sektion Physik der KMU, Leipzig

HÖRZ, HERBERT, Prof. Dr.sc.phil., Zentralinstitut für Philosophie der AdW der DDR, Berlin

KRÜGER, DETLEV, Dipl.-Med., Lehrstuhl Virologie, Bereich Medizin der Humboldt-Universität, Berlin

LÖTHER, ROLF, Prof. Dr. phil.sc., Sektion I, Philosophie und Wissenschaftstheorie der Medizinischen Akademie f. Ärztl. Fortbildung

MATTHIES, HANS-JÜRGEN, Prof. Dr., Institut für Pharmakologie und Toxikologie, Medizinische Akademie, Magdeburg

OTTO, WALTER, Dr. med. habil., Kreispoliklinik Falkensee

PESCHEL, MANFRED, Prof. Dr. rer. nat., Forschungsbereich für Mathematik und Kybernetik der AdW der DDR, Berlin

PRESBER, WOLFGANG, Dr. med., Lehrstuhl Virologie, Bereich Medizin (Charité), Berlin

POPPEI, MARIANNE, Dr. rer. nat., Zentralinstitut für Herz- und Kreislauf-Regulationsforschung der AdW der DDR, Berlin-Buch

PRZYBYLSKI, ALEXANDER, Prof. Dr. rer. nat., Zentrum für exp. und klinische Medizin der Polnischen Akademie der Wissenschaften, Warschau

RAPOPORT, SAMUEL, MITJA, Prof. Dr. med. Dr. phil. habil., Institut für Physiologie und Biologische Chemie, Bereich Medizin der Humboldt-Universität, Berlin

ROSENTHAL, HANS-ALFRED, Dr. rer. sc. nat., Lehrstuhl Virologie, Bereich Medizin der Humboldt-Universität, Berlin

ROSENTHAL, SINAIDA, Prof. Dr. med. habil., Bereich Bioregulation, Zentralinstitut für Molekularbiologie der AdW der DDR, Berlin-Buch

RÜDIGER, WOLFGANG, Prof. Dr. med., Bereich Medizin der Humboldt-Universität, Physiologisches Institut, Berlin

SCHLEGEL, THOMAS, Dipl. -Ing., Zentralinstitut für Herz- und Kreislauf-Regulationsforschung der AdW der DDR, Berlin-Buch

SCHROEDER, CORNELIA, Dipl. -Chem., Lehrstuhl Virologie, Bereich Medizin der Humboldt-Universität, Berlin

STEBEL, JOACHIM, Dr. rer. nat., Carl-Ludwig-Institut für Physiologie, Bereich Medizin der KMU, Leipzig

STRUSS, FRITZ, Prof. Dr. rer. nat. habil., MLU Halle, Institut für angewandte Biophysik

TEMBROCK, GÜNTHER, Prof. Dr. rer. nat., Sektion Biologie der Humboldt-Universität zu Berlin, Bereich Verhaltenswissenschaften

TREPTOW, KLAUS, Dr. rer. nat., Zentralinst. für Herz- und Kreislauf-Regulationsforschung der AdW der DDR, Berlin-Buch

VOGEL, HEINRICH, Dr. phil. habil., Sektion Marx. -Len. der Wilhelm-Pieck-Universität Rostock

VÖLZ, HORST, Prof. Dr. rer. nat. habil., Zentralinstitut für Kybernetik und Informationsprozesse der AdW der DDR, Berlin

WEISS, VOLKMAR, Dr. rer. nat. habil., DHfK Leipzig, Sektion II, Bereich Naturwissenschaften/Sportmedizin

Bei Fragen zur Produktsicherheit wenden Sie sich bitte an:
If you have any questions regarding product safety,
please contact:

Walter de Gruyter GmbH
Genthiner Straße 13
10785 Berlin
productsafety@degruyterbrill.com